Tharwat F. Tadros (†)
Formulierungen

Tharwat F. Tadros (✝)

Formulierungen

in Kosmetik und Körperpflege

Deutsche Übersetzung
Überarbeitet vom DeGruyter Naturwissenschaftslektorat

DE GRUYTER

Autor
Prof. Dr. Tharwat F. Tadros (†)

ISBN 978-3-11-079852-4
e-ISBN (PDF) 978-3-11-079854-8
e-ISBN (EPUB) 978-3-11-079865-4

Library of Congress Control Number: 2023932367

Bibliografische Information der Deutschen Nationalbibliothek
Die Deutsche Nationalbibliothek verzeichnet diese Publikation in der Deutschen Nationalbibliografie;
detaillierte bibliografische Daten sind im Internet über http://dnb.dnb.de abrufbar.

© 2023 Walter de Gruyter GmbH, Berlin/Boston
Einbandabbildung: Mizina/iStock/Getty Images Plus
Satz: Integra Software Services Pvt. Ltd.
Druck und Bindung: CPI books GmbH, Leck

www.degruyter.com

Vorwort

Kosmetische Formulierungen lassen sich in einige Produktgruppen einteilen: Hautpflegeprodukte (z. B. Lotionen und Handcremes, Nanoemulsionen, Mehrfachemulsionen, Liposomen), Shampoos und Haarspülungen, Sonnenschutzmittel und Farbkosmetika. Die verwendeten Inhaltsstoffe müssen sicher sein und dürfen keine Schäden an den Organen verursachen, mit denen sie in Berührung kommen. Kosmetische Mittel und Körperpflegeprodukte sollen in der Regel einen funktionellen Nutzen bieten und das psychische Wohlbefinden der Verbraucher steigern, indem sie ästhetisch ansprechend wirken. Um für den Verbraucher attraktiv zu sein, müssen kosmetische Formulierungen strengen Anforderungen genügen, z. B. in Bezug auf Textur, Konsistenz, angenehme Farbe und Duft, einfache Anwendung usw. Dies führt in den meisten Fällen zu komplexen Systemen, die aus mehreren Komponenten wie Öl, Wasser, Tensiden, Farbstoffen, Duftstoffen, Konservierungsmitteln, Vitaminen usw. bestehen. Die Formulierung dieser komplexen Mehrphasensysteme erfordert ein Verständnis der Grenzflächenphänomene und Kolloidkräfte, die für ihre Herstellung, Stabilisierung und Anwendung verantwortlich sind. Diese dispersen Systeme enthalten Strukturen der „Selbstorganisation", z. B. Mizellen (kugelförmig, stäbchenförmig, lamellar), flüssigkristalline Phasen (hexagonal, kubisch oder lamellar), Liposomen (multilamellare Doppelschichten) oder Vesikel (einfache Doppelschichten). Sie enthalten auch "Verdickungsmittel" (Polymere oder partikuläre Dispersionen), um ihre Rheologie zu steuern. Darüber hinaus müssen verschiedene Techniken entwickelt werden, um die Qualität, die Anwendung und die langfristige physikalische Stabilität der resultierenden Formulierung zu beurteilen.

Dieses Buch befasst sich mit den grundlegenden Prinzipien der Formulierung von kosmetischen und Körperpflegeprodukten und deren Anwendungen. Kapitel 1 verdeutlicht die Komplexität kosmetischer Formulierungen und die Notwendigkeit der Verwendung sicherer Inhaltsstoffe für deren Herstellung. Die verschiedenen Klassen kosmetischer Produkte werden kurz beschrieben. Kapitel 2 beschreibt die verschiedenen Tensidklassen, die in kosmetischen Produkten und Körperpflegemitteln verwendet werden. Ein Abschnitt ist den Eigenschaften von Tensidlösungen und dem Prozess der Mizellierung gewidmet, mit einer Definition der kritischen Mizellbildungskonzentration (CMC). Die ideale und die nicht-ideale Mischung von Tensiden wird analysiert, um aufzuzeigen, wie wichtig die Verwendung von Tensidmischungen zur Verringerung von Hautreizungen ist. Die Wechselwirkung zwischen Tensiden und Polymeren wird auf einer grundlegenden Ebene beschrieben. Kapitel 3 befasst sich mit der Verwendung von polymeren Tensiden in kosmetischen Formulierungen. Es beginnt mit einer Beschreibung der Struktur von polymeren Tensiden, nämlich Homopolymeren, Blockcopolymeren und Pfropfcopolymeren. Darauf folgt ein Abschnitt über die Adsorption und Konformation der polymeren Tenside an der Grenzfläche. Die Vorteile der Verwendung von polymeren Tensiden in kosmetischen Formulierungen werden anhand einiger praktischer Beispiele aufgezeigt. In Kapitel 4 werden die Strukturen der Selbstorganisation beschrieben, die durch Tenside in kosmetischen Formulierungen erzeugt werden,

https://doi.org/10.1515/9783110798548-202

wobei insbesondere auf die verschiedenen flüssigkristallinen Strukturen, nämlich hexagonale, kubische und lamellare Phasen, eingegangen wird. Die treibende Kraft, die für die Bildung der einzelnen Typen verantwortlich ist, wird auf einer grundlegenden Ebene beschrieben. Kapitel 5 beschreibt die verschiedenen Wechselwirkungskräfte zwischen Teilchen oder Tröpfchen in einer Dispersion. Es werden drei Haupttypen unterschieden, nämlich die Van-der-Waals-Anziehung, die elektrostatische (Doppelschicht-) Abstoßung und die sterische Abstoßung, die in Gegenwart adsorbierter Schichten aus nichtionischen Tensiden oder Polymeren entsteht. Die Kombination der Van-der-Waals-Anziehung mit der Doppelschichtabstoßung führt zur allgemeinen Theorie der Kolloidstabilität, die auf der Deryaguin-Landau-Verwey-Overbeek-Theorie (DLVO-Theorie) beruht und das Vorhandensein einer Energiebarriere aufzeigt, die eine Ausflockung verhindert. Die Ausflockung von Dispersionen, die elektrostatisch stabilisiert sind, wird durch die Verringerung der Energiebarriere durch Zugabe von Elektrolyten beschrieben. Die Kombination von Van-der-Waals-Anziehung und sterischer Abstoßung bildet die Grundlage der Theorie der sterischen Stabilisierung. Es werden die Faktoren beschrieben, die für eine effektive sterische Stabilisierung verantwortlich sind. Es folgen Abschnitte über die Ausflockung von sterisch stabilisierten Dispersionen. Es werden vier Arten der Flockung unterschieden: die schwache (reversible) Flockung bei Vorhandensein eines flachen Minimums in der Energieabstandskurve, die beginnende Flockung, die durch die Verringerung der Löslichkeit der stabilisierenden Kette hervorgerufen wird, die Erschöpfungsflockung, die durch das Vorhandensein von „freiem" (nicht adsorbierendem) Polymer verursacht wird, und die Brückenflockung, bei der die Polymerkette an zwei oder mehr Partikel oder Tröpfchen gebunden wird. Kapitel 6 beschreibt die Formulierung von kosmetischen Emulsionen. Die Vorteile der Verwendung kosmetischer Emulsionen für die Hautpflege werden hervorgehoben. Es werden die verschiedenen Methoden beschrieben, die zur Auswahl von Emulgatoren für die Formulierung von Öl/Wasser- und Wasser/Öl-Emulsionen angewendet werden können. Es wird beschrieben, wie der Emulgierprozess gesteuert werden kann, um eine optimale Tröpfchengrößenverteilung zu erreichen. Es werden die verschiedenen Methoden beschrieben, die zur Herstellung von Emulsionen verwendet werden können. Die Verwendung von Rheologiemodifikatoren (Verdickungsmitteln) zur Kontrolle der physikalischen Stabilität und der Konsistenz des Systems wird ebenfalls beschrieben. Es werden drei verschiedene rheologische Techniken angewandt, nämlich Messungen im stationären Zustand (Messung der Scherspannung und der Scherrate), dynamische Messungen (Oszillationstechniken) und Messungen bei konstanter Spannung (Kriechverhalten). Kapitel 7 beschreibt die Formulierung von Nanoemulsionen in Kosmetika. Es beginnt mit einem Abschnitt, in dem die wichtigsten Vorteile von Nanoemulsionen hervorgehoben werden. Der Ursprung der Stabilität von Nanoemulsionen in Bezug auf die sterische Stabilisierung und das hohe Verhältnis von adsorbierter Schichtdicke zu Tröpfchenradius wird auf einer grundlegenden Ebene beschrieben. Ein Abschnitt ist dem Problem der Ostwald-Reifung in Nanoemulsionen gewidmet und beschreibt, wie die Reifungsrate gemessen werden kann. Die

Verringerung der Ostwald-Reifung durch Einarbeitung einer kleinen Menge hochunlöslichen Öls und/oder Modifizierung des Grenzflächenfilms wird beschrieben. Kapitel 8 befasst sich mit der Formulierung von Mehrfachemulsionen in Kosmetika. Es werden zwei Typen beschrieben, nämlich Mehrfachemulsionen vom Typ Wasser/Öl/Wasser (W/O/W) sowie solche vom Typ Öl/Wasser/Öl (O/W/O). Die Formulierung von Mehrfachemulsionen in einem zweistufigen Verfahren wird beschrieben. Die verschiedenen möglichen Zersetzungsprozesse in Mehrfachemulsionen werden geschildert und die Faktoren, die die langfristige Stabilität der Formulierung beeinflussen, werden analysiert. Die Charakterisierung von Mehrfachemulsionen mittels optischer Mikroskopie und rheologischer Techniken wird beschrieben. Kapitel 9 stellt Liposomen und Vesikel in kosmetischen Formulierungen vor. Die Verfahren zur Herstellung von Liposomen und Vesikeln werden zusammen mit den Methoden beschrieben, die zur Bewertung ihrer Stabilität angewendet werden können. Die Verbesserung der Liposomenstabilität durch Einarbeitung von Blockcopolymeren wird ebenfalls vorgestellt. Kapitel 10 befasst sich mit der Formulierung von Shampoos. Die verschiedenen Bestandteile einer Shampooformulierung werden aufgezeigt, ebenso wie die Notwendigkeit der Zugabe eines amphoteren Tensids neben einem anionischen Tensid in einem Shampoo, um Hautreizungen zu verringern. Auch Tenside, die zur Verbesserung der Schaumbildung des Shampoos zugesetzt werden können, werden beschrieben. Es folgen ein Abschnitt über den Mechanismus der Schmutz- und Ölentfernung durch das Shampoo und einer über die Erhöhung der Viskosität der Shampooformulierung durch Zugabe von Elektrolyten, die stäbchenförmige Mizellen bilden. Kapitel 11 befasst sich dann mit der Formulierung von Haarpflegemitteln im Shampoo. Es werden die Oberflächeneigenschaften des Haares und die Rolle der Zugabe von kationisch modifizierten Polymeren zur Neutralisierung der negativen Ladung des Haares beschrieben. Die Bedeutung von Haar-Conditionern für die Handhabung des Haares beim Kämmen wird analysiert. Kapitel 12 beschreibt die Formulierung von Sonnenschutzmitteln für den UV-Schutz. Die Bedeutung der Wirkung gegen UV-A-Strahlung (Wellenlänge 320–400 nm) und UV-B-Strahlung (Wellenlänge 290–320 nm) wird hervorgehoben. Die Verwendung von organischen und mineralischen Sonnenschutzmitteln (Titandioxid) in der Formulierung ermöglicht den Schutz vor UV-A- und UV-B-Strahlung. Kapitel 13 beschreibt die Formulierung von Farbkosmetikprodukten. In kosmetischen Formulierungen werden verschiedene Farbpigmente verwendet, von anorganischen Pigmenten (z. B. rotes Eisenoxid) bis hin zu organischen Pigmenten unterschiedlicher Art. Die Formulierung dieser Pigmente in Farbkosmetika erfordert viel Geschick, da die Pigmentteilchen in einer Emulsion (Öl-in-Wasser oder Wasser-in-Öl) dispergiert sind. Es werden die grundlegenden Prinzipien der Herstellung von Pigmentdispersionen beschrieben. Kapitel 14 enthält einige Beispiele für industrielle Kosmetik- und Körperpflegeformulierungen: (1) Rasierformulierungen; (2) Seifenstücke; (3) flüssige Handseifen; (4) Badeöle; (5) Schaumbäder; (6) Formulierungen für die Pflege nach dem Baden; (7) Hautpflegeprodukte; (8) Haarpflegeformulierungen; (9) Sonnenschutzmittel; (10) Make-up-Produkte.

Dieses Buch gibt einen umfassenden Überblick über die verschiedenen Anwendungen der Prinzipien der Kolloid- und Grenzflächenwissenschaft in kosmetischen und Körperpflegeformulierungen. Es bietet dem Leser einen systematischen Ansatz für die Formulierung verschiedener Kosmetik- und Körperpflegeprodukte. Außerdem vermittelt es dem Leser ein Verständnis für die komplexen Wechselwirkungen in verschiedenen kosmetischen Dispersionssystemen. Das Werk ist wertvoll für Forscher, die sich mit der Formulierung von kosmetischen und Körperpflegeprodukten beschäftigen. Es wird auch dem Industriechemiker Wissen an die Hand geben, das ihn in die Lage versetzt, das Produkt mit einem rationaleren Ansatz zu formulieren. Daher ist dieses Buch für Chemiker und Chemieingenieure sowohl in akademischen als auch in industriellen Einrichtungen wertvoll.

August 2016 Tharwat Tadros

Inhaltsverzeichnis

1 Allgemeine Einführung

Es lassen sich mehrere Gruppen kosmetischer Formulierungen unterscheiden: Lotionen, Handcremes (kosmetische Emulsionen), Nanoemulsionen, Mehrfachemulsionen, Liposomen, Shampoos und Haarspülungen, Sonnenschutzmittel und Farbkosmetika. Die Formulierung dieser komplexen Mehrphasensysteme erfordert ein Verständnis der Grenzflächenphänomene und Kolloidkräfte, die für ihre Herstellung, Stabilisierung und Anwendung verantwortlich sind. Die verwendeten Inhaltsstoffe müssen sicher sein und dürfen keine Schäden an den Organen verursachen, mit denen sie in Berührung kommen. Die grundlegenden Prinzipien der Grenzflächen- und Kolloidwissenschaft, die für die Herstellung der kosmetischen Formulierungen verantwortlich sind, müssen berücksichtigt werden.

Kosmetische Mittel und Körperpflegeprodukte sollen in der Regel einen funktionellen Nutzen bieten und das psychische Wohlbefinden der Verbraucher steigern, indem sie ästhetisch ansprechend wirken. So werden viele kosmetische Formulierungen verwendet, um Haare, Haut usw. zu reinigen, einen angenehmen Geruch zu verleihen, die Haut geschmeidig zu machen und mit Feuchtigkeit zu versorgen, vor Sonnenbrand zu schützen usw. In vielen Fällen sind kosmetische Formulierungen so konzipiert, dass sie eine schützende, okklusive Oberflächenschicht bilden, die entweder das Eindringen unerwünschter Fremdstoffe verhindert oder den Wasserverlust der Haut mindert [1–3]. Um für den Verbraucher attraktiv zu sein, müssen kosmetische Formulierungen strenge ästhetische Anforderungen erfüllen, z. B. in Bezug auf Textur, Konsistenz, angenehme Farbe und Duft, einfache Anwendung usw. Dies führt in den meisten Fällen zu komplexen Systemen, die aus mehreren Komponenten wie Öl, Wasser, Tensiden, Farbstoffen, Duftstoffen, Konservierungsmitteln, Vitaminen usw. bestehen. In den letzten Jahren wurden beträchtliche Anstrengungen unternommen, um neuartige kosmetische Formulierungen einzuführen, die dem Kunden große Vorteile bieten, wie z. B. Sonnenschutzmittel, Liposomen und andere Inhaltsstoffe, die die Haut gesund erhalten und vor Austrocknung, Reizung usw. schützen. All diese Systeme erfordern die Anwendung verschiedener Grenzflächenphänomene wie Ladungstrennung und Bildung elektrischer Doppelschichten, die Adsorption und Konformation von Tensiden und Polymeren an den verschiedenen beteiligten Grenzflächen sowie die wichtigsten Faktoren für die physikalische Stabilität/Instabilität dieser Systeme beeinflussen. Darüber hinaus müssen verschiedene Techniken entwickelt werden, um ihre Qualität und Anwendungsmöglichkeit zu bewerten sowie eine Vorhersage der langfristigen physikalischen Stabilität der resultierenden Formulierung zu erlauben.

Da kosmetische Mittel mit verschiedenen Organen und Geweben des menschlichen Körpers in Berührung kommen, ist die medizinische Unbedenklichkeit der Inhaltsstoffe, die in diesen Formulierungen verwendet werden, ein wichtiges Kriterium. Viele der kosmetischen Präparate verbleiben nach dem Auftragen für unbestimmte Zeit auf der Haut, weshalb die verwendeten Inhaltsstoffe keine Allergien, Sensibilisierungen oder

https://doi.org/10.1515/9783110798548-001

Reizungen hervorrufen dürfen. Die verwendeten Inhaltsstoffe müssen frei von Verunreinigungen sein, die toxische Wirkungen haben.

Eines der Hauptinteressensgebiete für kosmetische Formulierungen ist ihre Wechselwirkung mit der Haut [3]. Ein Querschnitt durch die Haut ist in Abb. 1.1 dargestellt [4].

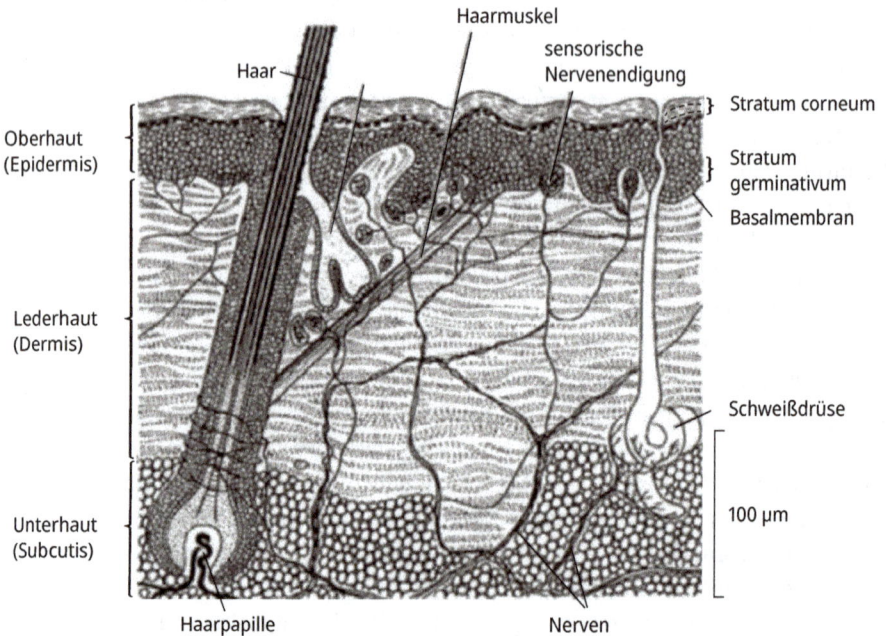

Abb. 1.1: Querschnitt durch die Haut [4].

Die oberste Schicht der Haut, die die menschliche Barriere für den Wasserverlust darstellt, ist das Stratum corneum, das den Körper vor chemischen und biologischen Angriffen schützt [5]. Diese Schicht ist sehr dünn, etwa 30 μm, und besteht zu etwa 10 Gew.-% aus Lipiden, die in Doppelschichtstrukturen (flüssigkristallin) organisiert sind und bei hohem Wassergehalt weich und transparent sind. Eine schematische Darstellung der Schichtstruktur des Stratum corneum, wie sie von Elias et al. [6] vorgeschlagen wurde, ist in Abb. 1.2 zu sehen. In diesem Bild wurden Ceramide als strukturbildende Elemente betrachtet, aber spätere Arbeiten von Friberg und Osborne [7] zeigten, dass die Fettsäuren die wesentlichen Verbindungen für die Schichtstruktur sind und dass sich ein beträchtlicher Teil der Lipide in dem Raum zwischen den Methylgruppen befindet. Wenn eine kosmetische Formulierung auf die Haut aufgetragen wird, interagiert sie mit dem Stratum corneum, und es ist wichtig, die „flüssige" Beschaffenheit der Doppelschichten aufrechtzuerhalten und ein Auskristallisieren der Lipide zu verhindern. Dies geschieht, wenn der Wassergehalt unter ein bestimmtes

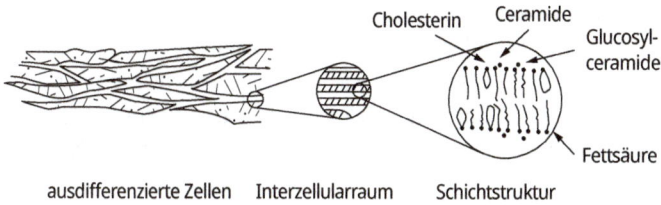

Abb. 1.2: Schematische Darstellung der Struktur des Stratum corneum.

Niveau sinkt. Diese Kristallisation hat drastische Auswirkungen auf das Aussehen und die Geschmeidigkeit der Haut („trockenes" Hautgefühl).

Um die oben genannten Kriterien zu erfüllen, werden „komplexe" Mehrphasensysteme formuliert [8, 9]: (1) Öl-in-Wasser-Emulsionen (O/W); (2) Wasser-in-Öl-Emulsionen (W/O); (3) Fest-flüssig-Dispersionen (Suspensionen); (4) Emulsions-Suspensions-Gemische (Suspoemulsionen); (5) Nanoemulsionen; (6) Nanosuspensionen; (7) Mehrfachemulsionen. Wie bereits erwähnt, erfordern alle diese dispersen Systeme ein grundlegendes Verständnis der beteiligten Grenzflächenphänomene, wie z. B. der Adsorption und Konformation der verschiedenen Tenside und Polymere, die für ihre Herstellung verwendet werden. Dies bestimmt die physikalische Stabilität/Instabilität dieser Systeme, ihre Anwendung und Haltbarkeit.

Alle oben genannten dispersen Systeme enthalten „Selbstorganisations-Strukturen" wie (1) Mizellen (kugelförmig, stäbchenförmig, lamellar); (2) flüssigkristalline Phasen (hexagonal, kubisch oder lamellar); (3) Liposomen (multilamellare Doppelschichten) oder Vesikel (einfache Doppelschichten). Sie enthalten auch „Verdickungsmittel" (Polymere oder partikuläre Dispersionen), um ihre Rheologie zu steuern. Bei all diesen Systemen der Selbstorganisation gibt es eine Grenzfläche, deren Eigenschaften die entstehenden Strukturen und deren Eigenschaften bestimmen.

Die oben genannten komplexen Mehrphasensysteme erfordern ein grundlegendes Verständnis der kolloidalen Wechselwirkungen zwischen den verschiedenen Komponenten. Das Verständnis dieser Wechselwirkungen ermöglicht es dem Formulierungschemiker, die optimale Zusammensetzung für eine bestimmte Anwendung zu finden. Einer der wichtigsten Aspekte ist die Berücksichtigung der Eigenschaften der Grenzfläche, insbesondere der Wechselwirkungen zwischen den Tensiden und/oder Polymeren, die für die Formulierung des Produkts verwendet werden, und der fraglichen Grenzfläche. In den meisten Fällen führen solche Mischungen zu Synergieeffekten im Grenzflächenbereich, was für die einfache Herstellung des dispersen Systems von wesentlicher Bedeutung ist. Die damit verbundenen grundlegenden Prinzipien helfen auch bei der Vorhersage der langfristigen physikalischen Stabilität der Formulierungen.

Im Folgenden wird zunächst eine Zusammenfassung einiger der am häufigsten in Kosmetika verwendeten Formulierungen gegeben:

1. Lotionen (feuchtigkeitsspendende Emulsionen)

Es gibt Öl-in-Wasser-Emulsionen (O/W) oder Wasser-in-Öl-Emulsionen (W/O) (Feuchtig-keits-Cremes, weichmachende Cremes, Tagescremes, Nachtcremes, Gesichtspflege-Cremes usw.). Feuchtigkeitsspendende Lotionen mit hohem Wassergehalt und Körpermilch werden ebenfalls verwendet. Deren Grundstoffe können die in Tab. 1.1 aufgeführten Bestandteile enthalten.

Tab. 1.1: Bestandteile feuchtigkeitsspendender Emulsionen.

Zutat	%
Wasser	60–80
verschiedene Ölkomponenten, Konsistenzregler und Fette	20–40
Emulgatoren	2–5
Feuchthaltemittel	0–5
Konservierungsmittel	nach Bedarf
Duftstoffe	nach Bedarf

Lotionen werden so formuliert (siehe Kapitel 6 über die Formulierung kosmetischer Emulsionen), dass sie ein scherverdünnendes System ergeben. Die Emulsion hat eine hohe Viskosität bei niedrigen Schergeschwindigkeiten ($0{,}1\ s^{-1}$) im Bereich von einigen hundert Pa s, aber die Viskosität nimmt mit zunehmender Schergeschwindigkeit sehr schnell ab und erreicht Werte von wenigen Pa s bei Schergeschwindigkeiten von mehr als $1\ s^{-1}$. Diese Lotionen sind meist eher viskos als elastisch, was die Anwendung erleichtert.

2. Handcremes

Diese werden als O/W- oder W/O-Emulsionen mit speziellen Tensidsystemen und/oder Verdickungsmitteln formuliert, um ein Viskositätsprofil ähnlich dem von Lotionen zu erhalten, jedoch mit um Größenordnungen höheren Viskositäten. Die Viskosität bei niedrigen Schergeschwindigkeiten ($< 0{,}1\ s^{-1}$) kann Tausende von Pa s erreichen, und sie behalten eine relativ hohe Viskosität bei hohen Schergeschwindigkeiten (in der Größenordnung von einigen hundert Pa s bei einer Schergeschwindigkeit $> 1\ s^{-1}$). Diese Systeme werden manchmal so beschrieben, dass sie einen „Körper" haben, meist in Form einer Gel-Netzwerk-Struktur, die durch die Verwendung von Tensidmischungen zur Bildung flüssigkristalliner Strukturen erreicht werden kann. In einigen Fällen werden Verdickungsmittel (Hydrokolloide) hinzugefügt, um die Gel-Netzwerkstruktur zu verbessern. Im Allgemeinen sind Handcremes eher elastisch als viskos und bilden eine okklusive Schicht auf der Haut, die den Verlust von Wasser aus dem Stratum corneum verhindert.

Sowohl Handcremes als auch Lotionen müssen viele Funktionen erfüllen: (1) primäre Funktionen wie Feuchtigkeitspflege und Schutz vor schädlicher UV-Strahlung; (2) sekundäre Funktionen wie Geschmeidigkeit, angenehmer Geruch und angenehmes Aussehen; (3) physikalische, chemische und mikrobiologische Stabilität; (4) sie dürfen nicht sensibilisierend und nicht reizend wirken. Die Formulierung von Cremes als O/W-Emulsionen begünstigt die leichte Verteilbarkeit und Absorption und ermöglicht es, dass sowohl wasser- als auch öllösliche Komponenten in einem einzigen Produkt enthalten sind. Die wässrige Phase (in der Regel 60–80 Vol.-%) enthält verschiedene Komponenten wie Feuchthaltemittel (z. B. Glycerin, Sorbit) zur Verhinderung von Wasserverlusten, Cosolventien zur Solubilisierung von Duft- oder Konservierungsstoffen, wasserlösliche Tenside zur Stabilisierung der Emulsion, Rheologiemodifikatoren wie Gummi, Hydroxyethylcellulose, Xanthangummi und Proteine, wasserlösliche Vitamine und Mineralien.

Lotionen und Cremes enthalten in der Regel Weichmacher, d. h. Öle, die beim Auftragen auf die Haut für einen geschmeidigen Gleiteffekt sorgen. Die Ölphase (in der Regel 20 bis 40 Volumenprozent der Gesamtemulsion) enthält Öle und Wachse (z. B. Silikonöl, Mineralöl, Petrolatum oder Lipide wie Triacylglycerine oder Wachsester), Farb- und Duftstoffe sowie öllösliche Tenside zur Stabilisierung der Emulsion. Sie können auch mit Inhaltsstoffen formuliert werden, die dazu bestimmt sind, die äußere Schicht der Haut (das Stratum corneum) zu durchdringen, wie z. B. Liposomen, die auf der Hautoberfläche lamellare flüssigkristalline Strukturen bilden und so Hautreizungen verhindern.

Tabelle 1.2 zeigt eine typische Zusammensetzung einer O/W-Nachtcreme, während Tab. 1.3 die Zusammensetzung einer W/O-Babycreme zeigt.

Tab. 1.2: Zusammensetzung einer O/W-Nachtcreme.

Zutat	Konzentration (%)	Funktion
Granatapfelöl	8	Conditioner
Dimethicon-Silikonöl (200–300 cS)	1	weichmachend
Cetylacetat/acetylierter Lanolin-Alkohol	1	weichmachend
Myristylmyristat	3	weichmachend
PEG-24 Steatat	3	Emulgator
Cetearylalkohol	2	Emulgator
Glycerinstearat	7	Emulgator
Propylenglykol	3	Feuchtigkeitsspender
Kollagen in Wasser gelöst (0,3 %)	11	Feuchtigkeitsspender
Wasser	Rest bis 100 %	

Die Stabilität ist für kosmetische Hautprodukte (Lotionen und Handcremes) sowohl unter dem Gesichtspunkt der Funktion als auch der Haltbarkeit von Bedeutung. Auch die rheologischen Eigenschaften von kosmetischen Lotionen und Cremes sind ein wichtiger Aspekt sowohl für das Aussehen des Produkts als auch für die Akzeptanz beim Verbraucher. Diese Themen werden im Kapitel 6 über kosmetische Emulsionen eingehend behandelt.

Tab. 1.3: Zusammensetzung einer W/O-Babycreme.

Zutat	Konzentration (%)	Funktion
Lanolin-Alkohole	2	Emulgator
Lanolin	4,5	weichmachend/
		Feuchtigkeitsspender
Zinkoxid	7	Sonnenschutz
Mineralöl (70 cS)	17	weichmachend
weißes Vaselineöl	13,3	weichmachend
Butyriertes Hydroxytoluol (BHT)	0,01	Antioxidans
Glycerin	5	weichmachend
Wasser	Rest bis 100 %	

3. Lippenstifte und Lippenbalsam

Dies sind Suspensionen fester Öle in einem flüssigen Öl oder einer Mischung flüssiger Öle. Sie enthalten eine Vielzahl von Wachsen (z. B. Bienenwachs, Carnaubawachs usw.), die dem Lippenstift seine Form geben und das Auftragen erleichtern. Feste Öle wie Lanolin, Palmöl oder Butter sind ebenfalls enthalten und verleihen dem Lippenstift einen festen, glänzenden Film, wenn er nach dem Auftragen trocknet. Flüssige Öle wie Rizinusöl, Olivenöl und Sonnenblumenöl bilden die kontinuierliche Phase, die das Auftragen erleichtert. Andere Inhaltsstoffe wie Feuchtigkeitsspender, Vitamin E, Kollagen, Aminosäuren und Sonnenschutzmittel werden manchmal hinzugefügt, um die Lippen weich und feucht zu halten und sie vor UV-Strahlen zu schützen. Die Pigmente geben dem Lippenstift seine Farbe, z. B. lösliche Farbstoffe wie D&C Red No. 21 und unlösliche Farbstoffe wie D&C Red No. 34. Rosa Farbtöne werden durch Mischen von Titandioxid mit verschiedenen roten Farbstoffen hergestellt. Bei der Formulierung von Lippenstiften werden auch Tenside verwendet. Das Produkt sollte eine gute thermische Stabilität während der Lagerung aufweisen und sich rheologisch wie ein viskoelastischer Feststoff verhalten. Mit anderen Worten: Der Lippenstift sollte sich bei geringer Belastung nur geringfügig verformen und diese Verformung sollte sich bei Wegnahme der Belastung wieder zurückbilden. Diese Informationen können durch Kriechmessungen gewonnen werden [10].

4. Nagellack

Hierbei handelt es sich um Pigmentsuspensionen in einem flüchtigen, nicht wässrigen Lösungsmittel. Das System sollte thixotrop sein (d. h. die Viskosität nimmt mit der Zeit bei einer bestimmten Schergeschwindigkeit ab und erholt sich wieder, wenn die Scherung aufgehoben wird). Beim Auftragen mit dem Pinsel sollte es einen angemessenen Fluss aufweisen, um eine gleichmäßige Beschichtung zu gewährleisten, aber eine ausreichende Viskosität aufweisen, um ein „Tropfen" zu vermeiden. Nach dem Auftragen sollte das „Gelieren" in einem kontrollierten Zeitrahmen erfolgen. Wenn das „Gelieren" zu schnell erfolgt, kann die Beschichtung „Pinselspuren" hinterlassen (ungleichmäßige Beschichtung). Wenn die Gelierung zu langsam ist, kann der Nagellack tropfen. Die Relaxationszeit des thixotropen Systems sollte genau kontrolliert werden, um eine gute Egalisierung zu gewährleisten, und dies erfordert die Verwendung von Tensiden.

5. Shampoos

Die Formulierung eines Shampoos muss im Allgemeinen folgende Kriterien erfüllen: milde Waschkraft, gute Schaumbildung, pflegende Wirkung, ausreichende Konservierung und ästhetische Wirkung. Üblicherweise werden in Shampoos synthetische Tenside wie z. B. Ethersulfate verwendet. Durch Zugabe von Elektrolyten erzeugen sie „gelierte" Tensidlösungen mit gut definierten assoziierten Strukturen, beispielsweise stäbchenförmige Mizellen. Ein Verdickungsmittel wie z. B. ein Polysaccharid kann zugesetzt werden, um die Relaxationszeit des Systems zu verlängern. Außerdem werden einige Tenside, beispielsweise Aminoxide, zugesetzt, um die Schaumbildung des Shampoos bei der Anwendung zu verstärken. Die Wechselwirkung zwischen den Tensiden und den Polymeren an der Grenzfläche ist von großer Bedeutung für die richtige Formulierung. Um Haut- und Augenreizungen zu verringern, werden diese anionischen Tenside mit amphoteren oder nichtionischen Tensiden gemischt, die eine nicht-ideale Vermischung bewirken (siehe Kapitel 2 über Tenside in Kosmetika) und so die kritische Mizellbildungskonzentration (CMC) und damit die Monomerkonzentration im Shampoo verringern. In vielen Formulierungen werden Silikontenside zugesetzt, um als Emulgatoren (für Silikonöle) zu fungieren, aber auch um Gefühl, Glanz, Schimmer, Weichheit, Zustand und Schaumstabilisierung zu verbessern.

6. Antitranspirantien und Desodorantien

Antitranspirantien (in den USA gebräuchlich) wirken sowohl schweißhemmend als auch geruchshemmend. Im Gegensatz dazu hemmen Desodorantien (die in Europa häufig verwendet werden) nur die Geruchsbildung. Die menschliche Haut ist fast geruchlos, aber wenn sie von Bakterien auf der Haut zersetzt wird, entsteht ein unangenehmer Geruch. Es gibt mehrere Möglichkeiten, diesen Geruch zu bekämpfen: Maskierung mit Parfümölen, Oxidation der geruchsbildenden Verbindungen mit Peroxiden, Adsorption durch fein verteilte Ionenaustauscherharze, Hemmung der Bakterienflora der Haut (die Grundlage der meisten Deodorants) oder die Wirkung von Tensiden, insbesondere geeigneten Ammoniumverbindungen. Antitranspirantien enthalten adstringierende Substanzen, die Proteine irreversibel ausfällen und so die Transpiration verhindern. Die allgemeine Zusammensetzung von Antitranspirant oder Deodorant ist 60–80 % Wasser, 5 % Polyol, 5–15 % Lipid (Stearinsäure, Mineralöl, Bienenwachs), 2–5 % Emulgatoren (Polysorbat 40, Sorbitanoleat), Antitranspirant (Aluminiumchlorhydrat), 0,1 % antimikrobieller Stoff, 0,5 % Parfümöl. Bei einem Antitranspirant oder Deodorant handelt es sich also um eine Suspension fester Wirkstoffe in einem Tensidträger. Andere Inhaltsstoffe wie Polymere, die für ein gutes Hautgefühl sorgen, werden hinzugefügt. Die Rheologie des Systems sollte kontrolliert werden, um eine Sedimentation der Partikel zu vermeiden. Dies wird durch die Zugabe von Verdickungsmitteln erreicht. Die Scherverdünnung des Endprodukts ist wichtig, um eine gute Verteilbarkeit zu gewährleisten. Bei der Anwendung in Stiften wird ein „halbfestes" System hergestellt.

7. Make-Up-Grundierungen (Foundations)

Hierbei handelt es sich um komplexe Systeme, die aus einem Suspensions-Emulsionssystem bestehen (manchmal auch als Suspoemulsionen bezeichnet). Die Pigmentteilchen sind dabei gewöhnlich in der kontinuierlichen Phase einer O/W- oder W/O-Emulsion dispergiert. Üblicherweise werden flüchtige Öle wie Cyclomethicone verwendet. Das System sollte thixotrop sein, um die Gleichmäßigkeit des Films und eine gute Nivellierung zu gewährleisten.

8. Aerosolprodukte

Eine Reihe von Körperpflegeprodukten werden als Aerosole hergestellt, die Gas enthalten, das unter sehr hohem Druck mit einer Flüssigkeit vermischt wird. Dazu gehören kosmetische Schäume wie Haarstylingschaum, Rasierschaum und sogar Shampoos. Ursprünglich wurden für diese Produkte in der Regel Fluorchlorkohlenwasserstoffe (FCKW) als Drucktreibmittel verwendet, aber aufgrund der Vorschriften zur Begrenzung der Verwendung flüchtiger organischer Verbindungen (VOC) wurde dieses Treibmittel durch ein Propan-Butan-Gemisch ersetzt. Und es werden jetzt flüchtige Methylsiloxane anstelle von Lösungsmitteln auf Kohlenwasserstoffbasis verwendet. Diese Produkte werden als Emulsionen in den Druckbehältern formuliert, und neben dem Emulgator, der zur Stabilisierung der Emulsion verwendet wird, werden weitere Tenside eingesetzt, um den Schaum zu stabilisieren, der bei der Verwendung des Aerosolprodukts entsteht.

Dieses Buch befasst sich mit den grundlegenden Prinzipien der Formulierung von kosmetischen Produkten und Körperpflegemitteln. In Kapitel 2 werden die verschiedenen Tensidklassen beschrieben, die in kosmetischen Produkten und Körperpflegemitteln verwendet werden. Ein Abschnitt ist den Eigenschaften von Tensidlösungen und dem Prozess der Mizellierung gewidmet, mit der Definition der kritischen Mizellbildungskonzentration (CMC). Die Abhängigkeit der CMC von der Alkylkettenlänge des Tensidmoleküls und der Art der Kopfgruppe wird ebenfalls beschrieben. Die Thermodynamik der Mizellenbildung, sowohl kinetische als auch Gleichgewichtsaspekte, wird mit einem Abschnitt über die treibende Kraft für die Mizellenbildung beschrieben. Die ideale und nicht-ideale Vermischung von Tensiden wird auf einer grundlegenden Ebene analysiert. Die Wechselwirkung zwischen Tensiden und Polymeren wird ebenfalls grundlegend beschrieben. Kapitel 3 befasst sich mit der Verwendung von polymeren Tensiden in kosmetischen Formulierungen. Es beginnt mit einer Beschreibung der Struktur von polymeren Tensiden, nämlich Homopolymeren, Blockcopolymeren und Pfropfcopolymeren. Es werden Beispiele für die verschiedenen polymeren Tenside angeführt, die in kosmetischen Formulierungen verwendet werden. Es folgt ein Abschnitt über die Adsorption und Konformation der polymeren Tenside an der Grenzfläche. Es werden Beispiele für die Adsorption von Polymeren an Modellpartikeln, nämlich Polystyrol-Latex-Partikeln, gegeben. Die Vorteile der Verwendung von polymeren Tensiden in kosmetischen Formulierungen werden anhand einiger praktischer Beispiele hervorgehoben. In Kapitel 4 werden die von Tensiden in kosmetischen Formulierungen erzeugten Selbstorganisationsstrukturen beschrieben, wobei insbesondere auf die verschiedenen flüssigkristallinen Strukturen, nämlich hexagonale, kubische und lamellare Phasen, eingegangen wird. Die treibende Kraft, die für die Bildung der einzelnen Typen verantwortlich ist, wird auf einer grundlegenden Ebene beschrieben. Kapitel 5 beschreibt die verschiedenen Wechselwirkungskräfte zwischen Teilchen oder Tröpfchen in einer Dispersion. Es werden drei Haupttypen unterschieden, nämlich die Van-der-Waals-Anziehung, die elektrostatische Abstoßung (Doppelschicht) und die sterische Abstoßung, die in Gegenwart adsorbierter Schichten aus nichtionischen Tensiden oder Polymeren entsteht. Die Kombination der Van-der-Waals-Anziehung mit der Doppelschichtabstoßung führt zu der allgemeinen Theorie der Kolloidstabilität, die auf der Deryaguin-Landau-Verwey-Overbeek-Theorie (DLVO-Theorie) [11, 12] beruht und das Vorhandensein einer Energiebarriere aufzeigt, die eine Ausflockung verhindert. Die Faktoren, die die Höhe der Energiebarriere beeinflussen, nämlich das Oberflächen- oder Zetapotenzial sowie die Elektrolytkonzentration und -valenz, werden im Rahmen der DLVO-Theorie analysiert. Die Ausflockung von elektrostatisch stabilisierten Dispersionen wird anhand der Verringerung der Energiebarriere durch Zugabe von Elektrolyten beschrieben. Es kann zwischen schneller Flockung (bei fehlender Energiebarriere) und langsamer Flockung (bei vorhandener Energiebarriere) unterschieden werden. Auf diese Weise lässt sich das Stabilitätsverhältnis W definieren, das das Verhältnis zwischen der Geschwindigkeit der schnellen und der langsamen Flockung darstellt. Ein Diagramm von logW gegen die Elektrolytkonzentration C ermöglicht es, die kritische Koagulationskonzentration (CCC) und ihre Abhängigkeit von der Elektrolytvalenz zu bestimmen. Die Kombination von Van-der-Waals-Anziehung und sterischer Abstoßung bildet die Grundlage der Theorie der sterischen Stabilisierung [13]. Es werden die Faktoren beschrieben, die für eine effektive sterische Stabilisierung verantwortlich sind. Es folgen Abschnitte über die Ausflockung von sterisch stabilisierten Dispersionen. Es werden vier Arten der Flockung unterschieden: schwache (reversible) Flockung bei Vorhandensein eines flachen Minimums in der Energieabstandskurve; beginnende Flockung, die durch eine Verringerung der Solvenz der Stabilisierungskette hervorgerufen wird; Erschöpfungsflockung, die durch das Vorhandensein von „freiem" (nicht adsorbierendem) Polymer verursacht wird, und Brückenflockung, bei der die Polymerkette an zwei oder mehr Partikel oder Tröpfchen gebunden wird. Kapitel 6 beschreibt die Formulierung von kosmetischen Emulsionen. Die Vorteile der Verwendung kosmetischer Emulsionen für die Hautpflege werden hervorgehoben. Die wichtigsten Faktoren, die bei der Formulierung von kosmetischen Emulsionen kontrolliert werden müssen, werden grundlegend beschrieben. Es werden die verschiedenen Methoden beschrieben, die zur Auswahl von Emulgatoren für die Formulierung von Öl/Wasser- und Wasser/Öl-Emulsionen angewendet werden können. Dazu gehören das hydrophil-lipophile Gleichgewicht (HLB), die Phaseninversionstemperatur (PIT), das Kohäsionsenergieverhältnis (CER) und die Methode des kritischen Packungsparameters (CPP). Die Steuerung des Emulgierprozesses zur Erzeugung einer optimalen Tröpfchengrößenverteilung wird beschrieben. Es werden die verschiedenen Methoden beschrieben, die zur Herstellung von Emulsionen verwendet werden können. Dazu gehören die Verwendung von Hochgeschwindigkeitsmischern

(Rotor-Stator-Mischern), Hochdruckhomogenisierung und Membranemulgierung. Die Verwendung von Rheologiemodifikatoren (Verdickungsmitteln) zur Kontrolle der physikalischen Stabilität und der Konsistenz des Systems wird ebenfalls beschrieben. Es werden drei verschiedene rheologische Techniken angewandt, nämlich Messungen im stationären Zustand (Scherspannungs-/Schergeschwindigkeits-Messungen), dynamische Messungen (Oszillationstechniken) und Messungen bei konstanter Spannung (Kriechen). Kapitel 7 beschreibt die Formulierung von Nanoemulsionen in Kosmetika. Es beginnt mit einem Abschnitt, in dem die wichtigsten Vorteile von Nanoemulsionen hervorgehoben werden: Transparenz, fehlende Aufrahmung, Ausflockung und Koaleszenz sowie Verbesserung der Ablagerung auf der rauen Hautstruktur und Erhöhung der Hautpenetration für Wirkstoffe in der Formulierung. Der Ursprung der Stabilität von Nanoemulsionen im Hinblick auf die sterische Stabilisierung und das hohe Verhältnis zwischen Dicke der adsorbierten Schicht und Tröpfchenradius wird auf einer grundlegenden Ebene beschrieben. Ein eigener Abschnitt ist dem Problem der Ostwald-Reifung in Nanoemulsionen gewidmet und wie die Reifungsrate gemessen werden kann. Die Verringerung der Oswald-Reifung durch Einarbeitung einer kleinen Menge hochunlöslichen Öls und/oder Modifikation des Grenzflächenfilms wird beschrieben. Anhand praktischer Beispiele von Nanoemulsionssystemen werden die wichtigsten Variablen hervorgehoben, die die Stabilität von Nanoemulsionen beeinflussen. Kapitel 8 befasst sich mit der Formulierung von Mehrfachemulsionen in Kosmetika. Es werden zwei Typen beschrieben, nämlich Mehrfachemulsionen der Typen Wasser/Öl/Wasser (W/O/W) und Öl/Wasser/Öl (O/W/O). Die Formulierung von Mehrfachemulsionen in einem zweistufigen Verfahren wird geschildert. Die verschiedenen möglichen Zersetzungsprozesse in Mehrfachemulsionen werden vorgestellt, und die Faktoren, die die Langzeitstabilität der Formulierung beeinflussen, werden analysiert. Außerdem ist die Charakterisierung von Mehrfachemulsionen mittels optischer Mikroskopie und rheologischer Techniken Bestandteil des Kapitels. Kapitel 9 beschreibt Liposomen und Vesikel in kosmetischen Formulierungen. Die Verfahren zur Herstellung von Liposomen und Vesikeln werden zusammen mit den Methoden dargestellt, die zur Bewertung ihrer Stabilität angewendet werden können. Es wird beschrieben, wie die Stabilität von Liposomen durch die Einbindung von Blockcopolymeren verbessert werden kann. Abschließend werden die wichtigsten Vorteile der Einarbeitung von Liposomen und Vesikeln in Hautpflegeformulierungen kurz erörtert. Kapitel 10 befasst sich mit der Formulierung von Shampoos. Die verschiedenen Bestandteile einer Shampooformulierung werden beschrieben. Ebenso wird die Notwendigkeit der Zugabe eines amphoteren Tensids zu einem anionischen Tensid in einem Shampoo, um Hautreizungen zu verringern, erläutert und die Zugabe von weiteren Tensiden zur Verbesserung der Schaumbildung. Es folgt ein Abschnitt über den Mechanismus der Schmutz- und Ölentfernung durch das Shampoo. Die Verbesserung der Viskosität der Shampooformulierung durch Zugabe von Elektrolyten, die stäbchenförmige Mizellen bilden, wird auf einer grundlegenden Ebene beschrieben. Kapitel 11 befasst sich mit der Formulierung von Haarpflegemitteln in Shampoos. Es werden die Oberflächeneigenschaften des Haares und die Rolle der Zugabe von kationisch modifizierten Polymeren zur Neutralisierung der negativen Ladung des Haares beschrieben. Die Bedeutung von Haar-Conditionern für die Handhabung des Haares beim Kämmen wird analysiert. Kapitel 12 beschreibt die Formulierung von Sonnenschutzmitteln für den UV-Schutz. Die Bedeutung der Kontrolle gegen UV-A-Strahlung (Wellenlänge 320–400 nm) und UV-B-Strahlung (Wellenlänge 290–320 nm) wird hervorgehoben. Die Verwendung von organischen und mineralischen Sonnenschutzmitteln (Titandioxid) in der Formulierung ermöglicht den Schutz vor UV-A- und UV-B-Strahlung. Die Bedeutung der Partikelgrößenreduzierung der Titandioxidpartikel wird dabei ebenfalls beschrieben. Die Stabilisierung von Titandioxid-Dispersionen gegen Ausflockung in einer Sonnenschutzformulierung ist ebenso wichtig wie die Verhinderung der Emulsionskoaleszenz. Kapitel 13 widmet sich der Formulierung von Farbkosmetikprodukten. In kosmetischen Formulierungen werden verschiedene Farbpigmente verwendet, von anorganischen Pigmenten (wie rotes Eisenoxid) bis hin zu organischen Pigmenten unterschiedlicher Art. Die Formulierung dieser Pigmente in Farbkosmetika erfordert viel Geschick, da die Pigmentteilchen in einer Emulsion (Öl-in-Wasser oder Wasser-in-Öl) dispergiert sind. In einem Abschnitt werden die grundlegenden Prinzipien der Herstellung von Pigmentdispersionen beschrieben. Es geht um die Benetzung des Pulvers, seine Dispersion, die Nassvermahlung (Zerkleinerung) und die Stabilisierung gegen Aggregation. Kapitel 14 enthält einige Beispiele für industrielle kosmetische und Körperpflegeformulierungen: (1) Rasierformulierungen; (2) Seifenstücke; (3) flüssige Handseifen; (4) Badeöle; (5) Schaumbäder; (6) Formulierungen für die Pflege nach dem Bad; (7) Hautpflegeprodukte; (8) Haarpflegeformulierungen; (9) Sonnenschutzmittel; (10) Make-up-Produkte.

Literatur

[1] Breuer, M. M., in „Encyclopedia of Emulsion Technology", Becher, P. (Editor), Marcel Dekker, N. Y. (1985), Vol. 2, Chapter 7.
[2] Harry, S., „Cosmeticology", Wilkinson, J. B. and Moore, R. J. (Editors), Chemical Publishing, N. Y. (1981).
[3] Friberg, S. E., J. Soc. Cosmet. Chem., **41**, 155 (1990).
[4] Czihak, G., Langer, H. und Ziegler, H., „Biologie", Springer-Verlag, Berlin, Heidelberg, New York (1981).
[5] Kligman, A. M., in „Biology of the Stratum Corneum in Epidermis", Montagna, W. (Editor), Academic Press, N. Y., S. 421–46 (1964).
[6] Elias, P. M., Brown, B. E., Fritsch, P. T., Gorke, R. J., Goay, G. M. and White, R. J., J. Invest. Dermatol, **73**, 339 (1979).
[7] Friberg, S. E. and Osborne, D. W., J. Disp. Sci. Technol., **6**, 485 (1985).
[8] Tadros, Th. F., „Applied Surfactants", Wiley-VCH, Deutschland (2005).
[9] Tadros, Th. F., „Formulation of Disperse Systems", Wiley-VCH, Deutschland (2014).
[10] Tadros, Th. F. „Rheology of Dispersions", Wiley-VCH, Deutschland (2010).
[11] Deryaguin, B. V. and Landau, L., Acta Physicochem. USSR, **14**, 633 (1941).
[12] Verwey, E. J. W. and Overbeek, J. Th. G., „Theory of Stability of Lyophobic Colloids", Elsevier, Amsterdam (1948).
[13] Napper, D. H., „Polymeric Stabilisation of Colloidal Dispersions", Academic Press, London (1983).

2 Tenside in kosmetischen und Körperpflegeformulierungen

2.1 Tensid-Klassen

Wie in Kapitel 1 erwähnt, müssen die in kosmetischen Formulierungen verwendeten Tenside völlig frei von Allergenen, Sensibilisatoren und Reizstoffen sein. Um die medizinischen Risiken zu minimieren, verwenden die Hersteller in der Regel polymere Tenside, die weniger wahrscheinlich die Hornschicht durchdringen und daher weniger wahrscheinlich Schäden verursachen.

In kosmetischen Systemen werden herkömmliche Tenside vom anionischen, kationischen, amphoteren und nichtionischen Typ verwendet [1–3]. Neben den synthetischen Tensiden, die bei der Herstellung von kosmetischen Systemen wie Emulsionen, Cremes, Suspensionen usw. verwendet werden, wurden verschiedene andere natürlich vorkommende Stoffe eingeführt, und in den letzten Jahren besteht ein Trend, solche natürlichen Produkte in größerem Umfang zu verwenden, da man davon ausgeht, dass sie in der Anwendung sicherer sind. Wie bereits erwähnt, werden in vielen kosmetischen Formulierungen auch polymere Tenside der Typen A-B, A-B-A und BA_n verwendet.

Es folgt eine Auflistung einiger synthetischer Tenside, die in Kosmetika verwendet werden.

2.1.1 Anionische Tenside

Diese werden in vielen kosmetischen Formulierungen verwendet. Die hydrophobe Kette ist eine lineare Alkylgruppe mit einer Kettenlänge im Bereich von 12 bis 16 C-Atomen, und die polare Kopfgruppe sollte sich am Ende der Kette befinden. Lineare Ketten werden bevorzugt, da sie wirksamer und besser abbaubar sind als verzweigte Ketten. Die am häufigsten verwendeten hydrophilen Gruppen sind Carboxylate, Sulfate, Sulfonate und Phosphate. Die allgemeine Formel für anionische Tenside lautet wie folgt:

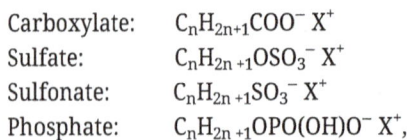

Carboxylate: $\quad C_nH_{2n+1}COO^-\ X^+$
Sulfate: $\quad\quad C_nH_{2n+1}OSO_3^-\ X^+$
Sulfonate: $\quad\ C_nH_{2n+1}SO_3^-\ X^+$
Phosphate: $\quad C_nH_{2n+1}OPO(OH)O^-\ X^+$,

wobei n im Bereich von 8 bis 16 Atomen liegt und das Gegenion X^+ in der Regel Na^+ ist.

Verschiedene andere anionische Tenside sind im Handel erhältlich, wie z. B. Sulfosuccinate, Isethionate (Ester der Isothionsäure mit der allgemeinen Formel $RCOOCH_2–CH_2–SO_3Na$) und Tauride (Derivate von Methyltaurin mit der allgemeinen Formel RCON

https://doi.org/10.1515/9783110798548-002

(R')CH$_2$–CH$_2$–SO$_3$Na), Sarkosine (mit der allgemeinen Formel RCON(R')COONa), die manchmal für spezielle Anwendungen verwendet werden.

Die **Carboxylate** sind vielleicht die ältesten bekannten Tenside, da sie die frühesten Seifen darstellen, z. B. Natrium- oder Kaliumstearat, C$_{17}$H$_{35}$COONa, Natriummyristat, C$_{14}$H$_{29}$COONa. Die Alkylgruppe kann ungesättigte Anteile enthalten, z. B. Natriumoleat, das eine Doppelbindung in der C$_{17}$-Alkylkette enthält. Die meisten handelsüblichen Seifen sind ein Gemisch aus Fettsäuren, die aus Talg, Kokosnussöl, Palmöl usw. gewonnen werden. Sie werden einfach durch Verseifung der Triglyceride von Ölen und Fetten hergestellt. Der Hauptvorteil dieser einfachen Seifen sind ihre niedrigen Kosten, ihre leichte biologische Abbaubarkeit und ihre geringe Toxizität. Ihr größter Nachteil ist, dass sie in Wasser mit zweiwertigen Ionen wie Ca^{2+} und Mg^{2+} leicht ausfallen. Um ihre Ausfällung in hartem Wasser zu vermeiden, werden die Carboxylate durch die Einführung einiger hydrophiler Ketten modifiziert, z. B. Ethoxycarboxylate mit der allgemeinen Struktur RO(CH$_2$CH$_2$O)$_n$CH$_2$COO$^-$, Estercarboxylate mit Hydroxyl- oder mehreren COOH-Gruppen, Sarkosinate, die eine Amidgruppe mit der allgemeinen Struktur RCON (R')COO$^-$ enthalten. Der Zusatz der ethoxylierten Gruppen führt zu einer erhöhten Wasserlöslichkeit und einer verbesserten chemischen Stabilität (keine Hydrolyse). Die modifizierten Ethercarboxylate sind auch besser mit Elektrolyten verträglich. Sie sind auch mit anderen nichtionischen, amphoteren und manchmal sogar kationischen Tensiden verträglich. Die Estercarboxylate sind sehr gut wasserlöslich, leiden aber unter dem Problem der Hydrolyse. Die Sarkosinate sind in sauren oder neutralen Lösungen wenig löslich, in alkalischen Medien jedoch gut löslich. Sie sind mit anderen anionischen, nichtionischen und kationischen Stoffen kompatibel. Die Phosphatester haben sehr interessante Eigenschaften, da sie zwischen den ethoxylierten nichtionischen Stoffen und den sulfatierten Derivaten liegen. Sie haben eine gute Kompatibilität mit anorganischen Buildern (den Gerüststoffen bei Waschmitteln) und können gute Emulgatoren sein.

Die **Sulfate** sind die größte und wichtigste Klasse der synthetischen Tenside. Sie werden durch Reaktion eines Alkohols mit Schwefelsäure hergestellt werden, d. h. sie sind Ester der Schwefelsäure. In der Praxis wird nur selten Schwefelsäure verwendet; die gängigsten Methoden zur Sulfatierung des Alkohols sind Chlorsulfonsäure- oder Schwefeldioxid/Luft-Gemische. Die Eigenschaften von Sulfat-Tensiden hängen von der Art der Alkylkette und der Sulfatgruppe ab. Die Alkalimetallsalze weisen eine gute Wasserlöslichkeit auf, neigen aber dazu, durch die Anwesenheit von Elektrolyten beeinträchtigt zu werden. Das gebräuchlichste Sulfat-Tensid ist Natriumdodecylsulfat (abgekürzt als SDS und manchmal auch als Natriumlaurylsulfat bezeichnet), das in vielen kosmetischen Formulierungen verwendet wird. Bei Raumtemperatur ($\approx$ 25 °C) ist dieses Tensid gut löslich und 30%ige wässrige Lösungen sind ziemlich flüssig (niedrige Viskosität). Unterhalb von 25 °C kann sich das Tensid jedoch als weiche Paste absetzen, wenn die Temperatur unter den Krafft-Punkt sinkt (die Temperatur, oberhalb derer das Tensid einen raschen Anstieg der Löslichkeit bei weiterer Temperaturerhöhung zeigt). Letzterer hängt von der Verteilung der Kettenlängen in der Alkylkette ab; je breiter die Verteilung, desto niedriger die Krafft-Temperatur. Durch Kontrolle dieser Verteilung kann man also eine Krafft-Temperatur von ≈ 10 °C erreichen. Bei einer Erhöhung der Tensidkonzentration auf 30–40 % (je nach Verteilung der Kettenlänge in der Alkylgruppe) steigt die Viskosität der Lösung sehr schnell an und kann ein Gel ergeben, fällt dann aber bei etwa 60–70 % ab, um eine gießbare Flüssigkeit zu ergeben, wonach sie wieder zu einem Gel ansteigt. Die Konzentration, bei der das Minimum auftritt, ist je nach verwendetem Alkoholsulfat und dem Vorhandensein von Verunreinigungen wie ungesättigtem Alkohol unterschiedlich. Die Viskosität der wässrigen Lösungen kann durch Zugabe von kurzkettigen Alkoholen und Glykolen verringert werden. Die kritische Mizellbildungskonzentration (CMC) von SDS (eine Konzentration, oberhalb derer sich die Eigenschaften der Lösung abrupt ändern) beträgt 8×10^{-3} mol dm^{-3} (0,24 %). Die Alkylsulfate haben gute Schaumeigenschaften mit einem Optimum bei C_{12} bis C_{14}. Wie die Carboxylate werden auch die Sulfat-Tenside chemisch modifiziert, um ihre Eigenschaften zu verändern. Die gebräuchlichste Modifikation besteht darin, einige Ethylenoxid-Einheiten in die Kette einzufügen und führt zu Substanzen, die gewöhnlich als Alkoholethersulfate bezeichnet werden und häufig in Shampoos verwendet werden. Diese werden durch Sulfatierung von ethoxylierten Alkoholen hergestellt. Zum Beispiel Natriumdodecyl-Triethersulfat, bei dem es sich im Wesentlichen um Dodecylalkohol handelt, der mit 3 Molen EO umgesetzt, dann sulfatiert und mit NaOH neutralisiert wird. Durch das Vorhandensein von PEO (Polyethylenoxid) wird die Löslichkeit im Vergleich zu den reinen Alkoholsulfaten verbessert. Darüber hinaus wird das Tensid in wässriger Lösung verträglicher mit Elektrolyten. Die Ethersulfate sind auch chemisch stabiler als die Alkoholsulfate. Der CMC-Wert der Ethersulfate ist ebenfalls niedriger als der des entsprechenden Tensids ohne die EO-Einheiten. Das Viskositätsverhalten wässriger Lösungen ist ähnlich wie bei den Alkoholsulfaten und ergibt Gele im Bereich von 30–60 %. Die Ethersulfate zeigen einen ausgeprägten Salzeffekt, wobei die Viskosität einer verdünnten Lösung bei Zugabe von Elektrolyten wie NaCl deutlich ansteigt. Die Ethersulfate werden häufig in Handgeschirrspülmitteln und in Shampoos in Kombination mit amphoteren Tensiden verwendet.

Bei den **Sulfonaten** ist das Schwefelatom direkt an das Kohlenstoffatom der Alkylgruppe gebunden, was dem Molekül im Vergleich zu den Sulfaten (bei denen das Schwefelatom indirekt über ein Sauerstoffatom mit dem Kohlenstoff der hydrophoben Gruppe verbunden ist) Stabilität gegen Hydrolyse verleiht. Wie bei den Sulfaten wird auch hier eine chemische Modifikation durch die Einführung von Ethylenoxid-Einheiten vorgenommen. Diese Tenside weisen eine ausgezeichnete Wasserlöslichkeit und biologische Abbaubarkeit auf. Außerdem sind sie mit vielen wässrigen Ionen kompatibel. Eine weitere Klasse von Sulfonaten sind die α-Olefinsulfonate, die durch Reaktion von linearen α-Olefinen mit Schwefeltrioxid hergestellt werden und in der Regel ein Gemisch aus Alkensulfonaten (60–70 %), 3- und 4-Hydroxyalkansulfonaten (≈ 30 %) und einigen Disulfonaten und anderen Spezies ergeben. Die beiden wichtigsten α-Olefinfraktionen, die als Ausgangsmaterial verwendet werden, sind C_{12}–C_{16} und C_{16}–C_{18}. Fettsäure- und Estersulfonate werden durch Sulfonierung von ungesättigten Fettsäuren oder Estern hergestellt. Ein gutes Beispiel ist sulfonierte Ölsäure:

$$CH_3(CH_2)_7CH(CH_2)_8COOH$$
$$|$$
$$SO_3H$$

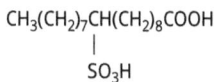

Eine besondere Klasse von Sulfonaten sind die Sulfobernsteinsäureester, bei denen es sich um Ester der Sulfobernsteinsäure handelt:

$$CH_2COOH$$
$$|$$
$$HSO_3\ CH\ COOH$$

Es werden sowohl Mono- als auch Diester hergestellt. Ein weit verbreiteter Diester, der in vielen Formulierungen verwendet wird, ist Natriumdi(2-ethylhexyl)sulphosuccinat (das im Handel unter dem Namen Aerosol OT verkauft wird). Der CMC-Wert der Diester ist sehr niedrig und liegt im Bereich von 0,06 % für die C_6- bis C_8-Natriumsalze, und es ergibt sich ein Minimum der Oberflächenspannung für den C_8-Diester, das bei 26 mNm^{-1} liegt. Somit sind diese Moleküle ausgezeichnete Benetzungsmittel. Die Diester sind sowohl in Wasser als auch in vielen organischen Lösungsmitteln löslich. Sie eignen sich besonders für die Herstellung von Wasser-in-Öl-Mikroemulsionen (W/O-Mikroemulsionen).

Isethionate sind Ester der Isethionsäure $HOCH_2CH_2SO_3H$. Sie werden durch Reaktion von Chloriden einer Fettsäure mit Natriumisethionat hergestellt. Die Natriumsalze von C_{12-14} sind bei hohen Temperaturen (70 °C) löslich, haben aber eine sehr geringe Löslichkeit (0,01 %) bei 25 °C. Sie sind mit wässrigen Ionen kompatibel und können daher die Bildung von Schaum in hartem Wasser reduzieren. Sie sind bei einem pH-Wert von 6 bis 8 stabil, werden aber außerhalb dieses Bereichs hydrolysiert. Außerdem haben sie gute Schaumbildungseigenschaften.

Tauride sind Derivate von Methyltaurin $CH_2–NH–CH_2–CH_2–SO_3$. Letzteres wird durch Reaktion von Natriumisethionat mit Methylamin hergestellt. Die Tauride werden durch Reaktion von Fettsäurechlorid mit Methyltaurin hergestellt. Im Gegensatz zu den Isethionaten sind die Tauride unempfindlich gegenüber einem niedrigen pH-Wert. Sie haben gute Schaumbildungseigenschaften und sind gute Benetzungsmittel.

Phosphathaltige anionische Tenside werden auch in vielen kosmetischen Formulierungen verwendet. Sowohl Alkylphosphate als auch Alkyletherphosphate werden durch Behandlung der Fettalkohole oder Alkoholethoxylate mit einem Phosphorylierungsmittel, in der Regel Phosphorpentoxid, P_4O_{10}, hergestellt. Bei der Reaktion entsteht ein Gemisch aus Mono- und Diestern der Phosphorsäure. Das Verhältnis der beiden Ester wird durch das Verhältnis der Reaktanten und die in der Reaktionsmischung vorhandene Wassermenge bestimmt. Die physikochemischen Eigenschaften der Alkylphosphat-Tenside hängen vom Verhältnis der Ester ab. Sie haben Eigenschaften, die zwischen denen der ethoxylierten nichtionischen Tenside (siehe unten) und denen der sulfatierten Derivate liegen. Sie weisen eine gute Verträglichkeit mit anorganischen Buildern und gute Emulgiereigenschaften auf.

2.1.2 Kationische Tenside

Die gebräuchlichsten kationischen Tenside sind die quaternären Ammoniumverbindungen mit der allgemeinen Formel $R'R''R'''R''''N^+ X^-$, wobei X^- in der Regel ein Chloridion ist und R für Alkylgruppen steht. Diese quaternären Verbindungen werden durch Reaktion eines geeigneten tertiären Amins mit einem organischen Halogenid oder einem organischen Sulfat hergestellt. Eine gängige Klasse von kationischen Verbindungen ist das Alkyltrimethylammoniumchlorid, bei dem R 8 bis 18 C-Atome enthält, z. B. Dodecyltrimethylammoniumchlorid, $C_{12}H_{25}(CH_3)_3NCl$. Eine weitere weit verbreitete Klasse kationischer Tenside sind solche, die zwei langkettige Alkylgruppen enthalten, z. B. Dialkyldimethylammoniumchlorid, wobei die Alkylgruppen eine Kettenlänge von 8 bis 18 C-Atomen aufweisen. Diese Dialkyltenside sind weniger wasserlöslich als die quaternären Monoalkylverbindungen, werden aber manchmal als Haarspülmittel verwendet. Ein weit verbreitetes kationisches Tensid ist Alkyldimethylbenzylammoniumchlorid (manchmal auch als Benzalkoniumchlorid bezeichnet), das häufig als Bakterizid verwendet wird und die folgende Struktur aufweist:

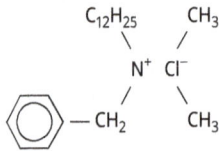

Imidazoline können auch quaternäre Verbindungen bilden; das häufigste Produkt ist das mit Dimethylsulfat quaternierte Ditallow-Derivat:

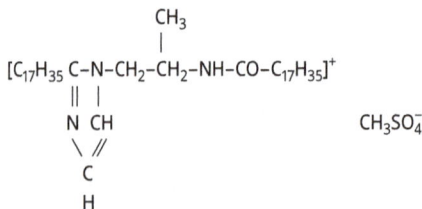

Kationische Tenside können auch durch den Einbau von Polyethylenoxidketten modifiziert werden, z. B. Dodecylmethylpolyethylenoxid-Ammoniumchlorid mit der Struktur:

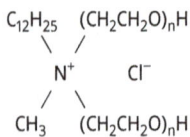

Kationische Tenside sind im Allgemeinen wasserlöslich, wenn nur eine lange Alkyl-gruppe vorhanden ist. Bei Vorhandensein von zwei oder mehr langen hydrophoben Ketten wird das Produkt in Wasser dispergierbar und in organischen Lösungsmitteln löslich. Sie sind im Allgemeinen mit den meisten anorganischen Ionen und hartem Wasser kompatibel, jedoch nicht mit Metasilikaten und stark kondensierten Phospha-ten. Sie sind auch unverträglich mit proteinähnlichen Materialien. Kationische Stoffe sind im Allgemeinen stabil gegenüber pH-Änderungen, sowohl im sauren als auch im alkalischen Bereich. Sie sind mit den meisten anionischen Tensiden unverträglich, aber sie sind mit nichtionischen Tensiden verträglich. Diese kationischen Tenside sind in Kohlenwasserstoffölen unlöslich. Im Gegensatz dazu sind kationische Tenside mit zwei oder mehr langen Alkylketten in Kohlenwasserstoff-Lösungsmitteln löslich, aber sie sind in Wasser nur dispergierbar (manchmal bilden sie zweischichtige vesikelartige Strukturen). Sie sind im Allgemeinen chemisch stabil und können Elektrolyte vertragen. Der CMC-Wert von kationischen Tensiden liegt nahe bei dem von anionischen Tensiden mit der gleichen Alkylkettenlänge. Zum Beispiel beträgt der CMC-Wert von Benzalkoni-umchlorid 0,17 %. Die Hauptanwendung kationischer Tenside beruht auf ihrer Neigung, an negativ geladenen Oberflächen, z. B. Haaren, zu adsorbieren, so können sie beispiels-weise als Haarspülungen verwendet werden.

2.1.3 Amphoterische (zwitterionische) Tenside

Dies sind Tenside, die sowohl kationische als auch anionische Gruppen enthalten. Die gebräuchlichsten amphoteren Tenside sind die N-Alkylbetaine, bei denen es sich um Derivate von Trimethylglycin $(CH_3)_3NCH_2COOH$ (das als Betain bezeichnet wurde) handelt. Ein Beispiel für ein Betain-Tensid ist Laurylamido-Propyl-Dimethyl-Betain $C_{12}H_{25}CON(CH_3)_2CH_2COOH$. Diese Alkylbetaine werden manchmal auch als Alkyldi-methylglycinate bezeichnet. Das Hauptmerkmal der amphoteren Tenside ist ihre Abhängigkeit vom pH-Wert der Lösung, in der sie gelöst sind. In Lösungen mit sau-rem pH-Wert erhält das Molekül eine positive Ladung und verhält sich wie ein Kat-ion, während es in Lösungen mit alkalischem pH-Wert negativ geladen wird und sich wie ein Anion verhält. Es kann ein bestimmter pH-Wert definiert werden, bei dem beide ionischen Gruppen gleich stark ionisiert sind (der isoelektrische Punkt des Moleküls). Dies kann durch das folgende Schema beschrieben werden:

$$N^+ \dots COOH \quad \leftrightarrow \quad N^+ \dots COO^- \quad \leftrightarrow \quad NH \dots COO^-$$

sauer, pH < 3 $\qquad$ isoelektrisch $\qquad$ pH > 6, alkalisch

Amphotere Tenside werden manchmal auch als zwitterionische Moleküle bezeichnet. Sie sind in Wasser löslich, wobei die Löslichkeit am isoelektrischen Punkt ein Mini-mum aufweist. Amphotere Tenside zeigen eine ausgezeichnete Kompatibilität mit an-deren Tensiden und bilden Mischmizellen. Sie sind sowohl in Säuren als auch in Laugen chemisch stabil. Die Oberflächenaktivität von Amphoterika ist sehr unterschiedlich und hängt vom Abstand zwischen den geladenen Gruppen ab; sie weisen ein Maximum der Oberflächenaktivität am isoelektrischen Punkt auf.

Eine andere Klasse von Amphoteren sind die N-Alkylamino-Propionate mit der Struktur $R-NHCH_2CH_2COOH$. Die NH-Gruppe ist reaktiv und kann mit einem anderen Säuremolekül (z. B. Acrylsäure) unter Bildung eines Amino-Dipropionats $R-N(CH_2CH_2COOH)_2$ reagieren. Ein Produkt auf Alkylimidazolinbasis kann auch durch Reaktion von Alkylimidazolin mit einer Chlorsäure hergestellt werden. Allerdings bricht der Imidazolinring bei der Bildung der Amphoterie.

Die Veränderung der Ladung mit dem pH-Wert amphoterer Tenside beeinflusst deren Eigenschaften, wie z. B. Benetzung, Schaumbildung usw. Am isoelektrischen Punkt ähneln die Eigenschaften amphoterer Tenside sehr stark denen nichtionischer Tenside. Unterhalb und oberhalb des isoelektrischen Punkts verschieben sich die Eigenschaften in Richtung der kationischen bzw. anionischen Tenside. Zwitterionische Tenside haben ausgezeichnete dermatologische Eigenschaften. Sie reizen auch die Augen nur wenig und werden häufig in Shampoos und anderen Körperpflegeprodukten (Kosmetika) verwendet. Aufgrund ihrer milden Eigenschaften, d. h. ihrer geringen Augen- und Hautreizung, werden Amphotenside häufig in Shampoos verwendet. Sie verleihen dem Haar auch antistatische Eigenschaften, zeigen eine gute Wirkung als Haar-Conditioner und sind schaumverstärkend.

2.1.4 Nichtionische Tenside

Die gebräuchlichsten nichtionischen Tenside sind solche auf der Basis von Ethylenoxid, die als ethoxylierte Tenside bezeichnet werden. Es lassen sich mehrere Klassen unterscheiden: Alkoholethoxylate, Fettsäureethoxylate, Monoalkanolamidethoxylate, Sorbitanesterethoxylate, Fettaminethoxylate und Ethylenoxid-Propylenoxid-Copolymere (manchmal auch als polymere Tenside bezeichnet). Eine weitere wichtige Klasse der nichtionischen Tenside sind die Multihydroxyprodukte wie Glykolester, Glycerinester (und Polyglycerinester), Glucoside (und Polyglucoside) und Saccharoseester. Aminoxide und Sulfinyl-Tenside sind nichtionische Stoffe mit einer kleinen Kopfgruppe.

Alkoholethoxylate werden im Allgemeinen durch Ethoxylierung eines Fettalkohols wie Dodecanol hergestellt. Für diese Klasse von Tensiden gibt es mehrere Gattungsbezeichnungen wie ethoxylierte Fettalkohole, Alkylpolyoxyethylenglykol, Monoalkylpolyethylenoxidglykolether usw. Ein typisches Beispiel ist Dodecylhexaoxyethylenglykolmonoether mit der chemischen Formel $C_{12}H_{25}(OCH_2CH_2O)_6OH$ (manchmal abgekürzt als $C_{12}E_6$). In der Praxis weist der Ausgangsalkohol eine Verteilung der Alkylkettenlängen und das resultierende Ethoxylat eine Verteilung der Ethylenoxid-Kettenlänge (EO-Einheiten) auf. Daher beziehen sich die in der Literatur aufgeführten Zahlen auf Durchschnittswerte.

Der CMC-Wert von nichtionischen Tensiden ist etwa zwei Größenordnungen niedriger als der der entsprechenden anionischen Tenside mit derselben Alkylkettenlänge. Bei einer gegebenen Alkylkettenlänge nimmt der CMC-Wert mit abnehmender Anzahl der EO-Einheiten ab. Die Löslichkeit der Alkoholethoxylate hängt sowohl von der Alkylkettenlänge als auch von der Anzahl der EO-Einheiten im Molekül ab. Moleküle mit einer durchschnittlichen Alkylkettenlänge von 12 C-Atomen und mehr als 5 EO-Einheiten sind in der Regel bei Raumtemperatur in Wasser löslich. Wenn die Temperatur der Lösung jedoch allmählich erhöht wird, wird die Lösung trübe (infolge der Dehydratisierung der PEO-Kette und der Änderung der Konformation der PEO-Kette), und die Temperatur, bei der dies geschieht, wird als Trübungspunkt (CP; engl. cloud point) des Tensids bezeichnet. Bei einer bestimmten Alkylkettenlänge steigt der CP mit der Zunahme der EO-Kettenlänge des Moleküls. Der CP ändert sich mit der Konzentration der Tensidlösung; in der Fachliteratur wird in der Regel der CP einer 1%igen Lösung angegeben. Der CP wird auch durch die Anwesenheit von Elektrolyten in der wässrigen Lösung beeinflusst. Die meisten Elektrolyte senken den CP einer Lösung mit nichtionischen Tensiden. Nichtionische Tenside neigen dazu, ihre maximale Oberflächenaktivität in der Nähe des Trübungspunkts zu erreichen. Der CP der meisten nichtionischen Tenside steigt bei Zugabe geringer Mengen anionischer Tenside deutlich an. Die Oberflächenspannung von Alkoholethoxylatlösungen nimmt mit zunehmender Konzentration ab, bis sie ihren CP erreicht, danach bleibt sie bei weiterer Erhöhung der Konzentration konstant. Die minimale Oberflächenspannung, die bei und oberhalb der CMC erreicht wird, nimmt mit der Abnahme der Anzahl der EO-Einheiten der Kette (bei einer gegebenen Alkylkette) ab. Die Viskosität einer nichtionischen Tensidlösung nimmt mit steigender Konzentration allmählich zu, doch bei einer kritischen Konzentration (die von der Alkyl- und EO-Kettenlänge abhängt) steigt die Viskosität rasch an, und schließlich bildet sich eine gelartige Struktur. Dies ist auf die Bildung einer flüssigkristallinen Struktur vom hexagonalen Typ zurückzuführen. In vielen Fällen erreicht die Viskosität ein Maximum, nach dem sie aufgrund der Bildung anderer Strukturen (z. B. lamellarer Phasen) abnimmt (siehe unten).

Fettsäureethoxylate werden durch Reaktion von Ethylenoxid mit einer Fettsäure oder einem Polyglykol hergestellt und haben die allgemeine Formel $RCOO\text{-}(CH_2CH_2O)_nH$. Bei Verwendung eines Polyglykols entsteht ein Gemisch aus Mono- und Di-Ester ($RCOO\text{-}(CH_2CH_2O)n\text{-}OCOR$). Diese Tenside sind im Allgemeinen wasserlöslich, sofern genügend EO-Einheiten vorhanden sind und die Alkylkettenlänge der Säure nicht zu lang ist. Die Mono-Ester sind wesentlich besser in Wasser löslich als die Di-Ester. In letzterem Fall ist eine längere EO-Kette erforderlich, um das Molekül löslich zu machen. Die Tenside sind mit wässrigen Ionen verträglich, sofern nicht zu viel unreagierte Säure vorhanden ist. In stark alkalischen Lösungen werden diese Tenside jedoch hydrolysiert.

Sorbitan-Ester und ihre ethoxylierten Derivate (Spans und Tweens) sind vielleicht die am häufigsten verwendeten nichtionischen Tenside. Die Sorbitan-Ester werden durch Reaktion von Sorbitol mit einer Fettsäure bei hoher Temperatur (> 200 °C) hergestellt. Das Sorbitol dehydriert zu 1,4-Sorbitan und wird dann verestert. Wenn man ein Mol Fettsäure mit einem Mol Sorbit umsetzt, erhält man einen Mono-Ester (als Nebenprodukt entsteht auch ein Di-Ester). Der Sorbitanmonoester hat also die folgende allgemeine Formel:

```
       CH₂ ———
        |        |
  H — C — OH      |
        |        |
 HO — C — H      O
        |        |
  H — C ————————┘
        |
  H — C — OH
        |
       CH₂OCOR
```

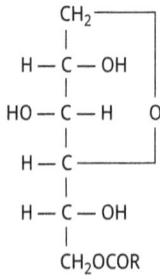

Die freien OH-Gruppen des Moleküls können verestert werden, wobei Di- und Triester entstehen. Je nach Art der Alkylgruppe der Säure und je nachdem, ob es sich um einen Mono-, Di- oder Tri-Ester handelt, sind verschiedene Produkte erhältlich. Nachstehend sind einige Beispiele aufgeführt:

Sorbitanmonolaurat   – Span 20
Sorbitanmonopalmitat – Span 40
Sorbitanmonostearat   – Span 60
Sorbitanmonooleat   – Span 80
Sorbitantristearat   – Span 65
Sorbitantrioleat   – Span 85

Die ethoxylierten Derivate von Spans, die Tweens, werden durch Reaktion von Ethylenoxid mit einer an der Sorbitan-Estergruppe verbleibenden Hydroxylgruppe hergestellt. Alternativ dazu wird das Sorbitol zunächst ethoxyliert und dann verestert. Das Endprodukt hat jedoch andere Tensideigenschaften als die Tweens. Einige Beispiele für Tween-Tenside sind nachstehend aufgeführt:

Polyoxyethylen-(20)-Sorbitanmonolaurat   – Tween 20
Polyoxyethylen-(20)-Sorbitanmonopalmitat – Tween 40
Polyoxyethylen-(20)-Sorbitanmonostearat   – Tween 60
Polyoxyethylen-(20)-Sorbitanmonooleat   – Tween 80
Polyoxyethylen-(20)-Sorbitantristearat   – Tween 65
Polyoxyethylen-(20)-Sorbitantrioleat   – Tween 85

Die Sorbitan-Ester sind unlöslich in Wasser, aber löslich in den meisten organischen Lösungsmitteln (Tenside mit niedrigem HLB-Wert). Die ethoxylierten Produkte sind im Allgemeinen wasserlöslich und haben relativ hohe HLB-Werte. Einer der wichtigsten Vorteile der Sorbitan-Ester und ihrer ethoxylierten Derivate ist ihre Zulassung in Kosmetika und einigen pharmazeutischen Präparaten.

Ethoxylierte Fette und Öle werden auch in einigen kosmetischen Formulierungen verwendet, z. B. Rizinusölethoxylate, die gute Lösungsvermittler für wasserunlösliche Inhaltsstoffe sind.

Aminethoxylate werden durch Addition von Ethylenoxid an primäre oder sekundäre Fettamine hergestellt. Bei primären Aminen reagieren beide Wasserstoffatome der Amingruppe mit Ethylenoxid, so dass das resultierende Tensid die folgende Struktur hat:

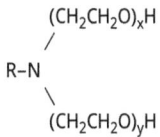

```
      (CH₂CH₂O)ₓH
     /
R–N
     \
      (CH₂CH₂O)ᵧH
```

Die oben genannten Tenside erhalten einen kationischen Charakter, wenn die Anzahl der EO-Einheiten gering ist und der pH-Wert niedrig ist. Bei hohem EO-Gehalt und neutralem pH-Wert verhalten sie sich jedoch sehr ähnlich wie nichtionische Tenside. Bei niedrigem EO-Gehalt sind die Tenside nicht wasserlöslich, werden aber in einer sauren Lösung löslich. Bei hohem pH-Wert sind die Aminethoxylate wasserlöslich, sofern die Alkylkette der Verbindung nicht zu lang ist (in der Regel ist eine C_{12}-Kette für eine angemessene Löslichkeit bei ausreichendem EO-Gehalt ausreichend).

Aminoxide werden durch Oxidation einer tertiären Stickstoffgruppe mit wässrigem Wasserstoffperoxid bei Temperaturen im Bereich von 60 bis 80 °C hergestellt. Als Beispiele können angeführt werden: N-Alkylamidopropyl-Dimethylaminoxid, N-Alkyl-bis(2-Hydroxyethyl)aminoxid und N-Alkyl-dimethylaminoxid. Die Strukturformeln sehen folgendermaßen aus:

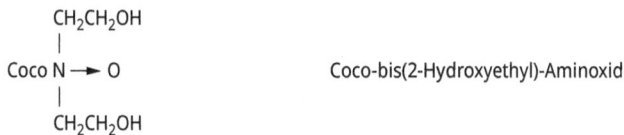

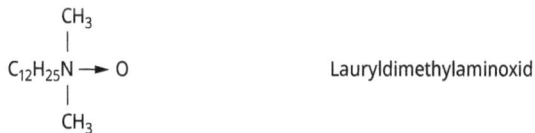

```
              CH₃
               |
Coco CONHCH₂CH₂CH₂N —► O      Alkyl-Amidopropyl-Dimethylaminoxid
               |
              CH₃
```

```
  CH₂CH₂OH
   |
Coco N —► O                   Coco-bis(2-Hydroxyethyl)-Aminoxid
   |
  CH₂CH₂OH
```

```
      CH₃
       |
C₁₂H₂₅N —► O                  Lauryldimethylaminoxid
       |
      CH₃
```

In sauren Lösungen ist die Aminogruppe protoniert und wirkt als kationisches Tensid. In neutraler oder alkalischer Lösung haben die Aminoxide im Wesentlichen nichtionischen Charakter. Alkyldimethylaminoxide sind bis zu einer C_{16}-Alkylkette wasserlöslich. Oberhalb von pH 9 sind Aminoxide mit den meisten Anionen kompatibel. Bei einem pH-Wert von 6,5 und darunter neigen einige Anionen zu Wechselwirkungen und führen zu Ausfällungen. In Kombination mit Anionen können Aminoxide als Schaumverstärker dienen (z. B. in Shampoos).

2.1.5 Von Mono- und Polysacchariden abgeleitete Tenside

Mehrere Tenside wurden ausgehend von Mono- oder Oligosacchariden durch Reaktion mit multifunktionellen Hydroxylgruppen synthetisiert: Alkylglucoside, Alkylpolyglucoside, Zuckerfettsäureester und Saccharoseester usw. Das technische Problem besteht darin, eine hydrophobe Gruppe an die Multihydroxylstruktur zu binden. Die Veresterung von Saccharose mit Fettsäuren oder Fettglyceriden erzeugt beispielsweise Saccharoseester mit der folgenden Struktur:

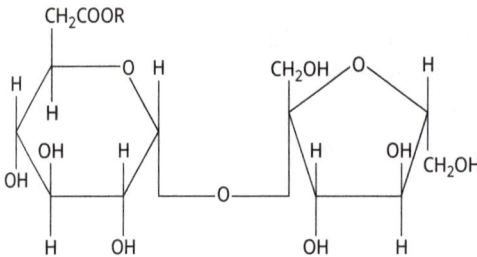

Die interessantesten Zuckertenside sind die Alkylpolyglucoside (APG), die in einem zweistufigen Transacetalisierungsverfahren synthetisiert werden. In der ersten Stufe reagiert das Kohlenhydrat mit einem kurzkettigen Alkohol, z. B. Butanol oder Propylenglykol. In der zweiten Stufe wird das kurzkettige Alkylglucosid mit einem relativ langkettigen Alkohol (C_{12-14}-OH) transacetalisiert, um das gewünschte Alkylpolyglucosid zu bilden. Dieses Verfahren wird angewandt, wenn Oligo- und Polyglucosen (z. B. Stärke, Sirupe mit niedrigem Dextroseäquivalent DE) verwendet werden. In einem vereinfachten Transacetalisierungsverfahren können Sirupe mit hohem Glucosegehalt (DE > 96 %) oder feste Glucosetypen mit kurzkettigen Alkoholen unter Normaldruck reagieren. Bei den handelsüblichen Alkylpolyglucosiden (APG) handelt es sich um komplexe Gemische von Spezies, die sich im Polymerisationsgrad (DP, engl. degree of polymerization; in der Regel im Bereich von 1,1 bis 3) und in der Länge der Alkylkette unterscheiden. Wenn letztere kürzer als C_{14} ist, ist das Produkt wasserlöslich. Die CMC-Werte von APG sind mit denen nichtionischer Tenside vergleichbar und nehmen mit zunehmender Länge der Alkylkette ab.

APG-Tenside sind gut wasserlöslich und haben einen hohen Trübungspunkt (> 100 °C). Sie sind stabil in neutralen und alkalischen Lösungen, aber instabil in stark sauren Lösungen. APG-Tenside können hohe Elektrolytkonzentrationen vertragen und sind mit den meisten Arten von Tensiden kompatibel. Sie werden in Körperpflegeprodukten für Reinigungsformulierungen sowie für Hautpflege- und Haarprodukte verwendet.

2.1.6 Natürlich vorkommende Tenside

Die wichtigste natürlich vorkommende Klasse von Tensiden, die in kosmetischen Formulierungen häufig verwendet werden, sind die Lipide, von denen Phosphatidylcholin (Lecithin), Lysolecithin, Phosphatidylethanolamin und Phosphatidylinositol die am häufigsten verwendeten Tenside sind. Die Struktur dieser Lipide ist in Abb. 2.1 dargestellt. Diese Lipide werden sowohl als Emulgatoren als auch zur Herstellung von Liposomen oder Vesikeln für Hautpflegeprodukte verwendet. Die Lipide bilden grobe, trübe Dispersionen großer Aggregate (Liposomen), die bei Beschallung kleinere Einheiten oder Vesikel bilden. Die Liposomen sind smektische Mesophasen von Phospholipiden, die in Doppelschichten organisiert sind und eine multilamellare oder unilamellare Struktur annehmen. Die multilamellaren Spezies sind heterogene Aggregate, die meist durch Dispersion eines dünnen Phospholipidfilms (allein oder mit Cholesterin) in Wasser hergestellt werden. Durch Beschallung der multilamellaren Einheiten können unilamellare Liposomen entstehen, die manchmal auch als Vesikel bezeichnet werden. Die Nettoladung der Liposomen lässt sich durch den Einbau eines langkettigen Amins wie Stearylamin (für ein positiv geladenes Vesikel) oder Dicetylphosphat (für eine negativ geladene Spezies) verändern. Sowohl lipidlösliche als auch wasserlösliche Wirkstoffe können in Liposomen eingeschlossen werden. Die fettlöslichen Wirkstoffe werden in den Kohlenwasserstoffzwischenräumen der Lipiddoppelschichten gelöst, während die wasserlöslichen Wirkstoffe in die wässrigen Schichten eingelagert werden.

2.1.7 Polymere (makromolekulare) Tenside

Die polymeren Tenside haben erhebliche Vorteile für die Verwendung in kosmetischen Inhaltsstoffen. Sie werden in Kapitel 3 ausführlich beschrieben. Wie noch zu zeigen sein wird, sind die am häufigsten verwendeten Materialien die ABA-Blockcopolymere, wobei A Polyethylenoxid und B Polypropylenoxid ist (Pluronics). Im Allgemeinen haben polymere Tenside ein viel geringeres Toxizitäts-, Sensibilisierungs- und Reizungspotenzial, sofern sie nicht mit Spuren der Ausgangsmonomere verunreinigt sind. Wie in Kapitel 3 erörtert wird, bieten diese Moleküle eine größere Stabilität und können in einigen Fällen zur Einstellung der Viskosität der kosmetischen Formulierung verwendet werden.

2.1.8 Silikon-Tenside

In den letzten Jahren ist ein großer Trend zur Verwendung von Silikonölen für viele kosmetische Formulierungen zu verzeichnen. Insbesondere flüchtige Silikonöle werden in vielen kosmetischen Produkten verwendet, da sie ein angenehmes, trockenes Gefühl auf der Haut vermitteln. Diese flüchtigen Silikone verdunsten ohne unangenehmen Kühleffekt und ohne Rückstände zu hinterlassen. Aufgrund ihrer geringen Oberflächenenergie tragen Silikone dazu bei, dass sich die verschiedenen Wirkstoffe auf der Oberfläche von Haaren und Haut verteilen.

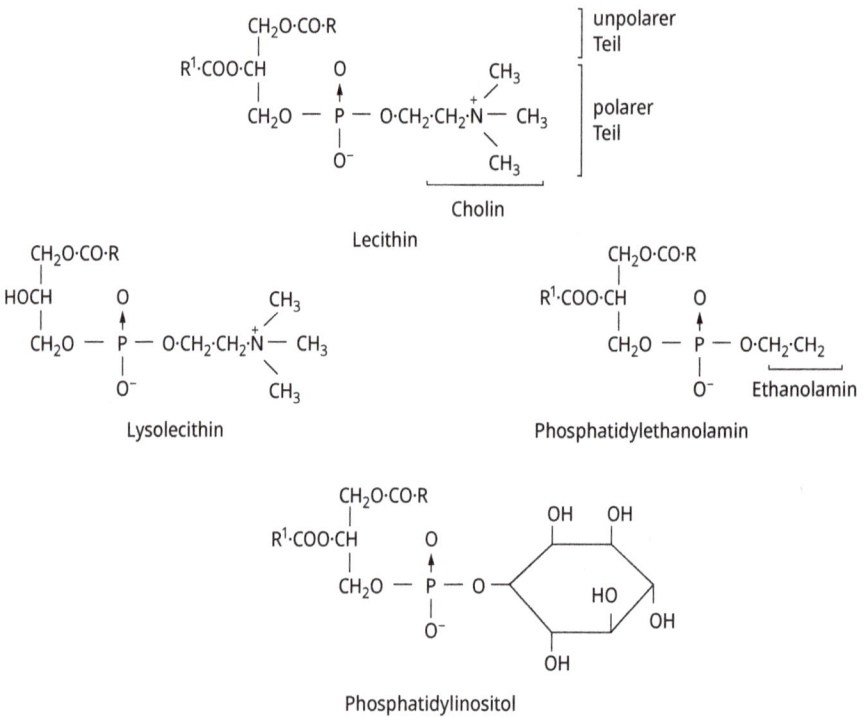

Abb. 2.1: Strukturformeln von Lipiden.

Die chemische Struktur der in kosmetischen Zubereitungen verwendeten Silikonverbindungen variiert je nach Anwendung. Zur Veranschaulichung zeigt Abb. 2.2 einige typische Strukturen von zyklischen und linearen Silikonen. Die Grundgerüste können verschiedene „funktionelle" Gruppen tragen, z. B. Carboxyl, Amin, Sulfhydryl usw. Während die meisten Silikonöle mit herkömmlichen Kohlenwasserstoff-Tensiden emulgiert werden können, ist in den letzten Jahren ein Trend zur Verwendung von Silikon-Tensiden für die Emulsionsherstellung zu verzeichnen. Typische Strukturen von Siloxan-Polyethylenoxid- und Siloxan-Polyethylenamin-Copolymeren sind in Abb. 2.2 dargestellt. Die Oberflächenaktivität dieser Blockcopolymere hängt von der relativen Länge des hydrophoben Silikongerüsts und der hydrophilen Ketten (z. B. PEO) ab. Die Attraktivität der Verwendung von Silikonölen und Silikon-Copolymeren liegt darin, dass sie im Vergleich zu ihren Kohlenwasserstoff-Gegenstücken relativ geringe medizinische und ökologische Gefahren bergen.

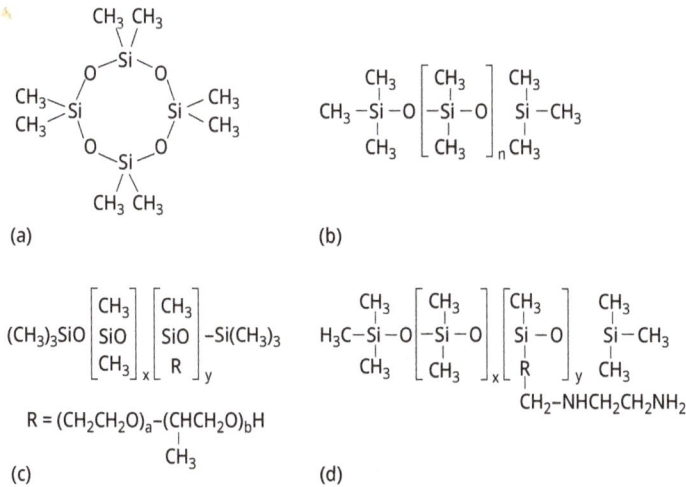

Abb. 2.2: Strukturformeln typischer Silikonverbindungen, die in kosmetischen Formulierungen verwendet werden: (a) cyclisches Siloxan; (b) lineares Siloxan; (c) Siloxan-Polyethylenoxid-Copolymer; (d) Siloxan-Polyethylenamin-Copolymer.

2.2 Physikalische Eigenschaften von Tensidlösungen und der Prozess der Mizellenbildung

Die physikalischen Eigenschaften von Tensidlösungen unterscheiden sich von denen nicht-amphipathischer Moleküllösungen (z. B. Zuckerlösungen) in einem wesentlichen Aspekt, nämlich in der abrupten Änderung ihrer Eigenschaften oberhalb einer kritischen Konzentration [4]. Dies wird in Abb. 2.3 veranschaulicht, die Diagramme mehrerer physikalischer Eigenschaften (osmotischer Druck, Oberflächenspannung, Trübung, Solubilisierung, magnetische Resonanz, äquivalente Leitfähigkeit und Selbstdiffusion) als Funktion der Konzentration für ein anionisches Tensid zeigt. Bei niedrigen Konzentrationen sind die meisten Eigenschaften denen eines einfachen Elektrolyten ähnlich. Eine bemerkenswerte Ausnahme ist die Oberflächenspannung, die mit zunehmender Tensidkonzentration rasch abnimmt. Alle Eigenschaften (Grenzflächen- und Volumeneigenschaften) weisen jedoch bei einer bestimmten Konzentration eine abrupte Änderung auf, was damit zusammenhängt, dass sich oberflächenaktive Moleküle oder Ionen bei und über dieser Konzentration zu größeren Einheiten

zusammenschließen. Diese assoziierten Einheiten werden als Mizellen (selbstorgani-
sierte Strukturen) bezeichnet, und die ersten gebildeten Aggregate sind im Allgemeinen
annähernd kugelförmig. Eine schematische Darstellung einer kugelförmigen Mizelle ist
in Abb. 2.4 zu sehen.

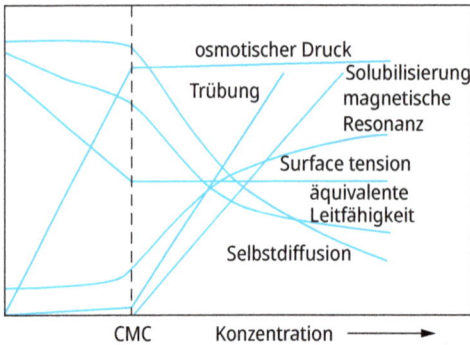

Abb. 2.3: Veränderungen der Eigenschaften einer Lösung abhängig von der Tensidkonzentration.

Die Konzentration, bei der dieses Assoziationsphänomen auftritt, wird als kritische
Mizellbildungskonzentration (CMC) bezeichnet. Jedes Tensidmolekül hat einen charakteristischen CMC-Wert bei einer bestimmten Temperatur und Elektrolytkonzentration. Die gebräuchlichste Technik zur Messung des CMC-Werts ist eine Messung der
Oberflächenspannung (γ), die einen Bruch beim CMC-Wert zeigt, nach dem γ bei weiter steigender Konzentration praktisch konstant bleibt. Es können jedoch auch andere
Techniken wie Selbstdiffusionsmessungen, NMR-Spektroskopie (Kernspinresonanz-
spektroskopie; engl. nuclear magnetic resonance) und Fluoreszenzspektroskopie angewandt werden. Eine Zusammenstellung von CMC-Werten stammt aus dem Jahr 1971
von Mukerjee und Mysels [5]; sie ist damit zwar nicht auf dem neuesten Stand, stellt
aber eine äußerst nützliche Hilfe dar.

Zur Veranschaulichung sind in Tab. 2.1 die CMC-Werte einer Reihe von Tensiden
angegeben, um einige der allgemeinen Trends zu verdeutlichen [1–3]. Innerhalb jeder
Klasse von Tensiden nimmt der CMC-Wert mit zunehmender Kettenlänge des hydrophoben Teils (Alkylgruppe) ab. In der Regel sinkt der CMC-Wert bei ionischen Tensiden (ohne Salzzusatz) um den Faktor 2 und bei nichtionischen Tensiden um den
Faktor 3, wenn eine Methylengruppe an die Alkylkette angefügt wird. Bei nichtionischen Tensiden führt eine Erhöhung der Länge der hydrophilen Gruppe (Polyethylenoxid) zu einem Anstieg des CMC-Werts.

Im Allgemeinen haben nichtionische Tenside niedrigere CMC-Werte als die ent-
sprechenden ionischen Tenside mit der gleichen Alkylkettenlänge. Der Einbau einer
Phenylgruppe in die Alkylgruppe erhöht die Hydrophobie in wesentlich geringerem
Maße als die Erhöhung der Kettenlänge bei gleicher Anzahl von Kohlenstoffatomen.
Die Wertigkeit des Gegenions in ionischen Tensiden hat einen erheblichen Einfluss

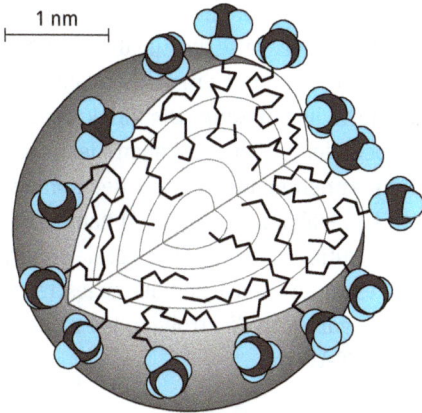

Abb. 2.4: Illustration einer sphärischen Mizelle für Dodecylsulfat [4].

Tab. 2.1: Oberflächenaktive Stoffe und ihre CMC-Werte.

Oberflächenaktiver Stoff	CMC [mol dm^{-3}]
(A) Anionisch	
Natriumoctyl-l-sulfat	$1{,}30 \times 10^{-1}$
Natriumdecyl-l-sulfat	$3{,}32 \times 10^{-2}$
Natriumdodecyl-l-sulfat	$8{,}39 \times 10^{-3}$
Natriumtetradecyl-l-sulfat	$2{,}05 \times 10^{-3}$
(B) Kationisch	
Octyltrimethylammoniumbromid	$1{,}30 \times 10^{-1}$
Cetyltrimethylammoniumbromid	$6{,}46 \times 10^{-2}$
Dodecyltrimethylammoniumbromid	$1{,}56 \times 10^{-2}$
Hexadecyltrimethylammoniumbromid	$9{,}20 \times 10^{-4}$
(C) Nichtionisch	
Octylhexaoxyethylenglykolmonoether C_8E_6	$9{,}80 \times 10^{-3}$
Decylhexaoxyethylenglykol-Monoether $C_{10}E_6$	$9{,}00 \times 10^{-4}$
Decylnonaoxyethylenglykol-Monoether $C_{10}E_9$	$1{,}30 \times 10^{-3}$
Dodecylhexaoxyethylenglykolmonoether $C_{12}E_6$	$8{,}70 \times 10^{-5}$
Octylphenylhexaoxyethylenglykolmonoether C_8E_6	$2{,}05 \times 10^{-4}$

auf den CMC-Wert. Eine Erhöhung der Wertigkeit des Gegenions von 1 auf 2 führt beispielsweise zu einer Verringerung des CMC-Werts um etwa den Faktor 4.

Der CMC-Wert ist in erster Näherung unabhängig von der Temperatur. Dies wird in Abb. 2.5 veranschaulicht, in der die Variation der CMC von SDS in Abhängigkeit von der Temperatur dargestellt ist. Der CMC-Wert schwankt nichtmonoton um ca. 10–20 % über einen breiten Temperaturbereich. Das flache Minimum bei 25 °C kann mit einem ähnlichen Minimum bei der Löslichkeit von Kohlenwasserstoffen in Wasser verglichen werden [1–3]. Nichtionische Tenside vom Ethoxylat-Typ zeigen jedoch eine monotone Abnahme [1–3] der CMC mit steigender Temperatur, wie in Abb. 2.5 für $C_{10}E_5$ gezeigt wird. Die Wirkung der Zugabe von Hilfsstoffen, z. B. Elektrolyten und Nichtelektrolyten, auf den CMC-Wert kann sehr deutlich sein. So führt beispielsweise die Zugabe eines 1:1-Elektrolyten zu einer Lösung eines anionischen Tensids zu einer drastischen Senkung des CMC-Werts, die im Bereich einer Größenordnung liegen kann. Der Effekt ist bei kurzkettigen Tensiden mäßig, bei langkettigen jedoch viel größer. Bei hohen Elektrolytkonzentrationen ist die Verringerung der CMC mit zunehmender Anzahl der Kohlenstoffatome in der Alkylkette viel stärker als ohne Elektrolytzusatz. Diese Abnahme bei hohen Elektrolytkonzentrationen ist mit der von nichtionischen Stoffen vergleichbar. Die Wirkung des zugesetzten Elektrolyts hängt auch von der Wertigkeit der zugesetzten Gegenionen ab. Im Gegensatz dazu verursacht die Zugabe von Elektrolyten bei nichtionischen Stoffen nur eine geringe Veränderung des CMC-Werts.

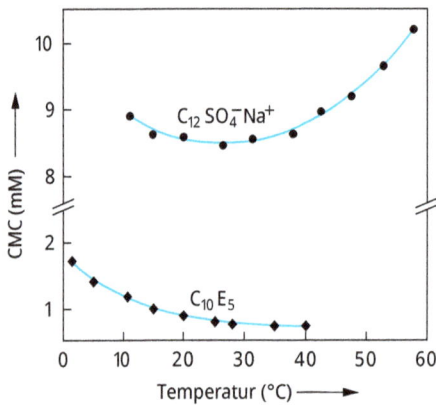

Abb. 2.5: Temperaturabhängigkeit der CMC von SDS und $C_{10}E_5$ [1–3].

Nichtelektrolyte wie z. B. Alkohole können ebenfalls eine Verringerung des CMC-Werts bewirken [1–3]. Die Alkohole sind weniger polar als Wasser und verteilen sich zwischen der Hauptlösung und den Mizellen. Je mehr sie die Mizellen bevorzugen, desto mehr stabilisieren sie diese. Eine längere Alkylkette führt zu einer ungünstigeren Lage im Wasser und zu einer günstigeren Lage in den Mizellen.

Das Vorhandensein von Mizellen kann für viele der ungewöhnlichen Eigenschaften von Lösungen oberflächenaktiver Stoffe verantwortlich sein. Zum Beispiel kann es die nahezu konstante Oberflächenspannung oberhalb der CMC erklären (siehe Abb. 2.3). Es erklärt auch die Verringerung der molaren Leitfähigkeit der Tensidlösung oberhalb der CMC, was mit der Verringerung der Mobilität der Mizellen infolge der Assoziation der Gegenionen übereinstimmt. Das Vorhandensein von Mizellen erklärt auch den raschen Anstieg der Lichtstreuung bzw. der Trübung oberhalb der CMC. Das Vorhandensein von Mizellen wurde ursprünglich von McBain [6] vorgeschlagen, der davon ausging, dass unterhalb der CMC die meisten Tensidmoleküle nicht assoziiert sind, während in den isotropen Lösungen unmittelbar oberhalb der CMC Mizellen und Tensidionen (Tensidmoleküle) nebeneinander existieren, wobei sich die Konzentration der letzteren nur geringfügig ändert, wenn mehr Tensid gelöst wird. Die Selbstassoziation eines Amphiphils erfolgt jedoch schrittweise, wobei jeweils ein Monomer zum Aggregat hinzugefügt wird. Bei langkettigen Amphiphilen ist die Assoziation bis zu einer bestimmten Mizellengröße stark kooperativ, während danach gegenläufige Faktoren zunehmend an Bedeutung gewinnen. Typischerweise haben die Mizellen in einem relativ breiten Konzentrationsbereich oberhalb der CMC eine annähernd kugelförmige Gestalt. Ursprünglich wurde von Adam [7] und Hartley [8] vorgeschlagen, dass Mizellen kugelförmig sind und die folgenden Eigenschaften aufweisen:

1. Die Assoziationseinheit ist kugelförmig mit einem Radius, der ungefähr der Länge der Kohlenwasserstoffkette entspricht;
2. die Mizelle enthält etwa 50 bis 100 Monomereinheiten; die Aggregationszahl steigt im Allgemeinen mit zunehmender Alkylkettenlänge;
3. bei ionischen Tensiden sind die meisten Gegenionen an die Mizellenoberfläche gebunden, wodurch die Mobilität deutlich unter dem Wert liegt, der von einer Mizelle mit nicht-gegenionischer -Bindung zu erwarten wäre;
4. die Mizellbildung erfolgt aufgrund der hohen Assoziationszahl der Tensidmizellen in einem engen Konzentrationsbereich;
5. das Innere der Tensidmizelle hat im Wesentlichen die Eigenschaften eines flüssigen Kohlenwasserstoffs. Dies wird durch die hohe Mobilität der Alkylketten und die Fähigkeit der Mizellen bestätigt, viele wasserunlösliche organische Moleküle, z. B. Farbstoffe und Agrochemikalien, zu lösen.

In erster Näherung können Mizellen in einem weiten Konzentrationsbereich oberhalb der CMC als mikroskopisch kleine flüssige Kohlenwasserstofftröpfchen betrachtet werden, die mit polaren Kopfgruppen bedeckt sind, die stark mit Wassermolekülen wechselwirken. Es scheint, dass der Radius des Mizellenkerns, der aus den Alkylketten besteht, in der Nähe der verlängerten Länge der Alkylkette liegt, d. h. im Bereich von 1,5 bis 3,0 nm. Wie wir später sehen werden, ist die treibende Kraft für die Mizellenbildung die Eliminierung des Kontakts zwischen den Alkylketten und dem Wasser. Je größer eine kugelförmige Mizelle ist, desto effizienter ist dies, da das Verhältnis von Volumen zu Fläche zunimmt. Es ist zu beachten, dass die Tensidmoleküle in den Mizellen nicht alle verlängert sind. Nur ein Molekül muss gestreckt sein, um das Kriterium zu erfüllen, dass der Radius des Mizellenkerns nahe der gestreckten Länge der Alkylkette liegt. Die Mehrheit der Tensidmoleküle befindet sich in einem ungeordneten Zustand. Mit anderen Worten: Das Innere der Mizelle entspricht in etwa dem des entsprechenden Alkans in einem reinen flüssigen Öl. Dies erklärt die große Lösungskapazität der Mizelle für ein breites Spektrum an unpolaren und schwach polaren Substanzen. An der Oberfläche der Mizelle sind assoziierte Gegenionen (in der Größenordnung von 50–80 % der Tensidionen) vorhanden. Einfache anorganische Gegenionen sind jedoch nur sehr lose mit der Mizelle verbunden. Die Gegenionen sind sehr mobil (siehe unten) und es bildet sich kein spezifischer Komplex mit einem bestimmten Abstand zwischen

Gegenion und Kopfgruppe. Mit anderen Worten: Die Gegenionen sind durch weitreichende elektrostatische Wechselwirkungen miteinander verbunden.

Ein nützliches Konzept zur Charakterisierung der Mizellengeometrie ist der kritische Packungsparameter [9], CPP. Die Aggregationszahl N ist das Verhältnis zwischen dem Volumen des Mizellenkerns V_{mic} und dem Volumen einer Kette v:

$$N = \frac{V_{mic}}{v} = \frac{(4/3)\pi\ R_{mic}^3}{v}, \tag{2.1}$$

wobei R_{mic} der Radius der Mizelle ist.

Die Aggregationszahl N ist auch gleich dem Verhältnis zwischen der Fläche einer Mizelle A_{mic} und der Querschnittsfläche a eines Tensidmoleküls,

$$N = \frac{A_{mic}}{a} = \frac{4\pi\ R_{mic}^2}{a}. \tag{2.2}$$

Eine Kombination der Gleichungen (2.1) und (2.2) ergibt:

$$\frac{v}{R_{mic}\ a} = \frac{1}{3}. \tag{2.3}$$

Da R_{mic} die maximale gestreckte Länge l_{max} der Alkylkette eines Tensids nicht überschreiten kann,

$$l_{max} = 1{,}5 + 1{,}265\ n_c, \tag{2.4}$$

bedeutet dies für eine kugelförmige Mizelle:

$$\frac{v}{l_{max}\ a} \leq \frac{1}{3}. \tag{2.5}$$

Das Verhältnis $v/(l_{max}\ a)$ wird als der kritische Packungsparameter (CPP) bezeichnet.

Obwohl das Modell der kugelförmigen Mizellen viele der physikalischen Eigenschaften von Tensidlösungen erklärt, bleibt eine Reihe von Phänomenen unerklärt, wenn keine anderen Formen berücksichtigt werden. McBain [10] schlug beispielsweise das Vorhandensein von zwei Arten von Mizellen vor, nämlich kugelförmige und lamellare, um den Abfall der molaren Leitfähigkeit von Tensidlösungen zu erklären. Die lamellaren Mizellen sind neutral und daher für die Verringerung des Leitwerts verantwortlich. Später verwendeten Harkins et al. [11] das Modell der lamellaren Mizellen von McBain, um seine Röntgenergebnisse in Seifenlösungen zu interpretieren. Darüber hinaus zeigen viele moderne Techniken wie Licht- und Neutronenstreuung, dass die Mizellen in vielen Systemen nicht kugelförmig sind. So schlugen Debye und Anacker [12] eine zylindrische Mizelle vor, um die Ergebnisse der Lichtstreuung an Hexadecyltrimethylammoniumbromid in Wasser zu erklären. Unter bestimmten Bedingungen sind auch scheibenförmige Mizellen nachgewiesen worden. Eine schematische Darstellung der von McBain, Hartley und Debye vorgeschlagenen sphärischen, lamellaren und stäbchenförmigen Mizellen ist in Abb. 2.6 zu sehen. Viele ionische Tenside zeigen eine dramatische temperaturabhängige Löslichkeit, wie in Abb. 2.7 dargestellt. Die Löslichkeit nimmt zunächst allmählich mit steigender Temperatur zu. Oberhalb einer bestimmten Temperatur kommt es dann zu einem plötzlichen Anstieg der Löslichkeit bei weiterer Temperaturerhöhung. Der CMC-Wert nimmt mit steigender Temperatur allmählich zu. Bei einer bestimmten Temperatur wird die Löslichkeit gleich der CMC, d. h. die Löslichkeitskurve schneidet die CMC-Kurve, und die Temperatur an diesem Schnittpunkt wird als Krafft-Temperatur bezeichnet. Bei dieser Temperatur besteht ein Gleichgewicht zwischen dem gleitenden hydratisierten Tensid, den Mizellen und den Monomeren (d. h. die Krafft-Temperatur ist ein „Tripelpunkt"). Tenside mit ionischen Kopfgruppen und langen geraden Alkylketten haben hohe Krafft-Temperaturen. Die Krafft-Temperatur steigt mit zunehmender Länge der Alkylkette des Tensidmoleküls. Sie kann durch die Einführung von Verzweigungen in der Alkylkette gesenkt werden. Die Krafft-Temperatur wird auch durch die Verwendung von Alkylketten mit einer breiten Verteilung der Kettenlänge verringert. Der Zusatz von Elektrolyten führt zu einem Anstieg der Krafft-Temperatur.

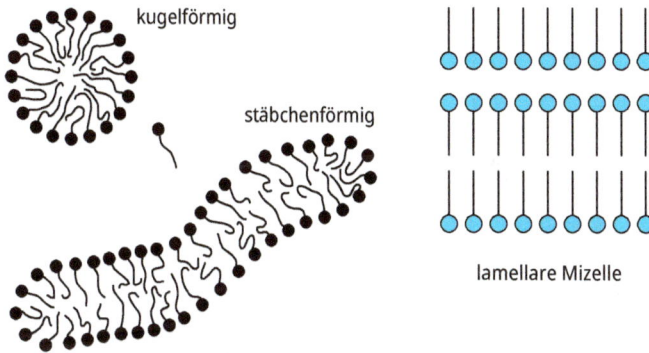

Abb. 2.6: Formen von Mizellen.

Bei nichtionischen Tensiden des Ethoxylat-Typs führt ein Temperaturanstieg bei einer Lösung mit einer bestimmten Konzentration zur Dehydratisierung der PEO-Ketten, und bei einer kritischen Temperatur wird die Lösung trüb. Dies ist in Abb. 2.8 dargestellt, die das Phasendiagramm von $C_{12}EO_6$ zeigt. Unterhalb der Trübungspunktkurve (CP-Kurve) kann man verschiedene flüssigkristalline Phasen erkennen: hexagonal – kubisch – lamellar, die in Abb. 2.9 schematisch dargestellt sind.

2.2.1 Thermodynamik der Mizellenbildung

Der Prozess der Mizellenbildung ist eine der wichtigsten Eigenschaften einer Tensidlösung, daher ist es wichtig, seinen Mechanismus (die treibende Kraft für die Mizellenbildung) zu verstehen. Dies erfordert eine Analyse der Dynamik des Prozesses (d. h. der

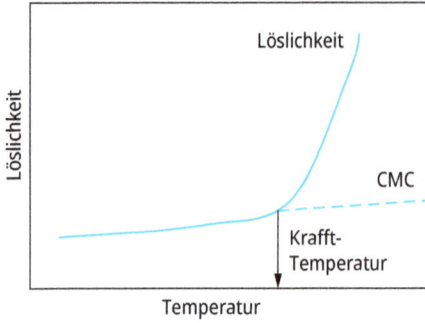

Abb. 2.7: Variation der Löslichkeit und der CMC in Abhängigkeit von der Temperatur.

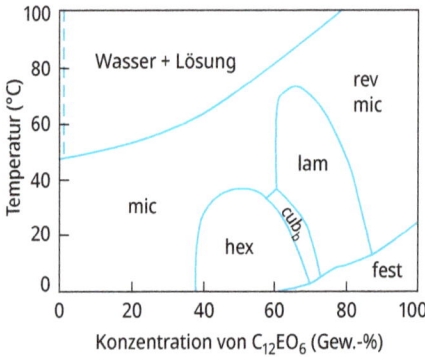

Abb. 2.8: Phasendiagramm von $C_{12}EO_6$.

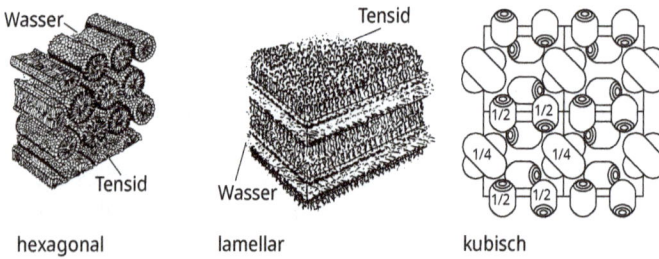

Abb. 2.9: Schematische Darstellung flüssigkristalliner Phasen.

kinetischen Aspekte) sowie der Gleichgewichtsaspekte, wobei die Gesetze der Thermodynamik angewendet werden können, um die freie Energie, die Enthalpie und die Entropie der Mizellbildung zu erhalten.

2.2.1.1 Kinetische Aspekte

Die Mizellenbildung ist ein dynamisches Phänomen, bei dem sich n monomere Tensidmoleküle zu einer Mizelle S_n verbinden, d. h.

$$nS \Leftrightarrow S_n. \tag{2.6}$$

Hartley [8] geht von einem dynamischen Gleichgewicht aus, bei dem Tensidmoleküle ständig die Mizellen verlassen, während andere Moleküle aus der Lösung in die Mizellen eintreten. Das Gleiche gilt für die Gegenionen bei ionischen Tensiden, die zwischen der Mizellenoberfläche und der Hauptlösung wechseln können.

Experimentelle Untersuchungen mit schnellen kinetischen Methoden wie Stopped-Flow, Temperatursprung- und Drucksprung-Methode sowie Ultraschall-Relaxationsmessungen haben gezeigt, dass es zwei Relaxationsprozesse für das mizellare Gleichgewicht gibt [13–19], die durch die Relaxationszeiten τ_1 und τ_2 gekennzeichnet sind. Die erste Relaxationszeit, τ_1, liegt in der Größenordnung von 10^{-7} s (10^{-8} bis 10^{-3} s) und stellt die Lebensdauer eines oberflächenaktiven Moleküls in einer Mizelle dar, d. h. sie repräsentiert die Assoziations- und Dissoziationsrate für ein einzelnes Molekül, das in die Mizelle eintritt und sie wieder verlässt, was durch die folgende Gleichung dargestellt werden kann:

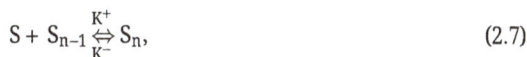

$$S + S_{n-1} \underset{K^-}{\overset{K^+}{\Leftrightarrow}} S_n, \tag{2.7}$$

wobei K^+ und K^- die Assoziations- bzw. Dissoziationsrate für ein einzelnes Molekül darstellen, das in die Mizelle eintritt oder sie verlässt.

Die langsamere Relaxationszeit τ_2 entspricht einem relativ langsamen Prozess, nämlich dem durch Gleichung (2.6) dargestellten Mizellenbildungs-/-auflösungs-Prozess. Der Wert von τ_2 liegt in der Größenordnung von Millisekunden (10^{-3} s bis 1 s) und kann daher bequem mit Stopped-Flow-Methoden gemessen werden. Die schnelle Relaxationszeit τ_1 kann je nach Größenordnung mit verschiedenen Techniken gemessen werden. So sind beispielsweise τ_1-Werte im Bereich von 10^{-8} bis 10^{-7} s für Ultraschallabsorptionsmethoden zugänglich, während τ_1 im Bereich von 10^{-5} bis 10^{-3} s mit Drucksprungmethoden gemessen werden kann. Der Wert von τ_1 hängt von der Tensidkonzentration, der Kettenlänge und der Temperatur ab. τ_1 steigt mit zunehmender Kettenlänge der Tenside, d. h. die Verweilzeit nimmt mit zunehmender Kettenlänge zu.

Die obige Erörterung unterstreicht die dynamische Natur der Mizellen, und es ist wichtig, zu erkennen, dass diese Moleküle in ständiger Bewegung sind und dass ein ständiger Austausch zwischen Mizellen und Lösung stattfindet. Der dynamische Charakter gilt auch für die Gegenionen, die mit Lebenszeiten im Bereich von 10^{-9} bis 10^{-8} s schnell ausgetauscht werden. Außerdem scheinen die Gegenionen seitlich mobil zu sein und nicht mit (einzelnen) spezifischen Gruppen auf den Mizellenoberflächen verbunden zu sein.

2.2.1.2 Gleichgewichtsaspekte – Thermodynamik der Mizellenbildung

Für das Problem der Mizellenbildung gibt es verschiedene Ansätze. Der einfachste Ansatz behandelt die Mizellen als eine einzige Phase und wird als Phasentrennungsmodell bezeichnet. In diesem Modell wird die Mizellenbildung als Phasentrennungsphänomen betrachtet, und die CMC ist dann die Sättigungskonzentration des Amphiphils im monomeren Zustand, während die Mizellen die getrennte Pseudophase darstellen. Oberhalb der CMC besteht ein Phasengleichgewicht mit einer konstanten Aktivität des Tensids in der mizellaren Phase. Die Krafft-Temperatur wird als die Temperatur angesehen, bei der sich festes hydratisiertes Tensid, Mizellen und eine mit undissoziierten Tensidmolekülen gesättigte Lösung bei einem bestimmten Druck im Gleichgewicht befinden.

Man betrachte ein anionisches Tensid, bei dem sich n Tensidanionen S^- und n Gegenionen M^+ zu einer Mizelle verbinden, d. h.

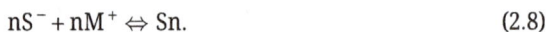

$$nS^- + nM^+ \Leftrightarrow Sn. \tag{2.8}$$

Die Mizelle ist einfach eine geladene Ansammlung von Tensid-Ionen und einer entsprechenden Anzahl von Gegenionen in der umgebenden Atmosphäre und wird als separate Phase behandelt. Das chemische Potenzial des Tensids im mizellaren Zustand wird bei jeder beliebigen Temperatur als konstant angenommen und kann in Analogie zu einer reinen Flüssigkeit oder einem reinen Feststoff als chemisches Standardpotenzial, μ_m^0, angenommen werden. Betrachtet man das Gleichgewicht zwischen Mizellen und Monomer, so gilt folgendes:

$$\mu_m^0 = \mu_1^0 + RT \ln a_1, \tag{2.9}$$

wobei μ_1^0 das chemische Standardpotenzial des Tensidmonomers ist und a_1 seine Aktivität, die gleich $f_1 x_1$ ist, wobei f_1 der Aktivitätskoeffizient und x_1 der Molanteil ist. Daher ist die freie Standard-Mizellbildungsenergie pro Mol Monomer, ΔG_m^0, gegeben durch,

$$\Delta G_m^0 = \mu_m^0 - \mu_1^0 = RT \ln a_1 \approx RT \ln x_1, \tag{2.10}$$

wobei f_1 als Einheit angenommen wird (ein vernünftiger Wert bei sehr verdünnten Lösungen). Der CMC-Wert kann mit x_1 identifiziert werden, so dass

$$\Delta G_m^0 = RT \ln CMC. \tag{2.11}$$

In Gleichung (2.11) wird der CMC-Wert als Molenbruch ausgedrückt, der gleich $C/(55{,}5 + C)$ ist, wobei C die Konzentration des Tensids in mol dm^{-3} ist, d. h.

$$\Delta G_m^0 = RT \ln C - RT \ln (55,5 + C). \tag{2.12}$$

Es sei darauf hingewiesen, dass ΔG^0 unter Verwendung des CMC-Werts, ausgedrückt als Molenbruch, wie in Gleichung (2.11) angegeben, berechnet werden sollte. Die meisten in der Literatur zitierten CMC-Werte werden jedoch in mol dm^{-3} angegeben, und in vielen Fällen werden ΔG^0-Werte zitiert, bei denen der CMC-Wert einfach in mol dm^{-3} ausgedrückt wurde. Streng genommen ist dies nicht korrekt, da ΔG^0 auf x_1 und nicht auf C basieren sollte. Der Wert von ΔG^0, wenn der CMC-Wert in mol dm^{-3} ausgedrückt wird, unterscheidet sich erheblich von dem ΔG^0-Wert, wenn der CMC-Wert als Molenbruch ausgedrückt wird. Zum Beispiel beträgt der CMC-Wert von Dodecylhexaoxyethylenglykol $8,7 \times 10^{-5}$ mol dm^{-3} bei 25 °C. Daher ergibt sich

$$\Delta G^0 = RT \ln \frac{8,7 \times 10^{-5}}{55,5 + 8,7 \times 10^{-5}} = -33,1 \, \text{KJ mol}^{-1}, \tag{2.13}$$

wenn die Molenbruchskala verwendet wird. Andererseits ergibt sich

$$\Delta G^0 = RT \ln 8,7 \times 10^{-5} = -23,2 \, \text{KJ mol}^{-1}, \tag{2.14}$$

wenn die Molaritätsskala verwendet wird.

Das Modell der Phasentrennung wurde vor allem aus zwei Gründen in Frage gestellt. Erstens sollte nach diesem Modell oberhalb der CMC eine klare Diskontinuität in den physikalischen Eigenschaften einer Tensidlösung (Oberflächenspannung, Trübung usw.) zu beobachten sein. Dies wird experimentell nicht immer festgestellt, und die CMC ist kein scharfer Bruchpunkt. Zweitens: Wenn am CMC-Punkt tatsächlich zwei Phasen existieren, würde die Gleichsetzung des chemischen Potenzials des Tensidmoleküls in den beiden Phasen bedeuten, dass die Aktivität des Tensids in der wässrigen Phase oberhalb der CMC konstant ist. Wäre dies der Fall, müsste die Oberflächenspannung einer Tensidlösung oberhalb der CMC konstant bleiben.

Eine bequeme Lösung für den Zusammenhang zwischen ΔG_m^0 und CMC wurde von Phillips [18] für ionische Tenside gegeben, der zu folgendem Ausdruck gelangte:

$$\Delta G_m^0 = \{ 2 - (p/n) \} RT \ln CMC. \tag{2.15}$$

Dabei ist p die Anzahl der freien (nicht assoziierten) Tensid-Ionen und n die Gesamtzahl der Tensid-Moleküle in der Mizelle. Für viele ionische Tenside beträgt der Dissoziationsgrad $(p/n) \approx 0,2$, so dass

$$\Delta G_m^0 = 1,8 \, RT \ln CMC. \tag{2.16}$$

Der Vergleich mit Gleichung (2.11) zeigt deutlich, dass bei ähnlichem ΔG_m der CMC-Wert bei ionischen Tensiden etwa zwei Größenordnungen höher ist als bei nichtionischen Tensiden derselben Alkylkettenlänge (siehe Tab. 2.1).

In Anwesenheit eines im Überschuss zugegebenen Elektrolyten mit dem Molenbruch x wird die freie Energie der Mizellbildung durch den folgenden Ausdruck gegeben:

$$\Delta G_m^0 = RT \ln CMC + \{1 - (p/n)\} \ln x. \tag{2.17}$$

Gleichung (2.17) zeigt, dass mit zunehmendem x die CMC abnimmt.

Aus Gleichung (2.15) geht für den Fall, dass $p \to 0$ geht (d. h. die meisten Ladungen sind mit Gegenionen verbunden), hervor:

$$\Delta G_m^0 = 2\,RT \ln CMC. \tag{2.18}$$

Während für den Fall $p \approx n$ (d. h. die Gegenionen sind an Mizellen gebunden) sich ergibt:

$$\Delta G_m^0 = RT \ln CMC, \tag{2.19}$$

was auch für nichtionische Tenside gilt.

2.2.1.3 Enthalpie und Entropie der Mizellenbildung

Die Enthalpie der Mizellbildung kann aus der Veränderung der CMC mit der Temperatur berechnet werden. Dies folgt aus

$$-\Delta H^0 = RT^2 \frac{d\ln CMC}{dT}. \tag{2.20}$$

Die Entropie der Mizellbildung kann dann aus dem Verhältnis zwischen ΔG^0 und ΔH^0 berechnet werden, d. h.

$$\Delta G^0 = \Delta H^0 - T\Delta S^0. \tag{2.21}$$

Daher kann ΔH^0 aus den Kurven der Oberflächenspannung und von logC bei verschiedenen Temperaturen berechnet werden. Leider führen die Fehler bei der Lokalisierung des CMC-Werts (der in vielen Fällen kein scharfer Punkt ist) zu einem großen Fehler beim Wert von ΔH^0. Eine genauere und direktere Methode zur Ermittlung von ΔH^0 ist die Mikrokalorimetrie. Zur Veranschaulichung sind die thermodynamischen Parameter ΔG^0, ΔH^0 und $T\Delta S^0$ für Octylhexaoxyethylenglykolmonoether (C_8E_6) in Tab. 2.2 angegeben.

Tab. 2.2: Thermodynamische Größen für die Mizellbildung von Octylhexaoxyethylenglykolmonoether.

Temp./°C	ΔG^0/kJ mol^{-1}	ΔH^0/kJ mol^{-1} (aus CMC)	ΔH^0/kJ mol^{-1} (aus Kalorimetrie)	$T\Delta S^0$/kJ mol^{-1}
25	−21,3 ± 2,1	8,0 ± 4,2	20,1 ± 0,8	41,8 ± 1,0
40	−23,4 ± 2,1		14,6 ± 0,8	38,0 ± 1,0

Aus Tab. 2.2 ist ersichtlich, dass ΔG^0 groß und negativ ist. ΔH^0 ist jedoch positiv, was darauf hinweist, dass der Prozess endotherm ist. Außerdem ist $T\Delta S^0$ groß und positiv, was bedeutet, dass bei der Mizellbildung ein Nettoanstieg der Entropie zu verzeichnen ist. Diese positive Enthalpie und Entropie weisen auf eine andere treibende Kraft für die Mizellbildung hin als die, die bei vielen Aggregationsprozessen anzutreffen ist.

Der Einfluss der Alkylkettenlänge des Tensids auf die freie Energie, die Enthalpie und die Entropie der Mizellbildung wurde von Rosen [20] nachgewiesen, der diese Parameter als Funktion der Alkylkettenlänge für Sulfoxid-Tenside auflistete. Die Ergebnisse sind in Tab. 2.3 aufgeführt. Es ist zu erkennen, dass die freie Standard-Mizellbildungsenergie mit zunehmender Kettenlänge zunehmend negativ wird. Dies ist zu erwarten, da die CMC mit zunehmender Länge der Alkylkette abnimmt. Allerdings wird ΔH^0 mit zunehmender Kettenlänge des Tensids weniger positiv und $T\Delta S^0$ mehr positiv. Die große negative freie Energie der Mizellbildung setzt sich also aus einer kleinen positiven Enthalpie (die mit zunehmender Kettenlänge des Tensids leicht abnimmt) und einem großen positiven Entropieterm $T\Delta S^0$ zusammen, der mit zunehmender Kettenlänge positiver wird. Wie wir im nächsten Abschnitt sehen werden, können diese Ergebnisse mit dem hydrophoben Effekt erklärt werden, der im Detail beschrieben wird.

Tab. 2.3: Änderung der thermodynamischen Parameter der Mizellenbildung von Alkylsulfoxiden mit zunehmender Kettenlänge der Alkylgruppe.

Tensid	ΔG^0/kJ mol^{-1}	ΔH^0/kJ mol^{-1}	$T\Delta S^0$/kJ mol^{-1}
$C_6H_{13}S(CH_3)O$	−12,0	10,6	22,6
$C_7H_{15}S(CH_3)O$	−15,9	9,2	25,1
$C_8H_{17}S(CH_3)O$	−18,8	7,8	26,4
$C_9H_{19}S(CH_3)O$	−22,0	7,1	29,1
$C_{10}H_{21}S(CH_3)O$	−25,5	5,4	30,9
$C_{11}H_{23}S(CH_3)O$	−28,7	3,0	31,7

2.2.1.4 Treibende Kraft für die Mizellenbildung

Bis vor Kurzem wurde die Bildung von Mizellen in erster Linie als ein Prozess mit Grenzflächenenergie betrachtet, analog zum Prozess der Koaleszenz von Öltröpfchen in einem wässrigen Medium. Wenn dies der Fall wäre, wäre die Mizellenbildung ein stark exothermer Prozess, da die freie Grenzflächenenergie eine große Enthalpiekomponente hat. Wie bereits erwähnt, haben experimentelle Ergebnisse eindeutig gezeigt, dass die Mizellenbildung nur eine kleine Enthalpieänderung beinhaltet und oft endotherm ist. Die negative freie Energie der Mizellenbildung ist das Ergebnis einer großen positiven Entropie. Dies führte zu der Schlussfolgerung, dass die Mizellenbildung ein vorwiegend entropiegetriebener Prozess sein muss.

Es wurden zwei Hauptquellen für Entropie vorgeschlagen. Die erste steht im Zusammenhang mit dem so genannten „hydrophoben Effekt". Dieser Effekt wurde erstmals durch die Betrachtung der freien Energie, der Enthalpie und der Entropie des Transfers von Kohlenwasserstoff aus Wasser in einen flüssigen Kohlenwasserstoff ermittelt. Einige Ergebnisse sind in Tab. 2.4 aufgeführt. In dieser Tabelle ist auch die Änderung der Wärmekapazität ΔC_p^0 beim Übergang von Wasser auf einen Kohlenwasserstoff sowie $C_p^{0,gas}$, d. h. die Wärmekapazität in der Gasphase, aufgeführt. Aus Tab. 2.4 ist ersichtlich, dass der Hauptbeitrag zum Wert von ΔG^0 der große positive Wert von ΔS^0 ist, der mit zunehmender Länge der Kohlenwasserstoffkette zunimmt, während ΔH^0 positiv oder klein und negativ ist.

Mehrere Autoren [21–23] vermuten, dass die Wassermoleküle um eine Kohlenwasserstoffkette herum geordnet sind und „Cluster" oder „Eisberge" bilden, um diese große positive Entropie der Übertragung zu erklären. Bei der Übertragung eines Alkans von Wasser auf einen flüssigen Kohlenwasserstoff werden diese Cluster aufgebrochen, wodurch Wassermoleküle freigesetzt werden, die nun eine höhere Entropie aufweisen. Dies erklärt die große Entropie beim Übergang eines Alkans von Wasser in ein Kohlenwasserstoffmedium. Dieser Effekt spiegelt sich auch in der viel höheren Wärmekapazitätsänderung beim Übergang, ΔC_p^0, im Vergleich zur Wärmekapazität in der Gasphase, $C_p^{0,gas}$, wider. Dieser Effekt ist auch bei der Übertragung von Tensidmonomeren auf eine Mizelle während des Mizellbildungsprozesses wirksam. Die Tensidmonomere enthalten auch „strukturiertes" Wasser um ihre Kohlenwasserstoffkette. Bei der Übertragung solcher Monomere auf eine Mizelle werden diese Wassermoleküle freigesetzt werden und eine höhere Entropie aufweisen.

Tab. 2.4: Thermodynamische Parameter für den Übergang von Kohlenwasserstoffen aus Wasser in flüssige Kohlenwasserstoffe bei 25 °C.

Kohlenwasserstoff	ΔG^0 kJ mol^{-1}	ΔH^0 kJ mol^{-1}	ΔS^0 kJ mol^{-1}K^{-1}	ΔC_p^0 kJ mol^{-1}K^{-1}	$C_p^{0,gas}$ kJ mol^{-1}K^{-1}
C_2H_6	−16,4	10,5	88,2	–	–
C_3H_8	−20,4	7,1	92,4	–	–
C_4H_{10}	−24,8	3,4	96,6	−273	−143
C_5H_{12}	−28,8	2,1	105,0	−403	−172
C_6H_{14}	−32,5	0	109,2	−441	−197
C_6H_6	−19,3	−2,1	58,8	−227	−134
$C_6H_5CH_3$	−22,7	−1,7	71,4	−265	−155
$C_6H_5C_2H_5$	−26,0	−2,0	79,8	−319	−185
$C_6H_5C_3H_8$	−29,0	−2,3	88,2	−395	–

Die zweite Quelle für den Entropieanstieg bei der Mizellisierung kann sich aus der zunehmenden Flexibilität der Kohlenwasserstoffketten beim Übergang von einem wässrigen zu einem Kohlenwasserstoffmedium ergeben [21]. Die Ausrichtungen und Biegungen einer organischen Kette sind in einer wässrigen Phase wahrscheinlich stärker eingeschränkt als in einer organischen Phase. Es sollte erwähnt werden, dass bei ionischen und zwitterionischen Tensiden ein zusätzlicher Entropiebeitrag, der mit den ionischen Kopfgruppen verbunden ist, berücksichtigt werden muss. Bei der teilweisen Neutralisierung der ionischen Ladung durch die Gegenionen bei der Aggregation werden Wassermoleküle freigesetzt. Dies ist mit einem Entropieanstieg verbunden, der zu dem Entropieanstieg aufgrund des oben erwähnten hydrophoben Effekts addiert werden sollte. Es ist jedoch schwierig, den relativen Beitrag der beiden Effekte quantitativ abzuschätzen.

2.3 Mizellenbildung in Tensidmischungen (Mischmizellen)

In den meisten kosmetischen Produkten und Körperpflegeanwendungen wird mehr als ein Tensidmolekül in der Formulierung verwendet. Daher ist es notwendig, die Art der möglichen Wechselwirkungen vorherzusagen und festzustellen, ob dies zu synergistischen Effekten führt. Es können zwei allgemeine Fälle betrachtet werden: Tensidmoleküle ohne Netto-Wechselwirkung (mit ähnlichen Kopfgruppen) und Systeme mit Netto-Wechselwirkung [1–3]. Der erste Fall liegt vor, wenn zwei Tenside mit derselben Kopfgruppe, aber mit unterschiedlichen Kettenlängen gemischt werden. In Analogie zum hydrophil-lipophilen Gleichgewicht (HLB) für Tensidmischungen kann man auch annehmen, dass die CMC einer Tensidmischung (ohne Netto-Wechselwirkung) ein Mittelwert der beiden CMCs der Einzelkomponenten ist [1–3]:

$$CMC = x_1 CMC_1 + x_2 CMC_2, \qquad (2.22)$$

wobei x_1 und x_2 die Molenbrüche der jeweiligen Tenside in dem System sind. Die Molenbrüche sollten jedoch nicht die des gesamten Systems sein, sondern die innerhalb der Mizelle. Dies bedeutet, dass Gleichung (2.22) geändert werden muss:

$$CMC = x_1^m CMC_1 + x_2^m CMC_2. \qquad (2.23)$$

Das hochgestellte m bedeutet, dass die Werte innerhalb der Mizelle liegen. Wenn x_1 und x_2 die Zusammensetzung der Lösung angeben, dann ergibt sich:

$$\frac{1}{CMC} = \frac{x_1}{CMC_1} + \frac{x_2}{CMC_2}. \qquad (2.24)$$

Die molare Zusammensetzung der gemischten Mizelle ist gegeben durch:

$$x_1^m = \frac{x_1 CMC_2}{x_1 CMC_2 + x_2 CMC_1}. \qquad (2.25)$$

Abbildung 2.10 zeigt den berechneten CMC-Wert und die Mizellenzusammensetzung in Abhängigkeit von der Zusammensetzung der Lösung unter Verwendung der Gleichungen (2.24) und (2.25) für drei Fälle mit $CMC_2/CMC_1 = 1$; $CMC_2/CMC_1 = 0,1$ und $CMC_2/CMC_1 = 0,01$. Wie man sieht, ändern sich die CMC und die Mizellenzusammensetzung drastisch mit der Zusammensetzung der Lösung, wenn die CMC der beiden Tenside stark variieren, d. h. wenn das Verhältnis der CMC weit von 1 entfernt ist. Diese Tatsache wird bei der Herstellung von Mikroemulsionen genutzt, bei denen die Zugabe von mittelkettigem Alkohol (wie Pentanol oder Hexanol) die Eigenschaften erheblich verändert. Wenn die Komponente 2 viel oberflächenaktiver ist, d. h. $CMC_2/CMC_1 \ll 1$, und in geringen Konzentrationen vorliegt (x_2 liegt in der Größenordnung von 0,01), dann ergibt sich aus Gleichung (2.25) $x_1^m \approx x_2^m \approx 0,5$, d. h. bei den CMC der Systeme bestehen die Mizellen bis zu 50 % aus der Komponente 2. Dies verdeutlicht die Rolle von Verunreinigungen bei der Oberflächenaktivität, z. B. Dodecylalkohol in Natriumdodecylsulfat (SDS).

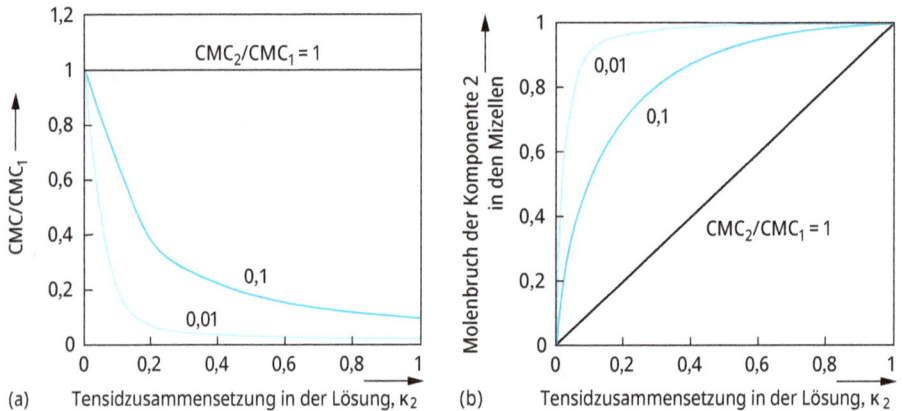

Abb. 2.10: Berechnete CMC (a) und mizellare Zusammensetzung (b) als Funktion der Lösungszusammensetzung für drei Verhältnisse von CMCs.

Abbildung 2.11 zeigt den CMC-Wert in Abhängigkeit von der molaren Zusammensetzung der Lösung und der Mizellen für eine Mischung aus SDS und Nonylphenol mit 10 Mol Ethylenoxid (NP-E_{10}). Wird die molare Zusammensetzung der Mizellen als x-Achse verwendet, entspricht die CMC mehr oder weniger dem arithmetischen Mittel der CMCs der beiden Tenside. Wird dagegen die molare Zusammensetzung in der Lösung als x-Achse verwendet (die bei der CMC gleich der gesamten molaren Konzentration ist), so zeigt der CMC-Wert des Gemischs einen dramatischen Rückgang bei niedrigen NP-E_{10}-Anteilen. Diese Abnahme ist auf die bevorzugte Absorption von NP-E_{10} in der Mizelle zurückzuführen. Diese höhere Absorption ist auf die höhere Hydrophobie des Tensids NP-E_{10} im Vergleich zu SDS zurückzuführen.

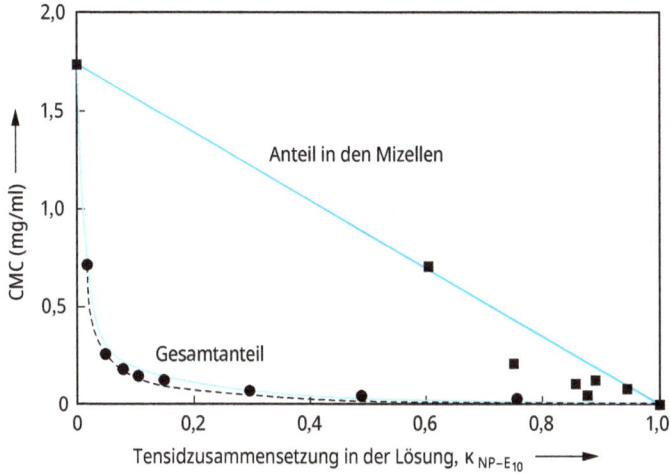

Abb. 2.11: CMC in Abhängigkeit von der Tensidzusammensetzung x_1 oder der mizellaren Tensidzusammensetzung x_1^m für das System SDS + NP-E$_{10}$.

Bei vielen kosmetischen und Körperpflegeformulierungen werden Tenside unterschiedlicher Art miteinander vermischt, z. B. anionische und nichtionische Tenside. Die nichtionischen Tensidmoleküle schirmen die Abstoßung zwischen den negativen Kopfgruppen in der Mizelle ab, so dass es zu einer Nettowechselwirkung zwischen den beiden Molekülarten kommt. Ein weiteres Beispiel ist der Fall, dass anionische und kationische Tenside gemischt werden, wobei zwischen den entgegengesetzt geladenen Tensidmolekülen eine sehr starke Wechselwirkung stattfindet. Um diese Wechselwirkung zu berücksichtigen, muss Gleichung (2.25) durch die Einführung von Aktivitätskoeffizienten der Tenside in der Mizelle, f_1^m und f_2^m, modifiziert werden:

$$CMC = x_1^m \, f_1^m \, CMC_1 + x_2^m \, f_2^m \, CMC_2 \,. \tag{2.26}$$

Ein Ausdruck für die Aktivitätskoeffizienten kann mithilfe der Theorie der regulären Lösungen [1–3] ermittelt werden:

$$\ln f_1^m = (x_1^m)^2 \beta, \tag{2.27}$$

$$\ln f_2^m = (x_2^m)^2 \beta, \tag{2.28}$$

wobei β ein Wechselwirkungsparameter zwischen den Tensidmolekülen in der Mizelle ist. Ein positiver β-Wert bedeutet, dass eine Nettoabstoßung zwischen den Tensidmolekülen in der Mizelle besteht, während ein negativer β-Wert eine Nettoanziehung bedeutet.

Der CMC-Wert des Tensidgemischs und die Zusammensetzung x_1 ergeben sich aus den folgenden Gleichungen:

$$\frac{1}{CMC} = \frac{x_1}{f_1^m CMC_1} + \frac{x_2}{f_2^m CMC_2} \tag{2.29}$$

$$x_1^m = \frac{x_1 f_2^m CMC_2}{x_1 f_2^m CMC_2 + x_2 f_2^m CMC_1}. \tag{2.30}$$

Abbildung 2.12 zeigt die Auswirkung einer Erhöhung des β-Parameters auf den CMC-Wert und die mizellare Zusammensetzung für zwei Tenside mit einem CMC-Wert von 0,1.

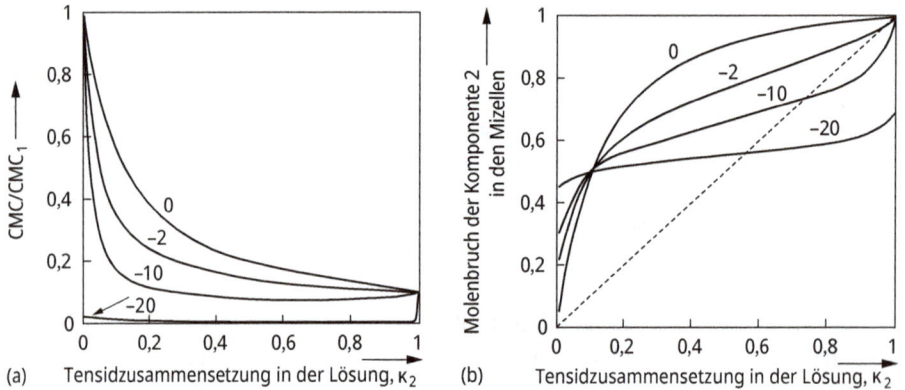

Abb. 2.12: CMC (a) und mizellare Zusammensetzung (b) für verschiedene Werte von β für ein System mit einem CMC-Verhältnis CMC_2/CMC_1 von 0,1.

Diese Abbildung zeigt, dass die CMC des Gemischs abnimmt, je negativer β wird. β-Werte im Bereich von –2 sind typisch für anionische/nichtionische Gemische, während Werte im Bereich von –10 bis –20 typisch für anionische/kationische Gemische sind. Mit zunehmend negativem Wert von β tendieren die Mischmizellen zu einem Mischungsverhältnis von 50:50, was die gegenseitige elektrostatische Anziehung zwischen den Tensidmolekülen widerspiegelt. Die vorhergesagte CMC und die Mizellenzusammensetzung hängen sowohl vom Verhältnis der CMCs als auch vom Wert von β ab.

Wenn die CMCs der einzelnen Tenside ähnlich sind, reagiert der vorhergesagte CMC-Wert sehr empfindlich auf kleine Variationen von β. Ist das Verhältnis der CMCs hingegen groß, sind der vorhergesagte CMC-Wert der Mischung und die mizellare Zusammensetzung unempfindlich gegenüber Variationen des Parameters β. Bei Mischungen aus nichtionischen und ionischen Tensiden nimmt der β-Wert mit steigender Elektrolytkonzentration ab. Dies ist auf die Abschirmung der elektrostatischen Abstoßung bei Zugabe von Elektrolyt zurückzuführen. Bei einigen Tensidmischungen nimmt der β-Wert mit steigender Temperatur ab, d. h. die Nettoanziehung nimmt mit steigender Temperatur ab.

2.4 Wechselwirkung zwischen Tensiden und Polymeren

Mischungen aus Tensiden und Polymeren sind in vielen kosmetischen und Körper-pflegeformulierungen verbreitet. Bei vielen Suspensions- und Emulsionssystemen, die mit Tensiden stabilisiert werden, werden Polymere aus einer Reihe von Gründen zu-gesetzt. Beispielsweise werden Polymere als Suspensionsmittel („Verdickungsmittel") zugesetzt, um die Sedimentation oder das Aufrahmen dieser Systeme zu verhindern. Wasserlösliche Polymere werden zugesetzt, um die Funktion des Systems zu verbes-sern, z. B. in Shampoos, Haarsprays, Lotionen und Cremes. Die Wechselwirkung zwi-schen Tensiden und wasserlöslichen Polymeren führt zu einigen synergistischen Effekten, z. B. zur Erhöhung der Oberflächenaktivität, zur Stabilisierung von Schäu-men und Emulsionen usw. Es ist daher wichtig, die Wechselwirkung zwischen Tensi-den und wasserlöslichen Polymeren systematisch zu untersuchen.

Eine der frühesten Studien zur Wechselwirkung zwischen Tensiden und Polymeren wurde anhand von Messungen der Oberflächenspannung durchgeführt. Abbildung 2.13 zeigt einige typische Ergebnisse für die Wirkung der Zugabe von Polyvinylpyrrolidon (PVP) auf die γ-logC-Kurven von SDS [24].

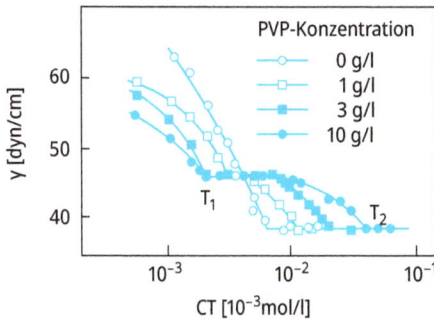

Abb. 2.13: γ-logC-Kurven für SDS-Lösungen in Anwesenheit verschiedener Konzentrationen von PVP.

In einem System mit fester Polymerkonzentration und variierender Tensidkonzentra-tion treten zwei kritische Konzentrationen auf, die mit T_1 und T_2 bezeichnet werden. T_1 stellt die Konzentration dar, bei der die Wechselwirkung zwischen Tensid und Po-lymer erstmals auftritt. Dies wird manchmal als kritische Aggregationskonzentration (CAC) bezeichnet, d. h. ab dieser Konzentration beginnt die Assoziation von Tensid und Polymer. Dadurch kommt es zu keiner weiteren Zunahme der Oberflächenaktivi-tät und somit auch nicht zu einer Verringerung der Oberflächenspannung. T_2 stellt die Konzentration dar, bei der das Polymer mit Tensid gesättigt wird. Da T_1 im Allge-meinen niedriger ist als die CMC des Tensids in Abwesenheit des Polymers, ist die „Adsorption" oder „Aggregation" von SDS auf oder mit dem Polymer günstiger als die normale Mizellisierung. Sobald das Polymer mit Tensid gesättigt ist (d. h. jenseits von T_2), nehmen die Tensidmonomerkonzentration und die Aktivität wieder zu und γ

sinkt, bis die Monomerkonzentration den CMC-Wert erreicht, wonach γ praktisch konstant bleibt und sich normale Tensidmizellen zu bilden beginnen.

Das obige Bild wird bestätigt, wenn die Assoziation des Tensids direkt überwacht wird (z. B. durch Verwendung tensidselektiver Elektroden, durch Gleichgewichtsdialyse oder durch eine spektroskopische Technik). Die Bindungsisothermen sind in Abb. 2.14 dargestellt.

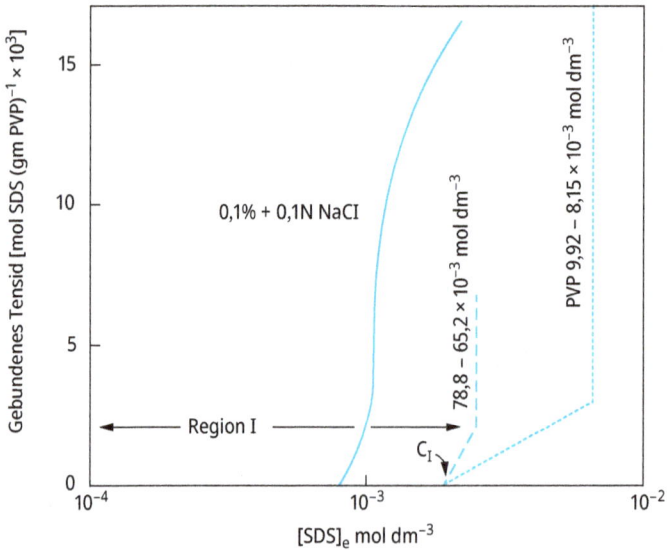

Abb. 2.14: Bindungsisothermen zwischen einem Tensid und einem wasserlöslichen Polymer.

Bei niedriger Tensidkonzentration gibt es keine signifikante Interaktion (Bindung). Bei der CAC wird eine stark kooperative Bindung angezeigt und bei höheren Konzentrationen wird ein Plateau erreicht. Bei weiterer Erhöhung der Tensidkonzentration entstehen „freie" Tensidmoleküle, bis sich die Tensidaktivität oder -konzentration der Kurve anschließt, die in Abwesenheit des Polymers erhalten wurde. Die Bindungsisothermen in Abb. 2.14 zeigen die starke Analogie zur Mizellenbildung und lassen eine Interpretation dieser Isothermen im Sinne einer Senkung der CMC zu.

Aus den experimentellen Bindungsisothermen von gemischten Tensid-/Polymerlösungen konnten mehrere Schlussfolgerungen gezogen werden: (1) Die CAC/CMC ist über weite Bereiche nur schwach von der Polymerkonzentration abhängig; (2) die CAC/CMC ist bis zu niedrigen Werten in guter Näherung unabhängig vom Polymermolekulargewicht; bei sehr niedrigem Molekulargewicht ist die Wechselwirkung schwächer; (3) die Plateaubindung steigt linear mit der Polymerkonzentration; (4) anionische Tenside zeigen eine ausgeprägte Wechselwirkung mit den meisten Homopolymeren (z. B. PEO und PVP), während kationische Tenside eine schwächere, aber immer noch signifikante

Wechselwirkung zeigen; nichtionische und zwitterionische Tenside zeigen nur selten eine deutliche Wechselwirkung mit Homopolymeren.

Eine schematische Darstellung der Assoziation zwischen Tensiden und Polymeren für einen weiten Bereich von Konzentrationen beider Komponenten [25] ist in Abb. 2.15 zu sehen. Es ist zu erkennen, dass bei niedriger Tensidkonzentration (Bereich I) bei keiner Polymerkonzentration eine signifikante Assoziation stattfindet. Oberhalb der CAC (Bereich II) nimmt die Assoziation bis zu einer Tensidkonzentration zu, die linear mit der Zunahme der Polymerkonzentration steigt. Im Bereich III ist die Assoziation gesättigt und die Tensidmonomerkonzentration nimmt zu, bis der Bereich IV erreicht ist, in dem Tensidaggregate an den Polymerketten und freie Mizellen koexistieren.

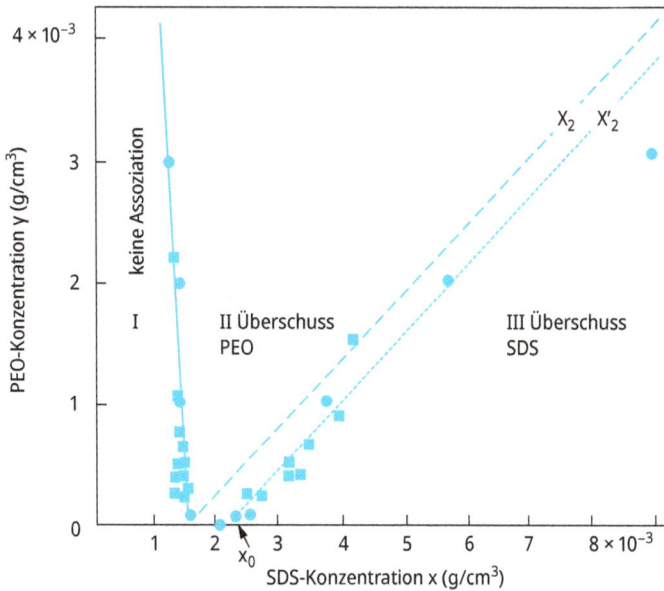

Abb. 2.15: Assoziation zwischen Tensid und Homopolymer in verschiedenen Konzentrationsbereichen [25].

2.4.1 Faktoren, die die Verbindung zwischen Tensid und Polymer beeinflussen

Mehrere Faktoren beeinflussen die Wechselwirkung zwischen Tensid und Polymer, die im Folgenden zusammengefasst werden:
(1) Temperatur; mit steigender Temperatur erhöht sich im Allgemeinen die CAC, d. h. die Wechselwirkung wird ungünstiger.
(2) Zugabe von Elektrolyt; dies verringert im Allgemeinen die CAC, d. h. es erhöht die Bindung.
(3) Kettenlänge des Tensids; eine Zunahme der Alkylkettenlänge verringert die CAC, d. h. sie erhöht die Assoziation. Ein Diagramm der logCAC gegen die Anzahl der

Kohlenstoffatome n ist linear (ähnlich der logCMC-n-Beziehung, die für Tenside allein erhalten wurde).

(4) Tensidstruktur: Alkylbenzolsulfonate sind ähnlich wie SDS, aber die Einführung von EO-Gruppen in die Kette schwächt die Wechselwirkung.

(5) Tensidklassen: Bei kationischen Tensiden wird im Allgemeinen eine schwächere Wechselwirkung beobachtet als bei anionischen Tensiden. Die Wechselwirkung kann jedoch durch die Verwendung eines stark wechselwirkenden Gegenions für das Kation (z. B. CNS⁻) gefördert werden. Die Wechselwirkung zwischen ethoxylierten Tensiden und nichtionischen Polymeren ist schwach. Bei Alkylphenolethoxylaten ist die Wechselwirkung stärker.

(6) Molekulargewicht des Polymers; ein Mindestmolekulargewicht von ≈ 4000 für PEO und PVP ist für eine „vollständige" Wechselwirkung erforderlich.

(7) Polymermenge: Die CAC scheint unempfindlich gegenüber einer Erhöhung der Polymerkonzentration zu sein (oder leicht abzunehmen). T_2 steigt linear mit der Erhöhung der Polymerkonzentration.

(8) Polymerstruktur und Hydrophobie: Mehrere ungeladene Polymere wie PEO, PVP und Polyvinylalkohol (PVOH) interagieren mit geladenen Tensiden. Viele andere ungeladene Polymere wechselwirken nur schwach mit geladenen Tensiden, z. B. Hydroxyethylcellulose (HEC), Dextran und Polyacrylamid (PAM). Für anionische Tenside wurde die folgende Reihenfolge der verstärkten Wechselwirkung festgelegt: PVOH < PEO < MEC (Methylcellulose) < PVAC (teilweise hydrolysiertes Polyvinylacetat) < PPO ≈ PVP. Für kationische Tenside wurde die folgende Reihenfolge aufgeführt: PVP < PEO < PVOH < MEC < PVAC < PPO. Die Position von PVP lässt sich durch die leichte positive Ladung der Kette erklären, die eine Abstoßung mit Kationen und eine Anziehung mit Anionen bewirkt.

2.4.2 Interaktionsmodelle

Die NMR-Daten zeigten, dass jedes „gebundene" Tensidmolekül die gleiche Umgebung vorfand, d. h. die Tensidmoleküle könnten in mizellenähnlichen Clustern gebunden sein, allerdings mit geringerer Größe. Geht man davon aus, dass jedes Polymermolekül aus einer Anzahl „effektiver Segmente" der Masse M_s (Mindestmolekulargewicht für das Auftreten einer Wechselwirkung) besteht, dann bindet jedes Segment ein Cluster von n Tensidanionen, D⁻, und das Bindungsgleichgewicht kann wie folgt dargestellt werden:

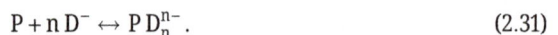

$$P + n\,D^- \leftrightarrow P\,D_n^{n-}. \tag{2.31}$$

Die Gleichgewichtskonstante ist gegeben durch:

$$K = \frac{[P\,D_n^{n-}]}{[P]\,[D^-]^n}. \tag{2.32}$$

K ergibt sich aus dem Zustand der halben Sättigung:

$$K = [D^-]_{1/2}^n . \tag{2.33}$$

Wenn man n variiert und die experimentellen Bindungsisothermen verwendet, erhält man die folgenden Werte: $M_s = 1830$ und $n = 15$. Die freie Bindungsenergie ist durch den folgenden Ausdruck gegeben:

$$\Delta G^0 = -RT \ln K^{1/n} . \tag{2.34}$$

ΔG^0 wurde mit $-5{,}07$ kcal mol^{-1} ermittelt, was dem Wert für Tenside nahekommt.

Nagarajan [26] führte eine umfassende thermodynamische Behandlung der Wechselwirkung zwischen Tensiden und Polymeren ein. Es wurde angenommen, dass die wässrige Lösung von Tensid und Polymer sowohl freie Mizellen als auch an das Polymermolekül gebundene „Mizellen" enthält. Die gesamte Tensidkonzentration, X_t, wird in einzeln dispergiertes Tensid, X_1, Tensid in freien Mizellen, X_f, und in Aggregaten gebundenes Tensid, X_b, aufgeteilt:

$$X_t = X_1 + g_f (K_f X_1)^{g_f} + g_b n X_p \left[\frac{(K_b X_1)^{g_b}}{1 + (K_b X_1)^{g_b}} \right] . \tag{2.35}$$

g_f ist die durchschnittliche Aggregationszahl der freien Mizellen, K_f ist die Gleichgewichtskonstante für die Bildung freier Mizellen, n ist die Anzahl der Bindungsstellen für Tensidaggregate der durchschnittlichen Größe g_b, K_b ist die Gleichgewichtskonstante für die Bindung des Tensids an das Polymer und X_p ist die Gesamtpolymerkonzentration (die Massenkonzentration entspricht $n X_p$).

Die Polymer-Mizellen-Komplexierung kann sich auf die Konformation des Polymers auswirken, aber es wurde angenommen, dass dies keinen Einfluss auf K_b und g_b hat. Die relativen Größen von K_b, K_f und g_b bestimmen, ob eine Komplexierung mit dem Polymer stattfindet und welche kritische Tensidkonzentration das System aufweist. Wenn $K_f > K_b$ und $g_b = g_f$, treten freie Mizellen eher auf als eine Komplexbildung. Wenn $K_f < K_b$ und $g_b = g_f$, dann treten zuerst an das Polymer gebundene Mizellen auf. Wenn $K_f < K_b$, aber g_b viel kleiner als g_f ist, dann können die freien Mizellen vor der Sättigung des Polymers auftreten. Eine erste kritische Tensidkonzentration (CAC) tritt in der Nähe von $X_1 = K_b^{-1}$ auf. Eine zweite kritische Konzentration tritt in der Nähe von $X_1 = K_f^{-1}$ auf. Je nach Größe von $n X_p$ kann man über einen endlichen Bereich von Tensidkonzentrationen nur eine kritische Konzentration beobachten.

Abbildung 2.16 zeigt die Beziehung zwischen X_1 und X_t für verschiedene Polymerkonzentrationen (SDS/PEO-System) unter Verwendung der folgenden Werte für K_b, K_f, g_f und g_b: $K_b = 319$, $K_f = 120$, $g_b = 51$ und $g_f = 54$.

Im Bereich von 0 bis A bleiben die Tensidmoleküle einzeln dispergiert. Im Bereich von A bis B treten polymergebundene Mizellen auf; X_1 nimmt in diesem Bereich nur sehr wenig zu (große Größe der polymergebundenen Mizellen). Wenn g_b klein ist

(z. B. 10), dann sollte X_1 in diesem Bereich stärker zunehmen. Wenn n X_p klein ist, ist der Bereich AB auf einen engen Tensidkonzentrationsbereich beschränkt. Wenn n X_p sehr groß ist, wird der Sättigungspunkt B möglicherweise nicht erreicht. Bei B ist das Polymer mit Tensid gesättigt. Im Bereich AC geht eine Zunahme von X_t mit einer Zunahme von X_1 einher. Bei C wird die Bildung freier Mizellen möglich; CD bezeichnet den Tensidkonzentrationsbereich, in dem jede weitere Zugabe von Tensid zur Bildung freier Mizellen führt. Der Punkt C hängt von der Polymermassenkonzentration ab (n X_p).

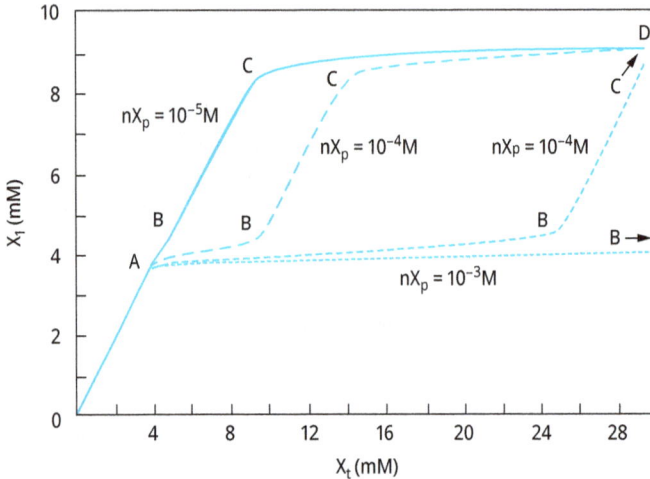

Abb. 2.16: Variation von X_1 mit X_t für das SDS/PEO-System.

Die obigen theoretischen Vorhersagen wurden durch die Ergebnisse von Gilányi und Wolfram [27] unter Verwendung spezifischer Ionenelektroden bestätigt. Dies ist in Abb. 2.17 dargestellt.

2.4.3 Treibende Kraft für die Wechselwirkung zwischen Tensid und Polymer

Die treibende Kraft für die Wechselwirkung zwischen Polymer und Tensid ist die gleiche wie beim Prozess der Mizellbildung (siehe oben). Wie bei Mizellen ist die Hauptantriebskraft die Verringerung der Kontaktfläche zwischen Kohlenwasserstoff und Wasser der Alkylkette des gelösten Tensids. Ein empfindliches Gleichgewicht zwischen mehreren Kräften ist für die Assoziation von Tensid und Polymer verantwortlich. So wird beispielsweise die Aggregation durch die Verdrängung der ionischen Kopfgruppen an der Oberfläche der Mizelle verhindert. Auch Packungsbeschränkungen widerstehen der Assoziation. Moleküle, die die Abstoßung zwischen den Kopfgruppen abschirmen, z. B. Elektrolyte und Alkohol, fördern die Assoziation. Ein Polymermolekül mit hydro-

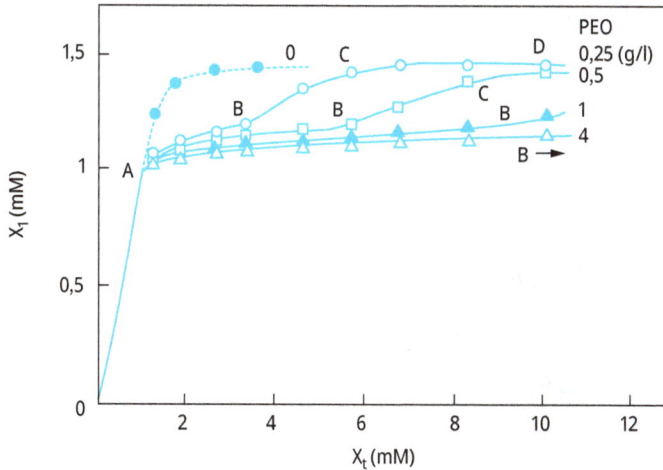

Abb. 2.17: Experimentell gemessene Werte von X_1 gegen X_t für das SDS/PEO-System.

phoben und hydrophilen Segmenten (das zudem flexibel ist) kann die Assoziation durch Ionen-Dipol-Assoziation zwischen den Dipolen der hydrophilen Gruppen und den ionischen Kopfgruppen des Tensids fördern. Darüber hinaus kann der Kontakt zwischen den hydrophoben Segmenten des Polymers und den exponierten Kohlenwasserstoffbereichen der Mizellen die Assoziation verstärken. Bei SDS/PEO und SDS/PVP bestehen die Assoziationskomplexe aus etwa drei Monomereinheiten pro Molekül des aggregierten Tensids.

2.4.4 Struktur von Tensid/Polymer-Komplexen

Im Allgemeinen gibt es zwei alternative Bilder von gemischten Tensid/Polymer-Lösungen: eines, das die Wechselwirkung in Form einer stark kooperativen Assoziation oder Bindung des Tensids an die Polymerkette beschreibt, und eines, das eine Mizellisierung des Tensids auf oder in der Nähe der Polymerkette beschreibt. Für Polymere mit hydrophoben Gruppen wird der bindende Ansatz bevorzugt, während für hydrophile Homopolymere das Bild der Mizellenbildung wahrscheinlicher ist. Das letztgenannte Bild wurde von Cabane [28] vorgeschlagen, der eine Struktur vorschlug, in der das aggregierte SDS von Makromolekülen in einer schlingenförmigen Konfiguration umgeben ist. Ein schematisches Bild dieser Struktur, die manchmal auch als „Perlenkettenmodell" bezeichnet wird, ist in Abb. 2.18 dargestellt.

Die Folgen des obigen Modells sind: (1) günstigere freie Assoziationsenergie (CAC < CMC) und verstärkte ionische Dissoziation der Aggregate; (2) eine veränderte Umgebung der CH_2-Gruppen des Tensids in der Nähe der Kopfgruppe. Die Mizellengrößen sind mit und ohne Polymer ähnlich, und die Aggregationszahlen sind in der Regel ähnlich oder etwas niedriger als bei den Mizellen, die sich ohne Polymer bilden. In Anwesenheit eines Polymers ist das chemische Potenzial des Tensids im Vergleich zur Situation ohne Polymer niedriger [29].

Abb. 2.18: Schematische Darstellung der Topologie von Tensid-Polymer-Komplexen nach Cabane [28].

2.4.5 Wechselwirkung zwischen Tensiden und hydrophob modifizierten Polymeren

Wasserlösliche Polymere werden durch Aufpfropfen einer geringen Menge hydrophober Gruppen (in der Größenordnung von 1 % der in einem typischen Molekül umgesetzten Monomere) modifiziert, was zur Bildung von „assoziativen Strukturen" führt. Diese Moleküle werden als assoziative Verdickungsmittel bezeichnet und als Rheologiemodifikatoren in vielen kosmetischen Produkten und Körperpflegeprodukten eingesetzt. Ein zugesetztes Tensid geht eine starke Wechselwirkung mit den hydrophoben Gruppen des Polymers ein, was zu einer verstärkten Assoziation zwischen den Tensidmolekülen und der Polymerkette führt. Eine schematische Darstellung der Wechselwirkung zwischen SDS und hydrophob modifizierter Hydroxyethylcellulose (HM-HEC) ist in Abb. 2.19 zu sehen, die die Wechselwirkung bei verschiedenen Tensidkonzentrationen zeigt.

Zu Beginn treten die Tensidmonomere mit den hydrophoben Gruppen des HM-Polymers in Wechselwirkung, und bei einer gewissen Tensidkonzentration (CAC) können die Mizellen die Polymerketten vernetzen. Bei höheren Tensidkonzentrationen werden die nun reichlich vorhandenen Mizellen nicht mehr zwischen den Polymerketten geteilt, d. h. die Vernetzungen werden gebrochen. Diese Effekte spiegeln sich in der Veränderung der Viskosität in Abhängigkeit von der Tensidkonzentration für das HM-Polymer wider, wie in Abb. 2.19 dargestellt.

Die Viskosität des Polymers steigt mit zunehmender Tensidkonzentration an, erreicht ein Maximum bei einer optimalen Konzentration (maximale Vernetzung) und

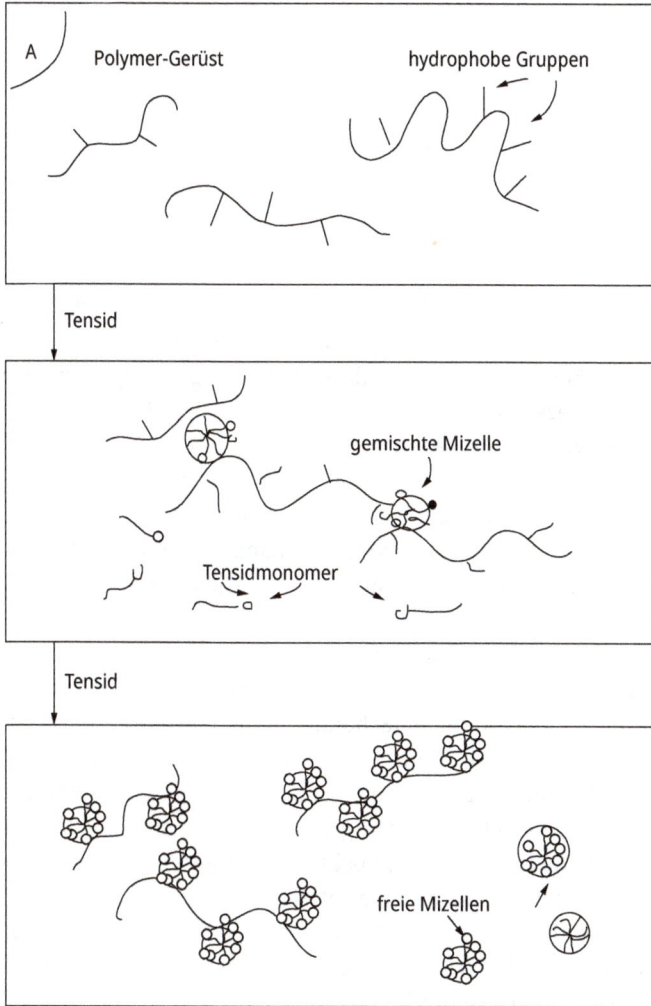

Abb. 2.19: Schematische Darstellung der Wechselwirkung zwischen Tensid und HM-Polymer.

nimmt dann mit weiter steigender Tensidkonzentration ab (Abb. 2.20). Bei dem unmodifizierten Polymer sind die Änderungen der Viskosität relativ gering.

2.4.6 Wechselwirkung zwischen Tensiden und Polymeren mit entgegengesetzter Ladung (Tensid/Polyelektrolyt-Wechselwirkung)

Der Fall von Tensid-Polymer-Paaren, bei denen das Polymer ein Polyion und das Tensid ebenfalls ionisch ist, aber eine entgegengesetzte Ladung aufweist, ist in vielen kosmetischen Formulierungen (z. B. Haarspülungen) von besonderer Bedeutung. Zur

η

Tensid-Konzentration

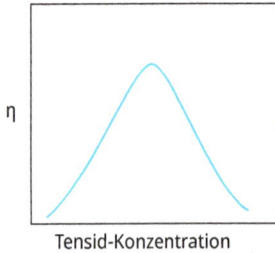

Abb. 2.20: Beziehung zwischen Viskosität und Tensidkonzentration für HM-modifizierte und unmodifizierte Polymerlösungen.

Veranschaulichung ist die Wechselwirkung zwischen SDS und kationisch modifiziertem Cellulosepolymer (Polymer JR, Union Carbide), das als Haarspülung verwendet wird, in Abb. 2.21 anhand von Messungen der Oberflächenspannung γ dargestellt [30]. Die γ-logC-Kurven für SDS in Gegenwart und Abwesenheit des Polyelektrolyten sind in Abb. 2.22 dargestellt, die auch das Aussehen der Lösungen zeigen. Bei niedriger Tensidkonzentration kommt es zu einer synergistischen Senkung der Oberflächenspannung, d. h. der Tensid/Polyelektrolyt-Komplex ist oberflächenaktiver. Die niedrige Oberflächenspannung ist auch in der Ausfällungszone vorhanden. Bei hohen Tensidkonzentrationen nähert sich γ dem Wert des polymerfreien Tensids im mizellaren Bereich. Diese Trends sind in Abb. 2.23 schematisch dargestellt.

Die Wechselwirkung zwischen Tensid und Polyelektrolyt hat mehrere Auswirkungen auf die Anwendung in Haarspülungen. Der wichtigste Effekt ist die hohe Schaumbildung des Komplexes. Die maximale Schaumbildung tritt im Bereich der höchsten Ausfällung, d. h. der maximalen Hydrophobierung des Polymers auf. Es ist wahrscheinlich, dass die Ausfällungen den Schaum stabilisieren. Die direkte Bestimmung der Menge des an die Polyelektrolytketten gebundenen Tensids ergab eine Reihe interessanter Merkmale. Die Bindung erfolgt bei einer sehr geringen Tensidkonzentration (1/20 der CMC). Der Bindungsgrad β erreicht einen Wert von 0,5 (β = 1 entspricht einem gebundenen DS$^-$-Ion für jede Ammoniumgruppe). Die Kurven von β gegen die SDS-Konzentration waren für polymere Homologe mit einem kationischen Substitutionsgrad (CS) > 0,23 identisch. Die Ausfällung erfolgte bei β = 1.

Die Bindung von kationischen Tensiden an anionische Polyelektrolyte weist ebenfalls eine Reihe interessanter Merkmale auf. Die Bindungsaffinität hängt von der Art des Polyanions ab. Die Zugabe von Elektrolyten erhöht die Steilheit der Bindung, aber die Bindung erfolgt bei höherer Tensidkonzentration, wenn die Elektrolytkonzentration erhöht wird. Mit zunehmender Länge der Alkylkette des Tensids nimmt die Bindung zu, ein Prozess, der dem der Mizellbildung ähnlich ist.

Viskosimetrische Messungen zeigten einen raschen Anstieg der relativen Viskosität bei einer kritischen Tensidkonzentration. Das Verhalten hängt jedoch von der Art des verwendeten Polyelektrolyts ab. Zur Veranschaulichung zeigt Abb. 2.23 die Viskositäts-SDS-Konzentrationskurven für zwei Arten von kationischen Polyelektrolyten: JR-400 (kationisch modifizierte Cellulose) und RETEN™ (ein Acrylamid/β-Methacryloxytrimethylammoniumchlorid-Copolymer).

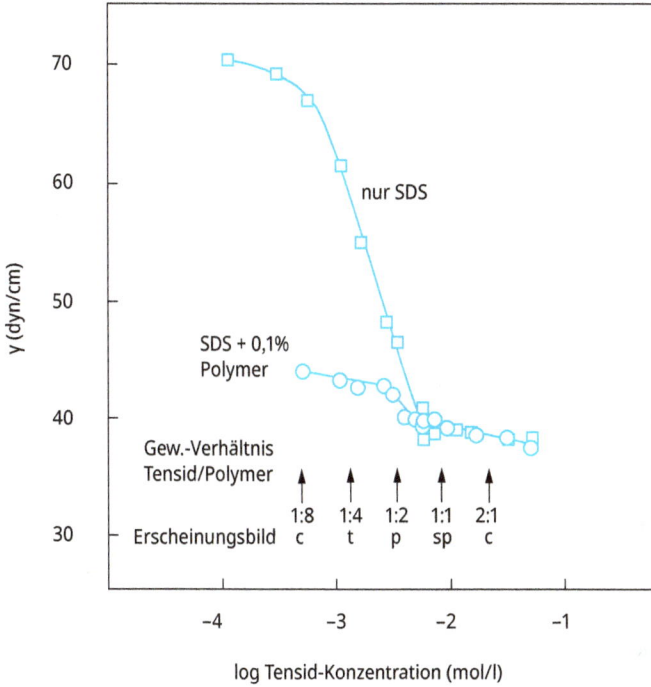

Abb. 2.21: γ-logC-Kurven von SDS mit und ohne Zusatz von Polymer (0,1 % JR-400); c (klar), t (trübe), p (Niederschlag), sp (leichter Niederschlag).

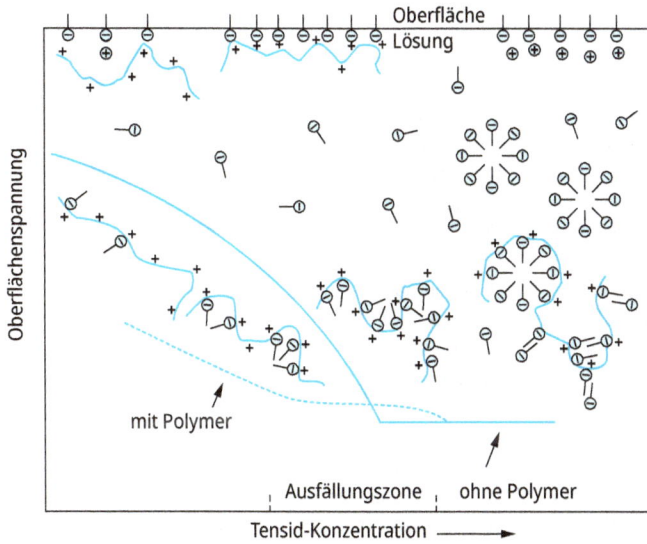

Abb. 2.22: Schematische Darstellung der Wechselwirkung zwischen Tensid und Polyelektrolyt.

Der Unterschied zwischen den beiden Polyelektrolyten ist auffallend und deutet darauf hin, dass sich die Konformation von RETEN™ durch die Zugabe von SDS kaum verändert, die intermolekulare Assoziation zwischen Polymer JR-400 und SDS jedoch stark ist.

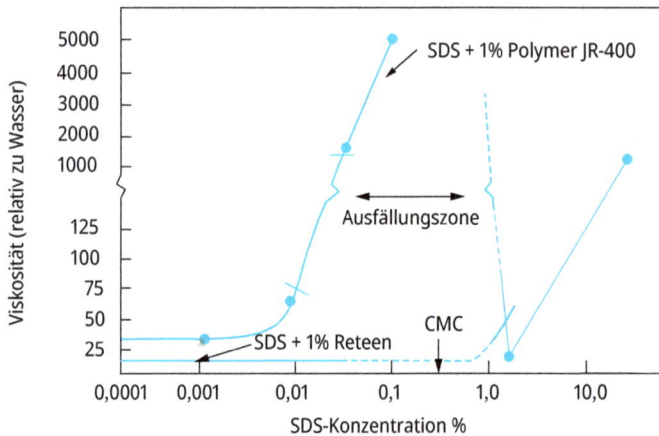

Abb. 2.23: Relative Viskosität von 1 % JR und 1 % RETEN™ in Abhängigkeit von der SDS-Konzentration.

Literatur

[1]   Tadros, Th. F., „Applied Surfactants", Wiley-VCH, Deutschland (2005).
[2]   Tadros, Th. F. „Cosmetics", in „Encyclopedia of Colloid and Interface Science", Tadros, Th. F. (Editor), Springer, Deutschland (2013).
[3]   Tadros, Th. F., „Introduction to Surfactants", De Gruyter, Deutschland (2014).
[4]   Holmberg, K., Jönsson, B., Kronberg, B. and Lindman, B., „Surfactants and Polymers in Aqueous Solution", 2nd Edition, John Wiley & Sons Ltd. (2002).
[5]   Mukerjee, P. and Mysels, K. J., „Critical Micelle Concentrations of Aqueous Surfactant Systems", National Bureau of Standards Publication, Washington D. C., USA (1971).
[6]   McBain, J. W., Trans. Faraday Soc., **9**, 99 (1913).
[7]   Adam, N. K., J. Phys. Chem., **29**, 87 (1925).
[8]   Hartley, G. S., „Aqueous Solutions of Paraffin Chain Salts", Hermann and Cie, Paris (1936).
[9]   Istraelachvili, J., „Intermolecular and Surface Forces, with Special applications to Colloidal and Biological Systems", Academic Press, London (1985), p. 251.
[10] McBain, J. W., „Colloid Science", Heath, Boston (1950).
[11] Harkins, W. D., Mattoon, W. D. and Corrin, M. L., J. Amer. Chem. Soc., **68**, 220 (1946); J. Colloid Sci., **1**, 105 (1946).
[12] Debye, P. and Anaker, E. W., J. Phys. and Colloid Chem., **55**, 644 (1951).
[13] Aniansson, E. A. G. and Wall, S. N., J. Phys. Chem., **78**, 1024 (1974); **79**, 857 (1975).
[14] Aniansson, E. A. G., Wall, S. N., Almagren, M., Hoffmann, H., Ulbricht, W., Zana, R., Lang, J. and Tondre, C., J. Phys. Chem. **80**, 905 (1976).
[15] Rassing, J., Sams, P. J. and Wyn-Jones, E., J. Chem. Soc., Faraday II, **70**, 1247 (1974).

[16] Jaycock, M. J. and Ottewill, R. H., Fourth Int. Congress Surface Activity, **2**, 545 (1964).

[17] Okub, T., Kitano, H., Ishiwatari, T. and Isem, N., Proc. Royal Soc., **A36**, 81 (1979).

[18] Phillips, J. N., Trans. Faraday Soc., **51**, 561 (1955).

[19] Kahlweit, M. and Teubner, M., Adv. Colloid Interface Sci., **13**, 1 (1980).

[20] Rosen, M. L., „Surfactants and Interfacial Phenomena", Wiley-Interscience, New York (1978).

[21] Tanford, C., „The Hydrophobic Effect", 2nd Edition, Wiley, New York (1980).

[22] Stainsby, G. and Alexander, A. E., Trans. Faraday Soc., **46**, 587 (1950).

[23] Arnow, R. H. and Witten, L., J. Phys. Chem., **64**, 1643 (1960).

[24] Robb, I. D., Chemistry and Industry, 530535 (1972).

[25] Cabane, B. and Duplessix, R., J. Phys. (Paris), **43**, 1529 (1982).

[26] Nagarajan, R., Colloids and Surfaces, **13**, 1 (1985).

[27] Gilányi, T. and Wolfram, E., Colloids and Surfaces, **3**, 181 (1981).

[28] Cabane, B., J. Phys. Chem., **81**, 1639 (1977).

[29] Evans, D. F. and Winnerstrom, H., „The Colloidal Domain. Where Physics, Chemistry, Biology and Technology Meet", John Wiley and Sons Inc. VCH, New York (1994). p. 312.

[30] Goddard, E. D., Colloids and Surfaces, **19**, 301 (1986).

3 Polymere Tenside in kosmetischen Formulierungen

3.1 Einleitung

Wie in Kapitel 2 erwähnt, besitzen polymere (makromolekulare) Tenside erhebliche Vorteile für die Verwendung in kosmetischen Inhaltsstoffen. Die am häufigsten verwendeten sind die ABA-Blockcopolymere, wobei A für Polyethylenoxid und B für Polypropylenoxid steht. Diese Blockcopolymere werden auch als Poloxamere bezeichnet oder als Pluronics® vermarktet. Im Allgemeinen haben polymere Tenside ein wesentlich geringeres Toxizitäts-, Sensibilisierungs- und Reizungspotenzial, sofern sie nicht mit Spuren der Ausgangsmonomere verunreinigt sind. Diese Moleküle bieten eine größere Stabilität und können in einigen Fällen zur Einstellung der Viskosität der kosmetischen Formulierung verwendet werden [1–3].

In diesem Kapitel werde ich einen Abschnitt über die allgemeine Klassifizierung von polymeren Tensiden geben. Es folgt ein Abschnitt über die Adsorption und Konformation von polymeren Tensiden an Grenzflächen, insbesondere an der Fest/flüssig-Grenzfläche. Der letzte Abschnitt enthält zwei Beispiele für die hohe Stabilität von Öl-in-Wasser-Emulsionen (O/W) und Wasser-in-Öl-Emulsionen (W/O).

3.2 Allgemeine Klassifizierung von polymeren Tensiden

Der vielleicht einfachste Typ eines polymeren Tensids ist ein Homopolymer [4], das aus gleichen sich wiederholenden Einheiten gebildet wird, wie z. B. Polyethylenoxid oder Polyvinylpyrrolidon. Diese Homopolymere haben eine geringe Oberflächenaktivität an der O/W-Grenzfläche, da die Homopolymersegmente (Ethylenoxid oder Vinylpyrrolidon) gut wasserlöslich sind und eine geringe Affinität zur Grenzfläche aufweisen. Solche Homopolymere können jedoch an der S/L-Grenzfläche erheblich adsorbieren. Selbst wenn die Adsorptionsenergie pro Monomersegment an der Oberfläche gering ist (Bruchteil von kT, wobei k die Boltzmann-Konstante und T die absolute Temperatur ist), kann die gesamte Adsorptionsenergie pro Molekül ausreichen, um den ungünstigen Entropieverlust des Moleküls an der S/L-Grenzfläche zu überwinden.

Homopolymere sind natürlich nicht die am besten geeigneten Emulgatoren oder Dispergiermittel. Eine kleine Variante besteht darin, Polymere zu verwenden, die spezifische Gruppen enthalten, die eine hohe Affinität zur Oberfläche haben. Ein Beispiel hierfür ist teilhydrolysiertes Polyvinylacetat (PVAC), das technisch als Polyvinylalkohol (PVAL) bezeichnet wird. Das Polymer wird durch Teilhydrolyse von PVAC hergestellt, wobei einige restliche Vinylacetatgruppen übrig bleiben. Die meisten im Handel erhältlichen PVAL-Moleküle enthalten 4 bis 12 % Acetatgruppen. Diese Acetatgruppen, die hydrophob sind, verleihen dem Molekül seinen amphipathischen Charakter. Auf

https://doi.org/10.1515/9783110798548-003

einer hydrophoben Oberfläche wie Polystyrol adsorbiert das Polymer, wobei sich die Acetatgruppen bevorzugt an der Oberfläche anlagern und die hydrophileren Vinylalkoholsegmente im wässrigen Medium baumeln lassen. Diese teilweise hydrolysierten PVAL-Moleküle zeigen auch eine Oberflächenaktivität an der O/W-Grenzfläche [1–3].

Die zweckmäßigsten polymeren Tenside sind solche vom Typ der Block- und Pfropfcopolymere [4]. Ein Blockcopolymer ist eine lineare Anordnung von Blöcken mit unterschiedlicher Monomerzusammensetzung. Die Nomenklatur für einen Diblock ist Poly-A-Block-Poly-B und für einen Triblock ist Poly-A-Block-Poly-B-Poly-A. Zu den am häufigsten verwendeten polymeren Dreiblock-Tensiden gehören die „Pluronics" (BASF, Deutschland), die aus zwei Poly-A-Blöcken aus Polyethylenoxid (PEO) und einem Block aus Polypropylenoxid (PPO) bestehen. Es sind verschiedene Kettenlängen von PEO und PPO erhältlich. Seit kurzem sind für einige spezifische Anwendungen auch Dreiblöcke aus PPO-PEO-PPO (inverse Pluronics) erhältlich. Diese polymeren Dreiblöcke können als Emulgatoren oder Dispergiermittel eingesetzt werden, wobei davon ausgegangen wird, dass die hydrophobe PPO-Kette an der hydrophoben Oberfläche sitzt und die beiden PEO-Ketten in wässriger Lösung baumeln lässt und somit für sterische Abstoßung sorgt. Der Grund für die Oberflächenaktivität der PEO-PPO-PEO-Triblock-Copolymere an der O/W-Grenzfläche könnte auf einen Prozess der „abweisenden" Verankerung der PPO-Kette zurückzuführen sein, da diese weder in Öl noch in Wasser löslich ist. Es wurden mehrere andere Di- und Triblock-Copolymere synthetisiert, die jedoch nur in begrenztem Umfang kommerziell verfügbar sind. Typische Beispiele sind Diblocks aus Polystyrol-Block-Polyvinylalkohol, Dreiblocks aus Polymethylmethacrylat-Block-Polyethylenoxid-Block-Polymethylmethacrylat, Diblocks aus Polystyrol-Block-Polyethylenoxid und Dreiblocks aus Polyethylenoxid-Block-Polystyrol-Polyethylenoxid [4]. Ein alternatives (und vielleicht effizienteres) polymeres Tensid ist das amphipathische Pfropfcopolymer, das aus einem polymeren Grundgerüst B (Polystyrol oder Polymethylmethacrylat) und mehreren A-Ketten („Zähnen") wie Polyethylenoxid besteht [1–3]. Dieses Pfropfcopolymer wird manchmal als „Kamm"-Stabilisator bezeichnet. Dieses Copolymer wird in der Regel durch Aufpfropfen eines Makromonomers wie Methoxy-Polyethylenoxidmethacrylat auf Polymethylmethacrylat hergestellt. Die Technik des „Aufpfropfens" wurde auch zur Synthese von Polystyrol-Polyethylenoxid-Pfropfcopolymeren verwendet.

In jüngster Zeit wurden Pfropfcopolymere auf der Basis von Polysacchariden [5–7] zur Stabilisierung von dispersen Systemen entwickelt [8]. Mit die nützlichsten Pfropfcopolymere sind solche auf der Basis von Inulin, das aus Zichorienwurzeln gewonnen wird. Es handelt sich um eine lineare Polyfructosekette mit einem Glucoseende. Das aus Zichorienwurzeln extrahierte Inulin weist eine breite Palette von Kettenlängen auf, die von 2 bis 65 Fructoseeinheiten reicht. Es wird fraktioniert, um ein Molekül mit enger Molekulargewichtsverteilung und einem Polymerisationsgrad > 23 zu erhalten, das im Handel als INUTEC® N25 erhältlich ist. Das letztgenannte Molekül wird zur Herstellung einer Reihe von Pfropfcopolymeren durch zufälliges Aufpfropfen von Alkylketten (unter Verwendung von Alkylisocyanat) auf das Inulin-Grundgerüst verwendet. Das erste Molekül dieser Reihe ist INUTEC® SP1 (Beneo-Remy, Belgien), das durch zufälliges Aufpfropfen von C_{12}-Alkylketten gewonnen wird. Es hat ein durchschnittliches Molekulargewicht von ca. 5000 Dalton und seine Struktur ist in Abb. 3.1 dargestellt. Das Molekül ist schematisch als Beispiel für ein polymeres Tensid in Abb. 3.2 dargestellt, die die hydrophile Polyfructosekette (Grundgerüst) und die zufällig angebrachten Alkylketten zeigt. Die Hauptvorteile von INUTEC® SP1 als Stabilisator für disperse Systeme sind: (1) Starke Adsorption an die Partikel oder Tröpfchen durch Mehrfachbindung mit mehreren Alkylketten. Dadurch wird eine Desorption und Verdrängung des Moleküls von der Grenzfläche verhindert. (2) Starke Hydratation der linearen Polyfructoseketten sowohl in Wasser als auch in Gegenwart hoher Elektrolytkonzentrationen und hoher Temperaturen. Dies gewährleistet eine wirksame sterische Stabilisierung (siehe Kapitel 5).

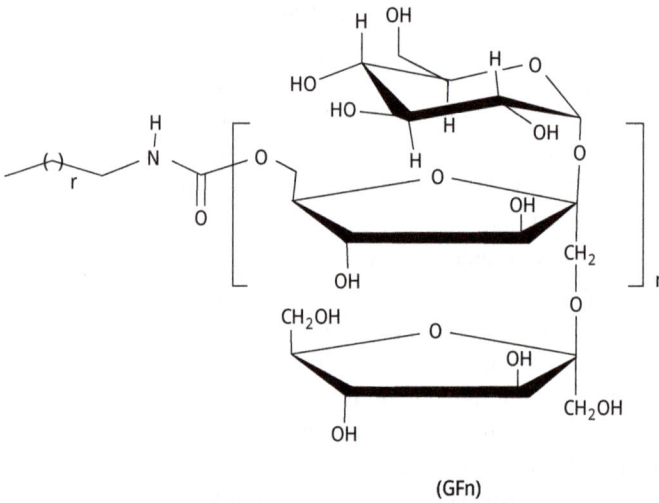

(GFn)

Abb. 3.1: Aufbau von INUTEC® SP1.

Abb. 3.2: Schematische Darstellung des polymeren Tensids INUTEC® SP1.

3.3 Adsorption und Konformation von polymeren Tensiden

Das Verständnis der Adsorption und Konformation von polymeren Tensiden an Grenzflächen ist der Schlüssel zur Frage, wie diese Moleküle als Stabilisatoren wirken. Die meisten grundlegenden Ideen zur Adsorption und Konformation von Polymeren wurden für die Grenzfläche fest/flüssig entwickelt [9]. Um die Adsorption und Konformation von Polymeren an der Fest/flüssig-Grenzfläche zu verstehen, ist ein Verständnis der verschiedenen beteiligten Wechselwirkungen (Polymer/Oberfläche, Kette/Lösungsmittel und Oberfläche/Lösungsmittel) erforderlich. Der wichtigste Vorgang ist die Konformation des Polymermoleküls an der festen Oberfläche. Dies wurde 1951 von Jenkel und Rumbach erkannt [10], die feststellten, dass die Menge des pro Flächeneinheit der Oberfläche adsorbierten Polymers einer mehr als 10 Moleküle dicken Schicht entspricht, wenn alle Segmente der Kette gebunden sind. Sie schlugen ein Modell vor, bei dem jedes Polymermolekül in Sequenzen gebunden ist, die durch Brücken getrennt sind, die in die Lösung hineinreichen. Mit anderen Worten, nicht alle Segmente eines Makromoleküls stehen in Kontakt mit der Oberfläche. Die Segmente, die in direktem Kontakt mit der Oberfläche stehen, werden als „Züge" bezeichnet; die dazwischen liegenden und in die Lösung hineinreichenden Segmente werden als „Schleifen" bezeichnet; die freien Enden des Makromoleküls, die ebenfalls in die Lösung hineinreichen, werden als „Schwänze" bezeichnet. Dies ist in Abb. 3.3a für ein Homopolymer dargestellt. Beispiele für Hompolymere, die aus denselben sich wiederholenden Einheiten gebildet werden, sind Polyethylenoxid oder Polyvinylpyrrolidon. Diese Homopolymere haben eine geringe Oberflächenaktivität an der O/W-Grenzfläche, da die Homopolymersegmente (Ethylenoxid oder Vinylpyrrolidon) gut wasserlöslich sind und eine geringe Affinität zur Grenzfläche aufweisen. Solche Homopolymere können jedoch an der S/L-Grenzfläche erheblich adsorbieren. Selbst wenn die Adsorptionsenergie pro Monomersegment an der Oberfläche gering ist (Bruchteil von kT, wobei k die Boltzmann-Konstante und T die absolute Temperatur ist), kann die gesamte Adsorptionsenergie pro Molekül ausreichen, um den ungünstigen Entropieverlust des Moleküls an der S/L-Grenzfläche zu überwinden. Homopolymere sind eindeutig nicht am besten als Emulgatoren oder Dispergiermittel geeignet. Eine kleine Variante besteht darin, Polymere zu verwenden, die spezifische Gruppen enthalten, die eine hohe Affinität zur Oberfläche haben. Ein Beispiel hierfür ist teilhydrolysiertes Polyvinylacetat (PVAC), das technisch als Polyvinylalkohol (PVAL) bezeichnet wird. Das Polymer wird durch Teilhydrolyse von PVAC hergestellt, wobei einige restliche Vinylacetatgruppen übrig bleiben. Die meisten im Handel erhältlichen PVAL-Moleküle enthalten 4 bis 12 % Acetatgruppen. Diese Acetatgruppen, die hydrophob sind, verleihen dem Molekül seinen amphipathischen Charakter. Auf einer hydrophoben Oberfläche wie Polystyrol adsorbiert das Polymer, wobei sich die Acetatgruppen bevorzugt an der Oberfläche anlagern und die hydrophileren Vinylalkoholsegmente im wässrigen Medium baumeln lassen. Die Konfiguration solcher „Blöcke" bildenden Copolymere ist in Abb. 3.3b dargestellt. Besteht das Molekül vollständig aus hydrophoben Segmenten, nimmt die Kette eine flache Form an, wie in

Abb. 3.3c zu sehen ist. Die zweckmäßigsten polymeren Tenside sind solche vom Typ der Block- und Pfropfcopolymere. Ein Blockcopolymer ist eine lineare Anordnung von Blöcken mit unterschiedlicher Monomerzusammensetzung. Die Nomenklatur für einen Diblock ist Poly-A-Block-Poly-B und für einen Triblock lautet sie Poly-A-Block-Poly-B-Poly-A. Ein Beispiel für einen A-B-Diblock ist Polystyrol-Block-Polyethylenoxid, dessen Konformation in Abb. 3.3d dargestellt ist.

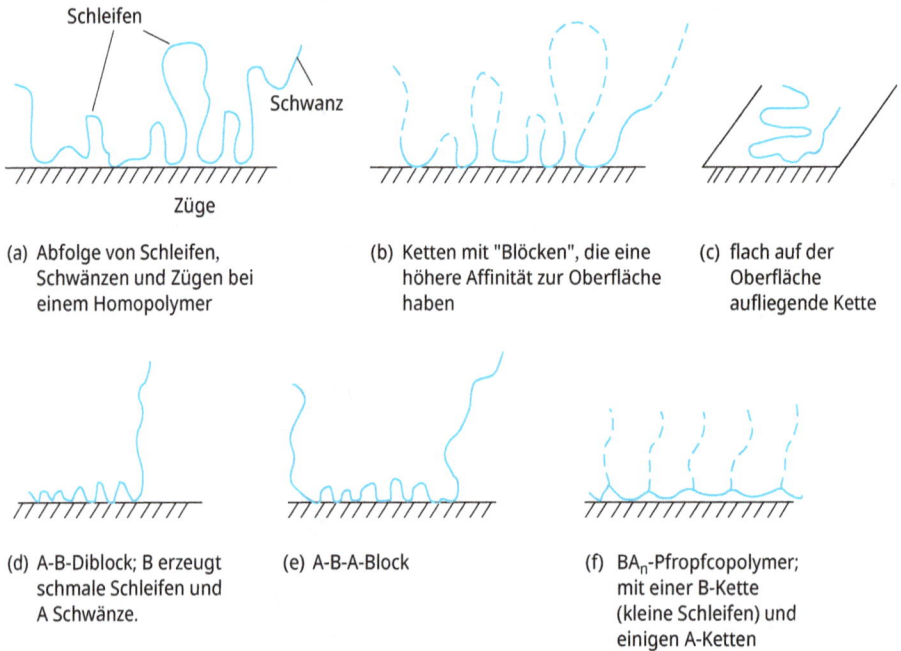

(a) Abfolge von Schleifen, Schwänzen und Zügen bei einem Homopolymer

(b) Ketten mit "Blöcken", die eine höhere Affinität zur Oberfläche haben

(c) flach auf der Oberfläche aufliegende Kette

(d) A-B-Diblock; B erzeugt schmale Schleifen und A Schwänze.

(e) A-B-A-Block

(f) BA_n-Pfropfcopolymer; mit einer B-Kette (kleine Schleifen) und einigen A-Ketten

Abb. 3.3: Verschiedene Konformationen von Makromolekülen auf einer ebenen Oberfläche.

Zu den am häufigsten verwendeten Triblock-Polymer-Tensiden gehören die „Pluronics" (BASF, Deutschland), die aus zwei Poly-A-Blöcken aus Polyethylenoxid (PEO) und einem Block aus Polypropylenoxid (PPO) bestehen. Es sind verschiedene Kettenlängen von PEO und PPO erhältlich. Seit kurzem sind für einige spezifische Anwendungen auch Dreiblöcke aus PPO-PEO-PPO (inverse Pluronics) erhältlich. Diese polymeren Dreiblöcke können als Emulgatoren oder Dispergiermittel eingesetzt werden, wobei davon ausgegangen wird, dass sich die hydrophobe PPO-Kette an der hydrophoben Oberfläche befindet und die beiden PEO-Ketten in wässriger Lösung baumeln lässt und somit für sterische Abstoßung sorgt. Es wurden mehrere andere Dreiblock-Copolymere synthetisiert, die jedoch nur in begrenztem Umfang kommerziell verfügbar sind. Typische Beispiele sind Dreiblöcke aus Polymethylmethacrylat-Block-Polyethylenoxid-Block-Polymethylmethacrylat. Die Konformation dieser Dreiblock-Copolymere ist in Abb. 3.3e dargestellt. Ein alternatives (und vielleicht effizienteres) polymeres Tensid ist das amphipathische Pfropfcopolymer, das aus einem polymeren Grundgerüst B (Polystyrol oder Polymethylmethacrylat) und mehreren A-Ketten („Zähnen") wie Polyethylenoxid besteht. Dieses Pfropfcopolymer wird manchmal auch als „Kamm"-Stabilisator bezeichnet. Sein Aufbau ist in Abb. 3.3f dargestellt.

Die Adsorption und Konformation des Polymers an der Oberfläche kann mit Hilfe theoretischer Verfahren vorhergesagt werden. Die erfolgreichsten Theorien beruhen auf der statistischen Thermodynamik [11–21]. In jüngerer Zeit wurde ein schrittgewichteter Random Walk [22–27] entwickelt, um die Adsorptionsisotherme, den Anteil der Segmente in direktem Kontakt mit der Oberfläche (Züge) und die Schichtausdehnung (Schleifen und Schwänze) vorherzusagen. Zur vollständigen Charakterisierung der Polymeradsorption müssen die Menge des pro Flächeneinheit adsorbierten Polymers Γ, der Anteil der Segmente in direktem Kontakt mit der Oberfläche p und die Dicke der adsorbierten Schicht δ gemessen werden. Es werden die verschiedenen Methoden beschrieben, die für solche Messungen angewendet werden können. Es werden Beispiele für die Adsorption von Homopolymeren und Blockcopolymeren gegeben.

Die Polymer/Oberflächen-Wechselwirkung wird durch die Adsorptionsenergie pro Segment χ^s beschrieben. Die Polymer/Lösungsmittel-Wechselwirkung wird durch den Flory-Huggins-Wechselwirkungsparameter χ beschrieben. Damit eine Adsorption stattfinden kann, ist eine minimale Adsorptionsenergie pro Segment χ^s erforderlich. Wenn ein Polymermolekül an einer Oberfläche adsorbiert, verliert es Konfigurationsentropie, und dies muss durch eine Adsorptionsenergie χ^s pro Segment kompensiert werden. Dies ist schematisch in Abb. 3.4 dargestellt, in der die adsorbierte Menge Γ gegen χ^s aufgetragen ist. Der Mindestwert von χ^s kann sehr klein sein (< 0,1 kT), da eine große Anzahl von Segmenten pro Molekül adsorbiert wird. Bei einem Polymer mit z. B. 100 Segmenten, von denen sich 10 % in Zügen befinden, erreicht die Adsorptionsenergie pro Molekül nun 1 kT (mit $\chi^s = 0,1$ kT). Für 1000 Segmente beträgt die Adsorptionsenergie pro Molekül nun 10 kT.

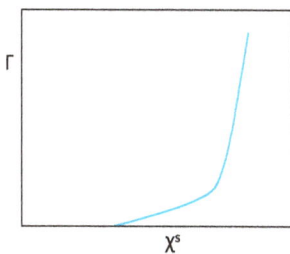

Abb. 3.4: Variation der Adsorptionsmenge Γ mit der Adsorptionsenergie pro Segment χ^s.

Wie bereits erwähnt, sind Homopolymere für die Stabilisierung von Dispersionen nicht besonders geeignet. Für eine starke Adsorption muss das Molekül im Medium „unlöslich" sein und eine starke Affinität zur Oberfläche („Verankerung") aufweisen. Für eine Stabilisierung muss das Molekül im Medium gut löslich sein und von seinen Molekülen stark solvatisiert werden; dies erfordert einen Flory-Huggins-Wechselwirkungsparameter von

weniger als 0,5. Die oben genannten gegensätzlichen Effekte können durch die Einführung von „kurzen" Blöcken in das Molekül gelöst werden, die im Medium unlöslich sind
und eine starke Affinität zur Oberfläche haben, wie z. B. teilweise hydrolysiertes Polyvinylacetat (88 % hydrolysiert, d. h. mit 12 % Acetatgruppen), das gewöhnlich als Polyvinylalkohol (PVAL) bezeichnet wird:

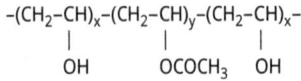

$$-(CH_2-CH)_x-(CH_2-CH)_y-(CH_2-CH)_x-$$
$$| | |$$
$$OH OCOCH_3 OH$$

Wie bereits erwähnt, lassen sich diese Anforderungen besser mit den Pfropfcopolymeren A-B, A-B-A und BA_n erfüllen. B wird so gewählt, dass es in dem Medium sehr
unlöslich ist und eine hohe Affinität zur Oberfläche aufweist. Dies ist wichtig, um eine
starke „Verankerung" an der Oberfläche zu gewährleisten (irreversible Adsorption).
A wird so gewählt, dass es in dem Medium gut löslich ist und von seinen Molekülen
stark solvatisiert wird. In diesem Fall kann der Flory-Huggins-Parameter χ angewendet werden. Für ein Polymer in einem guten Lösungsmittel muss der Wert χ kleiner
als 0,5 sein; je kleiner χ ist, desto besser ist das Lösungsmittel für die Polymerketten.
Beispiele für B für hydrophobe Partikel in wässrigen Medien sind Polystyrol und Polymethylmethacrylat. Beispiele für A in wässrigen Medien sind Polyethylenoxid, Poly-
acrylsäure, Polyvinylpyrrolidon und Polysaccharide. Für nichtwässrige Medien wie
Kohlenwasserstoffe könnte(n) die A-Kette(n) Poly-12-hydroxystearinsäure sein.

Für eine vollständige Beschreibung der Polymeradsorption sind folgende Informationen erforderlich:

(1) Die Menge des adsorbierten Polymers Γ (in mg oder Mol) pro Flächeneinheit der
Partikel. Es ist wichtig, die Oberfläche der Partikel in der Suspension zu kennen.
Die Stickstoffadsorption an der Pulveroberfläche kann diese Information (durch
Anwendung der BET-Gleichung) liefern, vorausgesetzt, dass sich die Fläche beim
Dispergieren der Teilchen im Medium nicht ändert. Bei vielen praktischen Syste-
men kann es beim Dispergieren des Pulvers zu einer Veränderung der Oberfläche
kommen. In diesem Fall muss man die Farbstoffadsorption zur Messung der Ober-
fläche verwenden (in diesem Fall müssen einige Annahmen getroffen werden).

(2) Der Anteil der Segmente in direktem Kontakt mit der Oberfläche, d. h. der Anteil
der Segmente in den Zügen p (p = (Anzahl der Segmente in direktem Kontakt mit
der Oberfläche)/Gesamtzahl).

(3) Die Verteilung der Segmente in Schleifen und Schwänzen, $\rho(z)$, die sich in mehreren Schichten von der Oberfläche aus erstrecken. $\rho(z)$ ist in der Regel experimentell
schwer zu ermitteln, obwohl in jüngster Zeit die Anwendung der Neutronen-
Kleinwinkelstreuung solche Informationen liefern könnte. Ein alternativer und
nützlicher Parameter zur Bewertung der „sterischen Stabilisierung" ist die hydrodynamische Dicke δ_h (Dicke der adsorbierten oder gepfropften Polymerschicht plus
etwaiger Beitrag der Hydratationsschicht). Zur Messung von δ_h können mehrere
Methoden angewandt werden, wie im Folgenden erläutert wird.

3.3.1 Messung der Adsorptionsisotherme

Diese ist bei weitem am einfachsten zu erhalten [28]. Man misst die Konzentration der polymeren Tenside vor ($C_{initial}$, C_1) und nach ($C_{equilibrium}$, C_2) der Adsorption:

$$\Gamma = \frac{(C_1 - C_2)V}{A}, \tag{3.1}$$

wobei V das Gesamtvolumen der Lösung und A die spezifische Oberfläche ($m^2\,g^{-1}$) ist. In diesem Fall ist es erforderlich, die Partikel nach der Adsorption von der Polymerlösung zu trennen. Dies kann durch Zentrifugation und/oder Filtration erfolgen. Man sollte sicherstellen, dass alle Partikel entfernt werden. Um diese Isotherme zu erhalten, muss man eine empfindliche Analysetechnik zur Bestimmung der Konzentration des polymeren Tensids im ppm-Bereich entwickeln. Es ist wichtig, die Adsorption als Funktion der Zeit zu verfolgen, um die zum Erreichen des Gleichgewichts erforderliche Zeit zu bestimmen. Für einige Polymermoleküle wie Polyvinylalkohol (PVAL) und Polyethylenoxid (PEO) (oder PEO-haltige Blöcke) wurden Analysemethoden entwickelt, die auf der Komplexierung mit Jod/Kaliumjodid oder Jod/Borsäure-Kaliumjodid basieren. Für einige Polymere mit spezifischen funktionellen Gruppen können spektroskopische Methoden angewendet werden, z. B. UV-, IR- oder Fluoreszenzspektroskopie. Eine mögliche Methode ist die Messung der Änderung des Brechungsindexes der Polymerlösung vor und nach der Adsorption. Dazu sind sehr empfindliche Refraktometer erforderlich. Seit kurzem wird auch hochauflösende NMR eingesetzt, da sich die Polymermoleküle im adsorbierten Zustand in einer anderen Umgebung befinden als in der Gesamtlösung. Die chemische Verschiebung der funktionellen Gruppen innerhalb der Kette ist in diesen beiden Umgebungen unterschiedlich. Diese Messung hat den Vorteil, dass die Menge der Adsorption gemessen werden kann, ohne die Partikel zu trennen.

3.3.2 Messung des Anteils der Segmente p

Der Anteil der Segmente, die in direktem Kontakt mit der Oberfläche stehen, kann direkt mit spektroskopischen Techniken gemessen werden: (1) IR, wenn es eine spezifische Wechselwirkung zwischen den Segmenten in Zügen und der Oberfläche gibt, z. B. Polyethylenoxid auf Siliciumdioxid aus nichtwässrigen Lösungen [26]. (2) Elektronenspinresonanz (ESR); dies erfordert eine Markierung des Moleküls. (3) NMR, Pulsgradienten- oder Spin-ECO-NMR. Diese Methode beruht auf der Tatsache, dass die Segmente in Zügen „immobilisiert" sind und daher eine geringere Mobilität aufweisen als die Segmente in Schleifen und Schwänzen [26].

Eine indirekte Methode zur Bestimmung von p ist die Messung der Adsorptionswärme ΔH mittels Mikrokalorimetrie [26]. Man sollte dann die Adsorptionswärme eines Monomers H_m (oder eines Moleküls, das das Monomer repräsentiert, z. B. Ethylenglykol für PEO) bestimmen; p wird dann durch die Gleichung gegeben:

$$p = \frac{\Delta H}{H_m n},$$ (3.2)

wobei n die Gesamtzahl der Segmente des Moleküls ist.

Die oben beschriebene indirekte Methode ist nicht sehr genau und kann nur in einem qualitativen Sinne verwendet werden. Außerdem erfordert sie sehr empfindliche Enthalpiemessungen (z. B. mit einem LKB-Mikrokalorimeter).

3.3.3 Bestimmung der Segmentdichteverteilung ρ(z) und der adsorbierten Schichtdicke δ_h

Die Segmentdichteverteilung ρ(z) ist durch die Anzahl der Segmente parallel zur Oberfläche in z-Richtung gegeben. Zur Bestimmung der Dicke der adsorbierten Schicht können drei direkte Methoden angewendet werden: Ellipsometrie, abgeschwächte Totalreflexion (ATR) und Neutronenstreuung. Sowohl die Ellipsometrie als auch die ATR [26] hängen von der Differenz zwischen den Brechungsindizes des Substrats, der adsorbierten Schicht und der Gesamtlösung ab und erfordern eine ebene reflektierende Oberfläche. Die Ellipsometrie [26] beruht auf dem Prinzip, dass sich die Polarisierbarkeit des Lichts ändert, wenn es an einer ebenen Oberfläche reflektiert wird (unabhängig davon, ob diese mit einer Polymerschicht bedeckt oder unbedeckt ist).

Die oben genannten Einschränkungen bei der Verwendung von Ellipsometrie oder ATR werden durch die Anwendung der Neutronenstreuung überwunden, die sowohl auf flache Oberflächen als auch auf Partikeldispersionen angewendet werden kann. Das Grundprinzip der Neutronenstreuung besteht darin, die Streuung aufgrund der adsorbierten Schicht zu messen, wenn die Streulängendichte des Partikels an die des Mediums angepasst ist (die so genannte „Kontrastanpassungsmethode"). Die Kontrastanpassung von Partikeln und Medium kann durch Änderung der Isotopenzusammensetzung des Systems erreicht werden (Verwendung deuterierter Partikel und einer Mischung aus D_2O und H_2O). Neben der Bestimmung von δ kann man auch die Segmentdichteverteilung ρ(z) bestimmen.

Die oben beschriebene Technik der Neutronenstreuung vermittelt ein klares quantitatives Bild der adsorbierten Polymerschicht. Ihre Anwendung in der Praxis ist jedoch begrenzt, da man deuterierte Partikel oder Polymere für das Kontrastierungsverfahren vorbereiten muss. Die praktischen Methoden zur Bestimmung der Dicke der adsorbierten Schicht beruhen meist auf hydrodynamischen Methoden. Zur Bestimmung der hydrodynamischen Dicke adsorbierter Polymerschichten können mehrere Methoden angewandt werden, von denen die Viskosität, der Sedimentationskoeffizient (unter Verwendung einer Ultrazentrifuge) und dynamische Lichtstreuungsmessungen am geeignetsten sind. Die am häufigsten verwendete Technik basiert auf der dynamischen Lichtstreuung, die als Photonenkorrelationsspektroskopie (PCS) bezeichnet wird und es ermöglicht, den Diffusionskoeffizienten der Partikel mit und ohne adsorbierte Schicht (D_δ bzw. D) zu bestimmen. Dieser wird durch Messung der Intensitätsschwankungen des gestreuten Lichts während der Brownschen Diffusion der Partikel ermittelt [29, 30]. Wenn ein Lichtstrahl (z. B. ein monochromatischer Laserstrahl) eine Dispersion durchläuft, wird in den Teilchen ein oszillierender Dipol induziert, der das Licht zurückstrahlt. Aufgrund der zufälligen Anordnung der Teilchen (die einen Abstand haben, der mit der Wellenlänge des Lichtstrahls vergleichbar ist, d. h. das Licht ist mit dem Abstand zwischen den Teilchen kohärent) erscheint die Intensität des gestreuten Lichts zu jedem Zeitpunkt als zufällige Beugung oder „Speckle"-Muster. Da sich die Teilchen in Brownscher Bewegung befinden, ändert sich die zufällige Konfiguration des Fleckenmusters. Die Intensität an einem beliebigen Punkt des Musters schwankt daher so, dass die Zeit, die ein Intensitätsmaximum benötigt, um zu einem Minimum zu werden (d. h. die Kohärenzzeit), ungefähr der Zeit entspricht, die ein Teilchen benötigt, um sich um eine Wellenlänge zu bewegen. Mit einem Photomultiplier, dessen aktive Fläche etwa der Größe eines Beugungsmaximums entspricht, d. h. etwa einer Kohärenzfläche, kann diese Intensitätsschwankung gemessen werden. Ein digitaler Korrelator wird zur Messung der Photocount- oder Intensitätskorrelationsfunktion des gestreuten Lichts verwendet. Aus der Photocount-Korrelationsfunktion lässt sich der Diffusionskoeffizient D der Partikel ermitteln. Für monodisperse, nicht wechselwirkende Teilchen (d. h. bei ausreichender Verdünnung) wird die normierte Korrelationsfunktion [$g^{(1)}(\tau)$] des gestreuten elektrischen Feldes durch die Gleichung gegeben:

$$[g^{(1)}(\tau)] = \exp - (\Gamma \tau), \tag{3.3}$$

wobei τ die Korrelationsverzögerungszeit und Γ die Abklingrate oder inverse Kohärenzzeit ist. Γ ist mit D durch die folgende Gleichung verbunden:

$$\Gamma = DK^2, \tag{3.4}$$

wobei K der Betrag des Streuvektors ist. Dieser ist gegeben durch:

$$K = \left(\frac{4n}{\lambda_0}\right) \sin\left(\frac{\theta}{2}\right), \tag{3.5}$$

wobei n der Brechungsindex der Lösung, λ die Wellenlänge des Lichts im Vakuum und θ der Streuungswinkel ist.

Aus D wird der Teilchenradius R mit Hilfe der Stokes-Einstein-Gleichung berechnet:

$$D = \frac{kT}{6\pi \eta R}, \tag{3.6}$$

wobei k die Boltzmann-Konstante und T die absolute Temperatur ist. Für ein polymer-beschichtetes Teilchen wird R mit R_δ bezeichnet, was gleich $R + \delta_h$ ist. Durch Messung von D_δ und D kann man also δ_h erhalten. Es ist zu erwähnen, dass die Genauigkeit der PCS-Methode vom Verhältnis δ/R abhängt, da δ_h durch die Differenz bestimmt wird. Da die Genauigkeit der Messung ± 1 % beträgt, sollte δ_h mindestens 10 % des Partikelradius betragen. Diese Methode kann nur bei kleinen Partikeln und einiger-maßen dicken adsorbierten Schichten angewendet werden.

3.4 Beispiele für die Adsorptionsergebnisse von nichtionischen polymeren Tensiden

3.4.1 Adsorptionsisothermen

Abbildung 3.5 zeigt die Adsorptionsisothermen für PEO (Polyethylenoxid) mit ver-schiedenen Molekulargewichten auf PS (Polystyrol) bei Raumtemperatur [31]. Es ist zu erkennen, dass die adsorbierte Menge in mg m^{-2} mit zunehmendem Molekularge-wicht des Polymers steigt. Abbildung 3.6 zeigt die Variation der hydrodynamischen Dicke δ_h mit dem Molekulargewicht M. δ_h zeigt einen linearen Anstieg mit logM. δ_h steigt mit n, der Anzahl der Segmente in der Kette gemäß

$$\delta_h \approx n^{0,8}. \tag{3.7}$$

Abbildung 3.7 zeigt die Adsorptionsisothermen von PVAL mit verschiedenen Molekular-gewichten auf PS-Latex (bei 25 °C) [28]. Die Polymere wurden durch Fraktionierung einer kommerziellen PVAL-Probe mit einem durchschnittlichen Molekulargewicht von

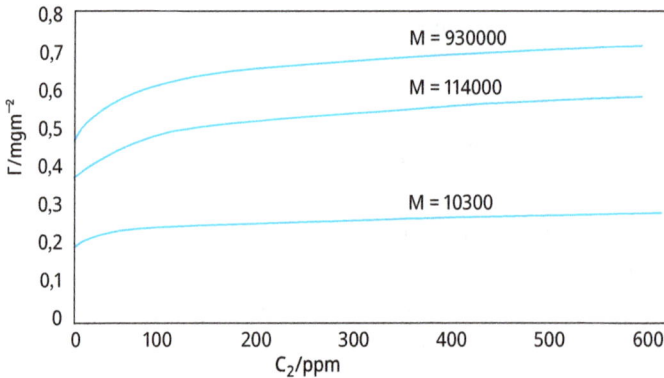

Abb. 3.5: Adsorptionsisothermen für PEO auf PS.

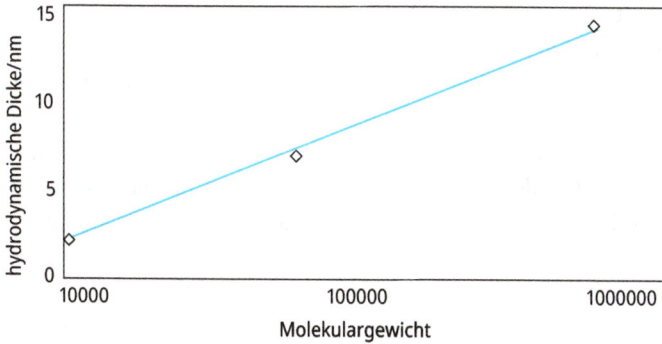

Abb. 3.6: Hydrodynamische Dicke von PEO auf PS als Funktion des Molekulargewichts.

45000 gewonnen. Das Polymer enthielt auch 12 % Vinylacetatgruppen. Wie bei PEO steigt die Adsorptionsmenge mit zunehmendem M. Die Isothermen sind ebenfalls vom Typ der hohen Affinität. Γ auf dem Plateau nimmt linear mit $M^{1/2}$ zu.

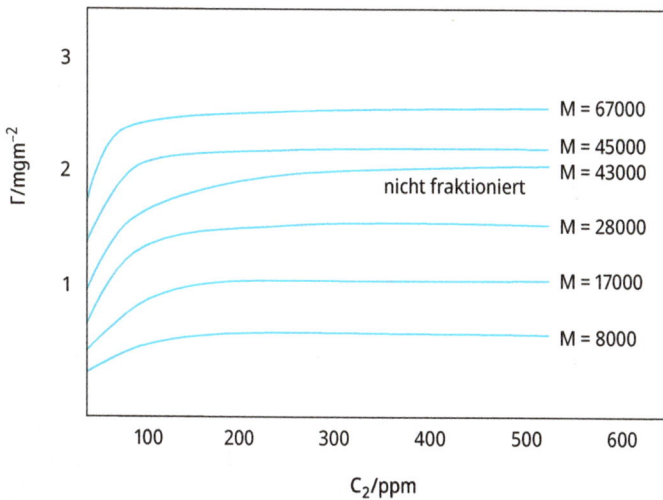

Abb. 3.7: Adsorptionsisothermen von PVAL mit unterschiedlichen Molekulargewichten auf Polystyrol-Latex-Partikeln bei 25 °C.

Die hydrodynamische Dicke wurde mit Photonenkorrelationsspektroskopie (PCS) bestimmt und die Ergebnisse sind nachstehend aufgeführt:

M	67000	43000	28000	17000	8000
δ_h/nm	25,5	19,7	14,0	9,8	3,3

δ_h scheint linear mit der Zunahme des Molekulargewichts zuzunehmen.

Die Auswirkung der Löslichkeit auf die Adsorption wurde durch Erhöhung der Temperatur (die PVAL-Moleküle sind bei höheren Temperaturen weniger löslich) oder durch Zugabe von Elektrolyt (KCl) untersucht [32]. Die Ergebnisse sind in Abb. 3.8 und 3.9 für M = 65100 dargestellt. Wie aus Abb. 3.8 ersichtlich ist, führt eine Erhöhung der Temperatur zu einer Verringerung der Löslichkeit des Mediums für die Kette (aufgrund des Abbaus der Wasserstoffbrücken), was zu einer Erhöhung der adsorbierten Menge führt. Die Zugabe von KCl (verringert die Löslichkeit des Mediums für die Kette) führt zu einer Zunahme der Adsorption (wie von der Theorie vorhergesagt).

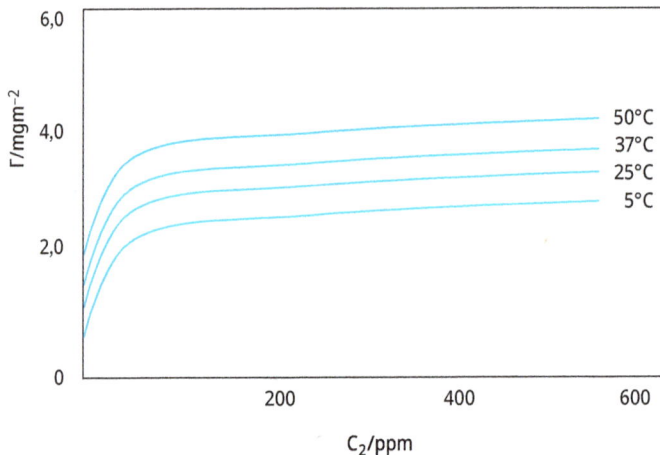

Abb. 3.8: Einfluss der Temperatur auf die Adsorption.

Die Adsorption von Block- und Pfropfcopolymeren ist komplexer, da die innere Struktur der Kette das Ausmaß der Adsorption bestimmt. Zufällige Copolymere adsorbieren auf eine Weise, die derjenigen der entsprechenden Homopolymere nahe kommt. Blockcopolymere behalten die Adsorptionspräferenz der einzelnen Blöcke bei. Der hydrophile Block (z. B. PEO), die Boje, erstreckt sich von der Partikeloberfläche weg in die Gesamtlösung, während der hydrophobe Ankerblock (z. B. PS oder PPO) für eine feste Bindung an die Oberfläche sorgt. Abbildung 3.10 zeigt die theoretische Vorhersage der Adsorption von Diblock-Copolymeren nach der Theorie von Scheutjens und Fleer [23–25]. Die Oberflächendichte σ ist gegen den Anteil der Ankersegmente ν_A aufgetragen. Die Adsorption hängt von der Zusammensetzung Anker/Boje ab.

Die Adsorptionsmenge ist höher als bei Homopolymeren, und die Dicke der adsorbierten Schicht ist länger und dichter. Bei einem Triblock-Copolymer A-B-A mit zwei Bojenketten und einer Ankerkette ist das Verhalten ähnlich wie bei Diblock-Copolymeren. Dies ist in Abb. 3.11 für den PEO-PPO-PEO-Block (Pluronic) dargestellt.

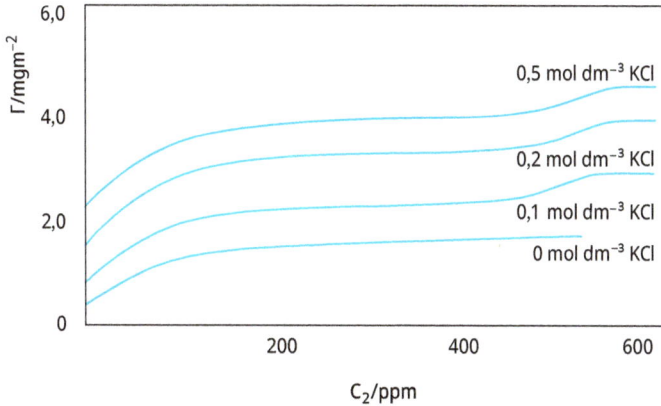

Abb. 3.9: Einfluss der Zugabe von KCl auf die Adsorption.

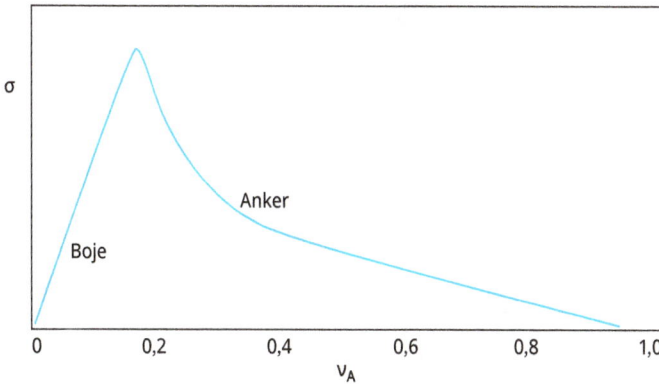

Abb. 3.10: Vorhersage der Adsorption von Diblock-Copolymer.

3.4.2 Ergebnisse der adsorbierten Schichtdicke

Abbildung 3.12 zeigt den Verlauf von $\rho(z)$ gegen z für PVAL (M = 37000), adsorbiert auf deuteriertem PS-Latex in D_2O/H_2O [33].

Die Ergebnisse zeigen einen monotonen Abfall von $\rho(z)$ mit wachsendem Abstand z von der Oberfläche, wobei mehrere Bereiche unterschieden werden können. In der Nähe der Oberfläche ($0 < z < 3$ nm) ist der Abfall von $\rho(z)$ schnell, und unter der Annahme einer Dicke von 1,3 nm für die gebundene Schicht wurde p mit 0,1 berechnet, was mit den Ergebnissen der NMR-Messungen gut übereinstimmt. Im mittleren Bereich zeigt $\rho(z)$ ein flaches Maximum, gefolgt von einem langsamen Abfall, der sich bis 18 nm erstreckt, d. h. nahe der hydrodynamischen Schichtdicke δ_h der Polymerkette (siehe unten). δ_h wird durch die längsten Schwänze bestimmt und beträgt etwa

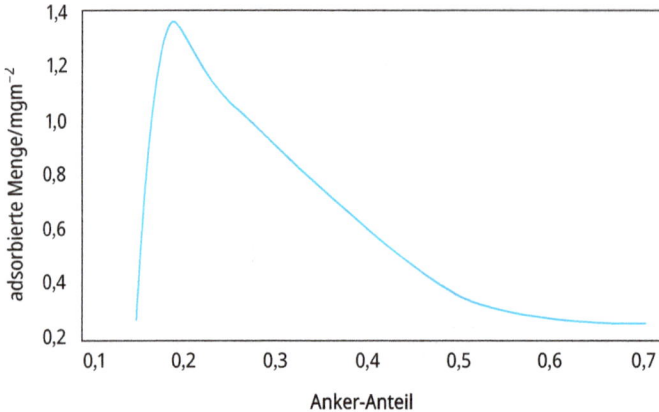

Abb. 3.11: Adsorbierte Menge (mg m^{-2}) in Abhängigkeit vom Anteil des Ankersegments für ein A-B-A-Triblock-Copolymer (PEO-PPO-PEO).

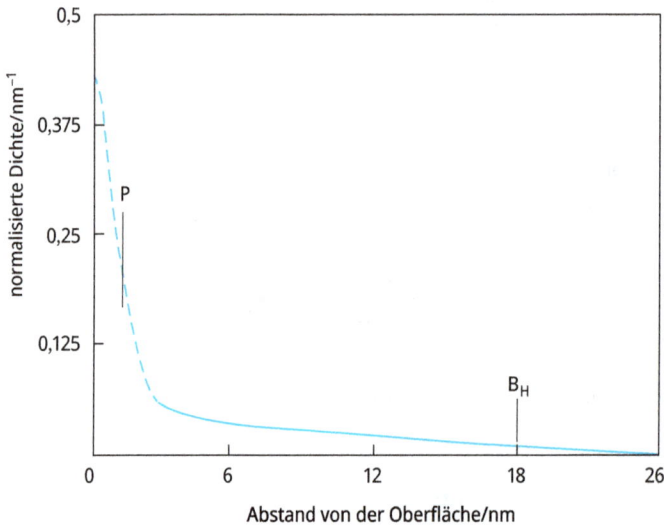

Abb. 3.12: Diagramm von $\rho(z)$ gegen z für PVAL (M = 37000), adsorbiert an deuteriertem PS-Latex in D$_2$O/H$_2$O.

das 2,5-fache des Gyrationsradius in der Gesamtlösung ($\approx$ 7,2 nm). Dieser langsame Abfall von $\rho(z)$ mit z bei großen Abständen steht in qualitativer Übereinstimmung mit der Theorie von Scheutjens und Fleers [23], die das Vorhandensein langer Schwänze vorhersagt. Das flache Maximum bei mittleren Entfernungen deutet darauf hin, dass die beobachtete Segmentdichteverteilung eine Summierung eines schnellen monotonen Abfalls aufgrund von Schleifen und Zügen zusammen mit der Segmentdichte für Schwänze ist, die ein Maximum der Dichte abseits der Oberfläche aufweisen. Das letztgenannte Maximum wurde eindeutig bei einer Probe beobachtet, bei der PEO auf deuteriertes Polystyrol-Latex aufgepfropft war [34] (wobei die Konfiguration nur durch Schwänze dargestellt wird).

Die hydrodynamische Dicke von Blockcopolymeren verhält sich anders als die von Homopolymeren (oder statistischen Copolymeren). Abbildung 3.13 zeigt die theoretische Vorhersage der adsorbierten Schichtdicke δ, die als Funktion des Parameters ν aufgetragen ist.

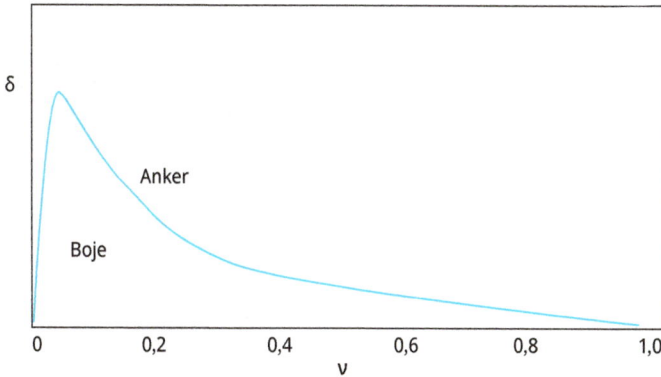

Abb. 3.13: Theoretische Vorhersagen der Dicke der adsorbierten Schicht für ein Diblock-Copolymer abhängig vom Anteil der Ankersegmente ν.

Abbildung 3.14 zeigt die hydrodynamische Dicke in Abhängigkeit vom Anteil des Ankersegments für ein ABA-Blockcopolymer aus Polyethylenoxid-Polypropylenoxid-Polyethylenoxid (PEO-PPO-PEO) [31] in Abhängigkeit vom Anteil des Ankersegments. Die theoretische Vorhersage (Scheutjens und Fleer) der adsorbierten Menge und der Schichtdicke in Abhängigkeit vom Anteil des Ankersegments ist in den Einschüben von Abb. 3.14 dargestellt. Bei zwei Bojenblöcken und einem zentralen Ankerblock, wie im obigen Beispiel, zeigt der A-B-A-Block ähnliches Verhalten wie bei einem A-B-Block. Wenn jedoch zwei Ankerblöcke und ein zentraler Bojenblock vorhanden sind, wird eine Oberflächenausfällung des Polymermoleküls an der Partikeloberfläche beobachtet, was sich in einem kontinuierlichen Anstieg der Adsorption mit zunehmender Polymerkonzentration widerspiegelt, wie für einen A-B-A-Block aus PPO-PEO-PPO gezeigt wurde [31].

3.5 Kinetik der Polymeradsorption

Die Kinetik der Polymeradsorption ist ein äußerst komplexer Prozess. Es lassen sich mehrere verschiedene Prozesse unterscheiden, die jeweils eine charakteristische Zeitskala aufweisen [31]. Diese Prozesse können gleichzeitig ablaufen und sind daher nur schwer voneinander zu trennen. Der erste Prozess ist der Massentransfer des Poly-

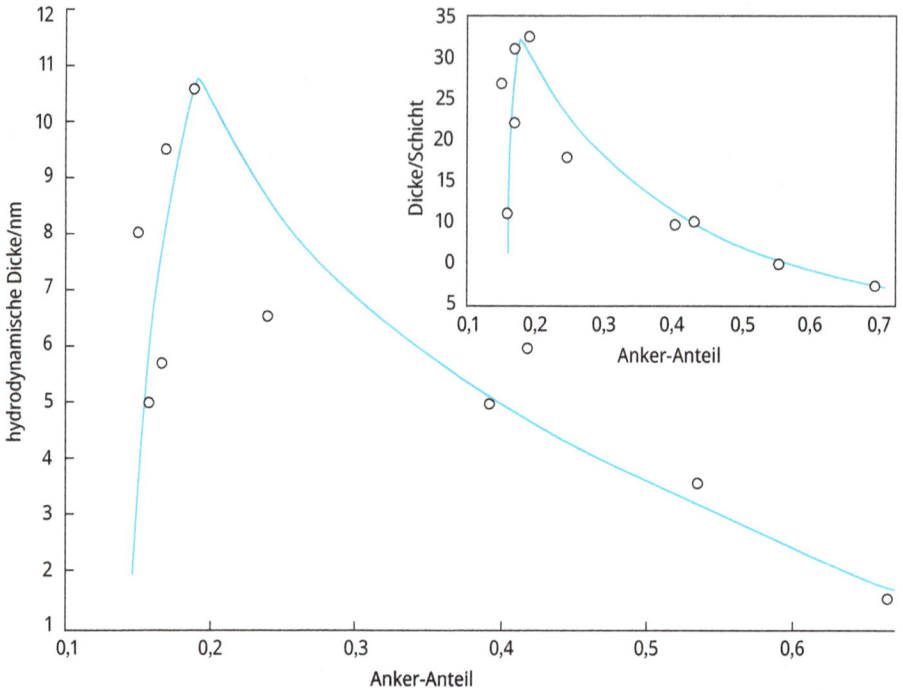

Abb. 3.14: Hydrodynamische Dicke in Abhängigkeit vom Anteil des Ankersegments v_A für PEO-PPO-PEO-Blockcopolymer auf Polystyrol-Latex. Die Einfügung zeigt die Berechnung der mittleren Dicke in Abhängigkeit vom Anker-Anteil unter Verwendung der SF-Theorie.

mers auf die Oberfläche, der entweder durch Diffusion oder Konvektion erfolgen kann. Wenn das Polymer die Oberfläche erreicht hat, muss es sich an einer Oberflächenstelle anlagern, was von einer lokalen Aktivierungsenergiebarriere abhängt. Schließlich unterliegt das Polymer weitreichenden Umstrukturierungen, wenn es von seiner Lösungskonformation in eine „Schwanz-Zug-Schleife"-Konformation übergeht. Sobald das Polymer die Oberfläche erreicht hat, nimmt die Menge der Adsorption mit der Zeit zu. Der Anstieg ist anfangs schnell, verlangsamt sich aber später, wenn die Oberfläche gesättigt ist. Die anfängliche Adsorptionsrate hängt von der Konzentration und dem Molekulargewicht der Polymerlösung sowie von der Viskosität der Lösung ab. Dennoch neigen alle Polymermoleküle, die an der Oberfläche ankommen, dazu, sofort zu adsorbieren. Die Konzentration des nicht adsorbierten Polymers an der Peripherie der sich bildenden Schicht ist gleich null, so dass die Konzentration des Polymers im Grenzflächenbereich deutlich höher ist als die Konzentration in der Gesamtlösung. Es wurde festgestellt, dass der Massentransport die Kinetik der Adsorption dominiert, bis etwa 75 % der vollen Oberflächenbedeckung erreicht sind. Bei höherer Oberflächenbedeckung nimmt die Adsorptionsrate ab, da die an der Oberfläche ankommenden Polymermoleküle nicht sofort adsorbieren können. Mit der Zeit stellt sich ein Gleichgewicht zwischen dieser Grenzflächenkonzentration des Polymers und der Konzentration des Polymers in der Gesamtlösung ein. Da es sich bei der Adsorptionsisotherme um eine Isotherme mit hoher Affinität handelt, ist auch bei jahrzehntelanger Polymerkonzentration keine signifikante Änderung der adsorbierten Menge zu erwarten. Steigt die Polymerkonzentration an der Oberfläche in Richtung der Konzentration in der Gesamtlösung, nimmt die Adsorptionsrate ab, da die treibende Kraft für die Adsorption (der Konzentrationsunterschied zwischen der Oberfläche und der Gesamtlösung) abnimmt. Adsorptionsprozesse verlaufen in der Regel sehr schnell, und eine Polymerschicht im Gleichgewicht kann sich innerhalb von einigen 1000 Sekunden bilden. Die Desorption ist jedoch ein viel langsamerer Prozess, der mehrere Jahre dauern kann!

3.6 Mit polymeren Tensiden stabilisierte Emulsionen

Zwei Beispiele sollen die wirksame Stabilisierung bei der Verwendung von polymeren Tensiden veranschaulichen. Das erste Beispiel ist eine O/W-Emulsion auf der Grundlage eines Pfropfcopolymers AB_n, wobei A Polyfructose und B mehrere auf die Polyfructosekette aufgepfropfte Alkylgruppen sind, d. h. INUTEC® SP1, wie oben beschrieben [8]. Dieses polymere Tensid bewirkt eine verbesserte sterische Stabilisierung sowohl in Wasser als auch in hohen Elektrolytkonzentrationen, wie später noch erläutert wird. Das zweite Beispiel ist eine W/O-Emulsion, die mit einem A-B-A-Blockcopolymer aus Poly-12-hydroxystearinsäure (PHS) (die A-Ketten) und Polyethylenoxid (PEO) (die B-Kette) stabilisiert wurde: PHS-PEO-PHS. Die PEO-Kette (die in den Wassertröpfchen löslich ist) bildet die Ankerkette, während die PHS-Ketten die stabilisierenden Ketten bilden. PHS ist in den meisten Kohlenwasserstoff-Lösungsmitteln gut löslich und wird durch seine Moleküle stark solvatisiert. Die Struktur des PHS-PEO-PHS-Blockcopolymers ist in Abb. 3.15 schematisch dargestellt.

Die Konformation des polymeren Tensids an der W/O-Grenzfläche ist in Abb. 3.16 schematisch dargestellt.

Emulsionen aus Isopar M/Wasser und Cyclomethicon/Wasser wurden mit INUTEC® SP1 hergestellt. Es wurden 50:50-O/W-Emulsionen (v/v) hergestellt und die Emulgatorkonzentration wurde von 0,25 bis 2 % (w/v), bezogen auf die Ölphase, variiert. 0,5 % (w/v) Emulgator waren für die Stabilisierung dieser 50:50-Emulsionen (v/v) ausreichend [8]. Die Emulsionen wurden bei Raumtemperatur und 50 °C gelagert, und in bestimmten Zeitabständen (ein Jahr lang) wurden optische Mikrofotografien angefertigt, um die Stabilität zu überprüfen. Die in Wasser hergestellten Emulsionen waren sehr stabil und zeigten über einen Zeitraum von mehr als einem Jahr keine Veränderung der Tröpfchengrößenverteilung, was auf eine fehlende Koaleszenz hindeutet. Eine eventuell auftretende schwache Ausflockung war reversibel und die Emulsion konnte durch leichtes Schütteln wieder dispergiert werden.

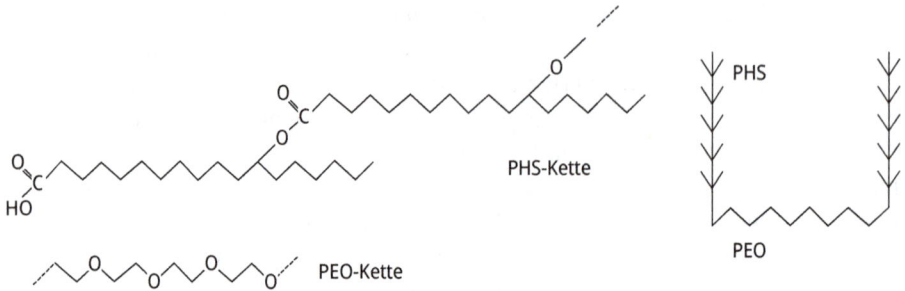

Abb. 3.15: Schematische Darstellung der Struktur des PHS-PEO-PHS-Blockcopolymers.

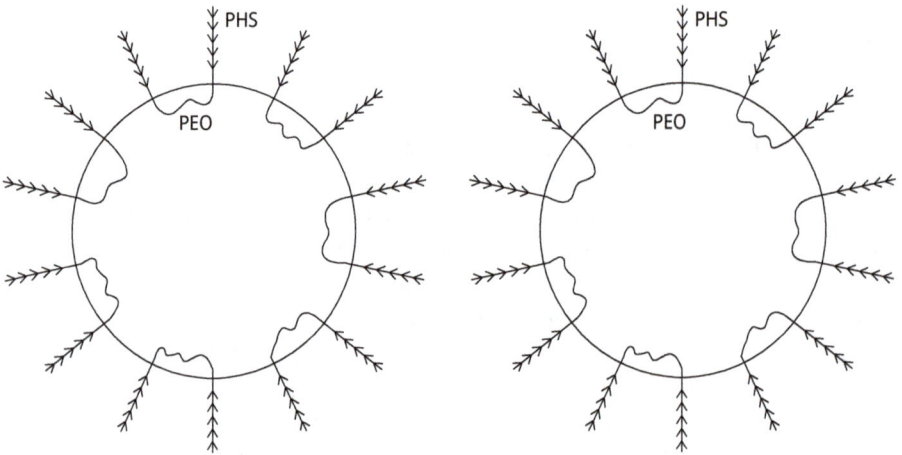

Abb. 3.16: Konformation des polymeren PHS-PEO-PHS-Tensids an der W/O-Grenzfläche.

Abbildung 3.17 zeigt mikroskopische Aufnahmen einer verdünnten 50/50-Emulsion (v/v), die 1,5 bzw. 14 Wochen bei 50 °C gelagert wurde. Nach einer Lagerzeit von mehr als einem Jahr bei 50 °C wurde keine Veränderung der Tröpfchengröße festgestellt, was darauf hindeutet, dass keine Koaleszenz auftritt. Das gleiche Ergebnis wurde bei der Verwendung verschiedener Öle erzielt. Die Emulsionen waren auch in Gegenwart hoher Elektrolytkonzentrationen (bis zu 4 mol dm^{-3} bzw. ≈ 25 % NaCl) stabil gegen Koaleszenz. Diese Stabilität bei hohen Elektrolytkonzentrationen wird bei polymeren Tensiden auf Basis von Polethylenoxid nicht beobachtet.

Die hohe Stabilität, die mit INUTEC® SP1 beobachtet wurde, hängt mit der starken Hydratation sowohl in Wasser als auch in Elektrolytlösungen zusammen. Die Hydratation von Inulin (dem Grundgerüst von HMI; engl.: Hydrophobically Modified Inulin) konnte anhand von Trübungspunktmessungen bewertet werden. Es wurde auch ein Vergleich mit PEO mit zwei Molekulargewichten, nämlich 4000 und 20000, durchgeführt. Lösungen von PEO 4000 und 20000 zeigten eine systematische Abnahme des Trübungspunkts mit zunehmender NaCl- oder MgSO$_4$-Konzentration. Im Gegensatz

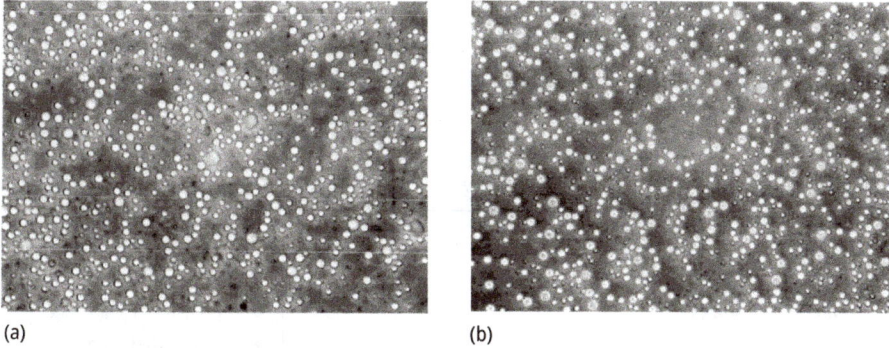

(a)   (b)

Abb. 3.17: Optische Mikroaufnahmen von O/W-Emulsionen, die mit INUTEC® SP1 stabilisiert wurden und 1,5 Wochen (a) bzw. 14 Wochen (b) bei 50 °C gelagert wurden.

dazu zeigte Inulin bei bis zu 4 mol dm^{-3} NaCl und bis zu 1 mol dm^{-3} MgSO$_4$ keinen Trübungspunkt. Diese Ergebnisse können durch den Unterschied zwischen PEO und Inulin erklärt werden. Bei PEO dehydrieren die Ketten, wenn die NaCl-Konzentration über 2 mol dm^{-3} oder 0,5 mol dm^{-3} MgSO$_4$ erhöht wird. Die Inulinketten bleiben bei viel höheren Elektrolytkonzentrationen hydratisiert. Es scheint, dass die linearen Polyfructoseketten bei hohen Temperaturen und hohen Elektrolytkonzentrationen stark hydratisiert bleiben.

Die hohe Emulsionsstabilität, die bei der Verwendung von INUTEC® SP1 erreicht wird, lässt sich auf folgende Faktoren zurückführen: (1) Die Mehrfachbindung des Polymers durch mehrere auf die Hauptkette gepfropfte Alkylketten. (2) Die starke Hydratation der Polyfructose-„Schleifen" sowohl in Wasser als auch in hohen Elektrolytkonzentrationen (χ bleibt unter diesen Bedingungen unter 0,5). (3) Der hohe Volumenanteil (Konzentration) der Schleifen an der Grenzfläche. (4) Verstärkte sterische Stabilisierung; dies ist der Fall bei der Mehrpunktanlagerung, die starke elastische Wechselwirkungen erzeugt.

Die hohe Stabilität des Flüssigkeitsfilms zwischen den Emulsionstropfen bei der Verwendung von INUTEC® SP1 wurde von Exerowa et al. [35] durch Messungen des Trennungsdrucks nachgewiesen. Dies wird in Abb. 3.18 veranschaulicht, die ein Diagramm des Trenndrucks aufgetragen gegen den Abstand zwischen zwei Emulsionstropfen bei verschiedenen Elektrolytkonzentrationen zeigt. Die Ergebnisse zeigen, dass durch Erhöhung des Kapillardrucks ein stabiler Newton Black Film (NBF) mit einer Schichtdicke von ≈ 7 nm entsteht. Die Tatsache, dass der Film bei dem höchsten angewendeten Druck von 4,5 x 10^4 Pa nicht reißt, deutet auf die hohe Stabilität des Films in Wasser und in hohen Elektrolytkonzentrationen (bis zu 2,0 mol dm^{-3} NaCl) hin. Dieses Ergebnis steht im Einklang mit der hohen Emulsionsstabilität, die bei hohen Elektrolytkonzentrationen und hohen Temperaturen erzielt wird. Isopar M/Wasser-Emulsionen sind unter solchen Bedingungen sehr stabil, was auf die hohe Stabilität des NBFs zurückzuführen sein könnte. Die Tröpfchengröße der mit 2 % INUTEC® SP1 hergestellten 50:50-O/W-Emulsionen liegt im Bereich von 1 bis 10 µm. Dies entspricht einem Kapillardruck von $\approx 3 \times 10^4$ Pa für die 1-µm-Tropfen und $\approx 3 \times 10^3$ Pa für die 10-µm-Tropfen. Diese Kapillardrücke sind niedriger als diejenigen, denen die NBF ausgesetzt waren, was eindeutig auf die hohe Koaleszenzstabilität dieser Emulsionen hinweist.

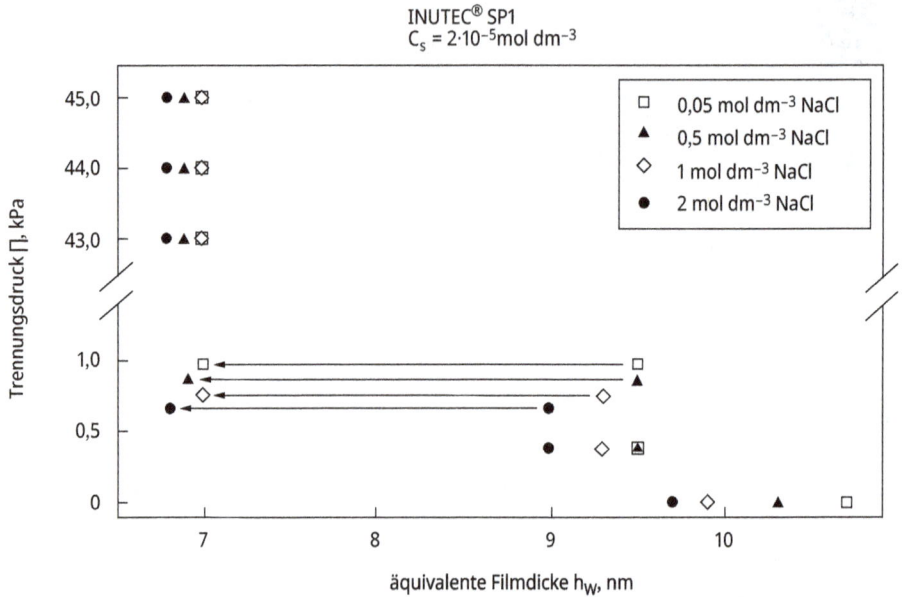

Abb. 3.18: Veränderung des Trennungsdrucks mit der äquivalenten Filmdicke bei verschiedenen NaCl-Konzentrationen.

W/O-Emulsionen (das Öl ist Isopar M) wurden unter Verwendung von PHS-PEO-PHS-Blockcopolymeren mit hohen Wasservolumenanteilen (> 0,7) hergestellt. Die Emulsionen haben eine enge Tröpfchengrößenverteilung mit einem z-Durchschnittsradius von 183 nm. Sie blieben auch bis zu hohen Wasservolumenanteilen (> 0,6) flüssig. Dies lässt sich anhand der Viskositäts-Volumenanteil-Kurven in Abb. 3.19 veranschaulichen.

Der effektive Volumenanteil ϕ_{eff} der Emulsionen (die Kerntröpfchen plus die adsorbierte Schicht) konnte aus der relativen Viskosität und unter Verwendung der Dougherty-Krieger-Gleichung [36] berechnet werden:

$$\eta_r = \left[1 - \frac{\phi_{eff}}{\phi_p}\right]^{-[\eta]\phi_p}.$$

(3.8)

Dabei ist η_r die relative Viskosität, ϕ_p ist der maximale Packungsanteil ($\approx 0,7$) und $[\eta]$ die intrinsische Viskosität, die bei festen Kugeln gleich 2,5 ist.

Die auf Gleichung (3.8) basierenden Berechnungen sind in Abb. 3.19 dargestellt (quadratische Symbole). Aus dem effektiven Volumenanteil Φ_{eff} und dem Kernvolu-

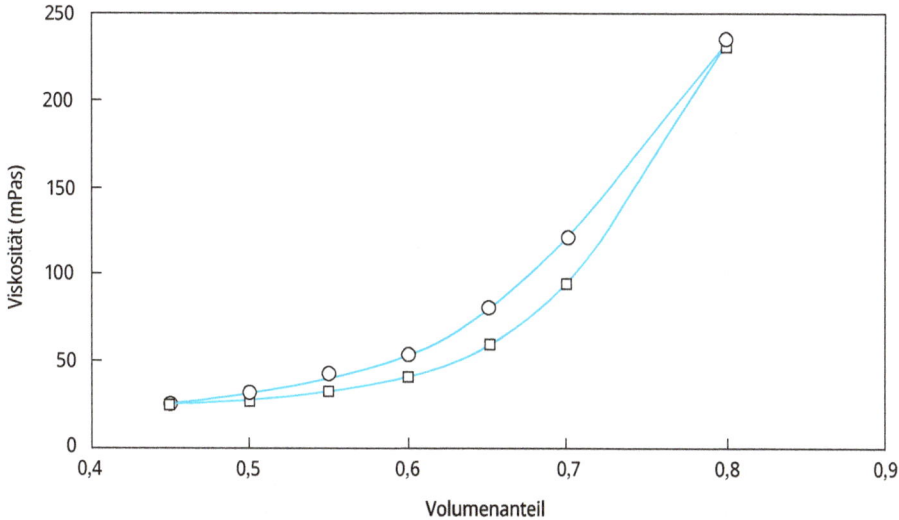

Abb. 3.19: Viskositäts-Volumenanteil für mit PHS-PEO-PHS-Blockcopolymer stabilisierte W/O-Emulsion.

menanteil Φ konnte die Dicke der adsorbierten Schicht berechnet werden. Diese lag bei $\Phi = 0,4$ im Bereich von 10 nm und nahm mit zunehmendem Φ ab.

Die mit dem Blockcopolymer PHS-PEO-PHS hergestellten W/O-Emulsionen blieben sowohl bei Raumtemperatur als auch bei 50 °C stabil. Dies steht im Einklang mit der Struktur des Blockcopolymers: Die B-Kette (PEO) ist in Wasser löslich und bildet einen sehr starken Anker an der W/O-Grenzfläche. Die A-Ketten (PHS-Ketten) sorgen für eine wirksame sterische Stabilisierung, da die Ketten in Isopar M gut löslich sind und von dessen Molekülen stark solvatisiert werden.

Literatur

[1]   Tadros, Th. F., „Polymeric Surfactants", in „Encyclopedia of Colloid and Interface Science", Tadros, Th. F. (Editor), Springer, Deutschland (2013).
[2]   Tadros, Th. F. in „Principles of Polymer Science and Technology in Cosmetics and Personal Care", Goddard, E. D. and Gruber, J. V. (Editors), Marcel Dekker, N. Y. (1999).
[3]   Tadros, Th. F. in „Novel Surfactants", Holmberg, K. (Editor), Marcel Dekker, N. Y. (2003).
[4]   Piirma, I., „Polymeric Surfactants", Surfactant Science Series, Nr. 42, N. Y., Marcel Dekker, (1992).
[5]   Stevens, C. V., Meriggi, A., Peristerpoulou, M., Christov, P. P., Booten, K., Levecke, B., Vandamme, A., Pittevils, N. and Tadros, Th. F., Biomacromolecules, 2001, 2: 1256.
[6]   Hirst, E. L., McGilvary, D. I. and Percival, E. G., J. Chem. Soc., 1950, 1297.
[7]   Suzuki, M., in „Science and Technology of Fructans", Suzuki, M. and Chatterton, N. J. (Editors); CRC Press, Boca Raton, Fl., (1993), p. 21.
[8]   Tadros, Th. F., Vandamme, A., Levecke, B., Booten, K. and Stevens, C. V., Advances Colloid Interface Sci., **108–109**, 207 (2004).

[9] Tadros, Th. F., in „Polymer Colloids", Buscall, R., Corner, T. and Stageman, J. F. (Editors), Applied Sciences, London, Elsevier, 1985, p. 105.

[10] Jenkel, E. and Rumbach, R., Z. Elektrochem., 55, 612 (1951).

[11] Simha, R., Frisch, L. and Eirich, F. R., J. Phys. Chem., 57, 584 (1953).

[12] Silberberg, A., J. Phys. Chem., 66, 1872 (1962).

[13] Di Marzio, E. A., J. Chem. Phys., 42, 2101 (1965).

[14] Di Marzio, E. A. and McCrakin, F. L., J. Chem. Phys., 43, 539 (1965).

[15] Hoeve, C. A., Di Marzio, E. A. and Peyser, P., J. Chem. Phys., 42, 2558 (1965).

[16] Silberberg, A., J. Chem. Phys., 1968, 48: 2835.

[17] Hoeve, C. A., J. Chem. Phys., 44, 1505 (1965); 47, 3007 (1966).

[18] Hoeve, C. A., J. Polym. Sci., 30, 361 (1970); 34, 1 (1971).

[19] Silberberg, A., J. Colloid Interface Sci., 38, 217 (1972).

[20] Hoeve, C. A. J., J. Chem. Phys., 44, 1505 (1965).

[21] Hoeve, C. A. J., J. Chem. Phys., 47, 3007 (1966).

[22] Roe, R. J., J. Chem. Phys., 1974, 60: 4192.

[23] Scheutjens, J. M. H. M. and Fleer, G. J., J. Phys. Chem., 83, 1919, (1979).

[24] Scheutjens, J. M. H. M. and Fleer, G. J., J. Phys. Chem., 84, 178, (1980).

[25] Scheutjens, J. M. H. M. and Fleer, G. J., Adv. Colloid Interface Sci., 16: 341, (1982).

[26] Fleer, G. J., Cohen-Stuart, M. A., Scheutjens, J. M. H. M., Cosgrove, T. and Vincent, B., „Polymers at Interfaces", Chapman and Hall, London, (1993).

[27] Cohen-Stuart, M. A., Scheutjens, J. M. H. M. and Fleer, G. J., J. Polym. Sci., Polym. Phys. Ed., 18, 559 (1980).

[28] Garvey, M. J., Tadros, Th. F. and Vincent, B., J. Colloid Interface Sci. 55, 440 (1976).

[29] Pusey, P. N., in „Industrial Polymers: Characterisation by Molecular Weights", Green, J. H. S. and Dietz, R. (Editors), London, Transcripta Books, (1973).

[30] Garvey, M. J., Tadros, Th. F. and Vincent, B., J. Colloid Interface Sci., 49, 57 (1974).

[31] Obey, T. M. and Griffiths, P. C., in „Principles of Polymer Science and Technology in Cosmetics and Personal Care", Goddard, E. D. and Gruber, J. V. (Editors), Marcel Dekker, New York, (1999), Chapter 2.

[32] van den Boomgaard, Th., King, T. A., Tadros, Th. F., Tang, H. and Vincent, B., J. Colloid Interface Sci., 61, 68 (1978).

[33] Barnett, K. G., Cosgrove, T., Vincent, B., Burgess, A., Crowley, T. L., Kims, J., Turner, J. D. and Tadros, Th. F., Disc. Faraday Soc., 22, 283 (1981).

[34] Cosgrove, T., Crowley, T. L. and Ryan, T., Macromolecules, 20, 2879 (1987).

[35] Exerowa, D., Gotchev, G., Kolarev, T., Khristov, Khr., Levecke, B. and Tadros, Th. F., Langmuir, **23**, 1711 (2007).

[36] Krieger, I. M., Advances Colloid Interface Sci., **3**, 111 (1972).

4 Selbstorganisierte Strukturen in kosmetischen Formulierungen

4.1 Einleitung

Bei den meisten Tensiden bilden sich die in Kapitel 2 beschriebenen kugelförmigen Mizellen nur in einem begrenzten Konzentrations- und Temperaturbereich [1]. Bei einigen spezifischen Tensidstrukturen bilden sich diese kugelförmigen Mizellen möglicherweise überhaupt nicht [1] und es entstehen andere Selbstorganisationsstrukturen, wie z. B. stäbchenförmige oder lamellare Strukturen. Im Allgemeinen kann man zwischen drei Arten des Verhaltens eines Tensids bei Erhöhung der Konzentration unterscheiden:

(1) Tenside mit hoher Wasserlöslichkeit, deren physikalisch-chemischen Eigenschaften wie Viskosität und Lichtstreuung sich gleichmäßig vom Bereich der kritischen Mizellbildungskonzentration (CMC) bis zur Sättigung ändern. Dies deutet darauf hin, dass sich die Mizellenstruktur nicht wesentlich verändert und die Mizellen klein und kugelförmig bleiben.

(2) Tenside mit hoher Wasserlöslichkeit, bei denen jedoch mit zunehmender Konzentration recht dramatische Veränderungen bestimmter Eigenschaften auftreten, die mit deutlichen Veränderungen der Selbstorganisationsstruktur einhergehen.

(3) Tenside mit geringer Wasserlöslichkeit, die schon bei geringer Konzentration eine Phasentrennung aufweisen.

4.2 Selbstorganisierte Strukturen

Tensidmizellen und -doppelschichten sind die Bausteine der meisten Selbstorganisationsstrukturen. Man kann die Phasenstrukturen in zwei Hauptgruppen einteilen [1]:

(1) solche, die aus begrenzten oder diskreten Selbstanordnungen bestehen, die grob als kugelförmig, länglich oder zylindrisch charakterisiert werden können;

(2) unendliche oder unbegrenzte Selbstanordnungen, bei denen die Aggregate über makroskopische Entfernungen in einer, zwei oder drei Dimensionen verbunden sind. Die hexagonale Phase (siehe unten) ist ein Beispiel für eindimensionale Kontinuität, die lamellare Phase für zweidimensionale Kontinuität, während die bikontinuierliche kubische Phase und die Schwammphase (siehe unten) Beispiele für dreidimensionale Kontinuität sind.

Diese beiden Typen sind in Abb. 4.1 schematisch dargestellt.

https://doi.org/10.1515/9783110798548-004

4.3 Struktur der flüssigkristallinen Phasen

Die oben genannten unbegrenzten Selbstorganisationsstrukturen in 1D, 2D oder 3D werden als flüssigkristalline Strukturen bezeichnet. Letztere verhalten sich wie Flüssigkeiten und sind in der Regel hoch viskos. Gleichzeitig ergeben Röntgenuntersuchungen dieser Phasen eine kleine Anzahl relativ scharfer Linien, die denen von Kristallen ähneln [2–6]. Da es sich um Flüssigkeiten handelt, sind sie weniger geordnet als Kristalle, aber aufgrund der Röntgenlinien und ihrer hohen Viskosität ist es auch offensichtlich, dass sie geordneter sind als gewöhnliche Flüssigkeiten. Daher ist der Begriff der flüssigkristallinen Phase sehr passend, um diese selbstorganisierten Strukturen zu beschreiben. Nachfolgend werden die verschiedenen flüssigkristallinen Strukturen, die mit Tensiden hergestellt werden können, kurz beschrieben, und Tab. 4.1 zeigt die am häufigsten verwendete Notation zur Beschreibung dieser Systeme.

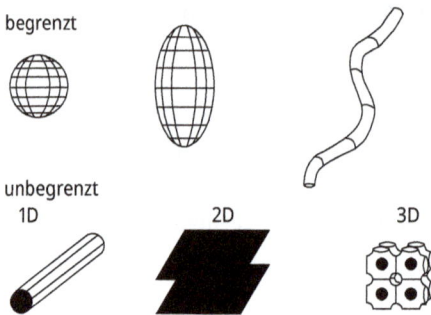

Abb. 4.1: Schematische Darstellung von Selbstorganisationsstrukturen.

Tab. 4.1: Notation der häufigsten flüssigkristallinen Strukturen.

Phasenstruktur	Abkürzung	Notation
mizellar	mic	L_1, S
invers mizellar	rev mic	L_2, S
hexagonal	hex	H_1, E, M_1, mittel
umgekehrt hexagonal	rev hex	H_2, F, M_2
kubisch (normal mizellar)	cub_m	I_1, S_{1c}
kubisch (invers mizellar)	cub_m	I_2
kubisch (normal bikontinuierlich)	cub_b	I_1, V_1
kubisch (invers bikontinuierlicher)	cub_b	I_2, V_2
lamellar	lam	L_α, D, G, geordnet
Gel	gel	L_β
Schwammphase (invers)	spo	L_3 (normal), L_4

4.3.1 Hexagonale Phase

Diese Phase besteht aus (unendlich) langen zylindrischen Mizellen, die in einem hexagonalen Muster angeordnet sind, wobei jede Mizelle von sechs anderen Mizellen umgeben ist, wie in Abb. 4.2 schematisch dargestellt. Der Radius des kreisförmigen Querschnitts (der etwas deformiert sein kann) liegt wiederum in der Nähe der Länge der Tensidmoleküle [2].

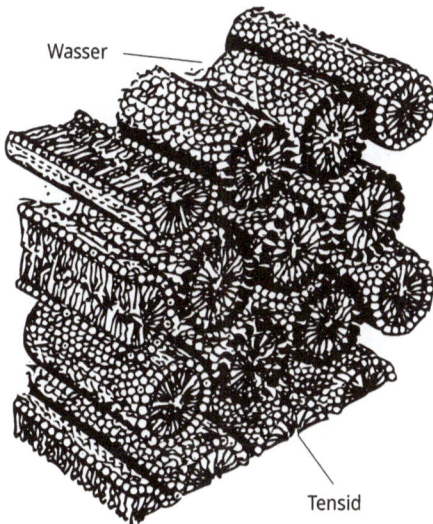

Wasser

Tensid

Abb. 4.2: Schematische Darstellung der hexagonalen Phase.

4.3.2 Mizellare kubische Phase

Diese Phase besteht aus einer regelmäßigen Packung kleiner Mizellen, die ähnliche Eigenschaften wie die kleinen Mizellen in der Lösungsphase haben. Die Mizellen sind jedoch kurze Ellipsoide (Achsenverhältnis 1–2) und keine Kugeln, da dies eine bessere Packung ermöglicht. Die kubische Mizellenphase ist hochviskos. Eine schematische Darstellung der mizellaren kubischen Phase [2] ist in Abb. 4.3 zu sehen.

4.3.3 Lamellare Phase

Diese Phase besteht aus Doppelschichten von Tensidmolekülen, die sich mit Wasserschichten abwechseln. Die Dicke der Doppelschichten ist etwas geringer als das Doppelte der Länge des Tensidmoleküls. Die Dicke der Wasserschicht kann in Abhängigkeit von der Art des Tensids in weiten Bereichen variieren. Die Tensid-Doppelschicht kann

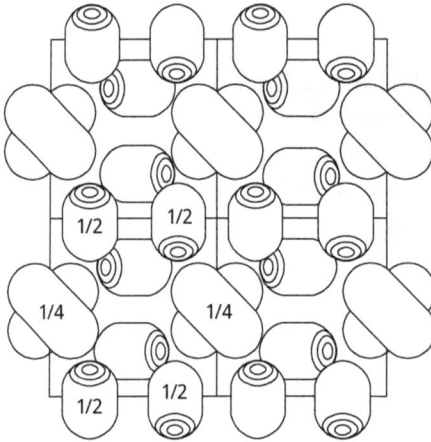

Abb. 4.3: Schematische Darstellung der mizellaren kubischen Phase.

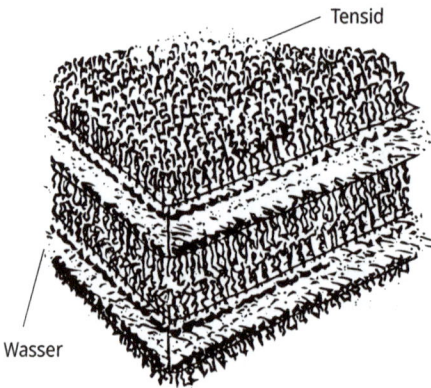

Tensid

Wasser

Abb. 4.4: Schematische Darstellung der lamellaren Phase [2].

steif und planar bis hin zu sehr flexibel und wellenförmig ausgebildet sein. Eine schematische Darstellung der lamellaren Phase [2] ist in Abb. 4.4 zu sehen.

4.3.4 Diskontinuierliche kubische Phasen

Bei diesen Phasen kann es sich um eine Reihe verschiedener Strukturen handeln, bei denen die Tensidmoleküle Aggregate bilden, die in den Raum eindringen und eine poröse, zusammenhängende Struktur in drei Dimensionen formen. Sie können als Strukturen betrachtet werden, die durch die Verbindung von stäbchenförmigen Mizellen (verzweigte Mizellen) oder Doppelschichtstrukturen gebildet werden [2].

4.3.5 Umgekehrte Strukturen

Mit Ausnahme der lamellaren Phase, die symmetrisch um die Mitte der Doppelschicht angeordnet ist, haben die verschiedenen Strukturen ein umgekehrtes Gegenstück, bei dem die polaren und unpolaren Teile eine andere Rolle spielen. Eine hexagonale Phase besteht beispielsweise aus hexagonal gepackten Wasserzylindern, die von den polaren Kopfgruppen der Tensidmoleküle und einem Kontinuum aus hydrophoben Teilen umgeben sind. Umgekehrte (mizellare) kubische Phasen und umgekehrte Mizellen bestehen ebenfalls aus kugelförmigen Wasserkernen, die von Tensidmolekülen umgeben sind. Die Radien der Wasserkerne liegen typischerweise im Bereich von 2 bis 10 nm.

4.4 Treibende Kraft für die Bildung von flüssigkristallinen Phasen

Eine der einfachsten Methoden zur Vorhersage der Form einer aggregierten Struktur basiert auf dem kritischen Packungsparameter P [7]. Hierbei handelt es sich um eine dimensionslose Zahl, die die Querschnittsfläche des hydrophoben Teils des Tensidmoleküls a_0 (gegeben durch das Verhältnis des Volumens des hydrophoben Teils des Moleküls zu seiner ausgedehnten Länge l_c) und die Kopfgruppenfläche a miteinander in Beziehung setzt:

$$P = \frac{v}{l_c a}.$$

(4.1)

Eine schematische Darstellung zum Verständnis des kritischen Packungsparameters ist in Abb. 4.5 zu sehen.

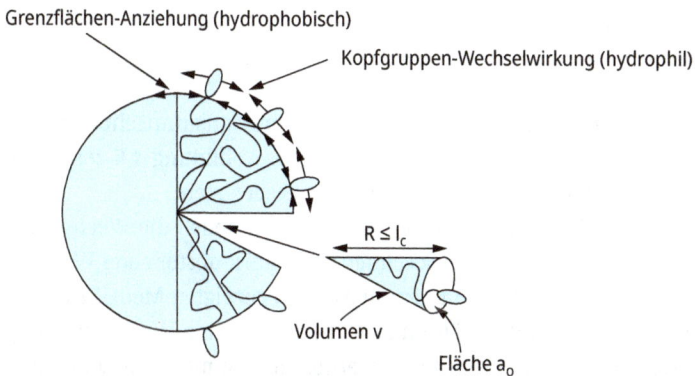

Abb. 4.5: Schematische Darstellung des Konzepts des kritischen Packungsparameters.

Für eine *kugelförmige Mizelle* mit dem Radius r, die n Moleküle mit dem Volumen v und der Querschnittsfläche a der Kopfgruppe enthält, ergibt sich:

$$n = \frac{4\pi r^3}{3v} = \frac{4\pi r^2}{a} \tag{4.2}$$

$$a = \frac{3v}{r}. \tag{4.3}$$

Die Querschnittsfläche a des Kohlenwasserstoffschwanzes ist gegeben durch

$$a_0 = \frac{v}{l_c}, \tag{4.4}$$

wobei l_c die ausgedehnte Länge des Kohlenwasserstoffschwanzes ist.

$$P = \frac{v}{l_c a} = \frac{a_0}{a} = \frac{1}{3}\frac{r}{l_c}. \tag{4.5}$$

Da $r < l_c$, gilt: $P \leq (1/3)$.

Für eine *zylindrische Mizelle* mit Radius r und Länge d, kann man ansetzen:

$$n = \frac{\pi r^2 d}{v} = \frac{2\pi rd}{a} \tag{4.6}$$

$$a = \frac{2v}{r} \tag{4.7}$$

$$P = \frac{a_0}{a} = \frac{v}{l_c a} = \frac{1}{2}\frac{r}{l_c}. \tag{4.8}$$

Da $r < l_c$, gilt hier: $(1/3) \leq P \leq (1/2)$.

Für *Liposomen* und *Vesikel*: $1 \geq P \geq (2/3)$.

Für *lamellare Mizellen:* $P \approx 1$.

Für *inverse Mizellen*: $P > 1$.

Der Packungsparameter kann durch die Verwendung von Tensidmischungen gesteuert werden, um die gewünschte Struktur zu erreichen. Abbildung 4.6 zeigt eine schematische Übersicht zu den kritischen Packungsparameterwerten.

Es ist zu erwähnen, dass das obige einfache geometrische Modell die Wechselwirkung zwischen den Kopfgruppen nicht berücksichtigt. Eine stark abstoßende Wechselwirkung zwischen den Kopfgruppen führt in dem in Abb. 4.5 gezeigten Modell zu einer Verschiebung der Aggregate nach links, während für die anziehende Wechselwirkung das Gegenteil gilt. Dieses Problem kann umgangen werden, indem man eine „effektive" Kopfgruppenfläche abschätzt. Bei ionischen Tensiden beispielsweise werden die Wechselwirkungen der Kopfgruppen stark von der Elektrolytkonzentration beeinflusst, so dass a bei Zugabe von Elektrolyten abnimmt. Bei nichtionischen Tensiden ist die Temperatur sehr wichtig für die Wechselwirkung zwischen den Kopfgruppen.

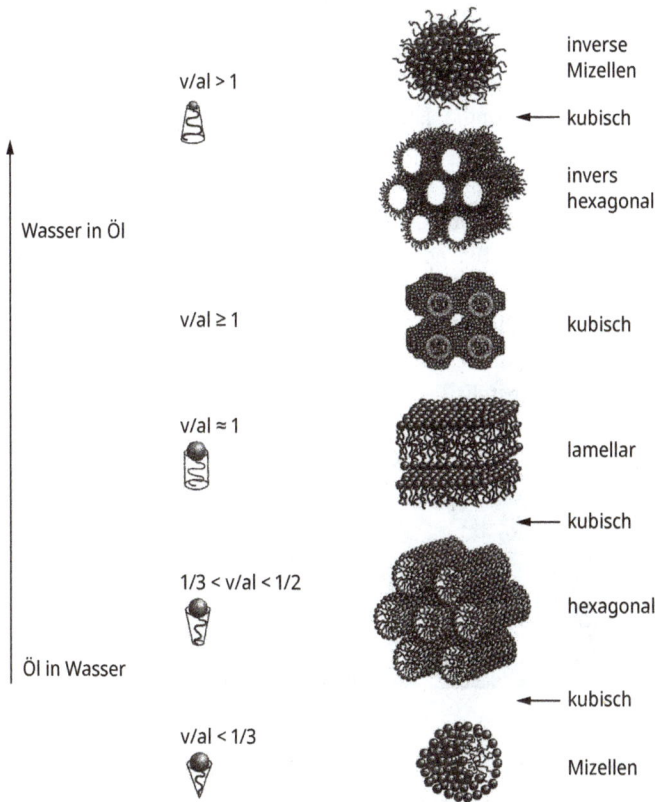

Abb. 4.6: Kritische Packungsparameterwerte der Tensidmoleküle und bevorzugte Aggregatstruktur.

4.5 Identifizierung der flüssigkristallinen Phasen und Untersuchung ihrer Struktur

Das gebräuchlichste Verfahren zur Bestimmung der verschiedenen flüssigkristallinen Strukturen in einer Tensidlösung ist die Erstellung des Phasendiagramms. Die Bestimmung eines vollständigen Phasendiagramms ist mit erheblichem Aufwand und Geschick verbunden und wird mit zunehmender Anzahl der Komponenten immer schwieriger. Zur Veranschaulichung zeigt Abb. 2.8 in Kapitel 2 das Phasendiagramm für ein nichtionisches Tensid, das aus einer C_{12}-Alkylkette und 6 Molen Ethylenoxid besteht, d. h. $C_{12}EO_6$. Dieses Phasendiagramm zeigt das Vorhandensein von hexagonalen, kubischen und lamellaren Phasen, wenn die Tensidkonzentration erhöht wird.

Die Unterscheidung zwischen einer Lösung und einer flüssigkristallinen Phase lässt sich am besten anhand von Untersuchungen der Beugungseigenschaften (Licht, Röntgenstrahlen oder Neutronen) treffen. Flüssigkristalline Phasen weisen eine sich wiederholende Anordnung von Aggregaten auf, und die Beobachtung eines Beugungsmusters kann erstens Hinweise auf eine weiträumige Ordnung liefern und zweitens eine Unterscheidung zwischen auftretenden Strukturen ermöglichen.

Die Streuung von normalem und polarisiertem Licht ist sehr nützlich, um verschiedene Strukturen zu identifizieren. Isotrope Phasen, d. h. Lösungen und kubische Flüssigkristalle, sind klar und transparent, während anisotrope Phasen (hexagonale und lamellare) das Licht streuen und mehr oder weniger trübe erscheinen. Bei Verwendung von polarisiertem Licht und Betrachtung der Proben durch gekreuzte Polarisatoren ergibt sich für isotrope Phasen ein schwarzes Bild, während anisotrope Phasen helle Bilder liefern können. Die Muster in einem Polarisationsmikroskop sind für verschiedene anisotrope Phasen unterschiedlich. Dies ist in Abb. 4.7 für die hexagonale und die lamellare Phase dargestellt.

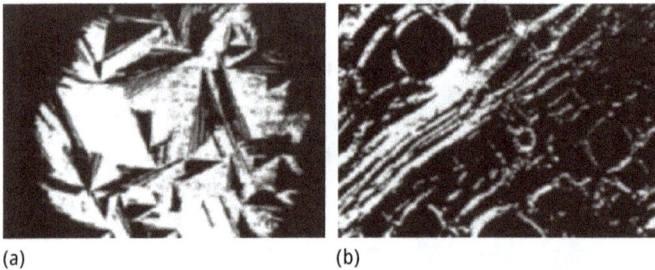

(a)   (b)

Abb. 4.7: Hexagonale (a) und lamellare (b) Phasenstruktur unter dem Polarisationsmikroskop.

Eine weitere sehr nützliche Technik zur Identifizierung der verschiedenen flüssigkristallinen Phasen ist die NMR-Spektroskopie durch Beobachtung der Quadrupolspaltungen in der Deuterium-NMR. Für verschiedene Phasen werden unterschiedliche Muster beobachtet, wie in Abb. 4.8 dargestellt.

Für eine isotrope Phase (mizellare Lösung, Schwammphase, kubische Phase) (Abb. 4.8a) wird ein schmales Singulett beobachtet. Für eine einzelne anisotrope Phase (Abb. 4.8b) wird ein Dublett beobachtet. Das Ausmaß der Aufspaltung hängt vom Grad der Anisotropie ab, der bei einer lamellaren Phase größer ist als bei einer hexagonalen Phase. In einem zweiphasigen Bereich, in dem zwei Phasen koexistieren, beobachtet man die Spektren der beiden Phasen überlagert. Für eine isotrope und eine anisotrope Phase (Abb. 4.8c) beobachtet man ein Singulett und ein Dublett. Für zwei anisotrope Phasen (hexagonal und lamellar) (Abb. 4.8d) beobachtet man zwei Dubletten. In einem dreiphasigen Gebiet mit zwei anisotropen und einer isotropen Phase (Abb. 4.8e) beobachtet man zwei Dubletten und ein Singulett.

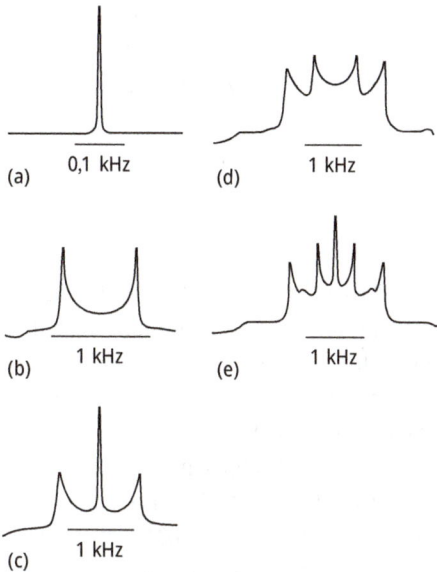

Abb. 4.8: ^{2}H-NMR-Spektren von schwerem Wasser für verschiedene Phasen: (a) isotrope Phasen; (b) einzelne anisotrope Phase; (c) eine isotrope und eine anisotrope Phase; (d) zwei anisotrope (hexagonale und lamellare) Phasen; (e) Dreiphasengebiet mit zwei anisotropen und einer isotropen Phase nebeneinander.

4.6 Formulierung von flüssigkristallinen Phasen

Die Formulierung von flüssigkristallinen Phasen basiert auf der Anwendung der oben genannten Konzepte. Man muss jedoch die Penetration des Öls zwischen den Kohlenwasserstoffschwänzen (die das Volumen und damit das a der Kette beeinflusst) sowie die Hydratation der Kopfgruppe berücksichtigen, die a_0 beeinflusst.

Die nützlichsten flüssigkristallinen Phasen sind solche mit lamellarer Struktur, die sich um die Tröpfchen herumbiegen können und eine Energiebarriere gegen Koaleszenz und Ostwald-Reifung bilden. Diese lamellaren Flüssigkristalle können sich auch in der Gesamtphase ausbreiten und ein „Gel"-Netzwerk bilden, das ein Aufrahmen oder Absetzen verhindert. Diese flüssigkristallinen Phasen bieten auch die optimale Konsistenz für die sensorische Anwendung. Aufgrund des hohen Wassergehalts der flüssigkristallinen Struktur (Wasser ist zwischen mehreren Doppelschichten eingeschlossen) kann sie auch für eine erhöhte Hautfeuchtigkeit sorgen. So kann die Abgabe von Wirkstoffen sowohl der lipophilen als auch der hydrophilen Art beeinflusst werden. Da die lamellare flüssigkristalline Struktur die Hautstruktur (insbesondere das Stratum corneum) nachahmt, kann sie eine verlängerte Hydratation bieten.

Der Schlüssel zur Herstellung lamellarer Flüssigkristalle liegt in der Verwendung von Mischungen von Tensiden mit unterschiedlichen P-Werten (unterschiedlichen HLB-Werten), deren Zusammensetzung so angepasst werden kann, dass die richtigen Einheiten entstehen.

Mithilfe der oben genannten Konzepte können zwei verschiedene Arten von Flüssigkristallen in Öl-in-Wasser-Emulsionen (O/W) entwickelt werden, nämlich Oleosome und Hydrosome . Diese Strukturen werden durch die Verwendung mehrerer Tensidmischungen erreicht, deren Konzentrationsverhältnis und Gesamtkonzentration sorgfältig eingestellt werden, um den gewünschten Effekt zu erzielen. Diese Systeme werden im Folgenden beschrieben.

4.6.1 Oleosomen

Es handelt sich dabei um mehrere Schichten lamellarer Flüssigkristalle, die die Öltröpfchen umgeben und sich beim Übergang in die kontinuierliche Phase zufällig verteilen. Der Rest der Flüssigkristalle bildet die viskoelastische „Gel"-Phase. Zur Herstellung der Oleosome wird eine Mischung aus Brij™ 72 (Steareth-2), Brij™ 721 (Steareth-21), einem Fettalkohol und einem Minimum an einem spezifischen Erweichungsmittel wie Isohexadecan oder PPG-15 Stearylether verwendet. Die Art des Weichmachers ist sehr wichtig; es sollte ein mittelpolares bis polares Öl wie Arlamol™ E (PPG-15 Stearylether) oder Estol™ 3609 (Triethylhexanoin) sein. Sehr polare Öle wie Prisorine™ 2034 (Propylenglykolisostearat) oder Prisorine™ 2040 (Glycerylisostearat) stören die Oleosomenstruktur. Unpolare Öle wie paraffinische Öle hemmen die Bildung von Oleosomen.

Die Oleosomen sind anisotrop und können mit Hilfe der Polarisationsmikroskopie identifiziert werden. Abbildung 4.9 zeigt eine schematische Darstellung der Oleosomen.

4.6.2 Hydrosomen

In diesem Fall wird in der wässrigen Phase durch die lamellaren Flüssigkristalle ein „Gel"-Netzwerk gebildet. Das Tensidgemisch (Sorbitanstearat und Saccharosecocoat oder Sorbityllaurat) wird bei hoher Temperatur (80 °C) in Wasser dispergiert, wodurch die lamellare Phase entsteht, die zwischen den Doppelschichten mit Wasser aufgequollen ist. Das Öl wird dann emulgiert und die Tröpfchen werden in den „Löchern" des „Gel"-Netzwerks eingeschlossen. Die viskoelastische Beschaffenheit des „Gels" verhindert eine Annäherung der Öltröpfchen. Die Hydrosomen können mit Arlatone™ 2121 (Sorbitanstearat und Saccharosecocoat) oder Arlatone™ LC (Sorbitanstearat und Sorbityllaurat) hergestellt werden. Eine schematische Darstellung von Hydrosomen ist in Abb. 4.9 zu sehen.

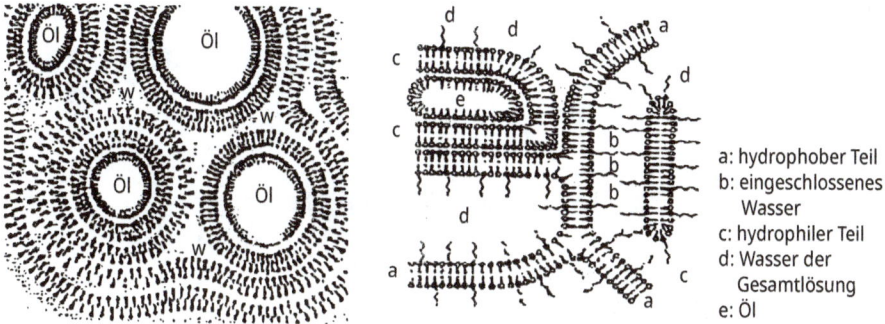

a: hydrophober Teil
b: eingeschlossenes
   Wasser
c: hydrophiler Teil
d: Wasser der
   Gesamtlösung
e: Öl

Abb. 4.9: Schematische Darstellung von Oleosomen (links) und Hydrosomen (rechts).

Literatur

[1]   Holmberg, K., Jonsson, B., Kronberg, B. and Lindman, B., „Surfactants and Polymers in Aqueous Solution", John Wiley & Sons, USA (2003).
[2]   Laughlin, R. G., „The Aqueous Phase Behaviour of Surfactants", Academic Press, London (1994).
[3]   Fontell, K., Mol. Cryst. Liquid Cryst., 63, 59 (1981).
[4]   Fontell, K., Fox, C. and Hanson, E., Mol. Cryst. Liquid Cryst., 1, 9 (1985).
[5]   Evans, D. F. and Wennerstrom, H., „The Colloid Domain, where Physics, Chemistry and Biology Meet", John Wiley & Sons, VCH, New York (1994).
[6]   Tadros, Th. F., Leonard, S., Verboom, C., Wortel, V., Taelman, M.-C. and Roschzttardtz, F., „Cosmetic Emulsions – Based on Surfactant Liquid Crystalline Phases: Structure, Rheology and Sensory Evaluation", Tadros, Th. F. (Editor) „Colloids and Personal Care", Wiley-VCH, Germany (2008) Chapter 6.
[7]   Istraelachvili, J., „Intermolecular and Surface Forces, with Special applications to Colloidal and Biological Systems", Academic Press, London (1985), p. 247.
[8]   Khan, A., Fontell, K., Lindblom, G. and Lindman, B., J. Phys. Chem. 86, 4266 (1982).

5 Wechselwirkungskräfte zwischen Partikeln oder Tröpfchen in kosmetischen Formulierungen und deren Kombination

Es lassen sich drei Hauptwechselwirkungskräfte unterscheiden:
1. Van-der-Waals-Anziehung
2. Abstoßung durch Doppelschicht
3. sterische Wechselwirkung

Diese Wechselwirkungskräfte und ihre Kombination werden im Folgenden zusammenfassend dargestellt.

5.1 Van-der-Waals-Anziehung

Bekanntlich ziehen sich Atome oder Moleküle bei geringen Abständen immer gegenseitig an. Die Anziehungskräfte sind von drei verschiedenen Arten: Dipol-Dipol-Wechselwirkung (Keesom-Wechselwirkung), Dipol-induzierte Dipol-Wechselwirkung (Debye-Wechselwirkung) und London-Dispersionskraft. Die London-Dispersionskraft ist die wichtigste, da sie bei polaren und unpolaren Molekülen auftritt. Sie ergibt sich aus Fluktuationen in der Elektronendichteverteilung.

Bei kleinen Trennungsabständen r im Vakuum ist die Anziehungsenergie zwischen zwei Atomen oder Molekülen gegeben durch:

$$G_{aa} = -\frac{\beta_{11}}{r^6}.$$

(5.1)

Dabei ist β_{11} die London-Dispersionskonstante.

Für Partikel oder Emulsionströpfchen, die aus Atom- oder Molekülverbänden bestehen, müssen die Anziehungsenergien zusammengesetzt werden. Dabei müssen nur die London-Wechselwirkungen berücksichtigt werden, da große Ansammlungen weder ein Nettodipolmoment noch eine Nettopolarisation aufweisen. Das Ergebnis beruht auf der Annahme, dass die Wechselwirkungsenergien zwischen allen Molekülen eines Teilchens mit allen anderen einfach additiv sind [1]. Für die Wechselwirkung zwischen zwei identischen Kugeln im Vakuum ist das Ergebnis:

$$G_A = -\frac{A_{11}}{6}\left(\frac{2}{s^2-4} + \frac{2}{s^2} + \ln\frac{s^2-4}{s^2}\right).$$

(5.2)

A_{11} ist bekannt als die Hamaker-Konstante und wird definiert durch [1]:

$$A_{11} = \pi^2 q_{11}^2 \beta_{ii}.$$

(5.3)

https://doi.org/10.1515/9783110798548-005

q_{11} ist dabei die Anzahl der Atome oder Moleküle des Typs 1 pro Volumeneinheit, und $s = (2R + h)/R$. Aus Gleichung (5.2) geht hervor, dass A_{11} die Dimension einer Energie hat.

Für sehr kurze Entfernungen ($h \ll R$) kann die Gleichung (5.2) wie folgt angenähert werden:

$$G_A = -\frac{A_{11}R}{12h}.$$

(5.4)

Wenn die Tröpfchen in einem flüssigen Medium dispergiert werden, muss die Van-der-Waals-Anziehungskraft modifiziert werden, um dem Mediumseffekt Rechnung zu tragen. Wenn zwei Tröpfchen in einem Medium aus unendlicher Entfernung nach h gebracht werden, muss eine entsprechende Menge an Medium in die andere Richtung transportiert werden. Die Hamaker-Kräfte in einem Medium sind Überschusskräfte.

Betrachten wir zwei identische Kugeln 1 in einem großen Abstand voneinander in einem Medium 2, wie in Abb. 5.1a dargestellt. In diesem Fall ist die Anziehungsenergie gleich null. Abbildung 5.1b zeigt die gleiche Situation mit Pfeilen, die den Austausch von 1 gegen 2 anzeigen. Abbildung 5.1c zeigt den vollständigen Austausch, der nun die Anziehung zwischen den beiden Tröpfchen 1 und 1 und äquivalenten Volumina des Mediums 2 zeigt.

Die effektive Hamaker-Konstante für zwei identische Tropfen 1 und 1 in einem Medium 2 ist gegeben durch:

$$A_{11(2)} = A_{11} + A_{22} - 2A_{12} = (A_{11}^{1/2} - A_{22}^{1/2})^2.$$

(5.5)

Gleichung (5.5) zeigt, dass sich zwei Teilchen des gleichen Materials gegenseitig anziehen, es sei denn, ihre Hamaker-Konstante stimmt genau überein. Gleichung (5.4) wird nun zu:

$$G_A = -\frac{A_{11(2)}R}{12h},$$

(5.6)

wobei $A_{11(2)}$ die effektive Hamaker-Konstante von zwei identischen Tropfen mit der Hamaker-Konstante A_{11} in einem Medium mit der Hamaker-Konstante A_{22} ist.

In den meisten Fällen ist die Hamaker-Konstante der Partikel oder Tröpfchen höher als die des Mediums. Beispiele für die Hamaker-Konstante einiger Flüssigkeiten sind in Tab. 5.1 aufgeführt. Im Allgemeinen bewirkt das flüssige Medium, dass die Hamaker-Konstante der Tröpfchen unter ihren Wert im Vakuum (Luft) sinkt.

G_A nimmt mit zunehmendem h ab, wie in Abb. 5.2 schematisch dargestellt. Dies zeigt den raschen Anstieg der Anziehungsenergie mit der Abnahme von h, die bei kurzen h-Werten ein tiefes Minimum erreicht. Bei extrem kurzen h-Werten wirkt die Born-Abstoßung aufgrund der Überlappung der Elektronenwolken bei einem so geringen Abstand (wenige Angström). In Ermangelung eines Abstoßungsmechanismus

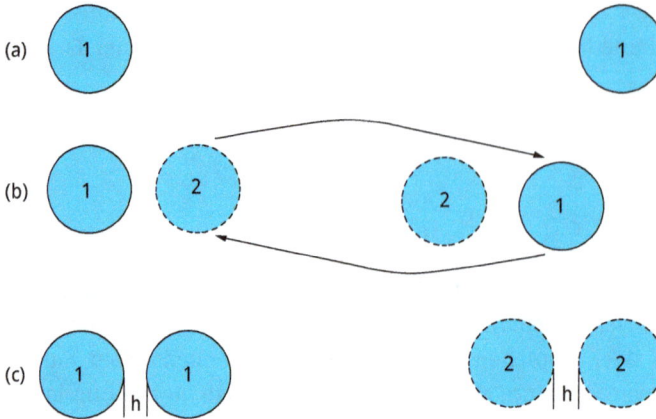

Abb. 5.1: Schematische Darstellung der Wechselwirkung zweier Tropfen in einem Medium.

werden die Emulsionströpfchen aufgrund der sehr starken Anziehung bei kurzen Abständen stark aggregiert.

Um der van-der-Waals-Anziehung entgegenzuwirken, muss eine abstoßende Kraft erzeugt werden. Je nach Art des verwendeten Emulgators lassen sich zwei Hauptarten der Abstoßung unterscheiden: elektrostatisch (durch die Bildung von Doppelschichten) und sterisch (durch das Vorhandensein adsorbierter Tensid- oder Polymerschichten).

Tab. 5.1: Hamaker-Konstante einiger Flüssigkeiten.

Flüssigkeit	$A_{22} \cdot 10^{-20}$ J
Wasser	3,7
Ethanol	4,2
Decan	4,8
Hexadecan	5,2
Cyclohexan	5,2

5.2 Elektrostatische Abstoßung

Diese kann durch Adsorption eines ionischen Tensids erzeugt werden, wodurch eine elektrische Doppelschicht entsteht, deren Struktur von Gouy, Chapman, Stern und Grahame beschrieben wurde [2–5]. Eine schematische Darstellung der diffusen Doppelschicht nach Gouy und Chapman [2, 3] ist in Abb. 5.3 zu sehen.

Die Oberflächenladung σ_0 wird durch die ungleiche Verteilung von Gegenionen (entgegengesetzte Ladung zur Oberfläche) und Co-Ionen (gleiches Vorzeichen wie die Oberfläche) kompensiert, die sich bis zu einer gewissen Entfernung von der Oberflä-

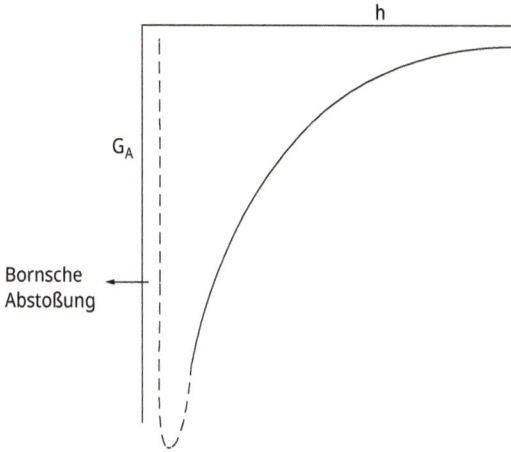

Bornsche
Abstoßung

Abb. 5.2: Veränderung von G_A mit h.

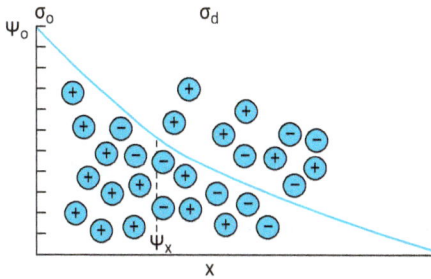

Abb. 5.3: Schematische Darstellung der diffusen
Doppelschicht nach Gouy und Chapman.

che erstrecken [2, 3]. Das Potenzial fällt exponentiell mit der Entfernung x ab. Bei niedrigen Potenzialen ergibt sich:

$$\psi = \psi_0 \exp(kx). \tag{5.7}$$

Wenn x = 1/κ, wird $\psi_x = \psi_0/e$ und 1/κ wird als die „Dicke" der Doppelschicht bezeichnet.

Die Ausdehnung der Doppelschicht hängt von der Elektrolytkonzentration und der Wertigkeit der Gegenionen ab:

$$\left(\frac{1}{\kappa}\right) = \left(\frac{\varepsilon_r \varepsilon_0 kT}{2n_0 Z_i^2 e^2}\right)^{1/2}. \tag{5.8}$$

ε_r ist die relative Permittivität; sie beträgt 78,6 für Wasser bei 25 °C, ε_0 ist die Permittivität im Vakuum, k ist die Boltzmann-Konstante und T ist die absolute Temperatur, n_0 ist die Anzahl der Ionen jeder Art pro Volumeneinheit, die in der Gesamtlösung vorhanden sind, Z_i ist die Wertigkeit der Ionen und e ist die elektrische Ladung.

Die Werte von $(1/\kappa)$ bei verschiedenen 1:1-Elektrolytkonzentrationen sind im Folgenden angegeben:

C/mol dm^{-3}	10^{-5}	10^{-4}	10^{-3}	10^{-2}	10^{-1}
$(1/\kappa)$/nm	100	33	10	3,3	1

Die Ausdehnung der Doppelschicht nimmt mit abnehmender Elektrolytkonzentration zu.

Stern [4] führte das Konzept des nicht-diffusen Teils der Doppelschicht für spezifisch adsorbierte Ionen ein, der Rest ist diffuser Natur. Dies ist schematisch in Abb. 5.4 dargestellt.

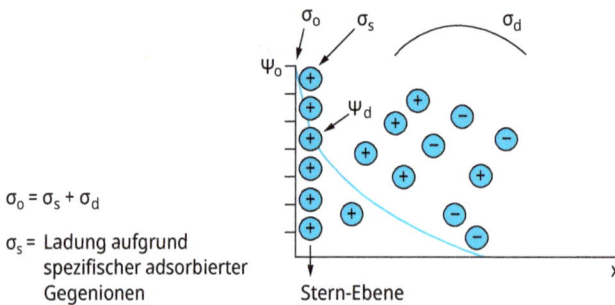

$\sigma_o = \sigma_s + \sigma_d$

σ_s = Ladung aufgrund spezifischer adsorbierter Gegenionen

Abb. 5.4: Schematische Darstellung der Doppelschicht nach Stern und Grahame.

Das Potenzial fällt in der Stern-Region linear und dann exponentiell ab. Grahame [5] unterscheidet zwei Arten von Ionen in der Stern-Ebene: physikalisch adsorbierte Gegenionen (äußere Helmholtz-Ebene) und chemisch adsorbierte Ionen (die einen Teil ihrer Hydratationshülle verlieren; innere Helmholtz-Ebene).

Wenn sich geladene Teilchen oder Tröpfchen in einem Kosmetikum so formulieren, dass sich die Doppelschichten zu überlappen beginnen (der Tröpfchenabstand wird kleiner als das Doppelte der Doppelschichtausdehnung), kommt es zur Abstoßung. Die einzelnen Doppelschichten können sich nicht mehr ungehindert entwickeln, da der begrenzte Raum keinen vollständigen Potenzialabbau zulässt [6]. Dies ist in Abb. 5.5 für zwei flache Platten dargestellt.

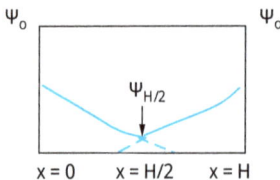

Abb. 5.5: Schematische Darstellung der Doppelschichtwechselwirkung für zwei flache Platten.

Das Potenzial $\psi_{H/2}$ auf halber Strecke zwischen den Platten ist nicht mehr null (wie es bei isolierten Teilchen bei $x \rightarrow \infty$ der Fall wäre). Die Potenzialverteilung bei einem Zwischentropfenabstand H ist in Abb. 5.5 schematisch durch die durchgezogene Linie dargestellt. Das Heckpotenzial ψ_d wird als unabhängig vom Interdroplet-Abstand betrachtet. Die gestrichelten Kurven zeigen das Potenzial als Funktion des Abstands x zur Helmholtz-Ebene, wenn sich die Teilchen in unendlichem Abstand befänden.

Für zwei kugelförmige Teilchen oder Tröpfchen mit dem Radius R und dem Oberflächenpotenzial ψ_0 und der Bedingung $\kappa R < 3$ ist der Ausdruck für die elektrische Doppelschicht-Abstoßungswechselwirkung wie folgt gegeben [6]:

$$G_{elec} = \frac{4\pi\,\varepsilon_r\,\varepsilon_0\,R^2\,\psi_0^2\,\exp-(\kappa h)}{2R+h}, \tag{5.9}$$

wobei h der geringste Abstand zwischen den Oberflächen ist.

Der obige Ausdruck zeigt den exponentiellen Abfall von G_{elec} mit h. Je höher der Wert von κ (d. h. je höher die Elektrolytkonzentration), desto steiler ist der Abfall, wie in Abb. 5.6 schematisch dargestellt. Das bedeutet, dass die Abstoßung der Doppelschicht bei jedem gegebenen Abstand h mit zunehmender Elektrolytkonzentration abnimmt.

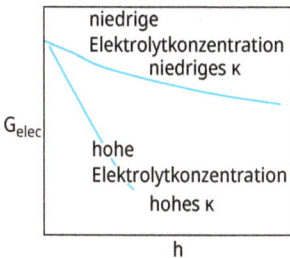

Abb. 5.6: Veränderung von G_{elec} mit h bei verschiedenen Elektrolytkonzentrationen.

Ein wichtiger Aspekt der Doppelschichtabstoßung ist die Situation bei der Annäherung von Teilchen oder Tröpfchen. Wenn man zu irgendeinem Zeitpunkt davon ausgeht, dass sich die Doppelschichten an neue Bedingungen anpassen, so dass immer ein Gleichgewicht herrscht, dann findet die Wechselwirkung bei konstantem Potenzial statt. Dies wäre der Fall, wenn die Relaxationszeit der Oberflächenladung viel kürzer ist als die Zeit, in der sich die Teilchen infolge der Brownschen Bewegung in der Wechselwirkungssphäre des jeweils anderen befinden. Ist die Relaxationszeit der Oberflächenladung jedoch deutlich länger als die Zeit, in der sich die Teilchen in der Wechselwirkungssphäre befinden, so ist die Ladung und nicht das Potenzial der konstante Parameter. Eine konstante Ladung führt zu einer größeren Abstoßung als ein konstantes Potenzial [7, 8].

Die Kombination von G_{elec} und G_A führt zu der bekannten Theorie der Stabilität von Kolloiden, die auf die Deryaguin-Landau-Verwey-Overbeek (DLVO-Theorie) zurückzuführen ist [9, 10]:

$$G_T = G_{elec} + G_A \,. \tag{5.10}$$

Abbildung 5.7 zeigt ein Diagramm von G_T gegen h, das den Fall niedriger Elektrolytkonzentrationen, d. h. starker elektrostatischer Abstoßung zwischen den Teilchen, darstellt. G_{elec} nimmt exponentiell mit h ab, d. h. $G_{elec} \to 0$, wenn h groß wird. $G_A \sim 1/h$, d. h. G_A fällt bei großem h nicht auf 0. Bei großen Entfernungen ist $G_A > G_{elec}$, was zu einem flachen Minimum (sekundäres Minimum; G_{sec}) führt. Bei sehr kurzen Abständen ist $G_A \gg G_{elec}$, was zu einem tiefen primären Minimum (G_{prim}) führt. Bei mittleren Abständen ist $G_{elec} > G_A$, was zu einem Energiemaximum, G_{max}, führt, dessen Höhe von ψ_0 (oder ψ_d) sowie der Elektrolytkonzentration und der Wertigkeit abhängt.

Bei niedrigen Elektrolytkonzentrationen ($< 10^{-2}$ mol dm^{-3} für einen 1:1-Elektrolyten) ist G_{max} hoch (> 25 kT), was die Partikelaggregation zum primären Minimum verhindert. Je höher die Elektrolytkonzentration (und je höher die Wertigkeit der Ionen), desto niedriger ist das Energiemaximum. Unter bestimmten Bedingungen (abhängig von der Elektrolytkonzentration und der Partikelgröße) kann es zu einer Ausflockung in das sekundäre Minimum kommen. Diese Ausflockung ist schwach und reversibel. Mit zunehmender Elektrolytkonzentration nimmt G_{max} ab, bis es bei einer bestimmten Konzentration verschwindet und eine Koagulation der Partikel oder Tröpfchen eintritt. Dies wird in Abb. 5.8 veranschaulicht, die die Veränderung von G_T mit h bei verschiedenen Elektrolytkonzentrationen zeigt.

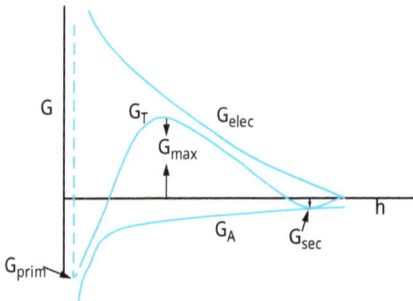

Abb. 5.7: Schematische Darstellung der Variation von G_T mit h nach der DLVO-Theorie.

Da für G_{elec} und G_A Näherungsformeln zur Verfügung stehen, können auch quantitative Ausdrücke für $G_T(h)$ formuliert werden. Daraus lassen sich Ausdrücke für die Koagulationskonzentration ableiten, d. h. die Konzentration, bei der jedes Zusammentreffen zweier Emulsionströpfchen zur Destabilisierung führt. Verwey und Overbeek [10] haben die folgenden Kriterien für den Übergang zwischen Stabilität und Instabilität eingeführt:

G

(1/κ) = 1000 nm
10^{-7} mol dm^{-3}

(1/κ) = 10 nm
10^{-3} mol dm^{-3}

(1/κ) = 100 nm
10^{-5} mol dm^{-3}

h

(1/κ) = 1 nm
10^{-1} mol dm^{-3}

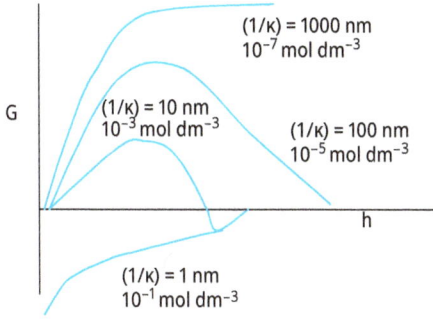

Abb. 5.8: Veränderung von G mit h bei
verschiedenen Elektrolytkonzentrationen.

$$G_T = G_{elec} + G_A = 0 \tag{5.11}$$

$$\frac{dG_T}{dh} = 0 \tag{5.12}$$

$$\frac{dG_{elec}}{dh} = -\frac{dG_A}{dh}. \tag{5.13}$$

Mit Hilfe der Gleichungen für G_{elec} und G_A konnte die kritische Koagulationskonzentration CCC berechnet werden. Die Theorie sagt voraus, dass die CCC direkt proportional zum Oberflächenpotenzial ψ_0 und umgekehrt proportional zur Hamaker-Konstante A und der Elektrolytvalenz Z ist. Wie im Folgenden gezeigt wird, ist die CCC bei hohem Oberflächenpotenzial umgekehrt proportional zu Z^6 und bei niedrigem Oberflächenpotenzial umgekehrt proportional zu Z^2.

5.3 Flockung von elektrostatisch stabilisierten Dispersionen

Wie bereits erwähnt, ist die Bedingung für kinetische Stabilität $G_{max} > 25$ kT. Wenn $G_{max} < 5$ kT ist, kommt es zur Ausflockung. Es lassen sich zwei Arten der Flockungskinetik unterscheiden: schnelle Flockung ohne Energiebarriere und langsame Flockung, wenn eine Energiebarriere besteht.

Die Kinetik der schnellen Flockung wurde von Smoluchowski [11] behandelt, der den Prozess als kinetisch zweiter Ordnung einstufte und als einfach diffusionsgesteuert ansah. Die Anzahl der Partikel n zu jedem Zeitpunkt t kann mit der anfänglichen Anzahl (bei t = 0) n_0 durch den folgenden Ausdruck in Beziehung gesetzt werden:

$$n = \frac{n_0}{1 + k_0 n_0 t}, \tag{5.14}$$

wobei k_0 die Geschwindigkeitskonstante für schnelle Flockung ist, die mit dem Diffusionskoeffizienten der Partikel D zusammenhängt, d. h.:

$$k_0 = 8\pi\,D\,R. \tag{5.15}$$

D ist durch die Stokes-Einstein-Gleichung gegeben:

$$D = \frac{kT}{6\pi\,\eta\,R}. \tag{5.16}$$

Kombination der Gleichungen (5.15) und (5.16) führt zu:

$$k_0 = \frac{4}{3}\frac{kT}{\eta} = 5{,}5\times 10^{18}\,\mathrm{m^3 s^{-1}}\ \text{fur Wasser bei } 25^\circ\text{C.} \tag{5.17}$$

Die Halbwertszeit $t_{1/2}$ ($n = (1/2)\,n_0$) kann für verschiedene Werte von n_0 bzw. Volumenanteile ϕ berechnet werden, wie in Tab. 5.2 angegeben.

Tab. 5.2: Halbwertszeit der Dispersionsflockung.

R/μm	ϕ			
	10^{-5}	10^{-2}	10^{-1}	5×10^{-1}
0,1	765 s	76 ms	7,6 ms	1,5 ms
1,0	21 h	76 s	7,6 s	1,5 s
10,0	4 Monate	21 h	2 h	25 min

Die Kinetik der langsamen Flockung wurde von Fuchs [12] behandelt, der die Geschwindigkeitskonstante k mit der Smoluchowski-Rate durch die Stabilitätskonstante W in Beziehung setzte:

$$W = \frac{k_0}{k}. \tag{5.18}$$

W ist mit G_{max} durch den folgenden Ausdruck verbunden:

$$W = \frac{1}{2}\,k_0\,\exp\left(\frac{G_{max}}{kT}\right). \tag{5.19}$$

Da G_{max} durch die Salzkonzentration C und die Wertigkeit bestimmt wird, kann man einen Ausdruck ableiten, der W mit C und Z in Beziehung setzt [13]:

$$\log W = 2{,}06\times 10^9\left(\frac{R\gamma^2}{Z^2}\right)\log C, \tag{5.20}$$

wobei γ eine Funktion ist, die durch das Oberflächenpotenzial ψ_0 bestimmt wird:

$$\gamma = \left[\frac{\exp\,(Ze\psi_0/kT) - 1}{\exp\,(Ze\psi_0/kT) + 1}\right]. \tag{5.21}$$

Abbildung 5.9 zeigt den Verlauf von logW gegen logC. Die Bedingung logW = 0 (W = 1) ist der Beginn der schnellen Flockung. Die Elektrolytkonzentration an diesem Punkt definiert die kritische Flockungskonzentration CCC. Oberhalb der CCC ist W < 1 (aufgrund des Beitrags der Van-der-Waals-Anziehung, die die Geschwindigkeit über den Smoluchowski-Wert hinaus beschleunigt). Unterhalb der CCC ist W > 1 und nimmt mit sinkender Elektrolytkonzentration zu. Die Abbildung zeigt auch, dass die CCC mit zunehmender Wertigkeit abnimmt. Bei niedrigen Oberflächenpotenzialen ist CCC ~ $1/Z^2$. Dies wird als Schultze-Hardy-Regel bezeichnet.

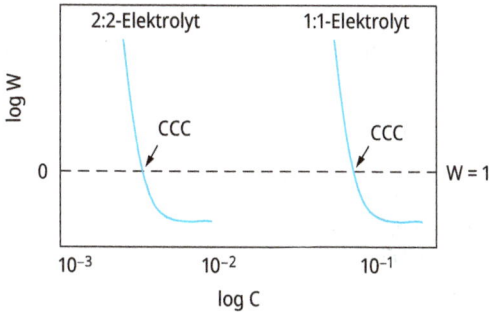

Abb. 5.9: LogW-logC-Kurven für elektrostatisch stabilisierte Emulsionen.

Ein weiterer Mechanismus der Flockung ist der des sekundären Minimums (G_{min}), das einige kT-Einheiten beträgt. In diesem Fall ist die Flockung schwach und reversibel, so dass man sowohl die Flockungsrate (Vorwärtsrate k_f) als auch die Entflockungsrate (Rückwärtsrate k_b) berücksichtigen muss. In diesem Fall wird die Rate oder die Abnahme der Partikelanzahl mit der Zeit durch den Ausdruck gegeben:

$$-\frac{dn}{dt} = -k_f n^2 + k_b n. \tag{5.22}$$

Die Rückwärtsreaktion (Aufbrechen schwacher Flocken) verringert die Gesamtflockungsrate.

Ein anderer Prozess der Flockung, der unter Scherbedingungen stattfindet, wird als orthokinetisch bezeichnet (zur Unterscheidung vom diffusionsgesteuerten perikinetischen Prozess). In diesem Fall ist die Flockungsgeschwindigkeit mit der Schergeschwindigkeit $\dot{\gamma}$ durch den folgenden Ausdruck verbunden:

$$-\frac{dn}{dt} = \frac{16}{3} \alpha^2 \dot{\gamma} R^3, \tag{5.23}$$

wobei α die Kollisionshäufigkeit ist, d. h. der Anteil der Kollisionen, die zu dauerhaften Aggregaten führen.

5.4 Kriterien für die Stabilisierung von Dispersionen durch Doppelschichtwechselwirkung

Die beiden Hauptkriterien für die Stabilisierung sind [7, 8]:

1. Hohes Oberflächen- oder Stern-Potenzial (Zetapotenzial), hohe Oberflächenladung. Wie in Gleichung (5.9) gezeigt, ist die Abstoßungsenergie G_{elec} proportional zu $\psi_0{}^2$. In der Praxis kann ψ_0 nicht direkt gemessen werden, weshalb man stattdessen das messbare Zetapotenzial verwendet.
2. Niedrige Elektrolytkonzentration und geringe Wertigkeit der Gegen- und Co-Ionen. Wie in Abb. 5.8 gezeigt, steigt das Energiemaximum mit abnehmender Elektrolytkonzentration. Letztere sollte bei einem 1:1-Elektrolyten kleiner als 10^{-2} mol dm^{-3} und bei einem 2:2-Elektrolyten kleiner als 10^{-3} mol dm^{-3} sein.

Es ist zu beachten, dass in der Energie-Weg-Kurve ein Energiemaximum von mehr als 25 kT vorhanden ist. Wenn $G_{max} \gg$ kT ist, können die Teilchen in der Dispersion die Energiebarriere nicht überwinden, was eine Koagulation verhindert. In einigen Fällen, insbesondere bei großen und asymmetrischen Teilchen, kann es zu einer Ausflockung in das sekundäre Minimum kommen. Diese Ausflockung ist in der Regel schwach und reversibel und kann vorteilhaft sein, um die Bildung harter Sedimente zu verhindern.

5.5 Sterische Abstoßung

Dazu werden nichtionische Tenside oder Polymere, z. B. Alkoholethoxylate, oder A-B-A-Blockcopolymere PEO-PPO-PEO (wobei PEO für Polyethylenoxid und PPO für Polypropylenoxid steht) verwendet, wie in Abb. 5.10 dargestellt.

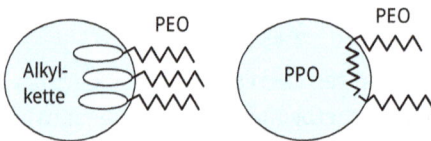

Abb. 5.10: Schematische Darstellung adsorbierter Schichten.

Wenn sich zwei Partikel oder Tröpfchen mit einem Radius R, die eine adsorbierte Polymerschicht mit einer hydrodynamischen Dicke δ_h enthalten, bis zu einem Oberflächenabstand h nähern, der kleiner als $2\delta_h$ ist, treten die Polymerschichten miteinander in Wechselwirkung, was im Wesentlichen zu zwei Situationen führt [14]:

(1) Die Polymerketten können sich gegenseitig überlappen.
(2) Die Polymerschichten können eine gewisse Kompression erfahren.

In beiden Fällen kommt es zu einer Zunahme der lokalen Segmentdichte der Polymerketten im Interaktionsbereich. Dies ist in Abb. 5.11 schematisch dargestellt. Die tatsächliche Situation liegt vielleicht zwischen den beiden oben genannten Fällen, d. h. die Polymerketten können sich gegenseitig durchdringen und etwas komprimiert werden.

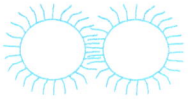

Überlappung ohne
Kompression

Kompression ohne
Überlappung

Abb. 5.11: Schematische Darstellung der Wechselwirkung zwischen Partikeln oder Tröpfchen, die adsorbierte Polymerschichten enthalten.

Unter der Voraussetzung, dass sich die baumelnden Ketten (die A-Ketten in A-B-, A-B-A-Block- oder BA_n-Pfropfcopolymeren) in einem guten Lösungsmittel befinden, führt diese lokale Erhöhung der Segmentdichte in der Wechselwirkungszone zu einer starken Abstoßung aufgrund von zwei Haupteffekten [14]:

(1) Erhöhung des osmotischen Drucks in der Überlappungsregion als Folge der ungünstigen Vermischung der Polymerketten, wenn sich diese in einem guten Lösungsmittel befinden. Dies wird als osmotische Abstoßung oder Mischungswechselwirkung bezeichnet und durch eine freie Wechselwirkungsenergie G_{mix} beschrieben.

(2) Verringerung der Konfigurationsentropie der Ketten in der Wechselwirkungszone; diese Entropiereduktion resultiert aus der Verringerung des für die Ketten verfügbaren Volumens, wenn diese entweder überlappen oder komprimiert werden. Dies wird als volumenbeschränkende, entropische oder elastische Wechselwirkung bezeichnet und durch die freie Energie der Wechselwirkung G_{el} beschrieben.

Die Kombination von G_{mix} und G_{el} wird üblicherweise als freie Energie der sterischen Wechselwirkung G_s bezeichnet, d. h.:

$$G_s = G_{mix} + G_{el}. \tag{5.24}$$

Das Vorzeichen von G_{mix} hängt von der Löslichkeit des Mediums für die Ketten ab. Wenn sich die Ketten in einem guten Lösungsmittel befinden, d. h. der Flory-Huggins-Wechselwirkungsparameter χ kleiner als 0,5 ist, dann ist G_{mix} positiv und die Mischungswechselwirkung führt zu Abstoßung (siehe unten). Ist dagegen $\chi > 0,5$ (d. h. die Ketten befinden sich in einem schlechten Lösungsmittel), ist G_{mix} negativ und die Mischungswechselwirkung wird attraktiv. G_{el} ist immer positiv und daher kann man in einigen Fällen stabile Dispersionen in einem relativ schlechten Lösungsmittel herstellen (verstärkte sterische Stabilisierung).

5.5.1 Mischungswechselwirkung G_{mix}

Diese resultiert aus der ungünstigen Vermischung der Polymerketten, wenn diese sich in einem guten Lösungsmittel befinden. Dies ist in Abb. 5.12 schematisch dargestellt.

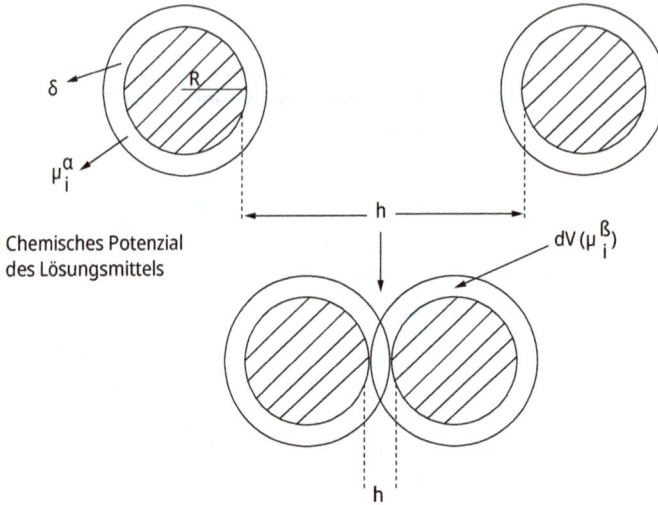

Abb. 5.12: Schematische Darstellung der Überlappung von Polymerschichten.

Man betrachte zwei kugelförmige Teilchen oder Tröpfchen mit gleichem Radius, die jeweils eine adsorbierte Polymerschicht mit der Dicke δ enthalten. Vor der Überlappung kann man in jeder Polymerschicht ein chemisches Potenzial für das Lösungsmittel μ_i^α und einen Volumenanteil für das Polymer in der Schicht Φ_2^α definieren. Im Überlappungsbereich (Volumenelement dV) wird das chemische Potenzial des Lösungsmittels auf μ_i^β reduziert. Dies ergibt sich aus der Zunahme der Konzentration der Polymersegmente in diesem Überlappungsbereich, die nun Φ_2^β beträgt.

In der Überlappungsregion ist das chemische Potenzial der Polymerketten nun höher als im Rest der Schicht (ohne Überlappung). Dies führt zu einer Erhöhung des osmotischen Drucks in der Überlappungsregion; infolgedessen diffundiert Lösungsmittel aus der Gesamtlösung in die Überlappungsregion und trennt so die Teilchen, so dass sich aus diesem Effekt eine starke Abstoßungsenergie ergibt. Die oben genannte Abstoßungsenergie kann berechnet werden, indem man die freie Energie der Vermischung von zwei Polymerlösungen betrachtet, wie sie beispielsweise von Flory und Krigbaum [15] behandelt wird. Die freie Mischenergie ist durch zwei Terme gegeben: (1) einen Entropieterm, der vom Volumenanteil des Polymers und des Lösungsmittels abhängt; (2) einen Energieterm, der durch den Flory-Huggins-Wechselwirkungsparameter bestimmt wird:

$$\delta(G_{mix}) = kT(\, n_1 \ln \phi_1 + n_2 \ln \phi_2 + \chi\, n_1\, \phi_2), \tag{5.25}$$

wobei n_1 und n_2 die Anzahl der Mole des Lösungsmittels und des Polymers mit den Volumenanteilen ϕ_1 und ϕ_2 sind, k die Boltzmann-Konstante und T die absolute Temperatur ist.

Die Gesamtänderung der freien Mischenergie für die gesamte Wechselwirkungszone, V, erhält man durch Summierung aller Elemente in V:

$$G_{mix} = \frac{2kTV_2^2}{V_1}\, v_2 \left(\frac{1}{2} - \chi\right) R_{mix}(h), \tag{5.26}$$

wobei V_1 und V_2 die Molvolumina des Lösungsmittels bzw. des Polymers sind, v_2 die Anzahl der Ketten pro Flächeneinheit ist und $R_{mix}(h)$ eine geometrische Funktion ist, die von der Form der Segmentdichteverteilung der Kette senkrecht zur Oberfläche, ρ (z), abhängt. k ist die Boltzmann-Konstante und T ist die absolute Temperatur.

Mit Hilfe der obigen Theorie kann man einen Ausdruck für die freie Energie der Vermischung zweier Polymerschichten (unter der Annahme einer gleichmäßigen Segmentdichteverteilung in jeder Schicht), die zwei kugelförmige Tröpfchen umgeben, als Funktion des Trennungsabstands h zwischen den Teilchen herleiten [16].

Der Ausdruck für G_{mix} lautet:

$$G_{mix} = \left(\frac{2V_2^2}{V_1}\right) v_2 \left(\frac{1}{2} - \chi\right) \left(\delta - \frac{h}{2}\right)^2 \left(3R + 2\delta + \frac{h}{2}\right). \tag{5.27}$$

Das Vorzeichen von G_{mix} hängt vom Wert des Flory-Huggins-Wechselwirkungsparameters χ ab: Ist $\chi < 0,5$, so ist G_{mix} positiv und die Wechselwirkung ist abstoßend; ist $\chi > 0,5$, so ist G_{mix} negativ und die Wechselwirkung ist anziehend. Die Bedingung $\chi = 0,5$ und $G_{mix} = 0$ wird als θ-Bedingung bezeichnet. Letztere entspricht dem Fall, in dem sich die Polymermischung ideal verhält, d. h. die Vermischung der Ketten führt nicht zu einer Erhöhung oder Verringerung der freien Energie.

5.5.2 Elastische Wechselwirkung G_{el}

Dies ergibt sich aus dem Verlust an Konfigurationsentropie der Ketten bei der Annäherung an einen zweiten Tropfen. Durch diese Annäherung wird das für die Ketten verfügbare Volumen eingeschränkt, was zu einem Verlust der Anzahl der Konfigurationen führt. Dies lässt sich anhand eines einfachen Moleküls veranschaulichen, das durch einen Stab dargestellt wird, der sich frei in einer Halbkugel auf einer Oberfläche dreht (Abb. 5.13).

Wenn die beiden Oberflächen durch einen unendlichen Abstand h_∞ getrennt sind, beträgt die Anzahl der Konfigurationen des Stabes $\Omega(\infty)$, was proportional zum Volumen der Halbkugel ist. Nähert sich ein zweites Teilchen oder ein Tropfen bis auf

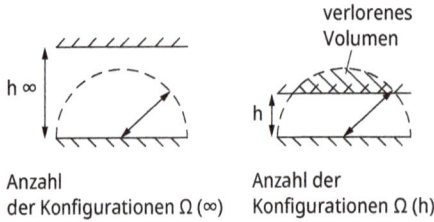

Abb. 5.13: Schematische Darstellung des Konfigurationsentropieverlustes bei Annäherung eines zweiten Tropfens.

eine Entfernung h, so dass es die Halbkugel schneidet (und dabei etwas Volumen verliert), verringert sich das für die Ketten verfügbare Volumen und die Anzahl der Konfigurationen wird zu $\Omega(h)$, was kleiner als $\Omega(\infty)$ ist. Für zwei flache Platten ist G_{el} durch den folgenden Ausdruck gegeben [17]:

$$\frac{G_{el}}{kT} = -2\nu_2 \ln\left[\frac{\Omega(h)}{\Omega(\infty)}\right] = -2\nu_2 R_{el}(h),\qquad(5.28)$$

wobei $R_{el}(h)$ eine geometrische Funktion ist, deren Form von der Segmentdichteverteilung abhängt. Es sollte betont werden, dass G_{el} immer positiv ist und eine wichtige Rolle bei der sterischen Stabilisierung spielen kann. Er wird sehr stark, wenn der Abstand zwischen den Partikeln mit der Dicke der adsorbierten Schicht δ vergleichbar ist.

5.5.3 Gesamtenergie der Interaktion

Die Kombination von G_{mix} und G_{el} mit G_A ergibt die Gesamtenergie der Wechselwirkung G_T (unter der Annahme, dass es keinen Beitrag aus einer restlichen elektrostatischen Wechselwirkung gibt) [18], d. h.:

$$G_T = G_{mix} + G_{el} + G_A.\qquad(5.29)$$

Eine schematische Darstellung der Variation von G_{mix}, G_{el}, G_A und G_T mit dem Abstand h zwischen den Oberflächen ist in Abb. 5.14 zu sehen.

G_{mix} steigt sehr stark mit der Abnahme von h, wenn $h < 2\delta$. G_{el} nimmt sehr stark mit der Abnahme von h zu, wenn $h < \delta$ ist. G_T in Abhängigkeit von h zeigt ein Minimum, G_{min}, bei Abständen vergleichbar mit 2δ. Wenn $h < 2\delta$ ist, zeigt G_T einen schnellen Anstieg mit Abnahme von h. Die Tiefe des Minimums hängt von der Hamaker-Konstante A, dem Partikelradius R und der Dicke der adsorbierten Schicht δ ab. G_{min} nimmt mit der Zunahme von A und R zu. Bei gegebenem A und R nimmt G_{min} mit der Zunahme von δ ab (d. h. mit der Zunahme des Molekulargewichts M_w des Stabilisators). Dies wird in Abb. 5.15 veranschaulicht, die die Energie-Abstands-Kurven als Funktion von δ/R zeigt. Je größer der Wert von δ/R ist, desto kleiner ist der Wert von G_{min}. In diesem Fall kann sich das System der thermodynamischen Stabilität annähern, wie es bei Nanodispersionen der Fall ist.

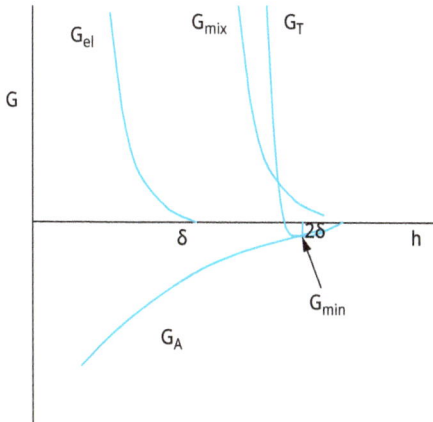

Abb. 5.14: Schematische Darstellung der Energie-Abstands-Kurve für eine sterisch stabilisierte Emulsion.

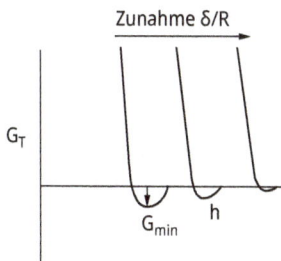

Abb. 5.15: Veränderung von G_T mit h bei verschiedenen δ/R-Werten.

5.5.4 Kriterien für eine wirksame sterische Stabilisierung

Folgende Kriterien sind für eine wirksame sterische Stabilisierung beachtenswert:

1. Die Tropfen sollten vollständig mit dem Polymer bedeckt sein (die Polymermenge sollte dem Plateauwert entsprechen). Unbedeckte Stellen können entweder durch Van-der-Waals-Anziehung (zwischen den unbedeckten Stellen) oder durch Brückenflockung (wobei ein Polymermolekül gleichzeitig an zwei oder mehr Tropfen adsorbiert wird) zur Ausflockung führen.

2. Das Polymer sollte fest an den Tröpfchenoberflächen „verankert" sein, um eine Verschiebung während der Annäherung der Tropfen zu verhindern. Dies ist besonders wichtig für konzentrierte Emulsionen. Zu diesem Zweck sind A-B-, A-B-A-Block- und BA_n-Pfropfcopolymere am besten geeignet, wobei die Kette B so gewählt wird, dass sie im Medium sehr unlöslich ist und eine starke Affinität zur Oberfläche aufweist oder im Öl löslich ist. Beispiele für B-Gruppen für unpolare Öle in wässrigen Medien sind Polystyrol, Polypropylenoxid und Polymethylmethacrylat.

3. Die stabilisierende Kette A sollte in dem Medium gut löslich sein und von ihren Molekülen stark solvatisiert werden. Beispiele für A-Ketten in wässrigen Medien sind Polyethylenoxid und Polyvinylalkohol.

4. δ sollte ausreichend groß sein (> 5 nm), um eine schwache Ausflockung zu verhindern.

5.5.5 Flockung von sterisch stabilisierten Dispersionen

Es lassen sich vier Hauptarten der Flockung unterscheiden, die in den folgenden Abschnitten beschrieben werden.

5.5.5.1 Schwache Flockung

Sie tritt auf, wenn die Dicke der adsorbierten Schicht gering ist (in der Regel < 5 nm), insbesondere wenn der Partikelradius und die Hamaker-Konstante groß sind. Die Mindesttiefe, die erforderlich ist, um eine schwache Flockung auszulösen, hängt vom Volumenanteil der Suspension ab. Je höher der Volumenanteil ist, desto geringer ist die für eine schwache Flockung erforderliche Mindesttiefe. Dies lässt sich verstehen, wenn man die freie Energie der Flockung betrachtet, die aus zwei Termen besteht, einem Energieterm, der durch die Tiefe des Minimums bestimmt wird (G_{min}), und einem Entropieterm, der durch die Verringerung der Konfigurationsentropie bei der Aggregation der Teilchen bestimmt wird:

$$\Delta G_{flocc} = \Delta H_{flocc} - T\Delta S_{flocc}. \tag{5.30}$$

Bei einer verdünnten Suspension ist der Entropieverlust bei der Ausflockung größer als bei konzentrierten Suspensionen. Daher ist für die Ausflockung einer verdünnten Suspension ein höheres Energieminimum erforderlich als bei konzentrierten Suspensionen.

Die oben beschriebene Flockung ist schwach und reversibel, d. h. beim Schütteln des Behälters kommt es zur Redispergierung der Suspension. Beim Stehenbleiben aggregieren die dispergierten Teilchen und bilden ein schwaches „Gel". Dieser Prozess (als Sol-Gel-Umwandlung bezeichnet) führt zu einer reversiblen Zeitabhängigkeit der Viskosität (Thixotropie). Wenn die Dispersion geschert wird, sinkt die Viskosität, und wenn die Scherung aufgehoben wird, steigt die Viskosität wieder an. Dieses Phänomen wird bei Farben angewandt. Beim Auftragen der Formulierung wird das Gel verflüssigt, was eine gleichmäßige Beschichtung des Produkts ermöglicht. Wenn die Scherung beendet wird, erhält der Film seine Viskosität zurück, wodurch ein Tropfen vermieden wird.

5.5.5.2 Anfängliche Flockung

Sie tritt auf, wenn die Löslichkeit des Mediums so weit verringert wird, dass sie schlechter als unter θ-Bedingungen ist (d. h. χ > 0,5). Dies ist in Abb. 5.16 dargestellt, wo χ von < 0,5 (gutes Lösungsmittel) auf > 0,5 (schlechtes Lösungsmittel) erhöht wurde.

Wenn χ > 0,5 ist, wird G_{mix} negativ (anziehend), was in Verbindung mit der Van-der-Waals-Anziehung bei diesem Trennungsabstand ein tiefes Minimum ergibt, das zur Flockung führt. In den meisten Fällen besteht eine Korrelation zwischen dem kritischen Flockungspunkt und dem θ-Zustand des Mediums. In vielen Fällen wird eine gute Korrelation zwischen der kritischen Flockungstemperatur (CFT) und der θ-Temperatur des Polymers in Lösung festgestellt (bei Block- und Pfropfcopolymeren sollte man die

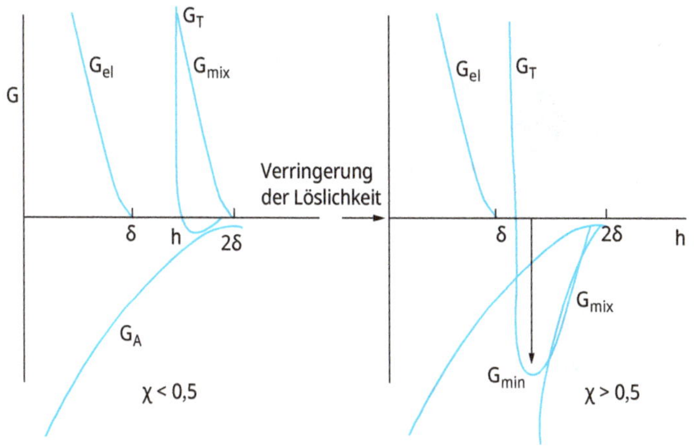

Abb. 5.16: Einfluss einer Verringerung der Löslichkeit auf die Energie-Abstands-Kurve.

θ-Temperatur der stabilisierenden Ketten A berücksichtigen). Eine gute Korrelation wird auch zwischen dem kritischen Volumenanteil (CFV) eines Nichtlösungsmittels für die Polymerketten und ihrem θ-Punkt unter diesen Bedingungen festgestellt. In einigen Fällen kann diese Korrelation jedoch zusammenbrechen, insbesondere bei Polymeren, die durch Mehrpunktbindung adsorbieren. Diese Situation wurde von Napper [14] beschrieben, der sie als „verstärkte" sterische Stabilisierung bezeichnete.

Durch die Messung des θ-Punktes (CFT oder CFV) für die Polymerketten (A) in dem zu untersuchenden Medium (der aus Viskositätsmessungen gewonnen werden kann) können die Stabilitätsbedingungen für eine Dispersion vor ihrer Herstellung bestimmt werden. Dieses Verfahren hilft auch bei der Entwicklung wirksamer sterischer Stabilisatoren wie Block- und Pfropfcopolymeren.

5.5.5.3 Verarmungsflockung

Die Verarmungsflockung wird durch Zugabe von „freiem", nicht adsorbierendem Polymer erzeugt [19]. In diesem Fall können sich die Polymerwindungen den Partikeln nicht bis auf eine Entfernung Δ (die durch den Trägheitsradius des freien Polymers R_G bestimmt wird) nähern, da die Verringerung der Entropie bei Annäherung der Polymerwindungen nicht durch Adsorptionsenergie kompensiert wird. Die Dispersionsteilchen oder -tröpfchen sind von einer Verarmungszone mit der Dicke Δ umgeben. Oberhalb eines kritischen Volumenanteils des freien Polymers ϕ_p^+, werden die Polymerwindungen aus dem Zwischenraum der Teilchen „herausgedrückt" und die Verarmungszonen beginnen zu interagieren. Die Zwischenräume zwischen den Partikeln sind nun frei von Polymerspiralen, und daher wird außerhalb der Partikeloberfläche ein osmotischer Druck ausgeübt (der osmotische Druck ist außen höher als zwischen den Partikeln), was zu einer schwachen Flockung führt [19]. Eine schematische Darstellung der Verarmungsflockung ist in Abb. 5.17 zu sehen.

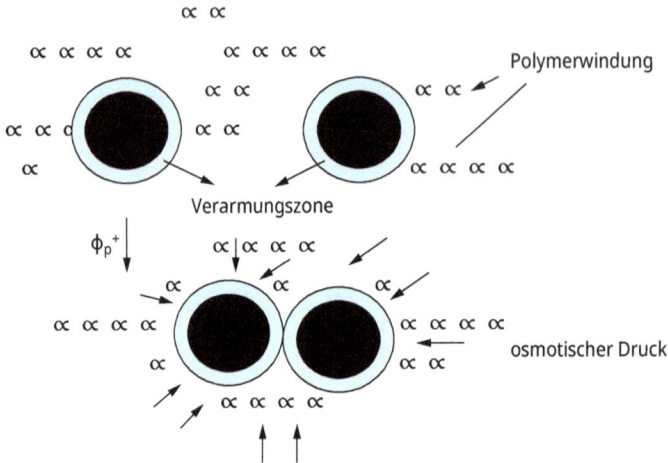

Abb. 5.17: Schematische Darstellung der Verarmungsflockung.

Die Größe der freien Energie der Verarmungsanziehung, G_{dep}, ist proportional zum osmotischen Druck der Polymerlösung, der wiederum durch ϕ_P und das Molekulargewicht M bestimmt wird. Die Reichweite der Verarmungsanziehung ist proportional zur Dicke der Verarmungszone, Δ, die in etwa dem Trägheitsradius R_G des freien Polymers entspricht. Ein einfacher Ausdruck für G_{dep} ist gegeben durch [19]:

$$G_{dep} = \frac{2\pi R\Delta^2}{V_1}(\mu_1 - \mu_1^0)\left(1 + \frac{2\Delta}{R}\right),$$ (5.31)

wobei V_1 das molare Volumen des Lösungsmittels, μ_1 das chemische Potenzial des Lösungsmittels in Gegenwart von freiem Polymer mit einem Volumenanteil ϕ_p und μ_1^0 das chemische Potenzial des Lösungsmittels in Abwesenheit von freiem Polymer ist. $(\mu_1 - \mu_1^0)$ ist proportional zum osmotischen Druck der Polymerlösung.

5.5.5.4 Überbrückende Flockung durch Polymere und Polyelektrolyte

Bestimmte langkettige Polymere können so adsorbieren, dass verschiedene Segmente derselben Polymerkette an verschiedenen Partikeln adsorbiert werden, wodurch die Partikel trotz der elektrischen Abstoßung aneinander gebunden oder „überbrückt" werden [20]. Bei Polyelektrolyten mit entgegengesetzter Ladung zu den Partikeln besteht eine weitere Möglichkeit; die Partikelladung kann durch den adsorbierten Polyelektrolyten teilweise oder vollständig neutralisiert werden, wodurch die elektrische Abstoßung verringert oder aufgehoben wird und die Partikel destabilisiert werden.

Wirksame Flockungsmittel sind in der Regel lineare Polymere, oft mit hohem Molekulargewicht, die nichtionische, anionische oder kationische Eigenschaften haben können. Ionische Polymere sollten strenggenommen als Polyelektrolyte bezeichnet werden. Die wichtigsten Eigenschaften sind das Molekulargewicht und die Ladungsdichte. Es gibt mehrere polymere Flockungsmittel auf der Basis von Naturprodukten, z. B. Stärke und Alginate, aber die am häufigsten verwendeten Flockungsmittel sind synthetische Polymere und Polyelektrolyte, z. B. Polyacrylamid und Copolymere aus Acrylamid und einem geeigneten kationischen Monomer wie Dimethylaminoethylacrylat oder Methacrylat. Andere synthetische polymere Flockungsmittel sind Polyvinylalkohol, Polyethylenoxid (nichtionisch), Natriumpolystyrolsulfonat (anionisch) und Polyethylenimin (kationisch).

Wie bereits erwähnt, kommt es zur Brückenflockung, weil Segmente einer Polymerkette gleichzeitig an verschiedene Partikel adsorbieren und sie so miteinander verbinden. Die Adsorption ist ein wesentlicher Schritt, der eine günstige Wechselwirkung zwischen den Polymersegmenten und den Partikeln erfordert. Für die Adsorption, die von Natur aus irreversibel ist, sind mehrere Arten von Wechselwirkungen verantwortlich:

(1) Elektrostatische Wechselwirkung, wenn ein Polyelektrolyt an einer Oberfläche adsorbiert, die entgegengesetzt geladene ionische Gruppen trägt, z. B. Adsorption eines kationischen Polyelektrolyts an einer negativen Oxidoberfläche wie Siliciumdioxid.

(2) Hydrophobe Bindung, die für die Adsorption von unpolaren Segmenten auf einer hydrophoben Oberfläche verantwortlich ist, z. B. teilweise hydrolysiertes Polyvinylacetat (PVAC) auf einer hydrophoben Oberfläche wie Polystyrol.

(3) Wasserstoffbrückenbindungen, wie z. B. die Wechselwirkung der Amidgruppe von Polyacrylamid mit Hydroxylgruppen auf einer Oxidoberfläche.

(4) Ionenbindung, wie bei der Adsorption von anionischem Polyacrylamid auf einer negativ geladenen Oberfläche in Gegenwart von Ca^{2+}.

Eine wirksame Brückenflockung setzt voraus, dass das adsorbierte Polymer weit genug von der Partikeloberfläche entfernt ist, um sich an andere Partikel anzulagern, und dass eine ausreichende freie Oberfläche für die Adsorption dieser Segmente verlängerter Ketten vorhanden ist. Wenn überschüssiges Polymer adsorbiert wird, können die Partikel restabilisiert werden, entweder aufgrund von Oberflächensättigung oder durch sterische Stabilisierung, wie zuvor beschrieben. Dies ist eine Erklärung für die Tatsache, dass häufig eine „optimale Dosierung" des Flockungsmittels gefunden wird; bei niedriger Konzentration ist nicht genügend Polymer vorhanden, um ausreichende Verbindungen zu schaffen, und bei größeren Mengen kann eine Restabilisierung auftreten. Eine schematische Darstellung der brückenbildenden Flockung und der Restabilisierung durch adsorbiertes Polymer ist in Abb. 5.18 zu sehen.

Wenn der Anteil der vom Polymer bedeckten Partikeloberfläche θ ist, dann ist der Anteil der unbedeckten Oberfläche $(1 - θ)$ und die erfolgreiche Brückenbildung zwischen den Partikeln sollte proportional zu $θ (1 - θ)$ sein, so dass ein Maximum bei $θ = 0{,}5$ liegt. Dies ist die bekannte Bedingung der „halben Oberflächenbedeckung", die als optimale Flockung vorgeschlagen wird.

Eine wichtige Voraussetzung für die Brückenflockung mit geladenen Teilchen ist die Rolle der Elektrolytkonzentration. Letztere bestimmt die Ausdehnung („Dicke") der Doppelschicht, die Werte von bis zu 100 nm erreichen kann (in 10^{-5} mol dm^{-3} 1:1-Elektrolyt wie NaCl). Damit es zu einer brückenbildenden Flockung kommt, muss sich das adsorbierte Polymer weit genug von der Oberfläche entfernen, um eine Entfernung, über die eine elektrostatische Abstoßung stattfindet (> 100 nm im obigen Beispiel). Dies bedeutet, dass bei niedrigen Elektrolytkonzentrationen Polymere mit recht hohem Molekulargewicht erforderlich sind, damit eine Überbrückung stattfinden kann. Mit zunehmender Ionenstärke verringert sich der Bereich der elektrischen Abstoßung, und Polymere mit geringerem Molekulargewicht sollten wirksam sein.

In vielen kosmetischen Formulierungen hat sich gezeigt, dass die wirksamsten Flockungsmittel Polyelektrolyte sind, deren Ladung der des Teilchens oder Tröpfchens entgegengesetzt ist. In wässrigen Medien sind die meisten Teilchen oder Tröpfchen negativ geladen, so dass häufig kationische Polyelektrolyte wie Polyethylenimin erforderlich sind. Bei entgegengesetzt geladenen Polyelektrolyten ist es wahrscheinlich, dass die Adsorption zu einer eher flachen Konfiguration der adsorbierten Kette führt, was auf die starke elektrostatische Anziehung zwischen den positiven ionischen Gruppen auf dem Polymer und den negativ geladenen Stellen auf der Partikeloberfläche zurückzuführen ist.

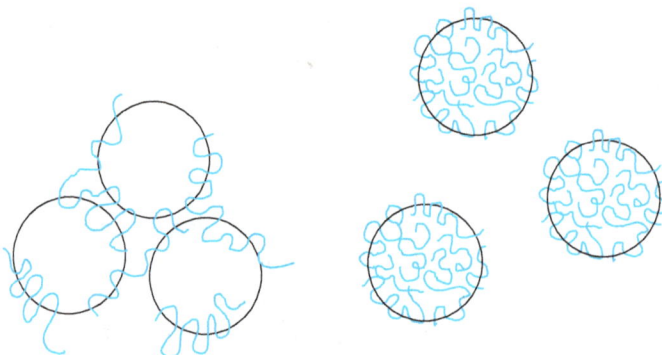

Abb. 5.18: Schematische Darstellung der brückenbildenden Flockung (links) und der Restabilisierung (rechts) durch adsorbiertes Polymer.

Dies würde vermutlich die Wahrscheinlichkeit von Brückenkontakten mit anderen Teilchen verringern, insbesondere bei Polyelektrolyten mit relativ niedrigem Molekulargewicht und hoher Ladungsdichte. Die Adsorption eines kationischen Polyelektrolyten an ein negativ geladenes Teilchen verringert jedoch die Oberflächenladung des letzteren, und diese Ladungsneutralisierung könnte ein wichtiger Faktor für die Destabilisierung der Teilchen sein. Ein weiterer Mechanismus für die Destabilisierung wurde von Gregory [20] vorgeschlagen, der ein „electrostatic-patch"-Modell vorschlug. Dieses Modell gilt für Fälle, in denen die Partikel eine relativ geringe Dichte an unbeweglichen Ladungen und der Polyelektrolyt eine relativ hohe Ladungsdichte aufweisen. Unter diesen Bedingungen ist es physikalisch nicht möglich, dass jede Oberflächenstelle durch ein geladenes Segment der Polymerkette neutralisiert wird, auch wenn das Teilchen genügend Polyelektrolyt adsorbiert hat, um eine Gesamtneutralität zu erreichen. Es gibt dann „Flecken" mit überschüssiger positiver Ladung, die den adsorbierten Polyelektrolytketten entsprechen (wahrscheinlich in einer eher flachen Konfiguration), umgeben von Bereichen mit negativer Ladung, die die ursprüngliche Partikeloberfläche darstellen. Partikel, die diese „fleckige" oder „mosaikartige" Verteilung der Oberflächenladung aufweisen, können so miteinander interagieren, dass die positiven und negativen „Flecken" miteinander in Kontakt kommen, was zu einer recht starken Anziehung führt (wenn auch nicht so stark wie bei der brückenbildenden Flockung). Eine schematische Darstellung dieser Art von Wechselwirkung ist in Abb. 5.19 zu sehen. Das Konzept des elektrostatischen Patches (das als eine andere Form der „Brückenflockung" angesehen werden kann) kann eine Reihe von Merkmalen der Flockung von negativ geladenen Teilchen mit positiven Polyelektrolyten erklären. Dazu gehören die eher geringe Auswirkung einer Erhöhung des Molekulargewichts und die Auswirkung der Ionenstärke auf die Breite des Flockungs-Dosierungsbereichs und die Flockungsrate bei optimaler Dosierung.

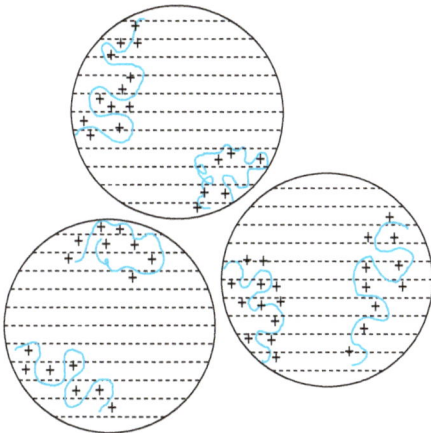

Abb. 5.19: „Electrostatic-patch"-Modell für die Wechselwirkung von negativ geladenen Teilchen mit adsorbierten kationischen Polyelektrolyten.

Literatur

[1] Hamaker, H. C., Physica (Utrecht) 4, 1058 (1937).
[2] Gouy, G., J. Phys., 9, 457 (1910); Ann. Phys., 7, 129 (1917).
[3] Chapman, D. L., Phil. Mag., 25, 475 (1913).
[4] Stern, O., Z. Electrochem., 30, 508 (1924).
[5] Grahame, D. C., Chem. Rev., 41, 44 (1947).
[6] Bijesterbosch, B. H., „Stability of Solid/Liquid Dispersions", in „Solid/Liquid Dispersions", Tadros, Th. F. (Editor), Academic Press, London (1987).

[7]   Tadros, Th. F., „Applied Surfactants", Wiley-VCH, Deutschland (2005).

[8]   Tadros, Th. F., „Dispersion of Powders in Liquids and Stabilisation of Suspensions", Wiley-VCH, Deutschland (2013).

[9]   Deryaguin, B. V. and Landau, L., Acta Physicochem. USSR 14, 633 (1941).

[10] Verwey, E. J. W. and Overbeek, J. Th. G., „Theory of Stability of Lyophobic Colloids", Elsevier, Amsterdam (1948).

[11] Smoluchowski, M. V., Z. Phys. Chem., **92**, 129 (1927).

[12] Fuchs, N., Z. Physik, **89**, 736 (1936).

[13] Reerink, H. and Overbeek, J. Th. G., Disc. Faraday Soc., **18**, 74 (1954).

[14] Napper, D. H., „Polymeric Stabilisation of Dispersions", Academic Press, London (1983).

[15] Flory, P. J. and Krigbaum, W. R., J. Chem. Phys. 18, 1086 (1950).

[16] Fischer, E. W., Kolloid Z. 160, 120 (1958).

[17] Mackor, E. L. and van der Waals, J. H., J. Colloid Sci. 7, 535 (1951).

[18] Hesselink, F.Th., Vrij, A. and Overbeek, J. Th. G., J. Phys. Chem. 75, 2094 (1971).

[19] Asakura, A. and Oosawa, F., J. Chem. Phys., **22**, 1235 (1954); Asakura, A. and Oosawa, F., J. Polymer Sci., 93, 183 (1958).

[20] Gregory, J., in „Solid/Liquid Dispersions", Tadros, Th. F. (Editor), Academic Press, London (1987).

6 Formulierung von kosmetischen Emulsionen

6.1 Einleitung

Kosmetische Emulsionen sollen eine Reihe von Anforderungen erfüllen und unterschiedlichsten Nutzen erbringen. Beispielsweise sollen solche Systeme eine Reinigung (z. B. von Haaren, Haut usw.) bieten, eine Schutzbarriere gegen den Wasserverlust der Haut bilden und in einigen Fällen schädliches UV-Licht abschirmen (in diesem Fall wird der Emulsion ein Sonnenschutzmittel wie Titandioxid zugesetzt). Diese Systeme sollen auch einen angenehmen Geruch verbreiten und die Haut geschmeidig machen. In kosmetischen Anwendungen werden sowohl Öl-in-Wasser-Emulsionen (O/W) als auch Wasser-in-Öl-Emulsionen (W/O) eingesetzt [1]. Wie in Kapitel 8 noch erörtert wird, werden hierzu in den letzten Jahren auch komplexere Systeme wie Mehrfachemulsionen eingesetzt [1, 2].

Die wichtigsten physikalisch-chemischen Eigenschaften, die bei kosmetischen Emulsionen kontrolliert werden müssen, sind ihre Stabilität bei der Lagerung sowie ihre Rheologie, die die Verteilbarkeit und das Hautgefühl steuert. Die Lebensdauer der meisten Kosmetik- und Körperpflegeprodukte ist relativ kurz (3 bis 5 Jahre), so dass die Produktentwicklung schnell erfolgen sollte. Aus diesem Grund sind beschleunigte Lagertests erforderlich, um die Stabilität und die Veränderung der Rheologie im Laufe der Zeit vorherzusagen. Diese beschleunigten Tests stellen eine Herausforderung für den Formulierungschemiker dar [1, 2].

Wie in Kapitel 1 erwähnt, sollte das Hauptkriterium für jeden kosmetischen Inhaltsstoff die medizinische Unbedenklichkeit sein (frei von Allergenen, sensibilisierenden und reizenden Stoffen und Verunreinigungen mit toxischer Wirkung). Diese Inhaltsstoffe sollten für die Herstellung stabiler Emulsionen geeignet sein, die den funktionellen Nutzen erbringen und die gewünschten ästhetischen Eigenschaften aufweisen. Eine solche Emulsion besteht in ihrer Hauptzusammensetzung aus der wässrigen Phase, einer Ölphase und dem Emulgator. Mehrere wasserlösliche Inhaltsstoffe können in der wässrigen Phase und öllösliche Inhaltsstoffe in der Ölphase enthalten sein. So kann die Wasserphase funktionelle Stoffe wie Proteine, Vitamine, Mineralien und viele natürliche oder synthetische wasserlösliche Polymere enthalten. Die Ölphase kann Duftstoffe und/oder Pigmente (z. B. in Make-up) enthalten. Die Ölphase kann ein Gemisch aus verschiedenen Mineral- oder Pflanzenölen sein. Beispiele für Öle, die in kosmetischen Emulsionen verwendet werden, sind Lanolin und seine Derivate, Paraffin und Silikonöle. Die Ölphase bildet eine Barriere gegen den Wasserverlust der Haut.

https://doi.org/10.1515/9783110798548-006

6.2 Thermodynamik der Emulsionsbildung

Der Prozess der Emulsionsbildung wird von den Eigenschaften der Grenzfläche bestimmt, insbesondere von der Grenzflächenspannung, die von der Konzentration und der Art des Emulgators abhängt [3–7]. Dies wird im Folgenden veranschaulicht. Betrachten wir ein System, in dem ein Öl durch einen großen Tropfen 2 mit der Fläche A_1 dargestellt wird, der in eine Flüssigkeit 2 eingetaucht ist, die wiederum in eine große Anzahl kleinerer Tropfen mit der Gesamtfläche A_2 ($A_2 \gg A_1$) unterteilt ist, wie in Abb. 6.1 dargestellt. Die Grenzflächenspannung γ_{12} ist für die großen und die kleinen Tröpfchen gleich, da letztere im Allgemeinen in der Größenordnung von 0,1 bis wenigen µm liegen.

Die Änderung der freien Energie beim Übergang vom Zustand I zum Zustand II setzt sich aus zwei Beiträgen zusammen: Einem (positiven) Term der Oberflächenenergie, der gleich $\Delta A \gamma_{12}$ ist (wobei $\Delta A = A_2 - A_1$). Einem ebenfalls positiven Dispersionsentropie-Term (da die Erzeugung einer großen Anzahl von Tröpfchen mit einem Anstieg der Konfigurationsentropie einhergeht), der gleich $T \Delta S^{conf}$ ist.

Aus dem zweiten Hauptsatz der Thermodynamik ergibt sich:

$$\Delta G^{form} = \Delta A \gamma_{12} T \Delta S^{conf}. \tag{6.1}$$

In den meisten Fällen ist $\Delta A \gamma_{12} \gg T \Delta S^{conf}$, was bedeutet, dass ΔG^{form} positiv ist, d. h. die Bildung von Emulsionen erfolgt nicht spontan und das System ist thermodynamisch instabil. In Ermangelung eines Stabilisierungsmechanismus wird die Emulsion durch Ausflockung, Koaleszenz, Ostwald-Reifung oder eine Kombination all dieser Prozesse zerbrechen. Dies wird in Abb. 6.2 veranschaulicht, die mehrere Wege für Emulsionszerfallsprozesse zeigt.

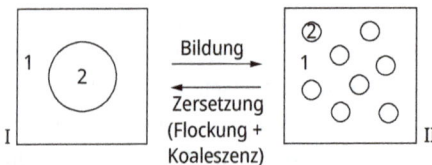

Abb. 6.1: Schematische Darstellung der Emulsionsbildung und -zersetzung.

Bei Vorhandensein eines Stabilisators (Tensid und/oder Polymer) entsteht eine Energiebarriere zwischen den Tröpfchen, so dass die Umkehrung von Zustand II zu Zustand I aufgrund dieser Energiebarrieren nicht kontinuierlich erfolgt. Dies ist in Abb. 6.3 dargestellt. Bei Vorhandensein der genannten Energiebarrieren wird das System kinetisch stabil.

Verschiedene Emulgatoren, meist nichtionische oder polymere, werden zur Herstellung von O/W- oder W/O-Emulsionen und deren anschließender Stabilisierung verwendet. Bei W/O-Emulsionen liegt der Bereich des hydrophil-lipophilen Gleichgewichts (HLB) (siehe unten) des Emulgators zwischen 3 und 6, bei O/W-Emulsionen dagegen zwischen 8 und 18.

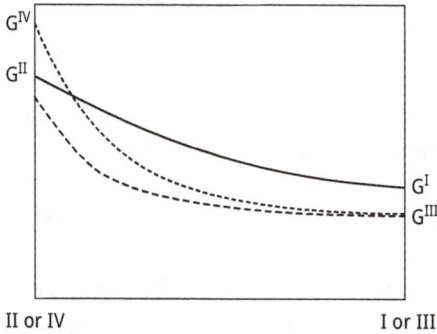

Abb. 6.2: Pfad der freien Energie beim Emulsionsabbau: ___ Flockung + Koaleszenz; ---- Flockung + Koaleszenz + Sedimentation; ..... Flockung + Koaleszenz + Sedimentation + Ostwald-Reifung.

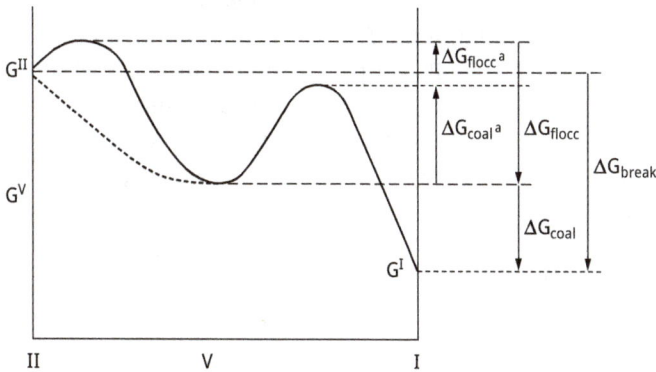

Abb. 6.3: Schematische Darstellung des Weges der freien Energie für die Zersetzung (Flockung und Koaleszenz) für Systeme mit einer Energiebarriere.

Der HLB-Wert basiert auf dem relativen Anteil von hydrophilen zu lipophilen (hydrophoben) Gruppen in dem/den Tensidmolekül(en), wie weiter unten noch erläutert wird. Bei einem O/W-Emulsionströpfchen befindet sich die hydrophobe Kette in der Ölphase, während sich die hydrophile Kopfgruppe in der wässrigen Phase befindet. Bei einem W/O-Emulsionströpfchen befindet sich die hydrophile Gruppe (oder mehrere) im Wassertröpfchen, während sich die lipophilen Gruppen in der Kohlenwasserstoffphase befinden.

6.3 Emulsionszerfallsprozesse und ihre Vermeidung

Bei der Lagerung können verschiedene Zersetzungsprozesse auftreten, je nach: (1) Partikelgrößenverteilung und Dichteunterschied zwischen den Tröpfchen und dem Medium. (2) Größe der Anziehungs- und Abstoßungskräfte, die die Ausflockung bestimmen. (3) Löslichkeit der dispergierten Tröpfchen und Partikelgrößenverteilung, die die Ostwald-Reifung bestimmt. (4) Stabilität des Flüssigkeitsfilms zwischen den Tröpfchen, was die Koaleszenz bestimmt. (5) Phaseninversion, bei der sich die beiden Phasen austauschen, z. B. eine O/W-Emulsion, die sich in eine W/O-Emulsion umwandelt und umgekehrt. Die Phaseninversion kann katastrophale Folgen haben, wenn die Ölphase in einer O/W-Emulsion einen kritischen Wert überschreitet. Die Inversion kann vorübergehend sein, wenn die Emulsion z. B. einem Temperaturanstieg ausgesetzt ist.

Die verschiedenen Zersetzungsprozesse sind in Abb. 6.4 schematisch dargestellt. Die physikalischen Phänomene, die an den einzelnen Zerfallsprozessen beteiligt sind, sind nicht einfach und erfordern eine Analyse der verschiedenen beteiligten Oberflächenkräfte. Darüber hinaus können die oben genannten Prozesse gleichzeitig und nicht nacheinander ablaufen, was die Analyse erschwert. Modellemulsionen mit monodispersen Tröpfchen lassen sich nicht ohne weiteres herstellen, so dass bei jeder theoretischen Behandlung die Auswirkungen der Tröpfchengrößenverteilung berücksichtigt werden müssen. Theorien, die die Polydispersität des Systems berücksichtigen, sind komplex und in vielen Fällen sind nur numerische Lösungen möglich. Außerdem ist die Messung der Adsorption von Tensiden und Polymeren in einer Emulsion nicht einfach, und man muss solche Informationen aus Messungen an einer ebenen Grenzfläche gewinnen.

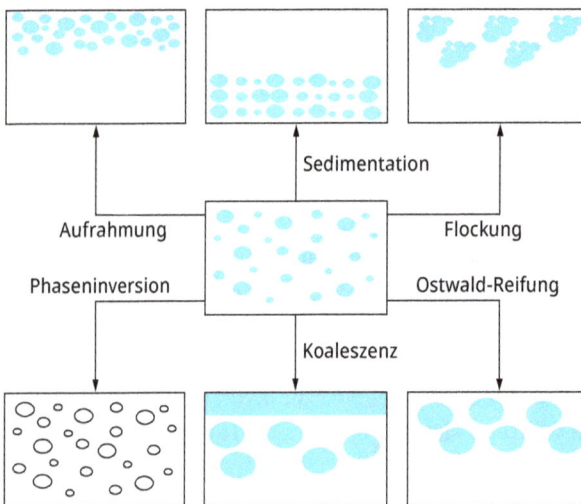

Abb. 6.4: Schematische Darstellung der verschiedenen Zersetzungsprozesse in Emulsionen.

Nachfolgend wird eine Zusammenfassung jedes der oben genannten Zersetzungsprozesse gegeben, und es werden Einzelheiten zu jedem Prozess und Methoden zu seiner Verhinderung angegeben.

6.3.1 Aufrahmung und Sedimentation

Dieser Prozess, bei dem sich die Tröpfchengröße nicht ändert, ist das Ergebnis äußerer Kräfte, in der Regel der Schwerkraft oder der Zentrifugalkraft. Wenn diese Kräfte die thermische Bewegung der Tröpfchen (Brownsche Bewegung) übersteigen, baut sich in dem System ein Konzentrationsgefälle auf, wobei sich die größeren Tröpfchen schneller nach oben (wenn ihre Dichte geringer ist als die des Mediums) oder nach unten (wenn ihre Dichte größer ist als die des Mediums) im Behälter bewegen. In den Grenzfällen können die Tröpfchen eine dicht gepackte (zufällige oder geordnete) Anordnung an der Ober- oder Unterseite des Systems bilden, während der Rest des Volumens von der kontinuierlichen flüssigen Phase eingenommen wird.

Die am häufigsten angewandte Methode zur Verhinderung von Aufrahmung oder Sedimentation ist die Zugabe eines Rheologiemodifikators, manchmal auch als Verdickungsmittel bezeichnet, in der Regel ein hochmolekulares Polymer wie Hydroxyethylcellulose, ein assoziatives Verdickungsmittel (hydrophobisch modifiziertes Polymer) oder ein Mikrogel wie Carbopol® (vernetztes Polyacrylat, das bei Neutralisierung mit Alkali ein Mikrogel bildet). All diese Systeme ergeben ein nicht-Newtonsches System (siehe Abschnitt über die Rheologie kosmetischer Emulsionen) mit einer sehr hohen Viskosität bei geringer Scherrate (bezeichnet als Restviskosität oder „Null-Scher-Viskosität" η_0). Diese hohe Viskosität (in der Regel über 10 Pas) verhindert jegliches Aufrahmen oder Sedimentieren der Emulsion.

6.3.2 Flockung

Dieser Prozess bezieht sich auf die Aggregation der Tröpfchen (ohne Veränderung der primären Tröpfchengröße) zu größeren Einheiten. Er ist das Ergebnis der Van-der-Waals-Anziehungskraft, die bei allen dispersen Systemen universell ist. Die Hauptanziehungskraft ergibt sich aus der London-Dispersionskraft, die aus Ladungsschwankungen der Atome oder Moleküle in den dispersen Tröpfchen resultiert. Die Van-der-Waals-Anziehungskraft nimmt mit abnehmendem Abstand zwischen den Tröpfchen zu, und bei kleinen Abständen wird die Anziehungskraft sehr stark, was zur Tröpfchenaggregation oder Ausflockung führt. Letzteres tritt auf, wenn die Abstoßung nicht ausreicht, um die Tröpfchen bis zu Abständen auseinanderzuhalten, bei denen die Van-der-Waals-Anziehung schwach ist. Die Ausflockung kann „stark" oder „schwach" sein, je nachdem, wie groß die Anziehungsenergie dabei ist. In Fällen, in denen die Netto-Anziehungskräfte relativ schwach sind, kann ein Gleichgewichtsgrad der Flockung erreicht werden (so genannte schwache Flockung), was mit der reversiblen Natur des Aggregationsprozesses zusammenhängt. Die genaue Art des Gleichgewichtszustands hängt von den Eigenschaften des Systems ab. Man kann sich den Aufbau einer Aggregatgrößenverteilung vorstellen, und es kann sich ein Gleichgewicht zwischen einzelnen Tropfen und großen Aggregaten einstellen. Bei einem stark ausgeflockten System handelt es sich um ein System, in dem alle Tröpfchen aufgrund der starken Van-der-Waals-Anziehung zwischen den Tröpfchen in Aggregaten vorliegen.

Je nach Stabilisierungsmechanismus können zwei Hauptregeln zur Verringerung (Beseitigung) der Ausflockung angewandt werden:

(1) Bei ladungsstabilisierten Emulsionen, z. B. mit ionischen Tensiden, ist das wichtigste Kriterium, die Energiebarriere in der Energie-Distanz-Kurve (siehe Kapitel 5), G_{max}, so hoch wie möglich zu machen. Dies wird durch drei Hauptbedingungen erreicht: hohes Oberflächen- oder Zetapotenzial, niedrige Elektrolytkonzentration und niedrige Wertigkeit der Ionen.

(2) Für sterisch stabilisierte Emulsionen sind vier Hauptkriterien erforderlich: (a) Vollständige Bedeckung der Tröpfchen durch die stabilisierenden Ketten. (b) Feste Bindung (starke Verankerung) der Ketten an die Tröpfchen. Dies setzt voraus, dass die Ketten in dem Medium unlöslich und in dem Öl löslich sind. Dies ist jedoch unvereinbar mit der Stabilisierung, die eine Kette erfordert, die im Medium löslich ist und durch ihre Moleküle stark solvatisiert wird. Diese widersprüchlichen Anforderungen werden durch die Verwendung von A-B-, A-B-A-Block- oder BA_n-Pfropfcopolymeren gelöst (B ist die „Anker"-Kette und A ist die stabilisierende Kette). Beispiele für die B-Ketten für O/W-Emulsionen sind Polystyrol, Polymethylmethacrylat, Polypropylenoxid und Alkylpolypropylenoxid. Für die A-Kette(n) sind Polyethylenoxid (PEO) oder Polyvinylalkohol gute Beispiele. Bei W/O-Emulsionen kann PEO die B-Kette bilden, während die A-Kette(n) aus Polyhydroxystearinsäure (PHS) bestehen könnte(n), die von den meisten Ölen stark solvatisiert wird. (c) Dicke der adsorbierten Schichten: Die Dicke der adsorbierten Schichten sollte im Bereich von 5 bis 10 nm liegen. Das bedeutet, dass das Molekulargewicht der Stabilisierungsketten im Bereich von 1000 bis 5000 liegen könnte. (d) Die Stabilisierungskette sollte bei allen Temperaturschwankungen während der Lagerung unter guten Lösungsmittelbedingungen erhalten bleiben (Flory-Huggins-Wechselwirkungsparameter $\chi < 0{,}5$).

6.3.3 Ostwald-Reifung (Disproportionierung)

Dies ist auf die begrenzte Löslichkeit der flüssigen Phasen zurückzuführen. Flüssigkeiten, die als nicht mischbar bezeichnet werden, haben oft gegenseitige Löslichkeiten, die nicht vernachlässigbar sind. Bei Emulsionen, die in der Regel polydispers sind, haben die kleineren Tröpfchen im Vergleich zu den größeren eine größere Löslichkeit (aufgrund von Krümmungseffekten). Mit der Zeit verschwinden die kleineren Tröpfchen und ihre Moleküle diffundieren in die Gesamtlösung und lagern sich an den größeren Tröpfchen ab. Mit der Zeit verschiebt sich die Größenverteilung der Tröpfchen zu größeren Werten.

Zur Verringerung der Ostwald-Reifung können zwei allgemeine Methoden angewandt werden [1–3]:

(1) Zugabe einer zweiten Komponente der dispersen Phase, die im kontinuierlichen Medium unlöslich ist (z. B. Squalan). In diesem Fall findet eine Aufteilung zwischen verschiedenen Tröpfchengrößen statt, wobei die Komponente mit geringer Löslichkeit in den kleineren Tröpfchen konzentriert sein dürfte. Während der Ostwald-Reifung in einem Zweikomponentensystem stellt sich ein Gleichgewicht ein, wenn der Unterschied im chemischen Potenzial zwischen unterschiedlich großen Tröpfchen (der sich aus Krümmungseffekten ergibt) durch den Unterschied im chemischen Potenzial ausgeglichen wird, der sich aus der Aufteilung der beiden Komponenten ergibt. Dieser Effekt verringert das weitere Wachstum der Tröpfchen.

(2) Modifizierung des Grenzflächenfilms an der O/W-Grenzfläche: Die Verringerung von γ führt zu einer Verringerung der Ostwald-Reifungsrate. Durch die Verwendung von Tensiden, die an der O/W-Grenzfläche stark adsorbiert werden (d. h. polymere Tenside) und die während der Reifung nicht desorbieren (durch Wahl eines in der kontinuierlichen Phase unlöslichen Moleküls), könnte die Rate erheblich verringert werden. Ein Anstieg des Oberflächendilatationsmoduls ε (= dγ/dlnA) und eine Abnahme von γ würden für den schrumpfenden Tropfen beobachtet werden, was das weitere Wachstum tendenziell verringert [1–3]. A-B-A-Blockcopolymere wie PHS-PEO-PHS (das in den Öltröpfchen löslich, aber in Wasser unlöslich ist) können verwendet werden, um den oben genannten Effekt zu erzielen. Ähnliche Effekte lassen sich auch mit einem Pfropfcopolymer aus hydrophob modifiziertem Inulin, nämlich INUTEC® SP1 (Orafti, Belgien), erzielen. Dieses polymere Tensid adsorbiert mit mehreren Alkylketten (die sich in der Ölphase auflösen können) und hinterlässt Schleifen und Schwänze aus stark hydratisierten Inulinketten (Polyfructose). Das Molekül hat eine begrenzte Löslichkeit in Wasser und befindet sich daher an der O/W-Grenzfläche. Diese polymeren Emulgatoren erhöhen die Gibbs'sche Elastizität und verringern so die Ostwald-Reifungsrate erheblich.

6.3.4 Koaleszenz

Koaleszenz bezeichnet den Prozess der Verdünnung und Unterbrechung des Flüssigkeitsfilms zwischen den Tropfen, der in einer cremigen oder sedimentierten Schicht, in einer Flockenbildung oder einfach beim Zusammenprall von Tropfen vorhanden sein kann, mit dem Ergebnis der Verschmelzung von zwei oder mehr Tropfen zu größeren Tropfen. Dieser Koaleszenzprozess führt zu einer beträchtlichen Veränderung der Tröpfchengrößenverteilung, die sich zu größeren Größen verschiebt. Der Grenzfall der Koaleszenz ist die vollständige Trennung der Emulsion in zwei getrennte flüssige Phasen. Die Ausdünnung und Unterbrechung des Flüssigkeitsfilms zwischen den Tröpfchen wird durch die relativen Größen der Anziehungs- und Abstoßungskräfte bestimmt. Um eine Koaleszenz zu verhindern, müssen die Abstoßungskräfte die Van-der-Waals-Anziehung übersteigen, damit der Film nicht reißt.

Zur Erzielung der oben genannten Wirkungen können mehrere Methoden angewandt werden:

(1) Verwendung von Filmen aus gemischten Tensiden. In vielen Fällen kann die Verwendung gemischter Tenside, z. B. anionischer und nichtionischer Tenside oder langkettiger Alkohole, die Koaleszenz aufgrund mehrerer Effekte verringern: hohe Gibbs-Elastizität, hohe Oberflächenviskosität, behinderte Diffusion von Tensidmolekülen aus dem Film.

(2) Bildung von lamellaren flüssigkristallinen Phasen an der O/W-Grenzfläche. Tensidfilme oder gemischte Tensidfilme können mehrere Doppelschichten bilden, die die Tröpfchen „umhüllen", wie in Kapitel 4 beschrieben. Infolge dieser mehrschichtigen Strukturen verschiebt sich der Potenzialabfall auf größere Entfernungen, wodurch die Van-der-Waals-Anziehung verringert wird. Damit es zur Koaleszenz kommt, müssen diese Mehrfachschichten „paarweise" entfernt werden, was eine Energiebarriere bildet, die die Koaleszenz verhindert.

6.3.5 Phasenumkehrung

Phasenumkehrung oder Phaseninversion wird der Prozess bezeichnet, bei dem es zu einem Austausch zwischen der dispersen Phase und dem Medium kommt. Zum Beispiel kann sich eine O/W-Emulsion mit der Zeit oder unter veränderten Bedingungen in eine W/O-Emulsion umwandeln. In vielen Fällen durchläuft die Phaseninversion einen Übergangszustand, bei dem mehrere Emulsionen entstehen. Bei einer O/W-Emulsion zum Beispiel kann die wässrige kontinuierliche Phase in den Öltröpfchen emulgieren und eine W/O/W-Multiemulsion bilden. Dieser Prozess kann sich fortsetzen, bis die gesamte kontinuierliche Phase in die Ölphase emulgiert ist, wodurch eine W/O-Emulsion entsteht.

6.4 Auswahl der Emulgatoren

6.4.1 Das Konzept des hydrophil-lipophilen Gleichgewichts (HLB)

Das hydrophil-lipophile Gleichgewicht (HLB) beschreibt eine halbempirische Skala zur Auswahl von Tensiden, die von Griffin [8] entwickelt wurde. Diese Skala basiert auf dem relativen Anteil von hydrophilen zu lipophilen (hydrophoben) Gruppen in dem/den Tensidmolekül(en). Bei einem O/W-Emulsionströpfchen befindet sich die hydrophobe Kette in der Ölphase, während sich die hydrophile Kopfgruppe in der wässrigen Phase befindet. Bei einem W/O-Emulsionströpfchen befinden sich die hydrophilen Gruppen im Wassertröpfchen, während sich die lipophilen Gruppen in der Kohlenwasserstoffphase befinden.

Tabelle 6.1 gibt einen Leitfaden für die Auswahl von Tensiden für eine bestimmte Anwendung. Der HLB-Wert hängt von der Art des Öls ab. Zur Veranschaulichung sind in Tab. 6.2 die erforderlichen HLB-Werte für die Emulgierung verschiedener Öle angegeben. Beispiele für HLB-Werte einer Liste von Tensiden sind in Tab. 6.3 aufgeführt.

Tab. 6.1: Zusammenfassung der HLB-Bereiche und ihrer Anwendungen.

HLB-Bereich	Anwendung
3–6	W/O-Emulgator
7–9	Benetzungsmittel
8–18	O/W-Emulgator
13–15	Waschmittel
15–18	Lösungsvermittler

Tab. 6.2: Erforderliche HLB-Werte zur Emulgierung verschiedener Öle.

Öl	W/O-Emulsion	O/W-Emulsion
Paraffinöl	4	10
Bienenwachs	5	9
Linolin, wasserfrei	8	12
Cyclohexan	-	15
Toluol	-	15
Silikonöl (flüchtig)	-	7–8
Isopropylmyristat	-	11–12
Isohexadecylalkohol	-	11–12
Rizinusöl	-	14

Tab. 6.3: HLB-Werte einiger Tenside.

Tensid	chemische Bezeichnung	HLB
Span 85	Sorbitan-Trioleat	1,8
Span 80	Sorbitan-Monooleat	4,3
Brij 72	Ethoxylierter (2 Mol Ethylenoxid) Stearylalkohol	4,9
Triton X-35	Ethoxyliertes Octylphenol	7,8
Tween 85	Ethoxyliertes (20 Mol Ethylenoxid) Sorbitan-Trioleat	11,0
Tween 80	Ethoxyliertes (20 Mol Ethylenoxid) Sorbitan-Monooleat	15,0

Die relative Bedeutung der hydrophilen und lipophilen Gruppen wurde erstmals bei der Verwendung von Mischungen von Tensiden mit unterschiedlichen Anteilen eines niedrigen und eines hohen HLB-Werts erkannt. Es wurde festgestellt, dass die Effizienz jeder Kombination (gemessen an der Phasentrennung) ein Maximum erreicht, wenn die Mischung einen bestimmten Anteil des Tensids mit dem höheren HLB-Wert enthält. Dies wird in Abb. 6.5 veranschaulicht, die die Veränderung der Emulsionsstabilität, der Tröpfchengröße und der Grenzflächenspannung in Abhängigkeit vom Anteil des Tensids mit hohem HLB-Wert zeigt.

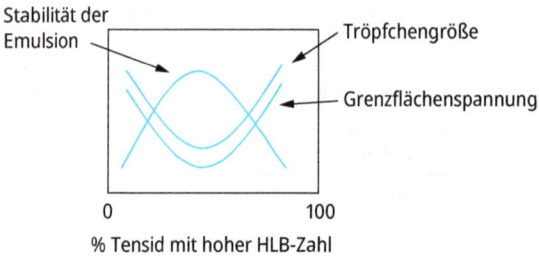

Abb. 6.5: Veränderung der Emulsionsstabilität, der Tröpfchengröße und der Grenzflächenspannung in Abhängigkeit vom Tensidanteil mit hohem HLB-Wert.

Der durchschnittliche HLB-Wert kann additiv berechnet werden:

$$HLB = x_1 HLB_1 + x_2 HLB_2,\qquad(6.2)$$

wobei x_1 und x_2 die Gewichtsanteile der beiden Tenside mit HLB_1 und HLB_2 sind.

Griffin [8] entwickelte einfache Gleichungen zur Berechnung des HLB-Werts von relativ einfachen nichtionischen Tensiden. Für einen Polyhydroxyfettsäureester beispielsweise:

$$HLB = 20\left(1 - \frac{S}{A}\right).\qquad(6.3)$$

S ist dabei die Verseifungszahl des Esters und A ist die Säurezahl. Für ein Glycerinmonostearat ist S = 161 und A = 198; der HLB-Wert beträgt 3,8 (geeignet für W/O-Emulsion).

Für ein einfaches Alkoholethoxylat kann der HLB-Wert aus den Gewichtsprozenten von Ethylenoxid (E) und mehrwertigem Alkohol (P) berechnet werden:

$$HLB = \frac{E+P}{5}.\qquad(6.4)$$

Enthält das Tensid PEO als einzige hydrophile Gruppe, kann der Beitrag der einen OH-Gruppe vernachlässigt werden:

$$HLB = \frac{E}{5}.\qquad(6.5)$$

Für ein nichtionisches Tensid $C_{12}H_{25}-O-(CH_2-CH_2-O)_6$ beträgt der HLB-Wert 12 (geeignet für O/W-Emulsion).

Die obigen einfachen Gleichungen können nicht für Tenside verwendet werden, die Propylenoxid oder Butylenoxid enthalten. Sie können auch nicht für ionische Tenside angewendet werden. Davies [9, 10] entwickelte eine Methode zur Berechnung des

HLB-Werts für Tenside aus deren chemischen Formeln unter Verwendung empirisch ermittelter Gruppenwerten. Ein Gruppenwert wird jeweils unterschiedlichen Komponentengruppen zugewiesen. Eine Zusammenfassung der Gruppenwerte für einige Tenside findet sich in Tab. 6.4.

Der HLB-Wert wird durch die folgende empirische Gleichung bestimmt:

$$HLB = 7 + \sum (\text{Gruppenwerte der hydrophilen Gruppen})$$
$$- \sum (\text{Gruppenwerte der lipophilen Gruppen}). \tag{6.6}$$

Davies hat gezeigt, dass die Übereinstimmung zwischen den nach der obigen Gleichung berechneten HLB-Werten und den experimentell ermittelten Werten recht zufriedenstellend ist.

Es wurden verschiedene andere Verfahren entwickelt, um eine grobe Schätzung des HLB-Werts zu erhalten. Griffin fand eine gute Korrelation zwischen dem Trübungspunkt einer 5%igen Lösung verschiedener ethoxylierter Tenside und ihrem HLB-Wert.

Davies [9, 10] hat versucht, die HLB-Werte mit den selektiven Koaleszenzraten von Emulsionen in Beziehung zu setzen. Solche Korrelationen wurden nicht konkretisiert, da sich herausstellte, dass die Stabilität und sogar die Art der Emulsion in hohem Maße von der Methode der Dispergierung des Öls im Wasser abhängt und umgekehrt. Der HLB-Wert kann bestenfalls als Anhaltspunkt für die Auswahl der optimalen Emulgatorzusammensetzung dienen.

Tab. 6.4: HLB-Gruppenwerte.

	Gruppenwert
hydrophil	
$-SO_4Na^+$	38,7
$-COOK$	21,2
$-COONa$	19,1
N (tertiäres Amin)	9,4
Ester (Sorbitan-Ring)	6,8
$-O-$	1,3
CH–(Sorbitan-Ring)	0,5
lipophil	
$(-CH-)$, $(-CH_2-)$, CH_3	0,475
abgeleitet	
$-CH_2-CH_2-O$	0,33
$-CH_2-CHCH_3-O$	-0,11

Man kann ein beliebiges Paar von Emulgatoren nehmen, die an entgegengesetzten Enden der HLB-Skala liegen, z. B. Tween 80 (Sorbitanmonooleat mit 20 Mol EO, HLB = 15) und Span 80 (Sorbitanmonooleat, HLB = 5), und sie in verschiedenen Anteilen verwenden, um einen breiten Bereich von HLB-Werten abzudecken. Die Emulsionen sollten auf die gleiche Weise mit einigen Prozent der emulgierenden Mischung hergestellt werden. Eine 20%ige O/W-Emulsion wird beispielsweise mit 4 % Emulgatormischung (20 % bezogen auf das Öl) und 76 % Wasser hergestellt. Die Stabilität der Emulsionen wird dann bei jedem HLB-Wert anhand der Koaleszenzrate oder qualitativ durch Messung der Ölabscheidungsrate bewertet. Auf diese Weise kann man den optimalen HLB-Wert für ein bestimmtes Öl ermitteln. Für ein bestimmtes Öl wird beispielsweise ein optimaler HLB-Wert von 10,3 ermittelt. Dieser Wert kann durch die Verwendung von Tensidmischungen mit einem engeren HLB-Bereich, etwa zwischen 9,5 und 11, genauer bestimmt werden. Nachdem der effektivste HLB-Wert gefunden wurde, werden verschiedene andere Tensidpaare mit diesem HLB-Wert verglichen, um das effektivste Paar zu finden. Dies wird in Abb. 6.6 veranschaulicht, die schematisch den Unterschied zwischen drei chemischen Klassen von Tensiden zeigt. Obwohl die verschiedenen Klassen bei HLB 12 eine stabile Emulsion ergeben, weist die Mischung A die beste Emulsionsstabilität auf.

Ein bestimmter HLB-Wert kann durch Mischen von Emulgatoren verschiedener chemischer Typen erhalten werden. Der „richtige" chemische Typ ist ebenso wichtig wie der „richtige" HLB-Wert. Dies wird in Abb. 6.7 veranschaulicht, die zeigt, dass ein Emulgator mit ungesättigter Alkylkette wie Oleat (ethoxyliertes Sorbitanmonooleat, Tween 80) besser für die Emulgierung eines ungesättigten Öls geeignet ist [6]. Ein Emulgator mit gesättigter Alkylkette (Stearat in Tween 60) ist besser für die Emulgierung eines gesättigten Öls geeignet.

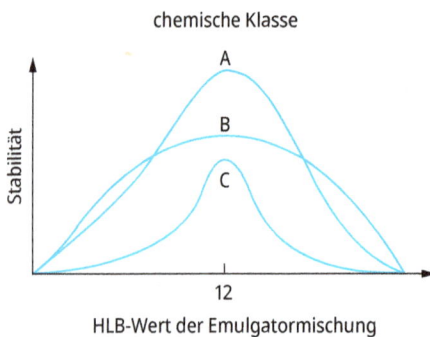

Abb. 6.6: Stabilisierung der Emulsion durch verschiedene Tensidklassen in Abhängigkeit vom HLB-Wert.

Es wurden verschiedene Verfahren zur Bestimmung des HLB-Werts verschiedener Tenside entwickelt. Griffin [8] fand eine Korrelation zwischen dem HLB-Wert und den Trübungspunkten einer 5%igen wässrigen Lösung ethoxylierter Tenside, wie in Abb. 6.8 dargestellt.

Zur Schätzung des HLB-Werts wurde ein Titrationsverfahren entwickelt [7]. Bei dieser Methode wird eine 1%ige Lösung des Tensids in Benzol plus Dioxan mit destilliertem Wasser bei konstanter Temperatur titriert, bis eine dauerhafte Trübung auftritt. Es wurde eine gute lineare Beziehung zwischen dem HLB-Wert und dem Wassertitrie-

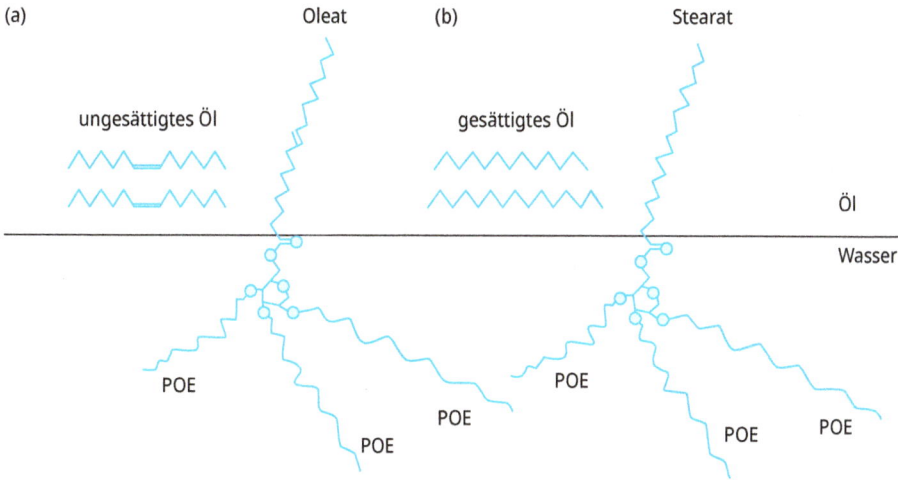

Abb. 6.7: Auswahl des Tween-Typs, der dem Typ des zu emulgierenden Öls entspricht.

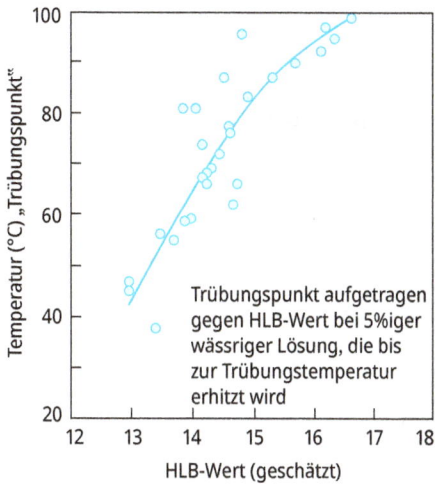

Trübungspunkt aufgetragen gegen HLB-Wert bei 5%iger wässriger Lösung, die bis zur Trübungstemperatur erhitzt wird

Abb. 6.8: Beziehung zwischen Trübungspunkt und HLB-Wert.

rungswert für Ester von mehrwertigen Alkoholen gefunden, wie in Abb. 6.9 dargestellt. Die Steigung der Linie hängt jedoch von der Klasse des verwendeten Materials ab.

Die Gas-Flüssigkeitschromatographie (GLC) könnte ebenfalls zur Bestimmung des HLB-Werts verwendet werden [7]. Da bei der GLC die Trenneffizienz von der Polarität des Substrats im Verhältnis zu den Komponenten des Gemischs abhängt, sollte es möglich sein, den HLB-Wert direkt zu bestimmen, indem man das Tensid als Substrat verwendet und eine Ölphase über die Säule laufen lässt. Wenn ein 50:50-Gemisch aus Ethanol und Hexan über eine Säule mit einfachen nichtionischen Tensiden wie Sorbitanfettsäureester

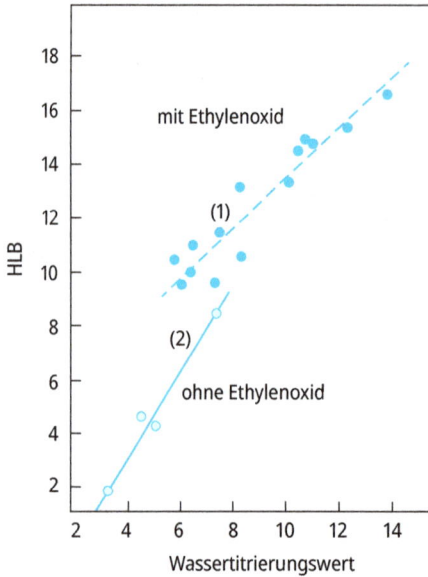

Abb. 6.9: Korrelation von HLB mit dem Wassertitrierungswert.

und polyoxyethyliertem Sorbitanfettsäureester geleitet wird, erscheinen auf den Chromatogrammen zwei gut definierte Peaks, die dem Hexan (das als erstes erscheint) und dem Ethanol entsprechen. Es wurde eine gute Korrelation zwischen dem Retentionszeitverhältnis R_t (Ethanol/Hexan) und dem HLB-Wert festgestellt. Dies ist in Abb. 6.10 dargestellt. Die statistische Analyse der Daten ergab die folgende empirische Beziehung zwischen R_t und HLB:

$$HLB = 8{,}55R_t - 6{,}36 \,, \tag{6.7}$$

mit:

$$R_t = \frac{R_t^{EtOH}}{R_t^{hexane}} \,. \tag{6.8}$$

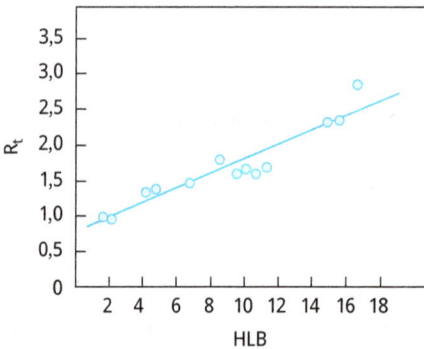

Abb. 6.10: Korrelation zwischen Retentionszeit und HLB von Sorbitanfettsäureestern und polyoxyethylierten Fettsäureestern.

6.4.2 Das Konzept der Phaseninversionstemperatur (PIT)

Shinoda und Mitarbeiter [11, 12] fanden heraus, dass viele mit nichtionischen Tensiden stabilisierte O/W-Emulsionen bei einer kritischen Temperatur (PIT) einen Inversionsprozess durchlaufen. Die PIT kann durch Verfolgung der Leitfähigkeit der Emulsion (zur Erhöhung der Empfindlichkeit wird eine kleine Menge Elektrolyt zugegeben) als Funktion der Temperatur bestimmt werden, wie in Abb. 6.11 dargestellt. Die Leitfähigkeit der O/W-Emulsion steigt mit zunehmender Temperatur bis zum Erreichen des PIT-Werts, oberhalb dessen eine rasche Abnahme der Leitfähigkeit eintritt (es bildet sich eine W/O-Emulsion). Shinoda und Mitarbeiter [11, 12] fanden heraus, dass der PIT-Wert vom HLB-Wert des Tensids beeinflusst wird, wie in Abb. 6.12 dargestellt. Für ein bestimmtes Öl steigt die PIT mit zunehmendem HLB-Wert. Es wurde festgestellt, dass die Größe der Emulsionströpfchen von der Temperatur und dem HLB-Wert der Emulgatoren abhängt. Die Tröpfchen sind in der Nähe der PIT weniger koaleszenzstabil. Durch schnelles Abkühlen der Emulsion kann jedoch ein stabiles System erzeugt werden. Relativ stabile O/W-Emulsionen wurden erhalten, wenn der PIT-Wert des Systems 20 bis 65 °C höher war als die Lagertemperatur. Emulsionen, die bei einer Temperatur knapp unterhalb der PIT hergestellt und anschließend schnell abgekühlt wurden, weisen im Allgemeinen kleinere Tröpfchen auf. Dies wird verständlich, wenn man die Änderung der Grenzflächenspannung mit der Temperatur betrachtet, wie in Abb. 6.13 dargestellt. Die Grenzflächenspannung nimmt mit steigender Temperatur ab und erreicht ein Minimum in der Nähe der PIT, danach steigt sie an.

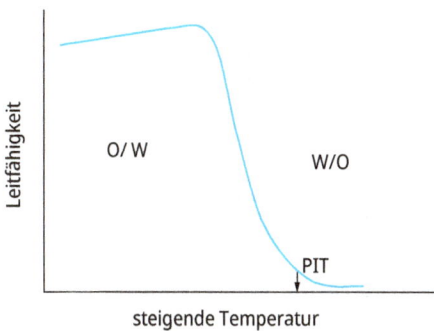

Abb. 6.11: Variation der Leitfähigkeit einer O/W-Emulsion abhängig von der Temperatur.

Daher sind die in der Nähe der PIT hergestellten Tröpfchen kleiner als die bei niedrigeren Temperaturen hergestellten. Diese Tröpfchen sind in der Nähe der PIT relativ instabil in Bezug auf Koaleszenz, aber durch schnelles Abkühlen der Emulsion kann man die kleinere Größe beibehalten. Dieses Verfahren kann zur Herstellung von Mini-Emulsionen (im Nanobereich) eingesetzt werden.

Es wurde festgestellt, dass die optimale Stabilität der Emulsion relativ unempfindlich auf Änderungen des HLB-Werts oder des PIT-Werts des Emulgators reagiert, die

Instabilität jedoch sehr empfindlich auf den PIT-Wert des Systems. Es ist daher wichtig, den PIT-Wert der Emulsion als Ganzes (mit allen anderen Bestandteilen) zu messen.

Bei einem gegebenen HLB-Wert nimmt die Stabilität der Emulsionen gegen Koaleszenz deutlich zu, wenn die Molmasse sowohl der hydrophilen als auch der lipophilen Komponenten zunimmt. Die verbesserte Stabilität bei Verwendung von Tensiden mit hohem Molekulargewicht (polymere Tenside) lässt sich aus der sterischen Abstoßung erklären, die stabilere Filme erzeugt, die mit makromolekularen Tensiden hergestellt werden und die der Verdünnung und dem Aufbrechen widerstehen, wodurch die Möglichkeit der Koaleszenz verringert wird. Die Emulsionen zeigten maximale Stabilität, wenn die PEO-Ketten breit verteilt waren. Der Trübungspunkt ist niedriger, aber der PIT-Wert ist höher als im entsprechenden Fall mit enger Größenverteilung. Der PIT-Wert und der HLB-Wert sind direkt miteinander verbundene Parameter.

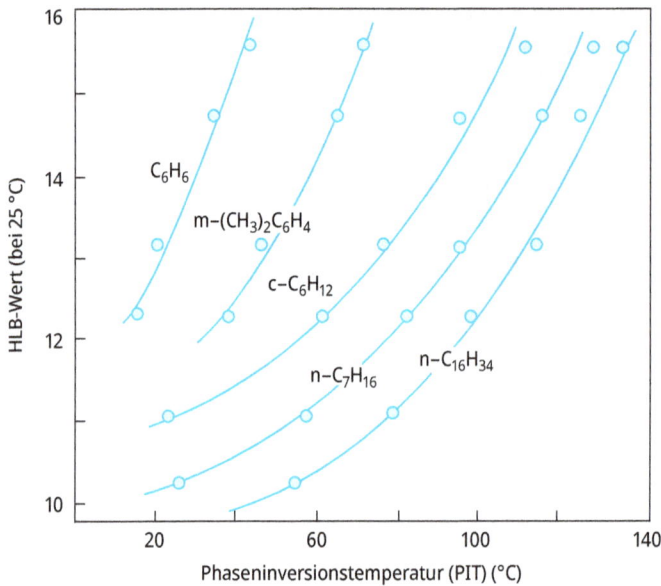

Abb. 6.12: Korrelation zwischen HLB-Wert und PIT für verschiedene O/W-Emulsionen (1:1), die mit nichtionischen Tensiden (1,5 Gew.-%) stabilisiert wurden.

Die Zugabe von Elektrolyten verringert den PIT-Wert, so dass ein Emulgator mit einem höheren PIT-Wert erforderlich ist, wenn Emulsionen in Gegenwart von Elektrolyten hergestellt werden. Elektrolyte bewirken eine Dehydratisierung der PEO-Ketten, wodurch sich der Trübungspunkt des nichtionischen Tensids verringert. Dieser Effekt muss durch die Verwendung eines Tensids mit höherem HLB-Wert kompensiert werden. Der optimale PIT-Wert des Emulgators ist festgelegt, wenn die Lagertemperatur fixiert ist.

Angesichts der oben genannten Korrelation zwischen PIT und HLB und der möglichen Abhängigkeit der Kinetik der Tröpfchenkoaleszenz vom HLB-Wert schlugen Sherman und Mitarbeiter die Verwendung von PIT-Messungen als schnelle Methode zur Bewertung der Emulsionsstabilität vor. Bei der Verwendung solcher Methoden zur Bewertung der Langzeitstabilität ist jedoch Vorsicht geboten, da die Korrelationen auf einer sehr begrenzten Anzahl von Tensiden und Ölen basierten.

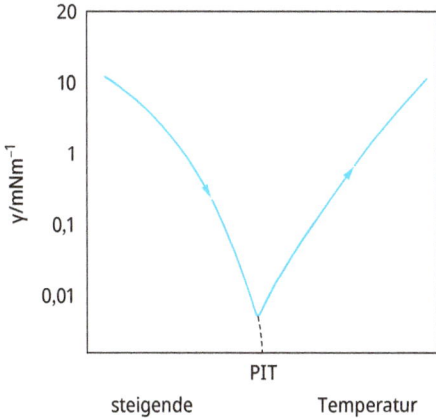

Abb. 6.13: Veränderung der Grenzflächenspannung bei Temperaturerhöhung für eine O/W-Emulsion.

Die Messung der PIT kann bestenfalls als Anhaltspunkt für die Herstellung stabiler Emulsionen dienen. Die Bewertung der Stabilität sollte durch Beobachtung der Tröpfchengrößenverteilung in Abhängigkeit von der Zeit unter Verwendung eines Coulter-Zählers oder von Lichtbeugungsmethoden erfolgen. Die Beobachtung der rheologischen Eigenschaften der Emulsion in Abhängigkeit von Zeit und Temperatur kann ebenfalls zur Beurteilung der Koaleszenzstabilität herangezogen werden. Bei der Analyse der rheologischen Ergebnisse ist Vorsicht geboten. Die Koaleszenz führt zu einer Vergrößerung der Tröpfchengröße, worauf in der Regel eine Verringerung der Viskosität der Emulsion folgt. Diese Tendenz ist nur zu beobachten, wenn die Koaleszenz nicht mit einer Ausflockung der Emulsionströpfchen einhergeht (was zu einem Anstieg der Viskosität führt). Auch Ostwald-Reifung kann die Analyse der rheologischen Daten erschweren.

6.4.3 Das Konzept des Kohäsionsenergieverhältnisses (CER)

Beerbower und Hill [13] betrachteten die Dispersionstendenz an den Öl/Wasser-Grenzflächen des Tensids oder Emulgators anhand des Verhältnisses der Kohäsionsenergien der Gemische aus Öl mit dem lipophilen Anteil des Tensids und Wasser mit dem hydrophilen Anteil. Sie verwendeten das Konzept von Winsor mit der Größe R_0, die das Verhältnis der intermolekularen Anziehung von Ölmolekülen (O) und dem lipophilen Teil des Tensids (L), C_{LO}, zu der von Wasser (W) und dem hydrophilen Teil (H), C_{HW}, darstellt:

$$R_0 = \frac{C_{LO}}{C_{HW}}. \tag{6.9}$$

Auf der Öl- und auf der Wasserseite der Grenzfläche können mehrere Wechselwirkungsparameter ermittelt werden. Man kann mindestens neun Wechselwirkungsparameter identifizieren, wie in Abb. 6.14 schematisch dargestellt.

C_{LL}, C_{OO}, C_{LO} (auf der Ölseite)

C_{HH}, C_{WW}, C_{HW} (auf der Wasserseite)

C_{LW}, C_{HO}, C_{LH} (an der Grenzfläche)

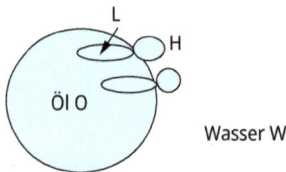

Abb. 6.14: Das Konzept des kohäsiven Energieverhältnisses.

In Abwesenheit eines Emulgators gibt es nur drei Wechselwirkungsparameter: C_{OO}, C_{WW}, C_{OW}; wenn $C_{OW} \ll C_{WW}$, zersetzt sich die Emulsion.

Die oben genannten Wechselwirkungsparameter können mit dem Löslichkeitsparameter δ von Hildebrand [14] (auf der Ölseite der Grenzfläche) und den unpolaren, wasserstoffbindenden und polaren Beiträgen von Hansen [15] zu δ auf der Wasserseite der Grenzfläche in Beziehung gesetzt werden.

Der Löslichkeitsparameter eines beliebigen Bestandteils ist mit seiner Verdampfungswärme ΔH durch den folgenden Ausdruck verbunden:

$$\delta^2 = \frac{\Delta H - RT}{V_m}, \tag{6.10}$$

wobei V_m das molare Volumen ist.

Hansen [15] ging davon aus, dass δ (auf der Wasserseite der Grenzfläche) aus drei Hauptbeiträgen besteht, einem Dispersionsbeitrag δ_d, einem polaren Beitrag δ_p und einem Wasserstoffbrückenbindungsbeitrag δ_h. Diese Beiträge haben unterschiedliche Gewichtungsfaktoren:

$$\delta^2 = \delta_d^2 + 0{,}25\delta_p^2 + 0{,}25\delta_h^2. \tag{6.11}$$

Beerbower und Hill [13] verwendeten den folgenden Ausdruck für den HLB-Wert:

$$HLB = 20 \left(\frac{M_H}{M_L + M_H} \right) = 20 \left(\frac{V_H \rho_H}{V_L \rho_L + V_H \rho_H} \right), \tag{6.12}$$

wobei M_H und M_L die Molekulargewichte der hydrophilen und lipophilen Anteile der Tenside sind. V_L und V_H sind die entsprechenden Molvolumina, während ρ_H und ρ_L die jeweiligen Dichten sind.

Das Kohäsionsenergieverhältnis wurde ursprünglich von Winsor mit Gleichung (6.9) definiert.

Wenn $C_{LO} > C_{HW}$ ist, ist $R > 1$ und es bildet sich eine W/O-Emulsion. Wenn $C_{LO} < C_{HW}$, dann ist $R < 1$ und es bildet sich eine O/W-Emulsion. Wenn $C_{LO} = C_{HW}$, dann ist $R = 1$ und es liegt ein ausgeglichenes System vor; dies bezeichnet den Inversionspunkt.

R_0 kann mit V_L, δ_L und V_H, δ_H durch den folgenden Ausdruck in Beziehung gesetzt werden:

$$R_0 = \frac{V_L \delta_L^2}{V_H \delta_H^2}. \tag{6.13}$$

Unter Verwendung von Gleichung (6.11) erhält man:

$$R_0 = \frac{V_L \ (\delta_d^2 + 0{,}25\,\delta_p^2 + 0{,}25\,\delta_h^2)_L}{V_H \ (\delta_d^2 + 0{,}25\,\delta_p^2 + 0{,}25\,\delta_h^2)_H}. \tag{6.14}$$

Kombiniert man die Gleichungen (6.12) und (6.14), so erhält man den folgenden allgemeinen Ausdruck für das Kohäsionsenergieverhältnis:

$$R_0 = \left(\frac{20}{HLB} - 1 \right) \frac{\rho_H (\delta_d^2 + 0{,}25\delta_p^2 + 0{,}25\delta_h^2)_L}{\rho_L (\delta_d^2 + 0{,}25\delta_p^2 + 0{,}25\delta_p^2)_L}. \tag{6.15}$$

Für das O/W-System ergibt sich: HLB = 12 bis 15 und R_0 = 0,58 bis 0,29 ($R_0 < 1$). Für das W/O-System: HLB = 5 bis 6 und R_0 = 2,3 bis 1,9 ($R_0 > 1$). Für ein ausgeglichenes System ist HLB = 8 bis 10 und R_0 = 1,25 bis 0,85 ($R_0 \approx 1$).

Die Gleichung für R_0 kombiniert sowohl die HLB- als auch die Kohäsionsenergiedichte; sie liefert eine quantitativere Einschätzung der Emulgatorauswahl. R_0 berücksichtigt HLB, molares Volumen und chemische Übereinstimmung. Der Erfolg dieses Ansatzes hängt von der Verfügbarkeit von Daten über die Löslichkeitsparameter der verschiedenen Tensidanteile ab. Einige Werte sind in dem Buch von Barton [16] tabellarisch aufgeführt.

6.4.4 Der kritische Packungsparameter (CPP) für die Emulsionsauswahl

Der kritische Packungsparameter (CPP) ist ein geometrischer Ausdruck, der das Volumen (v) und die Länge (l) der Kohlenwasserstoffkette mit der von der Kopfgruppe belegten Grenzfläche (a_0) in Beziehung setzt [17]:

$$CPP = \frac{v}{l_c a_0}. \tag{6.16}$$

Dabei ist a_0 die optimale Oberfläche pro Kopfgruppe und l_c ist die kritische Kettenlänge.

Unabhängig von der Form einer aggregierten Struktur (kugelförmige oder zylindrische Mizelle oder eine Doppelschicht) kann kein Punkt innerhalb der Struktur weiter von der Kohlenwasserstoff/Wasser-Grenzfläche entfernt sein als l_c. Die kritische Kettenlänge l_c ist ungefähr gleich groß, aber kleiner als die voll ausgezogene Länge der Alkylkette.

Das obige Konzept kann angewandt werden, um die Form einer aggregierten Struktur vorherzusagen. Betrachten wir eine kugelförmige Mizelle mit dem Radius r und der Aggregationszahl n; dann ist das Volumen der Mizelle gegeben durch,

$$\frac{4}{3}\pi r^3 = nv, \tag{6.17}$$

wobei v das Volumen eines Tensidmoleküls ist.

Die Fläche der Mizelle ist gegeben durch:

$$4\pi r^2 = n\,a_0 , \tag{6.18}$$

wobei a_0 die Fläche pro Tensidkopfgruppe ist.

Kombination der Gleichungen (6.17) und (6.18) ergibt:

$$a_0 = \frac{3v}{r}. \tag{6.19}$$

Die Querschnittsfläche der Kohlenwasserstoffkette a ist durch das Verhältnis ihres Volumens zu ihrer gestreckten Länge l_c gegeben:

$$a = \frac{v}{l_c}. \tag{6.20}$$

Aus den Gleichungen (6.19) und (6.20) erhält man:

$$CPP = \frac{a}{a_0} = \frac{1}{3}\frac{r}{l_c}. \tag{6.21}$$

Da $r < l_c$, ergibt sich CPP ≤ (1/3).

Für eine zylindrische Mizelle mit der Länge d und dem Radius r gilt:

$$\text{Volumen der Mizelle} = \pi r^2 d = nv. \tag{6.22}$$

$$\text{Oberfläche der Mizelle} = 2\pi rd = na_0 \tag{6.23}$$

Kombination der Gleichungen (6.22) und (6.23) ergibt:

$$a_0 = \frac{2v}{r} \tag{6.24}$$

$$a = \frac{v}{l_c} \tag{6.25}$$

$$CPP = \frac{a}{a_0} = \frac{1}{2}\frac{r}{l_c}. \tag{6.26}$$

Da $r < l_c$, gilt: $(1/3) < CPP \leq (1/2)$.

Für Vesikel (Liposomen) gilt: $1 > CPP^3 (2/3)$; und für lamellare Mizellen: $CPP \approx 1$. Für inverse Mizellen: $CPP > 1$. Eine Zusammenfassung der verschiedenen Mizellenformen und ihrer CPP-Werte ist in Tab. 6.5 zu finden.

Tenside, die kugelförmige Mizellen mit den oben genannten Packungsbeschränkungen bilden, d. h. $CPP \leq (1/3)$, sind besser für O/W-Emulsionen geeignet. Tenside mit einem $CPP > 1$, die inverse Mizellen bilden, sind für die Bildung von W/O-Emulsionen geeignet.

Tab. 6.5: Mizellstrukturen und dazugehörige CPP-Werte.

Lipid	kritischer Packungsparameter $v/a_0 l_c$	kritische Packungsform	gebildete Strukturen
einkettige Lipide (Tenside) mit großen Kopfgruppenflächen: – SDS in niedriger Salzkonzentration	< 1/3	Kegel	kugelige Mizellen
einkettige Lipide (Tenside) mit kleinen Kopfgruppenflächen: – SDS und CTAB in hoher Salzkonzentration – nichtionische Lipide	1/3 bis 1/2	Kegelstumpf	zylindrische Mizellen

Tab. 6.5 (fortgesetzt)

Lipid	kritischer Packungsparameter $v/a_o l_c$	kritische Packungsform	gebildete Strukturen
doppelkettige Lipide mit großen Kopfgruppenflächen; fluide Ketten: – Phosphatidylcholin (Lecithin) – Phosphatidylserin – Phosphatidylglycerin – Phosphatidylinositol – Phosphatidsäure – Sphingomyelin, DGDG[a] – Dihexadecylphosphat – Dialkyldimethylammonium-Salze	1/2 bis 1	Kegelstumpf	flexible Doppelschichten; Vesikel
doppelkettige Lipide mit kleinen Kopfgruppenflächen; anionische Lipide in hoher Salzkonzentration, gesättigte unbewegliche Ketten: – Phosphatidylethanolamine – Phosphatidylserin + Ca^{2+}	≈ 1	Zylinder	planare Doppelschichten
doppelkettige Lipide mit kleinen Kopfgruppenflächen; nichtionische Lipide, poly-cis-ungesättigte Ketten, hohes T: – ungesättigte Phosphatidylethanolamine – Cardiolipin + Ca^{2+} – Phosphatidsäure + Ca^{2+} – Cholesterin, MGDG[b]	> 1	umgekehrter Kegelstumpf od. Keil	inverse Mizellen

[a]Digalactosyldiglyceride; Diglucosyldiglyceride.
[b]Monogalactosyldiglyceride; Monoglucosyldiglyceride.

6.5 Herstellung von kosmetischen Emulsionen

Für die Herstellung von kosmetischen Emulsionen (manchmal auch als kosmetische Cremes bezeichnet) ist es notwendig, den Prozess zu steuern, der die Tröpfchengrößenverteilung bestimmt, da diese die Rheologie der resultierenden Emulsion kontrolliert. In der Regel beginnt man mit der Herstellung der Emulsion im Labormaßstab (in der Größenordnung von 1 bis 2 Litern), der dann auf eine Pilotanlage und den Produktionsmaßstab ausgedehnt werden muss. In jeder Phase müssen die verschiedenen Prozessparameter kontrolliert werden, die optimiert werden müssen, um die gewünschte Wirkung zu erzielen. Es ist notwendig, die Prozessvariablen vom Labor über die Pilotanlage bis hin zum Produktionsmaßstab in Beziehung zu setzen, und dies erfordert ein umfassendes Verständnis der Emulsionsbildung, die durch die Grenzflächeneigenschaften des Tensidfilms gesteuert wird. Zwei Hauptfaktoren sollten berücksichtigt werden, nämlich die Mischbedingungen und die Auswahl der Produktionsanlagen. Für eine ordnungsgemäße Vermischung ist eine ausreichende Bewegung erforderlich, die eine turbulente Strömung erzeugt, um die Flüssigkeit (disperse Phase) in kleine Tröpfchen zu verteilen. Verschiedene Parameter wie Durchflussmenge und Turbulenz, Art der Rührwerke, Viskosität der inneren und äußeren Phasen und die Grenzflächeneigenschaften wie Oberflächenspannung, Oberflächenelastizität und Viskosität sollten kontrolliert werden. Die Auswahl der Produktionsanlagen hängt von den Eigenschaften der zu erzeugenden Emulsion ab. Für Emulsionen mit niedriger und mittlerer Viskosität werden normalerweise Propeller- und Turbinenrührwerke verwendet. Für Emulsionen mit hoher Viskosität sind Rührwerke erforderlich, die die Wände des Behälters abstreifen können. Sehr hohe Schergeschwindigkeiten lassen sich durch den Einsatz von Ultraschall, Kolloidmühlen und Homogenisatoren erzeugen. Es ist wichtig, eine zu starke Erwärmung der Emulsion während der Zubereitung zu vermeiden, da dies zu unerwünschten Effekten wie Ausflockung und Koaleszenz führen kann.

6.5.1 Mechanismus der Emulgierung

Dies lässt sich aus der Betrachtung der zur Ausdehnung der Grenzfläche erforderlichen Energie $\Delta A \gamma$ ableiten (wobei ΔA die Vergrößerung der Grenzfläche ist, wenn der Ölkörper mit der Fläche A_1 eine große Anzahl von Tröpfchen mit der Fläche A_2 erzeugt; $A_2 \gg A_1$ und γ ist die Grenzflächenspannung). Da γ positiv ist, ist die Energie zur Ausdehnung der Grenzfläche groß und positiv; dieser Energieterm kann nicht durch die kleine Dispersionsentropie $T \, \Delta S^{conf}$ (die ebenfalls positiv ist) kompensiert werden, und die gesamte freie Energie der Bildung einer Emulsion, ΔG^{form}, die durch Gleichung (6.1) gegeben ist, ist positiv. Die Emulsionsbildung erfolgt also nicht spontan, und es ist Energie erforderlich, um die Tröpfchen zu erzeugen.

Die Bildung großer Tröpfchen (einige µm), wie sie bei Makroemulsionen vorhanden sind, ist relativ einfach, und daher reichen Hochgeschwindigkeitsrührer wie der Ultra-Turrax® oder der Silverson-Mixer aus, um die Emulsion herzustellen. Im Gegensatz dazu ist die Bildung kleiner Tropfen (im Submikronbereich wie bei Nanoemulsionen) schwierig und erfordert eine große Menge an Tensid und/oder Energie. Der hohe Energieaufwand, der für die Bildung von Nanoemulsionen erforderlich ist, lässt sich aus der Betrachtung des Laplace-Drucks Δp (der Druckunterschied zwischen dem Inneren und dem Äußeren des Tropfens) gemäß den Gleichungen (6.27) und (6.28) erklären:

$$\Delta p = \gamma \left(\frac{1}{r_1} + \frac{1}{r_2} \right). \tag{6.27}$$

wobei r_1 und r_2 die beiden Hauptkrümmungsradien sind.

Für ein perfekt kugelförmiges Tröpfchen gilt $r_1 = r_2 = r$ und damit:

$$\Delta p = \frac{2\gamma}{r}. \tag{6.28}$$

Um einen Tropfen in kleinere zu zerlegen, muss er stark verformt werden, und diese Verformung erhöht Δp. Folglich ist die zur Verformung des Tropfens erforderliche Spannung bei einem kleineren Tropfen höher. Da die Spannung im Allgemeinen durch die umgebende Flüssigkeit über die Bewegung übertragen wird, erfordern höhere Spannungen eine stärkere Bewegung und somit mehr Energie, um kleinere Tropfen zu erzeugen.

Tenside spielen eine wichtige Rolle bei der Bildung von Emulsionen [3–7]: Durch die Senkung der Grenzflächenspannung wird Δp reduziert und damit die zum Aufbrechen eines Tropfens erforderliche Spannung verringert. Tenside verhindern auch die Koaleszenz von neu gebildeten Tropfen (siehe unten).

Um die Emulsionsbildung zu beschreiben, müssen zwei Hauptfaktoren berücksichtigt werden: Hydrodynamik und Grenzflächenkunde. Bei der Hydrodynamik muss man die Art der Strömung berücksichtigen: Laminare Strömung und turbulente Strömung. Dies hängt von der Reynolds-Zahl ab, wie weiter unten erläutert wird.

Um die Emulsionsbildung zu beurteilen, wird in der Regel die Tröpfchengrößenverteilung gemessen, z. B. mit Hilfe von Laserbeugungstechniken. Wenn die Häufigkeit der Tröpfchen als Funktion des Tröpfchendurchmessers d durch f(d) gegeben ist, ist das n-te Moment der Verteilung:

$$S_n = \int_0^\infty d^n f(d) \partial d. \tag{6.29}$$

Die mittlere Tröpfchengröße ist definiert als das Verhältnis ausgewählter Momente der Größenverteilung:

$$d_{nm} = \left[\frac{\int_0^\infty d^n f(d) \partial d}{\int_0^\infty d^m f(d) \partial d} \right]^{1/(n-m)}, \tag{6.30}$$

Dabei sind n und m ganze Zahlen und $n > m$, wobei n in der Regel nicht größer als 4 ist.

Mit Hilfe von Gleichung (6.30) kann man mehrere mittlere Durchmesser definieren: Der mittlere Durchmesser nach Sauter mit $n = 3$ und $m = 2$ ergibt sich als:

$$d_{32} = \left[\frac{\int_0^\infty d^3 f(d) \, \partial d}{\int_0^\infty d^2 f(d) \, \partial d} \right]. \tag{6.31}$$

Der Massendurchschnittsdurchmesser ist:

$$d_{43} = \left[\frac{\int_0^\infty d^4 f(d)\, \partial d}{\int_0^\infty d^3 f(d)\, \partial d} \right]. \tag{6.32}$$

Die Größendurchschnittsdurchmesser ist:

$$d_{10} = \left[\frac{\int_0^\infty d^1 f(d)\, \partial d}{\int_0^\infty f(d)\, \partial d} \right]. \tag{6.33}$$

In den meisten Fällen wird d_{32} (der Volumen/Oberflächen-Mittelwert oder Sauter-Mittelwert) verwendet. Die Breite der Größenverteilung kann als Variationskoeffizient c_m angegeben werden, der sich durch die mit d_m gewichtete Standardabweichung der Verteilung geteilt durch den entsprechenden Mittelwert d ergibt. Im Allgemeinen wird C_2 verwendet, was d_{32} entspricht.

Eine andere wichtige Größe ist die spezifische Oberfläche A (Oberfläche aller Emulsionströpfchen pro Volumeneinheit der Emulsion):

$$A = \pi S_2 = \frac{6\phi}{d_{32}}. \tag{6.34}$$

Tenside senken die Grenzflächenspannung γ, was zu einer Verringerung der Tröpfchengröße führt. Letztere nimmt mit der Abnahme von γ ab. Bei laminarer Strömung ist der Tröpfchendurchmesser proportional zu γ; bei turbulentem Trägheitsregime ist der Tröpfchendurchmesser proportional zu $γ_{3/5}$.

Das Tensid kann die Grenzflächenspannung $γ_0$ einer sauberen Öl/Wasser-Grenzfläche auf einen Wert γ senken, wodurch sich ergibt:

$$\pi = \gamma_0 - \gamma. \tag{6.35}$$

Dabei ist π der Oberflächendruck. Die Abhängigkeit von π von der Tensidaktivität a oder der Konzentration C ist durch die Gibbs-Gleichung gegeben:

$$d\pi = -d\gamma = RT\, \Gamma\, d\ln a = RT\, \Gamma\, d\ln C, \tag{6.36}$$

wobei R die Gaskonstante, T die absolute Temperatur und Γ der Oberflächenüberschuss (Anzahl der adsorbierten Mole pro Flächeneinheit der Grenzfläche) sind.

Bei hohem a erreicht der Oberflächenüberschuss Γ einen Plateauwert; bei vielen Tensiden liegt er in der Größenordnung von 3 mg m^{-2}. Γ steigt mit zunehmender Tensidkonzentration und erreicht schließlich einen Plateauwert (Sättigungsadsorption). Der Wert von C, der erforderlich ist, um denselben Γ zu erhalten, ist für das Polymer im Vergleich zum Tensid viel kleiner. Im Gegensatz dazu ist der Wert von γ, der bei vollständiger Sättigung der Grenzfläche erreicht wird, für ein Tensid niedriger (meist im Bereich von 1 bis 3 mNm^{-1} je nach Art des Tensids und des Öls) als für ein Polymer (mit γ-Werten im Bereich von 10 bis 20 mNm^{-1} je nach Art des Polymers und des Öls). Dies ist darauf zurückzuführen, dass die kleinen Tensidmoleküle an der

Grenzfläche viel enger gepackt sind als die viel größeren Polymermoleküle, die eine Schwanz-Zug-Schleife-Schwanz-Konformation annehmen.

Eine weitere wichtige Rolle des Tensids ist seine Wirkung auf den Grenzflächen-dilatationsmodul ε:

$$\varepsilon = \frac{d\gamma}{d\ln A}. \qquad (6.37)$$

ε ist der Absolutwert einer komplexen Größe, die sich aus einem elastischen und einem viskosen Term zusammensetzt.

Während der Emulgierung kommt es zu einer Vergrößerung der Grenzfläche A und damit zu einer Verringerung von Γ. Das Gleichgewicht wird durch Adsorption von Tensid aus der Gesamtlösung wiederhergestellt, was jedoch Zeit erfordert (bei höherer Tensidaktivität treten kürzere Zeiten auf). Daher ist ε sowohl bei kleinem a als auch bei großem a klein. Da sich das Gleichgewicht bei polymeren Tensiden nicht oder nur langsam einstellt, ist ε bei Expansion und Kompression der Grenzfläche nicht gleich groß.

In der Praxis werden Emulgatoren in der Regel aus Tensidmischungen hergestellt, die oft verschiedene Komponenten enthalten, die sich deutlich auf γ und ε auswirken. Einige spezifische Tensidmischungen ergeben niedrigere γ-Werte als die beiden Einzelkomponenten. Das Vorhandensein von mehr als einem Tensidmolekül an der Grenzfläche führt bei hohen Tensidkonzentrationen tendenziell zu einer Erhöhung von ε. Die verschiedenen Komponenten weisen eine unterschiedliche Oberflächenaktivität auf. Diejenigen mit den niedrigsten γ-Werten neigen dazu, an der Grenzfläche zu überwiegen, aber wenn sie in niedrigen Konzentrationen vorhanden sind, kann es lange dauern, bis der niedrigste Wert erreicht wird. Polymer-Tensid-Gemische können eine gewisse synergetische Oberflächenaktivität aufweisen.

Während der Emulgierung werden Tensidmoleküle aus der Lösung an die Grenzfläche übertragen, was eine immer geringere Tensidaktivität zur Folge hat [3–7]. Betrachten wir zum Beispiel eine O/W-Emulsion mit einem Volumenanteil $\phi = 0,4$ und einem Sauter-Durchmesser $d_{32} = 1$ µm. Nach Gleichung (6.34) beträgt die spezifische Oberfläche 2,4 m^2 ml^{-1} und bei einem Oberflächenüberschuss Γ von 3 mg m^{-2} beträgt die Menge an Tensid an der Grenzfläche 7,2 mg ml^{-1} Emulsion, was 12 mg ml^{-1} wässriger Phase (oder 1,2 %) entspricht. Unter der Annahme, dass die Tensidkonzentration C_{eq} (die nach der Emulgierung verbleibende Konzentration), die zu einem Plateauwert von Γ führt, gleich 0,3 mg ml^{-1} ist, sinkt die Tensidkonzentration während der Emulgierung von 12 auf 0,3 mg ml^{-1}. Dies bedeutet, dass der effektive γ-Wert während des Prozesses zunimmt. Wenn nicht genügend Tensid vorhanden ist, um nach der Emulgierung eine Konzentration C_{eq} zu hinterlassen, würde sogar der Gleichgewichtswert von γ ansteigen.

Ein weiterer Aspekt ist, dass sich die Zusammensetzung der Tensidmischung in Lösung während der Emulgierung ändern kann. Wenn einige kleinere Komponenten vorhanden sind, die einen relativ kleinen γ-Wert ergeben, werden diese an einer makroskopischen Grenzfläche vorherrschen, aber während der Emulgierung wird die Lösung mit zunehmender Grenzfläche bald an diesen Komponenten verarmt sein. Folglich wird der Gleichgewichtswert von γ während des Prozesses ansteigen, und der Endwert kann deutlich größer sein als der aufgrund der makroskopischen Messung erwartete Wert.

Während der Verformung des Tropfens wird seine Grenzfläche vergrößert. Der Tropfen hat in der Regel etwas Tensid aufgenommen und kann sogar einen Wert Γ nahe dem Gleichgewicht bei der vorherrschenden (lokalen) Oberflächenaktivität haben. Die Tensidmoleküle können sich durch Oberflächendiffusion oder durch Ausbreitung gleichmäßig über die vergrößerte Grenzfläche verteilen. Die Geschwindigkeit der Oberflächendiffusion wird durch den Oberflächendiffusionskoeffizienten D_s bestimmt, der umgekehrt proportional zur molaren Masse des Tensidmoleküls und ebenfalls umgekehrt proportional zur gefühlten effektiven Viskosität ist. D_s nimmt außerdem mit der Zunahme von Γ ab. Eine plötzliche Ausdehnung der Grenzfläche oder eine plötzliche Aufbringung eines Tensids auf eine Grenzfläche kann einen großen Grenzflächenspannungsgradienten erzeugen, und in einem solchen Fall kann es zur Ausbreitung des Tensids kommen.

Tenside ermöglichen das Vorhandensein von Grenzflächenspannungsgradienten, die für die Bildung stabiler Tröpfchen entscheidend sind. In Abwesenheit von Tensiden (saubere Grenzfläche) kann die Grenzfläche keiner tangentialen Spannung standhalten; die Flüssigkeitsbewegung erfolgt kontinuierlich über eine Flüssigkeitsgrenzfläche.

Wenn der γ-Gradient groß genug werden kann, wird er die Grenzfläche aufhalten [3–7]. Der größte Wert, der für dγ erreicht werden kann, entspricht etwa π_{eq}, d. h. $\gamma_0 - \gamma_{eq}$. Wirkt er über eine kleine Distanz, kann sich eine beträchtliche Spannung in der Größenordnung von 10 kPa entwickeln.

Grenzflächenspannungsgradienten sind sehr wichtig für die Stabilisierung des dünnen Flüssigkeitsfilms zwischen den Tröpfchen, was zu Beginn der Emulgierung sehr wichtig ist, wenn Filme der kontinuierlichen Phase durch die disperse Phase gezogen werden können oder wenn die Kollision der noch großen verformbaren Tropfen zur Bildung des Films zwischen ihnen führt. Die Größe der γ-Gradienten und des Marangoni-Effekts hängt vom Oberflächendilatationsmodul ε ab, das für eine ebene Grenzfläche mit einer tensidhaltigen Phase durch die folgenden Ausdrücke gegeben ist:

$$\varepsilon = \frac{-d\gamma/d\ln\Gamma}{\left(1 + 2\xi + 2\xi^2\right)^{1/2}} \tag{6.38}$$

$$\xi = \frac{dm_C}{d\Gamma}\left(\frac{D}{2\omega}\right)^{1/2} \tag{6.39}$$

$$\omega = \frac{d\ln A}{dt}, \tag{6.40}$$

wobei D der Diffusionskoeffizient des Tensids ist und ω eine Zeitskala darstellt (Zeit, die für die Verdopplung der Oberfläche benötigt wird), die ungefähr gleich τ_{def} ist.

Während der Emulgierung wird ε von der Größe des Zählers in Gleichung (6.38) dominiert, da ξ klein bleibt. Der Wert von $dm_C/d\Gamma$ neigt dazu, sehr hohe Werte anzunehmen, wenn Γ seinen Plateauwert erreicht; ε erreicht ein Maximum, wenn m_C erhöht wird. Während der Verformung des Tropfens wird Γ jedoch immer kleiner bleiben. Nimmt man vernünftige Werte für die Variablen: $dm_C/d\Gamma = 10^2$ bis $10^4 \, m^{-1}$, $D = 10^{-9}$ bis $10^{-11} \, m^2 s^{-1}$ und $\tau_{def} = 10^{-2}$ bis 10^{-6} s, so ist ξ unter allen Bedingungen $< 0{,}1$. Die gleiche Schlussfolgerung lässt sich für Werte von ε in dünnen Filmen ziehen, z. B. zwischen eng beieinander liegenden Tropfen. Daraus lässt sich schließen, dass unter den Bedingungen, die während der Emulgierung herrschen, ε mit m_C zunimmt und der folgenden Beziehung folgt:

$$\varepsilon \approx \frac{d\pi}{d\ln\Gamma}, \tag{6.41}$$

außer bei sehr hoher Tensidkonzentration, wobei π der Oberflächendruck ist ($\pi = \gamma_0 - \gamma$).

Das Vorhandensein eines Tensids bedeutet, dass die Grenzflächenspannung während der Emulgierung nicht überall gleich sein muss. Dies hat zwei Konsequenzen: (1) die Gleichgewichtsform des Tropfens wird beeinträchtigt; (2) jeder γ-Gradient, der sich bildet, verlangsamt die Bewegung der Flüssigkeit im Inneren des Tropfens (dies verringert die Energiemenge, die zur Verformung und zum Aufbrechen des Tropfens benötigt wird).

Eine weitere wichtige Aufgabe des Emulgators besteht darin, die Koaleszenz während der Emulgierung zu verhindern. Dies ist sicherlich nicht auf die starke Abstoßung zwischen den Tropfen zurückzuführen, da der Druck, mit dem zwei Tropfen zusammengepresst werden, viel größer ist als die Abstoßungsspannungen. Die gegenläufigen Spannungen müssen auf die Bildung von γ-Gradienten zurückzuführen sein. Wenn zwei Tropfen zusammengedrückt werden, fließt die Flüssigkeit aus der dünnen Schicht zwischen ihnen heraus, und die Strömung erzeugt ein γ-Gefälle:

$$\tau_{\Delta\gamma} \approx \frac{2|\Delta\gamma|}{(1/2)d}. \tag{6.42}$$

Der Faktor 2 ergibt sich aus der Tatsache, dass es sich um zwei Grenzflächen handelt. Bei einem Wert von $\Delta\gamma = 10 \, mNm^{-1}$ beträgt die Spannung 40 kPa (in der gleichen Größenordnung wie die externe Spannung). Die Spannung aufgrund des γ-Gefälles kann die Koaleszenz als solche nicht verhindern, da sie nur für kurze Zeit wirkt, aber sie verlangsamt die gegenseitige Annäherung der Tröpfchen erheblich. Die äußere Spannung wirkt ebenfalls nur für kurze Zeit, und es kann durchaus sein, dass sich die Tropfen auseinander bewegen, bevor eine Koaleszenz eintreten kann. Der effektive γ-Gradient hängt vom Wert von ε ab, wie in Gleichung (6.37) angegeben.

Eng verwandt mit dem oben beschriebenen Mechanismus ist der Gibbs-Marangoni-Effekt [18–20], der in Abb. 6.15 schematisch dargestellt ist. Die Verarmung des Tensids in dem dünnen Film zwischen den sich nähernden Tropfen führt zu einem γ-Gefälle, ohne dass ein Flüssigkeitsstrom beteiligt ist. Dies führt zu einem Flüssigkeitsstrom nach innen, der die Tropfen tendenziell auseinandertreibt. Ein solcher Mechanismus würde nur wirken, wenn die Tropfen nicht ausreichend mit Tensid bedeckt sind (Γ unterhalb des Plateauwerts), wie es bei der Emulgierung der Fall ist.

Der Gibbs-Marangoni-Effekt erklärt auch die Bancroft-Regel, die besagt, dass die Phase, in der das Tensid am löslichsten ist, die kontinuierliche Phase bildet. Befindet sich das Tensid in den Tröpfchen, kann sich kein γ-Gefälle entwickeln und die Tropfen würden zur Koaleszenz neigen. Daher neigen Tenside mit einem HLB > 7 zur Bildung von O/W-Emulsionen und solche mit HLB < 7 zur Bildung von W/O-Emulsionen.

Der Gibbs-Marangoni-Effekt erklärt auch den Unterschied zwischen Tensiden und Polymeren bei der Emulgierung. Polymere ergeben im Vergleich zu Tensiden größere Tropfen. Polymere ergeben im Vergleich zu Tensiden bei kleinen Konzentrationen einen kleineren Wert von ε.

Bei der Emulgierung sind auch verschiedene andere Faktoren zu berücksichtigen, die im Folgenden erörtert werden:

Der Volumenanteil der dispersen Phase ϕ. Eine Erhöhung von ϕ führt zu einer Zunahme der Tröpfchenkollisionen und damit der Koaleszenz während der Emulgierung. Mit der Erhöhung von ϕ nimmt die Viskosität der Emulsion zu und es könnte die Strömung von einer turbulenten zu einer laminaren verändert werden. Die Anwesenheit vieler Partikel führt zu einem lokalen Anstieg der Geschwindigkeitsgradienten. In einer turbulenten Strömung führt die Erhöhung von ϕ zu einem Turbulenzabfall (siehe unten). Dies führt zu größeren Tröpfchen. Die Turbulenzunterdrückung durch zugesetzte Polymere führt dazu, dass die kleinen Wirbel beseitigt werden, was zur Bildung größerer Tröpfchen führt.

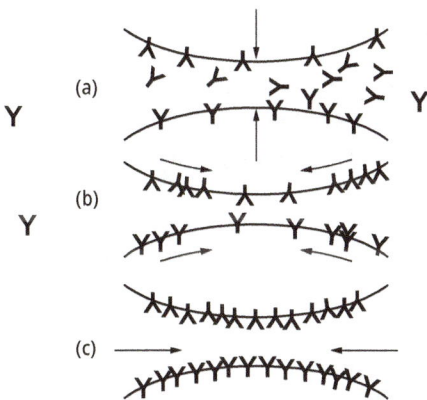

Abb. 6.15: Schematische Darstellung des Gibbs-Marangoni-Effekts für zwei sich nähernde Tropfen.

Wird das Massenverhältnis von Tensid zu kontinuierlicher Phase konstant gehalten, führt eine Erhöhung von φ zu einer Verringerung der Tensidkonzentration und damit zu einer Erhöhung von γ_{eq}, was zu größeren Tröpfchen führt. Wird das Massenverhältnis von Tensid zu disperser Phase konstant gehalten, kehren sich die oben genannten Veränderungen um.

6.5.2 Methoden der Emulgierung

Für die Emulsionsherstellung können verschiedene Verfahren angewandt werden, die von einfachen Rohrströmungen (niedrige Rührenergie, L), statischen Mischern, Rotor-Stator-Mischern (gezahnte Geräte wie der Ultra-Turrax® und Chargen-Radialentleerungsmischer wie die Silverson-Mischer) und allgemeinen Rührern (niedrige bis mittlere Energie, L–M), Kolloidmühlen und Hochdruckhomogenisatoren (hohe Energie, H), Ultraschallgeneratoren (M–H) und Membranemulgierverfahren reichen. Die Zuführungsmethode kann kontinuierlich (C) oder chargenweise (B) sein: Rohrströmung (C); statische Mischer und allgemeine Rührwerke (B, C); Kolloidmühlen und Hochdruckhomogenisatoren (C); Ultraschallgeneratoren (B, C).

Bei allen Methoden gibt es eine Flüssigkeitsströmung, eine uneingeschränkte oder eine stark begrenzte Strömung. Bei der uneingeschränkten Strömung ist jeder Tropfen von einer großen Menge strömender Flüssigkeit umgeben (die begrenzenden Wände der Apparatur sind weit von den meisten Tropfen entfernt). Die Kräfte können Reibungskräfte (meist viskos) oder Trägheitskräfte sein. Viskose Kräfte verursachen Scherspannungen an der Grenzfläche zwischen den Tropfen und der kontinuierlichen Phase (hauptsächlich in Richtung der Grenzfläche). Die Scherspannungen können durch laminare Strömung (LV) oder turbulente Strömung (TV) erzeugt werden; dies hängt von der dimensionslosen Reynolds-Zahl Re ab:

$$Re = \frac{vl\rho}{\eta},\qquad(6.43)$$

wobei v die lineare Flüssigkeitsgeschwindigkeit, ρ die Flüssigkeitsdichte und η die Viskosität ist. l ist eine charakteristische Länge, die durch den Rohrdurchmesser bei einer Strömung durch ein zylindrisches Rohr oder durch das Doppelte der Spaltbreite bei einem engen Spalt gegeben ist.

Bei laminarer Strömung ist Re < ≈ 1000, während bei turbulenter Strömung Re > ≈ 2000 ist. Ob es sich um eine lineare oder turbulente Strömung handelt, hängt also von der Größe des Geräts, der Strömungsgeschwindigkeit und der Viskosität der Flüssigkeit ab [3–7].

Rotor-Rührwerksmischer sind die am häufigsten verwendeten Mischer für die Emulgierung. Es gibt zwei Haupttypen. Das am häufigsten verwendete gezahnte Gerät (schematisch dargestellt in Abb. 6.16) ist der Ultra-Turrax® (IKA-Werk, Deutschland).

Abb. 6.16: Schematische Darstellung eines gezahnten Mischers (Ultra-Turrax®).

Gezahnte Mischer sind sowohl als Inline- als auch als Chargenmischer erhältlich. Aufgrund ihrer offenen Struktur haben sie eine relativ gute Pumpleistung und benötigen daher bei Chargenanwendungen häufig kein zusätzliches Laufrad, um selbst in relativ großen Mischbehältern eine Massenströmung zu erzeugen. Diese Mischer werden für kosmetische Emulsionen zur Herstellung von Cremes und Lotionen eingesetzt, die hochviskos und nicht-Newtonsch sein können.

Chargen-Radialmischer wie z. B. Silverson-Mischer (Abb. 6.17) haben eine relativ einfache Konstruktion mit einem Rotor mit vier Schaufeln, der die Flüssigkeit durch einen stationären Stator pumpt, der mit Löchern oder Schlitzen unterschiedlicher Form und Größe perforiert ist.

Abb. 6.17: Darstellung eines Chargen-Radialentleerungsmischers (Silverson-Mischer).

Sie werden häufig mit einem Satz leicht austauschbarer Statoren geliefert, so dass ein und dieselbe Maschine für eine Reihe von Arbeiten verwendet werden kann. Der Wechsel von einem Sieb zum anderen ist schnell und einfach. Die verschiedenen Statoren/ Siebe, die in Silverson-Chargenmischern verwendet werden, sind in Abb. 6.18 dargestellt. Der universelle Zerkleinerungsstator (Abb. 6.18a) wird für die Zubereitung von dicken Emulsionen (Gelen) empfohlen, während der geschlitzte Zerkleinerungsstator (Abb. 6.18b) für Emulsionen mit elastischen Materialien wie Polymeren konzipiert ist. Siebe mit quadratischen Löchern (Abb. 6.18c) werden allgemein für die Herstellung von Emulsionen empfohlen, während das Standard-Emulgatorsieb (Abb. 6.18d) für die Flüssig/flüssig-Emulgierung verwendet wird.

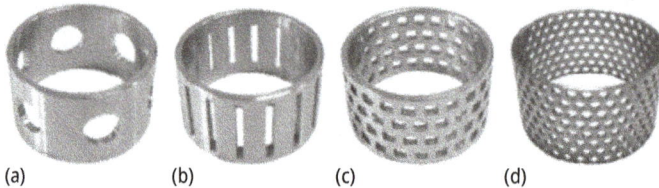

(a)   (b)   (c)   (d)

Abb. 6.18: Statoren, die in Silverson-Radialmischern mit diskontinuierlichem Austrag verwendet werden.

Zahnrad- und Radialauslass-Rotor-Stator-Mischer werden in verschiedenen Größen hergestellt, die vom Labor- bis zum Industriemaßstab reichen. Bei Laboranwendungen können die Mischköpfe (bestehend aus Rotor und Stator) bis zu 0,01 m groß sein (Ultra-Turrax®, Silverson) und das Volumen der verarbeiteten Flüssigkeit kann von einigen Millilitern bis zu einigen Litern reichen. Bei Modellen, die in der Industrie eingesetzt werden, können die Mischköpfe einen Durchmesser von bis zu 0,5 m haben, so dass mehrere Kubikmeter Flüssigkeit in einer Charge verarbeitet werden können.

In der Praxis hängt die Wahl des Rotor-Stator-Mischers für ein bestimmtes Emulgierverfahren von der gewünschten Morphologie des Produkts ab, die häufig in Form der durchschnittlichen Tropfengröße oder der Tropfengrößenverteilung quantifiziert wird, sowie von der Größe des Verfahrens. Es gibt nur sehr wenige Informationen, die eine Berechnung der durchschnittlichen Tropfengröße in Rotor-Stator-Mischern ermöglichen, und es gibt keine Methoden, die eine Abschätzung der Tropfengrößenverteilungen erlauben. Daher erfolgt die Auswahl eines geeigneten Mischers und der Verarbeitungsbedingungen für eine gewünschte Formulierung häufig durch „Versuch und Irrtum". Zunächst kann man die Emulgierung bestimmter Formulierungen im Labormaßstab durchführen und dabei verschiedene Typen/Geometrien der Mischer testen. Sobald der Mischertyp und seine Betriebsparameter im Labormaßstab bestimmt sind, muss der Prozess hochskaliert werden. Die meisten Labortests zur Emulgierung werden in kleinen Chargenbehältern durchgeführt, da dies einfacher und billiger ist als kontinuierliche Prozesse. Daher muss vor dem Hochskalieren des Rotor-Stator-Mischers entschieden werden, ob die industrielle Emulgierung als Chargen- oder als kontinuierlicher Prozess (Inline-Prozess) durchgeführt werden soll. Chargenmischer werden für Prozesse empfohlen, bei denen die Formulierung eines Produkts lange Verarbeitungszeiten erfordert, die typischerweise mit langsamen chemischen Reaktionen verbunden sind. Sie erfordern einfache Kontrollsysteme, aber die räumliche Homogenität kann in großen Behältern ein Problem darstellen, was zu einer längeren Verarbeitungszeit führen kann. Für Prozesse, bei denen die Qualität des Produkts durch mechanische/hydrodynamische Wechselwirkungen zwischen kontinuierlichen und dispergierten Phasen oder durch schnelle chemische Reaktionen kontrolliert wird, aber große Mengen an Energie erforderlich sind, um eine angemessene Durchmischung zu gewährleisten, werden Inline-Rotor-Stator-Mischer empfohlen. Inline-Mischer werden auch empfohlen, um große Flüssigkeitsmengen effizient zu verarbeiten.

Bei der Chargenverarbeitung sind Rotor-Stator-Geräte, die als Top-Entry-Mischer ausgeführt sind, mechanisch die einfachste Anordnung, aber bei einigen Prozessen sorgen Bottom-Entry-Mischer für eine bessere Durchmischung des Schüttguts; in diesem Fall ist die Abdichtung jedoch komplexer. Im Allgemeinen nimmt die Effizienz von Chargen-Rotor-Stator-Mischern mit zunehmender Behältergröße und mit zunehmender Viskosität der zu verarbeitenden Flüssigkeit ab, da die Durchmischung des Schüttguts durch den Mischer begrenzt ist. Während die offene Struktur von Ultra-Turrax-Mischern häufig eine ausreichende Durchmischung auch in relativ großen Behältern ermöglicht, ist für die Verarbeitung von sehr viskosen Emulsionen ein zusätzliches Laufrad (in der Regel ein Ankerrad) erforderlich, um eine Massenströmung zu erzeugen und die Emulsion durch den Rotor-Stator-Mischer zu zirkulieren, wenn die Flüssigkeit/Emulsion eine niedrige scheinbare Viskosität aufweist. Andererseits haben Silverson-Rotor-Stator-Mischer eine sehr begrenzte Pumpleistung, und selbst im Labormaßstab werden sie außerhalb der Mitte des Behälters montiert, um die Durchmischung zu verbessern. Im Großmaßstab ist immer mindestens ein zusätzliches Laufrad erforderlich, und bei sehr großen Anlagen werden meist mehr als ein Laufrad auf derselben Welle montiert.

Die oben beschriebenen Probleme, die mit dem Einsatz von Chargen-Rotor-Stator-Mischern für die Verarbeitung großer Flüssigkeitsmengen verbunden sind, können vermieden werden, indem die Chargenmischer durch Inline-Mischer (kontinuierliche Mischer) ersetzt werden. Es gibt viele Konstruktionen, die von verschiedenen Anbietern (Silverson, IKA usw.) angeboten werden, und die Hauptunterschiede liegen in der Geometrie der Rotoren und Statoren, wobei Statoren und Rotoren für verschiedene Anwendungen ausgelegt sind. Der Hauptunterschied zwischen Chargen- und Inline-Rotor-Stator-Mischern besteht darin, dass letztere eine hohe Pumpleistung haben und daher direkt in die Rohrleitung eingebaut werden. Einer der Hauptvorteile von Inline-Mischern gegenüber Chargenmischern besteht darin, dass für die gleiche Leistung ein viel kleinerer Mischer erforderlich ist, weshalb sie besser für die Verarbeitung großer Flüssigkeitsmengen geeignet sind. Mit zunehmender Größe des Verarbeitungsbehälters wird ein Punkt erreicht, an dem es effizienter ist, einen Inline-Rotor-Stator-Mischer anstelle eines Chargenmischers mit großem Durchmesser einzusetzen. Da die Leistungsaufnahme mit dem Rotordurchmesser stark ansteigt, ist bei großem Maßstab ein übermäßig großer Motor erforderlich. Dieser Übergangspunkt hängt von der Rheologie des Fluids ab, aber für ein Fluid mit einer wasserähnlichen Viskosität wird empfohlen, bei einer Menge von etwa 1 bis 1,5 Tonnen von einem Chargen- zu einem Inline-Rotor-Stator-Verfahren zu wechseln. Die meisten Hersteller bieten sowohl ein- als auch mehrstufige Mischer für die Emulgierung von hochviskosen Flüssigkeiten an.

Wie bereits erwähnt, gibt es bei allen Methoden eine Flüssigkeitsströmung, eine uneingeschränkte und eine stark begrenzte Strömung. Bei der uneingeschränkten Strömung ist jeder Tropfen von einer großen Menge strömender Flüssigkeit umgeben (die begrenzenden Wände der Apparatur sind weit von den meisten Tropfen entfernt); die Kräfte können Reibungskräfte (meist viskos) oder Trägheitskräfte sein. Viskose Kräfte verursachen Scherspannungen an der Grenzfläche zwischen den Tropfen und der kontinuierlichen Phase (hauptsächlich in Richtung der Grenzfläche). Die Scherspannungen können durch laminare Strömung (LV) oder turbulente Strömung (TV) erzeugt werden; dies hängt von der Reynolds-Zahl Re ab, wie in Gleichung (6.43) angegeben. Bei laminarer Strömung ist Re < ≈ 1000, während bei turbulenter Strömung Re > ≈ 2000 ist. Ob es sich also um eine lineare oder turbulente Strömung handelt, hängt von der Größe des Geräts, der Durchflussmenge und der Viskosität der Flüssigkeit ab. Wenn die turbulenten Wirbel viel größer als die Tropfen sind, üben sie Scherspannungen auf die Tropfen aus. Sind die turbulenten Wirbel viel kleiner als die Tröpfchen, verursachen Trägheitskräfte eine Störung (TI). In einer begrenzten Strömung gelten andere Verhältnisse; wenn die kleinste Abmessung des Teils der Apparatur, in dem die Tropfen aufgerissen werden (z. B. ein Spalt), mit der Tropfengröße vergleichbar ist, gelten andere Verhältnisse (die Strömung ist immer laminar).

Ein anderes Regime herrscht vor, wenn die Tröpfchen direkt durch eine enge Kapillare in die kontinuierliche Phase injiziert werden (Injektionsregime), dies ist bei Membranemulgierung der Fall.

Innerhalb jedes Regimes ist eine wesentliche Variable die Intensität der wirkenden Kräfte. Die viskose Spannung bei laminarer Strömung σ_{viskos} ist gegeben durch:

$$\sigma_{viskos} = \eta G, \tag{6.44}$$

wobei G der Geschwindigkeitsgradient ist.

Die Intensität in einer turbulenten Strömung wird durch die Leistungsdichte ε (die Menge an Energie, die pro Volumeneinheit pro Zeiteinheit abgeführt wird) ausgedrückt; bei einer turbulenten Strömung ergibt sich:

$$\varepsilon = \eta G^2. \tag{6.45}$$

Die wichtigsten Regime sind: laminar/viskos (LV) – turbulent/viskos (TV) – turbulent/inertial (TI). Für Wasser als kontinuierliche Phase ist das Regime immer TI. Bei höherer Viskosität der kontinuierlichen Phase ($\eta_C = 0{,}1$ Pas) ist das Regime TV. Für eine noch höhere Viskosität oder einen kleinen Apparat (kleines l) ist das Regime LV. Bei sehr kleinen Apparaten (wie es bei den meisten Laborhomogenisatoren der Fall ist) ist das Regime fast immer LV.

Für die oben genannten Bereiche gibt es eine halbquantitative Theorie, die die Zeitskala und die Größe der lokalen Spannung σ_{ext}, den Tropfendurchmesser d, die Zeitskala der Tropfendeformation τ_{def}, die Zeitskala der Tensidadsorption τ_{ads} und die gegenseitige Kollision der Tropfen angeben kann.

Die laminare Strömung kann verschiedene Formen annehmen, von der reinen Rotationsströmung bis zur reinen Dehnungsströmung. Bei einfacher Scherung besteht die Strömung zu gleichen Teilen aus Rotation und Dehnung. Der Geschwindigkeitsgradient G (in reziproken Sekunden) ist gleich der Scherrate γ. Bei hyperbolischer Strömung ist G gleich der Dehnungsrate. Die Stärke einer Strömung wird im Allgemeinen durch die Spannung ausgedrückt, die sie auf jede Ebene in Strömungsrichtung ausübt. Sie ist einfach gleich Gη (η ist die Scherviskosität).

Für die Dehnungsströmung ist die Dehnungsviskosität η_{el} gegeben durch:

$$\eta_{el} = Tr\eta. \tag{6.46}$$

Dabei ist Tr die dimensionslose Trouton-Zahl, die für Newtonsche Flüssigkeiten in zweidimensionaler, ungleichmäßig gedehnter Strömung gleich 2 ist. Tr = 3 für achsensymmetrische uniaxiale Strömungen und Tr = 4 für biaxiale Strömungen. Dehnungsströmungen üben bei gleichem Wert von G höhere Spannungen aus als einfache Scherströmungen. Bei nicht-Newtonschen Flüssigkeiten sind die Beziehungen komplizierter und die Werte von Tr sind in der Regel viel höher.

Ein wichtiger Parameter zur Beschreibung der Tröpfchenverformung ist die Weber-Zahl We (die das Verhältnis der äußeren Spannung zum Laplace-Druck angibt):

$$We = \frac{G\eta_C R}{2\gamma}. \tag{6.47}$$

Die Verformung des Tropfens nimmt mit der Erhöhung von We zu, und oberhalb eines kritischen Werts We_{cr} zerplatzt der Tropfen und bildet kleinere Tröpfchen. We_{cr} hängt von zwei Parametern ab: (1) dem Geschwindigkeitsvektor α (α = 0 für einfache Scherung und α = 1 für hyperbolische Strömung); (2) dem Viskositätsverhältnis λ zwischen dem Öl η_D und der externen kontinuierlichen Phase η_C:

$$\lambda = \frac{\eta_D}{\eta_C}. \tag{6.48}$$

Wie bereits erwähnt, spielt die Viskosität des Öls eine wichtige Rolle beim Aufbrechen der Tropfen; je höher die Viskosität, desto länger dauert es, einen Tropfen zu verformen. Die Verformungszeit τ_{def} wird durch das Verhältnis zwischen der Ölviskosität und der auf den Tropfen wirkenden äußeren Spannung bestimmt:

$$\tau_{def} = \frac{\eta_D}{\sigma_{ext}}. \tag{6.49}$$

Die oben genannten Ideen für eine einfache laminare Strömung wurden mit Emulsionen getestet, die 80 % Öl in Wasser enthielten und mit Eigelb stabilisiert wurden. Zur Herstellung der Emulsion wurden eine Kolloidmühle und statische Mischer verwendet. Die Ergebnisse sind in Abb. 6.19 dargestellt, die die Anzahl der Tropfen n angibt, in die ein Stammtropfen zerfällt, wenn er sich plötzlich zu einem langen Faden ausdehnt, entsprechend einer Weberzahl We_b, die größer ist als We_{cr}. Die Anzahl der Tropfen nimmt mit der Zunahme von We_b/We_{cr} zu. Die größte Anzahl von Tropfen, d. h. die kleinste Tropfengröße, erhält man, wenn $\lambda = 1$, d. h. wenn die Viskosität von der Ölphase näher an der der kontinuierlichen Phase liegt. In der Praxis ist die resultierende Tropfengrößenverteilung von größerer Bedeutung als die kritische Tropfengröße für das Aufbrechen.

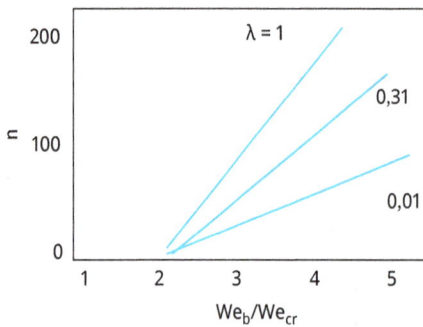

Abb. 6.19: Veränderung von n in Abhängigkeit von We_b/We_{cr}.

Turbulente Strömungen sind durch das Vorhandensein von Wirbeln gekennzeichnet, was bedeutet, dass die durchschnittliche lokale Strömungsgeschwindigkeit u im Allgemeinen vom zeitlichen Mittelwert ū abweicht. Die Geschwindigkeit fluktuiert auf chaotische Weise und die durchschnittliche Differenz zwischen u und u' ist gleich null; der quadratische Mittelwert u' ist jedoch endlich [5–8]:

$$u' = \left\langle (u - \bar{u})^2 \right\rangle^{1/2}. \tag{6.50}$$

Der Wert von u' hängt im Allgemeinen von der Richtung ab, aber bei sehr hohen Re-Werten (> 50000) und bei kleinen Längenskalen kann die Turbulenzströmung isotrop sein, und u' hängt nicht von der Richtung ab. Die turbulente Strömung zeigt ein Spektrum von Wirbelgrößen; die größten Wirbel haben das höchste u', sie übertragen ihre kinetische Energie auf kleinere Wirbel, die ein kleineres u', aber einen größeren Geschwindigkeitsgradienten u'/l haben.

Das Aufbrechen von Tropfen in einer turbulenten Strömung aufgrund von Trägheitskräften kann durch lokale Druckschwankungen in der Nähe von energietragenden Wirbeln dargestellt werden,

$$\Delta p(x) = \rho \, [u'(x)]^2 = \varepsilon^{2/3} x^{2/3} \rho^{1/3}, \tag{6.51}$$

wobei ε die Leistungsdichte ist, d. h. die Menge der pro Volumeneinheit abgeleiteten Energie, ρ ist die Dichte und x die Entfernungsskala. Wenn Δp in der Nähe des Wirbels größer ist als der Laplace-Druck ($p = 2\gamma/R$), wird der Tropfen aufgebrochen. Das Aufbrechen wäre am effektivsten, wenn $d = l_e$.

Setzt man $x = d_{max}$, so ergibt sich der folgende Ausdruck für die größten Tropfen, die im turbulenten Feld nicht zerschlagen werden:

$$d_{max} = \varepsilon^{-2/5} \gamma^{3/5} \rho^{-1/5}. \tag{6.52}$$

Die Gültigkeit von Gleichung (6.51) ist an zwei Bedingungen geknüpft: (1) Die erhaltene Tropfengröße kann nicht viel kleiner als l_0 sein. Diese Gleichung ist für kleine η_C erfüllt. (2) Die Strömung in der Nähe des Tropfens sollte turbulent sein. Dies hängt von der Reynolds-Zahl des Tropfens ab, die gegeben ist durch:

$$Re_{dr} = du'(d)\rho_C/\eta_C. \tag{6.53}$$

Die Bedingung $Re_{dr} > 1$ führt zu:

$$d > \eta_C^2/\gamma \, \rho. \tag{6.54}$$

Unter der Voraussetzungen, dass (1) ϕ klein ist, (2) η_C nicht viel größer als 1 mPas ist, (3) η_D ziemlich klein ist, (4) γ konstant ist und (5) die Maschine ziemlich klein ist, scheint Gleichung (6.54) auch für nicht-isotrope Turbulenz mit einer Reynolds-Zahl viel kleiner als 50000 gut zu gelten. Die kleinsten Tropfen werden bei der höchsten Leistungsdichte erzeugt. Da die Leistungsdichte von Ort zu Ort variiert (insbesondere wenn Re nicht sehr hoch ist), kann die Tropfengrößenverteilung sehr breit sein. Für das Aufbrechen von Tropfen im TI-Regime ist die Strömung in der Nähe des Tropfens turbulent. Bei laminarer Strömung ist ein Aufbrechen durch viskose Kräfte möglich. Wenn die Strömungsgeschwindigkeit u in der Nähe des Tropfens stark mit der Entfernung d variiert, ist der lokale Geschwindigkeitsgradient G. Es entsteht eine Druckdifferenz über dem Tropfen von $(1/2)\Delta \rho \, (u_2) = \rho Gd$. Gleichzeitig wirkt eine Schubspannung $\eta_C \, G$ auf den Tropfen. Die viskosen Kräfte überwiegen für $\eta_C \, G > \rho Gd$, was zu der Bedingung führt:

$$\bar{u}d\rho/\eta_C = Re_{dr} < 1. \tag{6.55}$$

Der lokale Geschwindigkeitsgradient ist $\eta_C \, G = \varepsilon^{1/2} \eta_C^{1/2}$. Daraus ergibt sich der folgende Ausdruck für d_{max}:

$$d_{max} = We_{cr} \gamma \, \varepsilon^{-1/2} \eta_C^{-1/2}. \tag{6.56}$$

Der Wert von W_{ecr} ist selten >1, da die Strömung eine Dehnungskomponente hat. Bei nicht sehr kleinen η_C ist d_{max} für TV kleiner als für TI.

Die Viskosität des Öls spielt eine wichtige Rolle beim Aufbrechen von Tropfen; je höher die Viskosität, desto länger dauert die Verformung eines Tropfens. Die Verformungszeit τ_{def} wird durch das Verhältnis zwischen der Ölviskosität und der auf den Tropfen wirkenden äußeren Spannung bestimmt:

$$\tau_{def} = \frac{\eta_D}{\eta_C}. \tag{6.57}$$

Die Viskosität der kontinuierlichen Phase η_C spielt in einigen Regimen eine wichtige Rolle: Im turbulenten Trägheitsregime hat η_C keine Auswirkung auf die Tröpfchengröße. Im turbulenten viskosen Bereich führt ein größeres η_C zu kleineren Tröpfchen. Bei laminarer Viskosität ist der Effekt noch stärker.

Der Wert von η_C und die Größe des Geräts bestimmen über die Auswirkung auf Re, welcher Zustand vorherrscht. Bei einer großen Maschine und einem niedrigen η_C ist Re immer sehr groß und der resultierende durchschnittliche Tröpfchendurchmesser d ist proportional zu $P_H^{-0,6}$ (wobei P_H der Homogenisierungsdruck ist). Wenn η_C höher ist und $Re_{dr} < 1$, ist das Regime TV und $d \sim P_H^{-0,75}$. Bei einer kleineren Maschine, wie sie im Labor verwendet wird, wo die Spaltbreite des Ventils in der Größenordnung von µm liegen kann, ist Re klein und das Regime ist LV; $d \sim P_H^{-1,0}$. Wird der Spalt sehr klein gemacht (in der Größenordnung des Tropfendurchmessers), kann das Regime TV werden.

Bei der Membranemulgierung wird die disperse Phase durch eine Membran geleitet und die aus den Poren austretenden Tröpfchen werden sofort von der kontinuierlichen Phase aufgenommen. Die Membran besteht in der Regel aus porösem Glas oder aus keramischen Materialien. Die allgemeine Konfiguration ist eine Membran in Form eines Hohlzylinders, durch den die disperse Phase von außen gepresst und die kontinuierliche Phase durch den Zylinder gepumpt wird (Querströmung). Die Strömung bewirkt auch die Ablösung der überstehenden Tröpfchen von der Membran.

Für das Verfahren sind mehrere Voraussetzungen erforderlich:

(1) Für eine hydrophobe disperse Phase (O/W-Emulsion) sollte die Membran hydrophil sein, während für eine hydrophile disperse Phase (W/O-Emulsion) die Membran hydrophob sein sollte, da sich die Tröpfchen sonst nicht ablösen lassen.

(2) Die Poren müssen weit genug voneinander entfernt sein, damit sich die austretenden Tröpfchen nicht berühren und koaleszieren.

(3) Der Druck über der Membran sollte ausreichend hoch sein, um eine Tropfenbildung zu erreichen. Dieser Druck sollte mindestens in der Größenordnung des Laplace-Drucks eines Tropfens mit einem Durchmesser gleich dem Porendurchmesser liegen. Für Poren von 0,4 µm und $\gamma = 5\,mNm^{-1}$ sollte der Druck beispielsweise in der Größenordnung von 10^5 Pa liegen, in der Praxis werden jedoch größere Drücke benötigt, die 3×10^5 Pa betragen, auch um eine signifikante Durchflussrate der dispersen Phase durch die Membran zu erreichen.

Die kleinste durch Membranemulgierung erzielte Tropfengröße beträgt etwa das Dreifache des Porengrößendurchmessers. Der größte Nachteil ist der langsame Prozess, der in der Größenordnung von 10^{-3} m^3 pro m^2 und Sekunde liegen kann. Dies bedeutet, dass sehr lange Umlaufzeiten erforderlich sind, um selbst kleine Volumenanteile zu erzeugen.

Die wichtigsten Variablen, die sich auf den Emulgierprozess auswirken, sind die Art des Öls und des Emulgators, der Volumenanteil der dispersen Phase ϕ und der Emulgierprozess. Wie bereits erwähnt, haben die Emulgiermethode und das Regime (laminar oder turbulent) einen deutlichen Einfluss auf den Prozess und die endgültige Tröpfchengrößenverteilung. Die Auswirkung des Volumenanteils der dispergierten Phase erfordert besondere Aufmerksamkeit. Er beeinflusst die Kollisionsrate zwischen den Tröpfchen während der Emulgierung und damit die Koaleszenzrate. In erster Näherung würde dies von der Beziehung zwischen τ_{ads} und τ_{coal} abhängen (wobei τ_{ads} die durchschnittliche Zeit ist, die für die Adsorption des Tensids benötigt wird, und τ_{coal} die durchschnittliche Zeit, die vergeht, bis ein Tropfen mit einem anderen zusammenstößt). In den verschiedenen Regimen sind die hydrodynamischen Randbedingungen für τ_{ads} gleich. Im Regime LV ist zum Beispiel $\tau_{coal} = \pi/8\phi G$. Somit ist für alle Regime das Verhältnis τ_{ads}/τ_{coal} gegeben durch:

$$\kappa \equiv \frac{\tau_{ads}}{\tau_{coal}} \propto \frac{\phi\Gamma}{m_C d}, \tag{6.58}$$

wobei der Proportionalitätsfaktor mindestens in der Größenordnung 10 liegt. Für $\phi = 0{,}1$, $\Gamma/m_C = 10^{-6}$ m und d = 10^{-6} m (die gesamte Tensidkonzentration der Emulsion sollte dann etwa 50 % betragen), wäre κ in der Größenordnung von 1. Bei $\kappa \gg 1$ ist mit einer erheblichen Koaleszenz zu rechnen, insbesondere bei hohen ϕ. Die Koaleszenzrate würde dann während der Emulgierung deutlich zunehmen, da sowohl m_C als auch d während des Prozesses kleiner werden. Wenn die Emulgierung lange genug andauert, kann die Tröpfchengrößenverteilung das Ergebnis eines stabilen Zustands mit gleichzeitigem Aufbrechen und Koaleszenz sein.

Die Auswirkungen der Erhöhung von ϕ lassen sich wie folgt zusammenfassen:

(1) τ_{coal} ist kürzer und die Koaleszenz erfolgt schneller, es sei denn, κ bleibt klein.

(2) Die Viskosität der Emulsion η_{em} nimmt zu, daher sinkt Re. Dies bedeutet eine Änderung der Strömung von turbulent zu laminar (LV).

(3) Bei laminarer Strömung wird die effektive Viskosität η_C höher. Das Vorhandensein vieler Tropfen bedeutet, dass die lokalen Geschwindigkeitsgradienten in der Nähe eines Tropfens im Allgemeinen höher sind als der Gesamtwert von G. Folglich nimmt die lokale Schubspannung ηG mit der Zunahme von ϕ zu, was bedeutet, dass η_C zunimmt.

(4) In einer turbulenten Strömung führt eine Zunahme von ϕ zu einer Turbulenzdepression, die zu einem größeren d führt.

(5) Wenn das Massenverhältnis von Tensid zu kontinuierlicher Phase konstant ist, führt eine Zunahme von ϕ zu einer Abnahme der Tensidkonzentration; daher

führt eine Zunahme von γ_{eq}, eine Zunahme von κ, zu einer Zunahme von d durch eine Zunahme der Koaleszenzrate. Wird das Massenverhältnis von Tensid zu disperser Phase konstant gehalten, kehren sich die oben genannten Veränderungen um, es sei denn, κ ≪ 1.

Aus der obigen Diskussion wird deutlich, dass keine allgemeinen Schlussfolgerungen gezogen werden können, da mehrere der oben genannten Mechanismen zum Tragen kommen können. Unter Verwendung eines Hochdruckhomogenisators verglich Walstra [4] die Werte von d mit verschiedenen φ-Werten bis zu 0,4 bei konstantem anfänglichem m_C, wobei das Regime TI bei höheren φ wahrscheinlich in TV übergeht. Mit zunehmendem φ (> 0,1) stieg das resultierende d und die Abhängigkeit vom Homogenisatordruck p_H. Dies deutet auf eine verstärkte Koaleszenz hin (Effekte 1 und 4, siehe oben).

Abbildung 6.20 zeigt einen Vergleich des durchschnittlichen Tröpfchendurchmessers mit der Leistungsaufnahme der verschiedenen Emulgiermaschinen. Es ist zu erkennen, dass die kleinsten Tröpfchendurchmesser bei Verwendung der Hochdruckhomogenisatoren erzielt wurden.

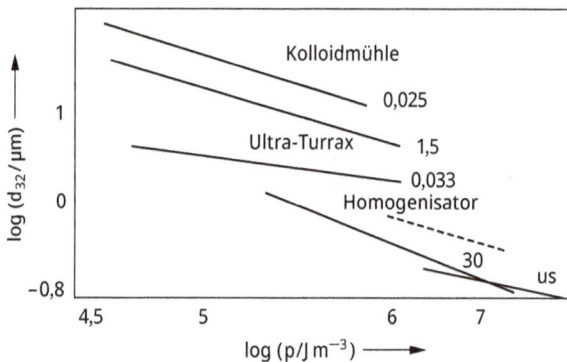

Abb. 6.20: Durchschnittliche Tröpfchendurchmesser in verschiedenen Emulgiermaschinen als Funktion des Energieverbrauchs p. Die Zahlen neben den Kurven bezeichnen das Viskositätsverhältnis λ; die Ergebnisse für den Homogenisator sind für φ = 0,04 (durchgezogene Linie) und φ = 0,3 (gestrichelte Linie) angegeben; us steht für Ultraschallgenerator.

6.6 Rheologische Eigenschaften von kosmetischen Emulsionen

Welche rheologischen Eigenschaften eine kosmetische Emulsion haben muss, hängt von der Sichtweise des Verbrauchers ab, die sehr subjektiv ist. Die Wirksamkeit und die ästhetischen Eigenschaften einer kosmetischen Emulsion werden jedoch durch ihre Rheologie beeinflusst. Bei feuchtigkeitsspendenden Cremes beispielsweise ist es wichtig, dass sie schnell dispergiert werden und sich ein kontinuierlicher Ölschutzfilm auf der Hautoberfläche ablagert. Dies erfordert ein scherverdünnendes System (siehe unten).

Zur Charakterisierung der Rheologie einer kosmetischen Emulsion müssen mehrere Techniken kombiniert werden, nämlich stationäre, dynamische (oszillatorische) und konstante Spannungsmessungen (Kriechen) [21–23]. Eine kurze Beschreibung dieser Techniken wird im Folgenden gegeben.

Bei stationären Messungen wird die Beziehung zwischen Schubspannung τ und Schergeschwindigkeit γ mit einem Rotationsviskosimeter gemessen. Je nach Konsistenz der Emulsion können ein konzentrischer Zylinder oder ein Kegel mit Platte verwendet werden. Die meisten kosmetischen Emulsionen sind nicht-Newtonsch, in der Regel pseudoplastisch, wie in Abb. 6.21 dargestellt. In diesem Fall nimmt die Viskosität mit der angewandten Schergeschwindigkeit ab (scherverdünnendes Verhalten (Abb. 6.21)), aber bei sehr niedrigen Schergeschwindigkeiten erreicht die Viskosität einen hohen Grenzwert (üblicherweise als Restviskosität oder Null-Scher-Viskosität bezeichnet).

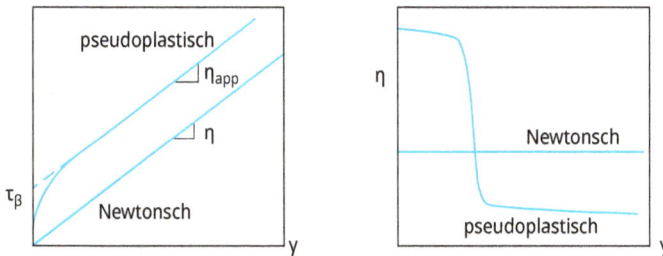

Abb. 6.21: Schematische Darstellung der Newtonschen und nicht-Newtonschen (pseudoplastischen) Strömung.

Für die oben beschriebene pseudoplastische Strömung kann man ein Potenzgesetz-Fluidmodell [22], ein Bingham-Modell [24] oder ein Casson-Modell [25] anwenden. Diese Modelle werden jeweils durch die folgenden Gleichungen dargestellt:

$$\tau = \eta_{app}\, \gamma^n \tag{6.59}$$

$$\tau = \tau_\beta + \eta_{app}\gamma \tag{6.60}$$

$$\tau^{1/2} = \tau_c^{1/2} + \eta_c^{1/2}\gamma^{1/2}, \tag{6.61}$$

wobei n die Potenz der Scherrate ist, die bei einem scherverdünnenden System kleiner als 1 ist (n wird manchmal als Konsistenzindex bezeichnet), τ_β ist die (extrapolierte) Bingham-Fließgrenze, η ist die Steigung des linearen Teils der τ-γ-Kurve, die gewöhnlich als plastische oder scheinbare Viskosität bezeichnet wird, τ_c ist die Casson-Fließgrenze und η_c die Casson-Viskosität.

Bei dynamischen (Oszillator-)Messungen wird eine sinusförmige Dehnung mit der Frequenz ν in Hz oder ω in rad s^{-1} ($\omega = 2\pi\nu$) in einem zylindrischen Messbecher oder auf einer Platte (eines Systems aus Kegel und Platte) angewandt und gleichzeitig die Spannung am Lot oder am Kegel gemessen, die mit einer Drehmomentstange verbunden sind. Die Winkelverschiebung des Messbechers oder der Platte wird mit einem Messwertaufnehmer gemessen. Bei einem viskoelastischen System, wie es bei einer kosmetischen Emulsion der Fall ist, schwingt die Spannung mit der gleichen Frequenz wie die Dehnung, jedoch phasenverschoben [21]. Dies wird in Abb. 6.22 veranschaulicht, die die Sinuswellen von Spannung und Dehnung für ein viskoelastisches System zeigt.

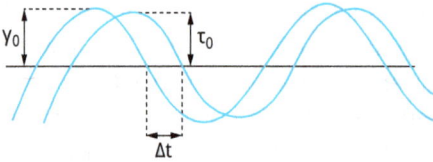

Abb. 6.22: Schematische Darstellung von Spannungs- und Dehnungssinuswellen für ein viskoelastisches System.

Aus der zeitlichen Verschiebung zwischen den Sinuswellen von Spannung und Dehnung, Δt, wird die Phasenwinkelverschiebung δ berechnet:

$$\delta = \Delta t \omega. \tag{6.62}$$

Der komplexe Modul G* wird aus den Spannungs- und Dehnungsamplituden (τ_0 bzw. γ_0) berechnet, d. h.:

$$G^* = \frac{\tau_0}{\gamma_0}. \tag{6.63}$$

Der Speichermodul G′, der ein Maß für die elastische Komponente ist, wird durch den folgenden Ausdruck beschrieben:

$$G' = |G^*| \cos \delta. \tag{6.64}$$

Der Verlustmodul G″, ein Maß für die viskose Komponente, ist durch den folgenden Ausdruck gegeben:

$$G'' = |G^*| \sin \delta \tag{6.65}$$

und

$$|G^*| = G' + iG'', \tag{6.66}$$

wobei i gleich $(-1)^{1/2}$ ist.

Die dynamische Viskosität η′ wird durch den folgenden Ausdruck gegeben:

$$\eta' = \frac{G''}{\omega}.$$

(6.67)

Bei dynamischen Messungen führt man zwei getrennte Versuche durch. Zunächst werden die viskoelastischen Parameter als Funktion der Dehnungsamplitude bei konstanter Frequenz gemessen, um den linearen viskoelastischen Bereich zu bestimmen, in dem G^*, G' und G'' unabhängig von der Dehnungsamplitude sind. Dies wird in Abb. 6.23 veranschaulicht, die die Veränderung von G^*, G' und G'' mit γ_0 zeigt. Es ist zu erkennen, dass die viskoelastischen Parameter bis zu einem kritischen Dehnungswert (γ_{cr}) konstant bleiben, oberhalb dessen G^* und G' zu sinken beginnen und G'' mit einer weiteren Zunahme der Dehnungsamplitude ansteigt. Die meisten kosmetischen Emulsionen zeigen bis zu nennenswerten Dehnungen (> 10 %) eine lineare viskoelastische Reaktion, was auf einen Strukturaufbau im System („Gelbildung") hinweist. Zeigt das System einen kurzen linearen Bereich (d. h. ein niedriges γ_{cr}), so deutet dies auf das Fehlen einer „kohärenten" Gelstruktur hin (in vielen Fällen ist dies ein Hinweis auf eine starke Ausflockung im System).

Sobald der lineare viskoelastische Bereich festgelegt ist, werden die viskoelastischen Parameter bei Dehnungsamplituden innerhalb des linearen Bereichs als Funktion der Frequenz gemessen. Dies ist schematisch in Abb. 6.24 dargestellt, die die Variation von G^*, G' und G'' in Abhängigkeit von ν oder ω zeigt. Es ist zu erkennen, dass unterhalb einer charakteristischen Frequenz ν^* oder ω^*, $G'' > G'$ ist. In diesem niederfrequenten Bereich (lange Zeitskala) kann das System Energie als viskose Strömung dissipieren. Oberhalb von ν^* oder ω^* ist $G' > G''$, da das System in diesem Hochfrequenzbereich (kurze Zeitskala) in der Lage ist, Energie elastisch zu speichern. Bei einer ausreichend hohen Frequenz tendiert G'' gegen null und G' nähert sich G^* stark an und ist kaum noch von der Frequenz abhängig.

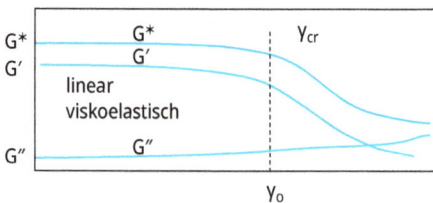

Abb. 6.23: Schematische Darstellung der Veränderung von G^*, G' und G'' mit der Dehnungsamplitude (bei einer festen Frequenz).

Die Relaxationszeit des Systems lässt sich aus der charakteristischen Frequenz (am Überkreuzungspunkt) berechnen, bei der $G' = G''$ ist, d. h.:

$$t^* = \frac{1}{\omega^*}.$$

(6.68)

Viele kosmetische Emulsionen verhalten sich wie halbfeste Stoffe mit langem t^*. Sie zeigen nur eine elastische Reaktion innerhalb des praktischen Bereichs des Geräts, d. h.

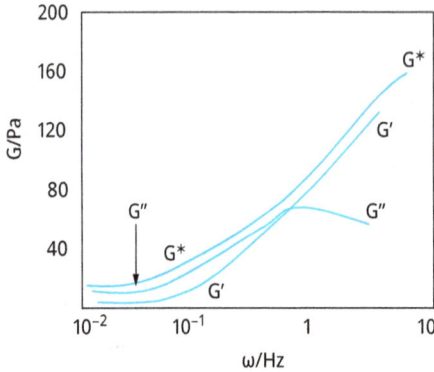

Abb. 6.24: Schematische Darstellung der Variation von G*, G′ und G″ mit ω für ein viskoelastisches System.

G′ ≫ G″, und es besteht eine geringe Abhängigkeit von der Frequenz. Das Verhalten vieler Emulsionscremes ähnelt also dem vieler elastischer Gele. Dies ist nicht überraschend, da in den meisten kosmetischen Emulsionssystemen der Volumenanteil der dispersen Phase recht hoch ist (in der Regel > 0,5) und in vielen Systemen der kontinuierlichen Phase ein polymeres Verdickungsmittel zugesetzt wird, um die Emulsion gegen Aufrahmen (oder Sedimentation) zu stabilisieren und die richtige Konsistenz für die Anwendung herzustellen.

Bei Kriechmessungen (konstante Spannung) [21] wird eine Spannung τ auf das System ausgeübt, und die Verformung γ oder die Nachgiebigkeit $J = \gamma/\tau$ wird als Funktion der Zeit verfolgt. Ein typisches Beispiel für eine Kriechkurve ist in Abb. 6.25 dargestellt. Bei $t = 0$, d. h. unmittelbar nach Aufbringen der Spannung, zeigt das System eine schnelle elastische Reaktion, die durch eine momentane Nachgiebigkeit J_0 gekennzeichnet ist, die proportional zum momentanen Modul G ist. Bei $t > 0$ nimmt die

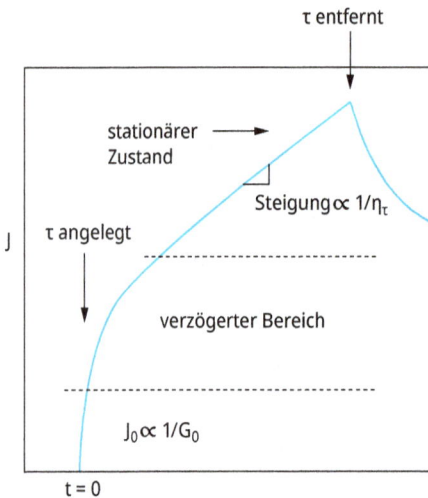

Abb. 6.25: Typische Kriechkurve für ein viskoelastisches System.

Nachgiebigkeit langsam zu, da die Bindungen zwar gebrochen und neu gebildet werden, aber mit unterschiedlicher Geschwindigkeit. Diese verzögerte Reaktion ist der gemischt viskoelastische Bereich. Bei ausreichend großen Zeitskalen, die vom System abhängen, kann bei einer konstanten Scherrate ein stationärer Zustand erreicht werden. In diesem Bereich nimmt J linear mit der Zeit zu, und die Steigung der Geraden ergibt die Viskosität η_τ bei der angelegten Spannung. Wird die Spannung entfernt, nimmt J nach Erreichen des Fließgleichgewichts ab und die Verformung kehrt das Vorzeichen um, aber nur der elastische Teil wird wiederhergestellt.

Durch die Erstellung von Kriechkurven bei verschiedenen Spannungen (ausgehend von sehr niedrigen Werten in Abhängigkeit von der Empfindlichkeit des Geräts) kann die Viskosität der Emulsion bei verschiedenen Spannungen ermittelt werden. Ein Diagramm von η_τ gegen τ zeigt das in Abb. 6.26 dargestellte typische Verhalten. Unterhalb einer kritischen Spannung, τ_β, zeigt das System einen Newtonschen Bereich mit einer sehr hohen Viskosität, die gewöhnlich als Restviskosität (oder Null-Scher-Viskosität) bezeichnet wird. Oberhalb von τ_β zeigt die Emulsion einen scherverdünnenden Bereich und schließlich einen weiteren Newtonschen Bereich mit einer Viskosität, die viel niedriger als $\eta_{(0)}$ ist. Die Restviskosität gibt Aufschluss über die Stabilität der Emulsion bei der Lagerung. Je höher der Wert von $\eta_{(0)}$ ist, desto geringer ist die Aufrahmung oder Sedimentation der Emulsion. Die Hochspannungsviskosität gibt Aufschluss über die Anwendbarkeit der Emulsion, z. B. ihre Ausbreitung und Filmbildung. Die kritische Spannung τ_β ist ein Maß für die wahre Fließgrenze des Systems, die ein wichtiger Parameter sowohl für die Anwendung als auch für die langfristige physikalische Stabilität der kosmetischen Emulsion ist.

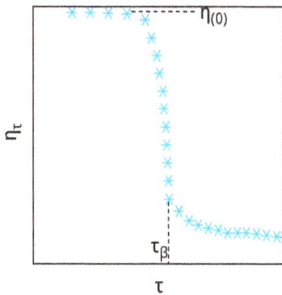

Abb. 6.26: Änderung der Viskosität mit der angelegten Spannung für eine kosmetische Emulsion.

Aus den obigen Ausführungen wird deutlich, dass rheologische Messungen von kosmetischen Emulsionen sehr wertvoll sind, um die langfristige physikalische Stabilität des Systems sowie seine Anwendungsmöglichkeiten zu bestimmen. Dieses Thema hat in den letzten Jahren bei vielen Kosmetikherstellern großes Interesse geweckt. Abgesehen von ihrem Wert für die oben erwähnte Bewertung besteht eine der wichtigsten Überlegungen darin, die rheologischen Parameter mit der Wahrnehmung des Produkts durch den Verbraucher in Verbindung zu bringen. Dies erfordert eine sorgfältige Messung der verschiedenen rheologischen Parameter für einige kosmetische Produkte. Diese Parameter werden von Expertengremien mit Wahrnehmungen in Beziehung gesetzt, die die Konsistenz des Produkts, sein Hautgefühl, seine Verteilbarkeit, seine Haftung usw. betreffen. Es ist davon auszugehen, dass die rheologischen Eigenschaften einer Emulsionscreme die endgültige Dicke der Ölschicht, die feuchtigkeitsspendende Wirkung und ihre ästhetischen Eigenschaften wie Klebrigkeit, Steifheit und Fettigkeit (Texturprofil) bestimmen. Psychophysikalische Modelle können angewandt werden, um die Rheologie mit der Verbraucherwahrnehmung zu korrelieren, und es kann ein neuer Forschungszweig, die Psychorheologie, eingeführt werden.

Literatur

[1]   Tadros, Th. F. (Editor), „Colloids in Cosmetics and Personal Care", Wiley-VCH, Deutschland (2008).
[2]   Tadros, Th. F., „Cosmetics" in „Encyclopedia of Colloid and Interface Science", Tadros, Th. F. (Editor), Springer, Deutschland (2013).
[3]   Tadros, Th. F. and Vincent, B., in „Encyclopedia of Emulsion Technology", Becher, P. (Editor), Marcel Dekker, N. Y. (1983).
[4]   Walstra, P. and Smolders, P. E. A. in „Modern Aspects of Emulsions", Binks, B. P. (Editor), The Royal Society of Chemistry, Cambridge (1998).
[5]   Tadros, Th. F., „Applied Surfactants", Wiley-VCH, Deutschland (2005).
[6]   Tadros, Th. F., „Emulsion Formation Stability and Rheology", in „Emulsion Formation and Stability", Tadros, Th. F. (Editor), Wiley-VCH, Deutschland (2013), Chapter 1.
[7]   Tadros, Th. F., „Emulsions", De Gruyter, Deutschland (2016).
[8]   Griffin, W. C., J. Cosmet. Chemists, 1, 311 (1949); 5, 249 (1954).
[9]   Davies, J. T., Proc. Int. Congr. Surface Activity, Vol. 1, p. 426 (1959).
[10] Davies, J. T. and Rideal, E. K., „Interfacial Phenomena", Academic Press, N. Y. (1961).
[11] Shinoda, K., J. Colloid Interface Sci. 25, 396 (1967).
[12] Shinoda, K. and Saito, H., J. Colloid Interface Sci., 30, 258 (1969).
[13] Beerbower, A. and Hill, M. W., Amer. Cosmet. Perfum., 87, 85 (1972).
[14] Hildebrand, J. H., „Solubility of Non-Electrolytes", 2nd Ed., Reinhold, New York (1936).
[15] Hansen, C. M., J. Paint Technol., 39, 505 (1967).
[16] Barton, A. F. M., „Handbook of Solubility Parameters and Other Cohesive Parameters", CRC Press, New York (1983).
[17] Israelachvili, J. N., Mitchell, J. N. and Ninham, B. W., J. Chem. Soc., Faraday Trans. II, 72, 1525 (1976).
[18] Lucassen-Reynders, E. H., Colloids and Surfaces, A91, 79 (1994).
[19] Lucassen, J., in „Anionic Surfactants", Lucassen-Reynders, E. H. (Editor), Marcel Dekker, N. Y. (1981).
[20] van den Tempel, M., Proc. Int. Congr. Surf. Act., 2, 573 (1960).
[21] Tadros, Th. F., „Rheology of Dispersions", Wiley-VCH, Deutschland (2010).
[22] Tadros, Th. F., „Rheological Properties of Emulsion Systems" in „Emulsions – A Fundamental and Practical Approach", Sjoblom, J. (Editor), NATO ASI Series, 363, Kluwer Academic Publishers, London (1991).
[23] Tadros, Th. F., Colloids and Surfaces, A91, 215 (1994).
[24] Bingham, E. C., „Fluidity and Plasticity", McGraw Hill, N. Y. (1922).
[25] Casson, N., „Rheology of Disperse Systems", Mill, C. C. (Editor), Pergamon Press, N. Y. (1959), pp. 84–104.

7 Formulierung von Nanoemulsionen in Kosmetika

7.1 Einleitung

Nanoemulsionen sind transparente oder durchscheinende Systeme, mit einer Tröpfchengröße im Größenbereich von 20–200 nm [1, 2]. Ob das System transparent oder transluzent ist, hängt von der Tröpfchengröße, dem Volumenanteil des Öls und dem Brechungsindexunterschied zwischen den Tröpfchen und dem Medium ab. Nanoemulsionen mit Tröpfchendurchmessern < 50 nm erscheinen transparent, wenn der Volumenanteil des Öls < 0,2 ist und der Brechungsindexunterschied zwischen den Tröpfchen und dem Medium nicht groß ist. Mit zunehmendem Tröpfchendurchmesser und Ölvolumenanteil kann das System durchscheinend erscheinen und bei höheren Ölvolumenanteilen kann das System trüb werden.

Nanoemulsionen sind nur kinetisch stabil. Sie sind von Mikroemulsionen (die den Größenbereich von 5–50 nm abdecken) zu unterscheiden, die meist transparent und thermodynamisch stabil sind. Die langfristige physikalische Stabilität von Nanoemulsionen (ohne erkennbare Ausflockung oder Koaleszenz) macht sie einzigartig und sie werden manchmal als „Annäherung an die thermodynamische Stabilität" bezeichnet. Die inhärent hohe Kolloidstabilität von Nanoemulsionen lässt sich gut verstehen, wenn man ihre sterische Stabilisierung betrachtet (bei Verwendung nichtionischer Tenside und/oder Polymere) und wie diese durch das Verhältnis der Dicke der adsorbierten Schicht zum Tröpfchenradius beeinflusst wird (siehe unten).

Wenn sie nicht angemessen aufbereitet (zur Kontrolle der Tröpfchengrößenverteilung) und gegen die Ostwald-Reifung stabilisiert sind (die auftritt, wenn das Öl eine begrenzte Löslichkeit im kontinuierlichen Medium hat), können Nanoemulsionen eine Zunahme der Tröpfchengröße aufweisen, und ein ursprünglich transparentes System kann bei der Lagerung trüb werden.

Die Attraktivität von Nanoemulsionen für die Anwendung in der Körperpflege und Kosmetik beruht auf den folgenden Vorteilen [1]:

(1) Die sehr kleine Tröpfchengröße bewirkt eine starke Verringerung der Schwerkraft, und die Brownsche Bewegung kann zur Überwindung der Schwerkraft ausreichen. Dies bedeutet, dass bei der Lagerung kein Aufrahmen oder Sedimentieren auftritt.

(2) Die geringe Tröpfchengröße verhindert auch eine Ausflockung der Tröpfchen. Eine schwache Ausflockung wird verhindert, so dass das System dispergiert bleibt, ohne sich zu trennen.

(3) Die kleinen Tröpfchen verhindern auch ihre Koaleszenz, da diese Tröpfchen nicht verformbar sind und somit Oberflächenschwankungen verhindert werden. Darüber hinaus verhindert die beträchtliche Dicke des Tensidfilms (im Verhältnis zum Tröpfchenradius) eine Ausdünnung oder Unterbrechung des Flüssigkeitsfilms zwischen den Tröpfchen.

https://doi.org/10.1515/9783110798548-007

(4) Nano-Emulsionen eignen sich für die effiziente Abgabe von Wirkstoffen über die Haut. Die große Oberfläche des Emulsionssystems ermöglicht eine schnelle Penetration der Wirkstoffe.

(5) Aufgrund ihrer geringen Größe können Nano-Emulsionen durch die „raue" Hautoberfläche dringen, was die Penetration von Wirkstoffen verbessert.

(6) Die transparente Beschaffenheit des Systems, ihre Fließfähigkeit (bei angemessenen Ölkonzentrationen) sowie das Fehlen jeglicher Verdickungsmittel können ihnen einen angenehmen ästhetischen Charakter und ein angenehmes Hautgefühl verleihen.

(7) Im Gegensatz zu Mikroemulsionen (die eine hohe Tensidkonzentration erfordern, in der Regel im Bereich von 20 % und mehr) können Nanoemulsionen mit einer angemessenen Tensidkonzentration hergestellt werden. Für eine 20%ige O/W-Nanoemulsion kann eine Tensidkonzentration im Bereich von 5 bis 10 % ausreichend sein.

(8) Die geringe Größe der Tröpfchen ermöglicht es ihnen, sich gleichmäßig auf Substraten abzusetzen. Die Benetzung, Ausbreitung und Penetration kann auch durch die niedrige Oberflächenspannung des gesamten Systems und die niedrige Grenzflächenspannung der O/W-Tröpfchen verbessert werden.

(9) Nanoemulsionen können für die Abgabe von Duftstoffen verwendet werden, die in vielen Körperpflegeprodukten enthalten sein können. Dies könnte auch bei Parfüms angewandt werden, bei denen eine alkoholfreie Formulierung wünschenswert ist.

(10) Nanoemulsionen können als Ersatz für Liposomen und Vesikel (die viel weniger stabil sind) verwendet werden, und in einigen Fällen ist es möglich, lamellare flüssigkristalline Phasen um die Nanoemulsionströpfchen herum aufzubauen.

Die inhärent hohe Kolloidstabilität von Nanoemulsionen bei Verwendung von polymeren Tensiden ist auf deren sterische Stabilisierung zurückzuführen [3]. Der Mechanismus der sterischen Stabilisierung wurde in Kapitel 5 diskutiert. Wie dort beschrieben, zeigt die Energieabstandskurve ein flaches attraktives Minimum bei einem Abstand, der mit der doppelten Dicke der adsorbierten Schicht 2δ vergleichbar ist. Dieses Minimum nimmt mit zunehmendem Verhältnis zwischen adsorbierter Schichtdicke und Tröpfchengröße an Größe ab. Bei Nanoemulsionen ist das Verhältnis von adsorbierter Schichtdicke zu Tröpfchenradius (δ/R) relativ groß (0,1 bis 0,2) im Vergleich zu Makroemulsionen.

Diese Systeme erreichen eine thermodynamische Stabilität gegen Ausflockung und/oder Koaleszenz. Die sehr geringe Größe der Tröpfchen und die dichten adsorbierten Schichten sorgen dafür, dass sich die Grenzfläche nicht verformt, der Flüssigkeitsfilm zwischen den Tröpfchen nicht verdünnt und nicht unterbrochen wird, so dass auch eine Koaleszenz verhindert wird.

Eines der Hauptprobleme bei Nanoemulsionen ist die Ostwald-Reifung, die sich aus dem Unterschied in der Löslichkeit zwischen kleinen und großen Tröpfchen ergibt [4].

Der Unterschied im chemischen Potenzial von Tröpfchen in dispergierter Phase zwischen unterschiedlich großen Tröpfchen wurde von Lord Kelvin angegeben:

$$c(r) = c(\infty) \exp\left(\frac{2\gamma V_m}{rRT}\right),$$ (7.1)

wobei c(r) die Löslichkeit in der Umgebung eines Partikels mit dem Radius r, c(∞) die Löslichkeit in der Hauptphase und V_m das molare Volumen der dispergierten Phase ist. Die Größe ($2\gamma V_m/RT$) wird als charakteristische Länge bezeichnet. Sie hat eine Größenordnung von ≈ 1 nm oder weniger, was bedeutet, dass der Unterschied in der Löslichkeit eines 1 µm großen Tropfens in der Größenordnung von 0,1 % oder weniger liegt.

Theoretisch sollte die Ostwald-Reifung zur Kondensation aller Tropfen zu einem einzigen Tropfen führen (d. h. zur Phasentrennung). In der Praxis tritt dies nicht ein, da die Wachstumsrate mit zunehmender Tropfengröße abnimmt.

Für zwei Tröpfchen mit den Radien r_1 und r_2 (wobei $r_1 < r_2$) gilt:

$$\frac{RT}{V_m} \ln \left[\frac{c(r_1)}{c(r_2)}\right] = 2\gamma \left(\frac{1}{r_1} - \frac{1}{r_2}\right).$$ (7.2)

Gleichung (7.2) zeigt, dass die Ostwald-Reifung umso schneller voranschreitet, je größer der Unterschied zwischen r_1 und r_2 ist.

Die Ostwald-Reifung kann quantitativ anhand von Darstellungen des Kubus des Radius gegen die Zeit t bewertet werden [4, 5]:

$$r^3 = \frac{8}{9} \left[\frac{c(\infty)\gamma V_m}{\rho RT}\right] t,$$ (7.3)

wobei D der Diffusionskoeffizient der dispersen Phase in der kontinuierlichen Phase ist.

Die Ostwald-Reifung kann durch die Zugabe einer zweiten Komponente, die in der kontinuierlichen Phase unlöslich ist (z. B. Squalan), verringert werden [4–6]. In diesem Fall kommt es zu einer signifikanten Aufteilung zwischen verschiedenen Tröpfchen, wobei die Komponente mit geringer Löslichkeit in der kontinuierlichen Phase in den kleineren Tröpfchen konzentriert sein dürfte. Während der Ostwald-Reifung in einem Zweikomponenten-Dispersionsphasensystem stellt sich ein Gleichgewicht ein, wenn der Unterschied im chemischen Potenzial zwischen unterschiedlich großen Tröpfchen (der sich aus Krümmungseffekten ergibt) durch den Unterschied im chemischen Potenzial ausgeglichen wird, der sich aus der Aufteilung der beiden Komponenten ergibt. Wenn die sekundäre Komponente in der kontinuierlichen Phase nicht löslich ist, weicht die Größenverteilung nicht von der ursprünglichen ab (die Wachstumsrate ist gleich null). Im Falle einer begrenzten Löslichkeit der sekundären Komponente entspricht die Verteilung der Gleichung (7.3), d. h. es ergibt sich eine Wachstumsrate des Gemischs, die immer noch niedriger ist als die der besser löslichen Komponente.

Die obige Methode ist nur begrenzt anwendbar, da man ein hoch unlösliches Öl als zweite Phase benötigt, das mit der Primärphase mischbar ist.

Eine andere Methode zur Verringerung der Ostwald-Reifung hängt von der Veränderung des Grenzflächenfilms an der O/W-Grenzfläche ab [7]. Nach Gleichung (7.3) führt eine Verringerung von γ zu einer Verringerung der Ostwald-Reifung. Dies allein reicht jedoch nicht aus, da man γ um mehrere Größenordnungen verringern muss. Es wurde vorgeschlagen, dass durch die Verwendung von Tensiden, die stark an der O/W-Grenzfläche adsorbiert werden (d. h. polymere Tenside) und während der Reifung nicht desorbieren, die Geschwindigkeit erheblich verringert werden könnte. Für die schrumpfenden Tropfen würde eine Zunahme des Oberflächen-Dilatationsmoduls und eine Abnahme von γ beobachtet werden. γ würde den Unterschied im Kapillardruck (d. h. Krümmungseffekte) ausgleichen.

Um den oben genannten Effekt zu erzielen, ist es sinnvoll, A-B-A-Blockcopolymere zu verwenden, die in der Ölphase löslich und in der kontinuierlichen Phase unlöslich sind. Es kann auch ein stark adsorbiertes polymeres Tensid verwendet werden, das in der wässrigen Phase nur begrenzt löslich ist (z. B. hydrophob modifiziertes Inulin, INUTEC® SP1 – Orafti, Belgien) [8–9], wie im Folgenden noch erläutert wird.

7.2 Herstellung von Nanoemulsionen mit Hilfe von Hochdruckhomogenisatoren

Die Erzeugung kleiner Tröpfchen (im Submikronbereich) erfordert den Einsatz hoher Energie [1]; der Emulgierprozess ist im Allgemeinen ineffizient. Einfache Berechnungen zeigen, dass die für die Emulgierung erforderliche mechanische Energie die Grenzflächenenergie um mehrere Größenordnungen übersteigt. Um beispielsweise eine Emulsion bei $\phi = 0,1$ mit einem Volumen-Oberflächen-Durchmesser (Sauter-Durchmesser) $d_{32} = 0,6$ µm unter Verwendung eines Tensids herzustellen, das eine Grenzflächenspannung $\gamma = 10$ mNm^{-1} ergibt, beträgt die Nettozunahme der freien Oberflächenenergie $A\gamma = 6\phi\gamma/d_{32} = 10^4$ Jm^{-3}. Die in einem Homogenisator benötigte mechanische Energie beträgt 10^7 Jm^{-3}, d. h. es liegt ein Wirkungsgrad von 0,1 % vor. Der Rest der Energie (99,9 %) wird als Wärme abgeführt [1].

Bevor die Methoden zur Herstellung von Submikron-Tröpfchen (Nanoemulsionen) beschrieben werden, ist es wichtig, die Thermodynamik der Emulsionsbildung und -zersetzung, die Rolle des Emulgators bei der Verhinderung der Koaleszenz während der Emulgierung und die Verfahren zur Auswahl des Emulgators zu betrachten. Dies wurde in Kapitel 6 ausführlich beschrieben.

Der Mechanismus der Emulgierung wurde in Kapitel 6 detailliert beschrieben und wird hier nur zusammenfassend wiedergegeben. Zur Herstellung einer Emulsion werden Öl, Wasser, Tensid und Energie benötigt. Dies lässt sich anhand der Energie analysieren, die zur Ausdehnung der Grenzfläche $\Delta A\gamma$ erforderlich ist (wobei ΔA die Vergrößerung der Grenzfläche ist, wenn der Ölkörper mit der Fläche A_1 eine große

Anzahl von Tröpfchen mit der Fläche A_2 erzeugt; $A_2 \gg A_1$, γ ist die Grenzflächenspannung). Da γ positiv ist, ist die Energie zur Ausdehnung der Grenzfläche groß und positiv; dieser Energieterm kann nicht durch die kleine Dispersionsentropie $T\Delta S$ (die ebenfalls positiv ist) kompensiert werden, und die gesamte freie Energie zur Bildung einer Emulsion, ΔG, ist positiv. Die Emulsionsbildung erfolgt also nicht spontan, und es wird Energie benötigt, um die Tröpfchen zu erzeugen.

Die Bildung großer Tröpfchen (einige µm), wie sie bei Makroemulsionen vorliegen, ist relativ einfach und daher reichen Hochgeschwindigkeitsrührer wie der Ultra-Turrax® oder der Silverson-Mixer aus, um die Emulsion herzustellen [1]. Im Gegensatz dazu ist die Bildung kleiner Tropfen (im Submikronbereich wie bei Nanoemulsionen) schwierig und erfordert eine große Menge an Tensid und/oder Energie. Der hohe Energieaufwand, der für die Bildung von Nanoemulsionen erforderlich ist, lässt sich aus der Betrachtung des Laplace-Drucks Δp (der Druckdifferenz zwischen dem Inneren und dem Äußeren des Tropfens) ableiten:

$$\Delta p = \frac{2\gamma}{r}. \tag{7.4}$$

Um einen Tropfen in kleinere zu zerlegen, muss er stark verformt werden, und diese Verformung erhöht Δp. Tenside spielen eine wichtige Rolle bei der Bildung von Emulsionen: Indem sie die Grenzflächenspannung senken, wird Δp verringert und damit die zum Aufbrechen eines Tropfens erforderliche Spannung reduziert. Tenside verhindern auch die Koaleszenz von neu gebildeten Tropfen.

Um die Emulsionsbildung zu beschreiben, müssen zwei Hauptfaktoren berücksichtigt werden: Hydrodynamik und Grenzflächenkunde. Bei der Hydrodynamik muss man die Art der Strömung berücksichtigen: Laminare Strömung und turbulente Strömung. Dies hängt von der Reynolds-Zahl ab, wie später noch einmal erläutert wird.

Zur Beurteilung der Emulsionsbildung wird in der Regel die Tröpfchengrößenverteilung gemessen, z. B. mit Hilfe von Laserbeugungstechniken. Ein nützlicher durchschnittlicher Durchmesser d ist:

$$d_{nm} = \left(\frac{S_m}{S_n}\right)^{1/(n-m)}. \tag{7.5}$$

In den meisten Fällen wird d_{32} (der Volumen-/Oberflächenmittelwert oder Sauter-Mittelwert) verwendet. Die Breite der Größenverteilung kann als Variationskoeffizient c_m angegeben werden, der die mit d_m gewichtete Standardabweichung der Verteilung geteilt durch den entsprechenden Mittelwert d ist. Im Allgemeinen wird C_2 verwendet, was d_{32} entspricht.

Eine alternative Möglichkeit zur Beschreibung der Emulsionsqualität ist die Verwendung der spezifischen Oberfläche A (Oberfläche aller Emulsionströpfchen pro Volumeneinheit der Emulsion):

$$A = \pi s^2 = \frac{6\phi}{d_{32}}. \tag{7.6}$$

Für die Herstellung von Emulsionen können verschiedene Verfahren angewandt werden [1], die von einfachen Rohrströmungen (niedrige Rührenergie L), statischen Mischern und allgemeinen Rührern (niedrige bis mittlere Energie, L–M), Hochgeschwindigkeitsmischern wie dem Ultra-Turrax® (M), Kolloidmühlen und Hochdruckhomogenisatoren (hohe Energie, H), Ultraschallgeneratoren (M–H) reichen. Die Aufbereitungsmethode kann kontinuierlich (C) oder chargenweise (B) erfolgen: Rohrströmung und statische Mischer – C; Rührer und Ultra-Turrax® – B, C; Kolloidmühle und Hochdruckhomogenisatoren – C; Ultraschall – B, C.

Bei allen Methoden gibt es eine Flüssigkeitsströmung, eine uneingeschränkte und eine stark eingeschränkte Strömung. Bei der uneingeschränkten Strömung ist jeder Tropfen von einer großen Menge strömender Flüssigkeit umgeben (die begrenzenden Wände der Apparatur sind weit von den meisten Tropfen entfernt). Die Kräfte können Reibungskräfte (meist viskos) oder Trägheitskräfte sein. Viskose Kräfte verursachen Scherspannungen an der Grenzfläche zwischen den Tropfen und der kontinuierlichen Phase (hauptsächlich in Richtung der Grenzfläche). Die Scherspannungen können durch laminare Strömung (LV) oder turbulente Strömung (TV) erzeugt werden; dies hängt von der Reynolds-Zahl Re ab:

$$Re = \frac{v l \rho}{\eta}, \tag{7.7}$$

wobei v die lineare Flüssigkeitsgeschwindigkeit, ρ die Flüssigkeitsdichte und η die Viskosität ist. l ist eine charakteristische Länge, die durch den Durchmesser der Strömung durch ein zylindrisches Rohr oder durch das Doppelte der Spaltbreite in einem engen Spalt gegeben ist.

Bei laminarer Strömung ist Re < ≈ 1000, während bei turbulenter Strömung Re > ≈ 2000 ist. Ob es sich um eine lineare oder turbulente Strömung handelt, hängt also von der Größe des Geräts, der Strömungsgeschwindigkeit und der Viskosität der Flüssigkeit ab [8–11].

Wenn die turbulenten Wirbel viel größer als die Tropfen sind, üben sie Scherspannungen auf die Tropfen aus. Wenn die turbulenten Wirbel viel kleiner als die Tropfen sind, verursachen Trägheitskräfte eine Störung (TI).

Bei begrenzter Strömung gelten andere Beziehungen. Wenn die kleinste Abmessung des Teils der Apparatur, in dem die Tröpfchen unterbrochen werden (z. B. ein Schlitz), mit der Tröpfchengröße vergleichbar ist, gelten andere Beziehungen (die Strömung ist immer laminar). Ein anderes Regime herrscht vor, wenn die Tröpfchen direkt durch eine enge Kapillare in die kontinuierliche Phase injiziert werden (Injektionsregime), dies ist bei Membranemulgierung der Fall.

Innerhalb jedes Regimes ist eine wesentliche Variable die Intensität der wirkenden Kräfte; die viskose Spannung bei laminarer Strömung σ_{viskos} ist gegeben durch:

$$\sigma_{viskos} = \eta G, \tag{7.8}$$

wobei G der Geschwindigkeitsgradient ist.

Die Intensität in einer turbulenten Strömung wird durch die Leistungsdichte ε (die Menge an Energie, die pro Volumeneinheit pro Zeiteinheit abgeführt wird) ausgedrückt; für turbulente Strömungen [11] gilt:

$$\varepsilon = \eta G^2. \tag{7.9}$$

Die wichtigsten Regime sind: laminar/viskos (LV) – turbulent/viskos (TV) – turbulent/inertial (TI). Für Wasser als kontinuierliche Phase ist das Regime immer TI. Bei höherer Viskosität der kontinuierlichen Phase ($\eta_C = 0{,}1$ Pas) ist das Regime TV. Für eine noch höhere Viskosität oder einen kleinen Apparat (kleines l) ist das Regime LV. Bei sehr kleinen Apparaten (wie es bei den meisten Laborhomogenisatoren der Fall ist), ist das Regime fast immer LV.

Für die oben genannten Bereiche gibt es eine halbquantitative Theorie, die die Zeitskala und die Größe der lokalen Spannung σ_{ext}, den Tröpfchendurchmesser d, die Zeitskala der Tröpfchenverformung τ_{def}, die Zeitskala der Tensidadsorption τ_{ads} und die gegenseitige Kollision der Tröpfchen angeben kann.

Ein wichtiger Parameter zur Beschreibung der Tröpfchenverformung ist die Weber-Zahl We (die das Verhältnis der äußeren Spannung zum Laplace-Druck angibt):

$$We = \frac{G\eta_C R}{2\gamma}. \tag{7.10}$$

Die Viskosität des Öls spielt eine wichtige Rolle beim Aufbrechen von Tropfen; je höher die Viskosität, desto länger dauert die Verformung eines Tropfens. Die Verformungszeit τ_{def} wird durch das Verhältnis zwischen der Ölviskosität und der auf den Tropfen wirkenden äußeren Spannung bestimmt:

$$\tau_{def} = \frac{\eta_D}{\sigma_{ext}}. \tag{7.11}$$

Die Viskosität der kontinuierlichen Phase η_C spielt in einigen Regimen eine wichtige Rolle: Im turbulenten Trägheitsregime hat η_C keine Auswirkung auf die Tröpfchengröße. Im turbulenten viskosen Bereich führt ein größeres η_C zu kleineren Tröpfchen. Bei laminarer Viskosität ist der Effekt noch stärker.

Tenside senken die Grenzflächenspannung γ, was zu einer Verringerung der Tröpfchengröße führt. Letztere nimmt mit der Abnahme von γ ab. Bei laminarer Strömung ist der Tröpfchendurchmesser proportional zu γ; bei turbulentem Trägheitsregime ist der Tröpfchendurchmesser proportional zu $\gamma^{3/5}$.

Eine weitere wichtige Rolle des Tensids ist seine Wirkung auf den Grenzflächendilatationsmodul ε [12–15]:

$$\varepsilon = \frac{d\gamma}{d \ln A}.$$ (7.12)

Während der Emulgierung kommt es zu einer Vergrößerung der Grenzfläche A und damit zu einer Verringerung von Γ. Das Gleichgewicht wird durch Adsorption von Tensid aus der Gesamtlösung wiederhergestellt, was jedoch Zeit erfordert (bei höherer Tensidaktivität treten kürzere Zeiten auf). Daher ist ε bei kleinem a und auch bei großem a klein. Da sich das Gleichgewicht bei polymeren Tensiden nicht oder nur langsam einstellt, ist ε bei Expansion und Kompression der Grenzfläche nicht gleich.

In der Praxis werden Tensidmischungen verwendet, die deutliche Auswirkungen auf γ und ε haben. Einige spezifische Tensidmischungen ergeben niedrigere γ-Werte als die beiden Einzelkomponenten. Das Vorhandensein von mehr als einem Tensidmolekül an der Grenzfläche führt bei hohen Tensidkonzentrationen tendenziell zu einer Erhöhung von ε. Die verschiedenen Komponenten weisen eine unterschiedliche Oberflächenaktivität auf. Diejenigen mit dem niedrigsten γ neigen dazu, an der Grenzfläche zu überwiegen, aber wenn sie in niedrigen Konzentrationen vorhanden sind, kann es lange dauern, bis der niedrigste Wert erreicht wird. Polymer-Tensid-Gemische können eine gewisse synergetische Oberflächenaktivität aufweisen.

Abgesehen von ihrer γ reduzierenden Wirkung spielen Tenside eine wichtige Rolle bei der Verformung und dem Zerfall von Tröpfchen; dies lässt sich wie folgt zusammenfassen: Tenside ermöglichen das Vorhandensein von Grenzflächenspannungsgradienten, die für die Bildung stabiler Tröpfchen entscheidend sind. In Abwesenheit von Tensiden (saubere Grenzfläche) kann die Grenzfläche einer tangentialen Spannung nicht standhalten; die Flüssigkeitsbewegung wird kontinuierlich sein.

Grenzflächenspannungsgradienten sind sehr wichtig für die Stabilisierung des dünnen Flüssigkeitsfilms zwischen den Tröpfchen, was zu Beginn der Emulgierung sehr wichtig ist (Filme der kontinuierlichen Phase können durch die disperse Phase gezogen werden und die Kollision ist sehr groß). Die Größe der γ-Gradienten und des Marangoni-Effekts hängt vom Grenzflächendilatationsmodul ε ab, das durch Gleichung (7.12) gegeben ist.

Unter den bei der Emulgierung vorherrschenden Bedingungen nimmt ε mit zunehmender Tensidkonzentration m_C zu und ist durch die folgende Beziehung gegeben:

$$\varepsilon = \frac{d\pi}{d \ln \Gamma},$$ (7.13)

wobei π der Oberflächendruck ist ($\pi = \gamma_0 - \gamma$). Abbildung 7.1 zeigt die Variation von π mit $\ln\Gamma$; ε ist durch die Steigung der Linie gegeben [16].

SDS weist im Vergleich zu β-Casein und Lysozym einen viel höheren ε-Wert auf. Dies liegt daran, dass der Wert von Γ für SDS höher ist. Die beiden Proteine weisen unterschiedliche ε-Werte auf, was auf die Konformationsänderung bei der Adsorption zurückzuführen sein könnte.

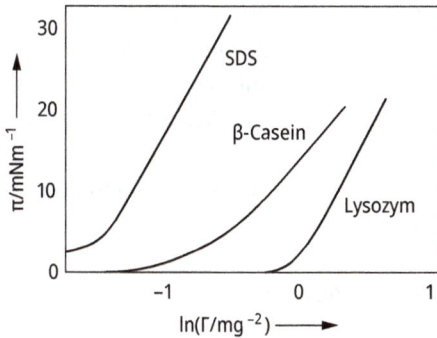

Abb. 7.1: Oberflächendruck π versus lnΓ für verschiedene Emulgatoren.

Eine weitere wichtige Aufgabe des Emulgators besteht darin, die Koaleszenz während der Emulgierung zu verhindern. Dies ist sicherlich nicht auf die starke Abstoßung zwischen den Tropfen zurückzuführen, da der Druck, mit dem zwei Tropfen zusammengepresst werden, viel größer ist als die Abstoßungsspannungen. Die gegenläufigen Spannungen müssen auf die Bildung von γ-Gradienten zurückzuführen sein. Wenn zwei Tropfen zusammengedrückt werden, fließt die Flüssigkeit aus der dünnen Schicht zwischen ihnen heraus, und der Fluss erzeugt ein γ-Gefälle. Dadurch entsteht eine Gegenspannung, die gegeben ist durch:

$$\tau_{\Delta\gamma} \approx \frac{2|\Delta\gamma|}{(1/2)\mathrm{d}}. \tag{7.14}$$

Der Faktor 2 ergibt sich aus der Tatsache, dass es sich um zwei Grenzflächen handelt. Bei einem Wert von $\Delta\gamma = 10$ mNm^{-1} beträgt die Spannung 40 kPa (was in der gleichen Größenordnung liegt wie die äußere Spannung).

Eng verwandt mit dem oben beschriebenen Mechanismus ist der Gibbs-Marangoni-Effekt, der in Abb. 7.2 schematisch dargestellt ist. Die Verarmung des Tensids in dem dünnen Film zwischen den sich nähernden Tropfen führt zu einem γ-Gefälle, ohne dass ein Flüssigkeitsstrom beteiligt ist. Dies führt zu einer Flüssigkeitsströmung nach innen, die die Tropfen auseinandertreibt.

Der Gibbs-Marangoni-Effekt erklärt auch die Bancroft-Regel, die besagt, dass die Phase, in der das Tensid am löslichsten ist, die kontinuierliche Phase bildet. Befindet sich das Tensid in den Tröpfchen, kann sich kein γ-Gefälle entwickeln und die Tropfen würden zur Koaleszenz neigen. Daher neigen Tenside mit einem HLB-Wert > 7 zur Bildung von O/W-Emulsionen und solche mit HLB < 7 zur Bildung von W/O-Emulsionen.

Der Gibbs-Marangoni-Effekt erklärt auch den Unterschied zwischen Tensiden und Polymeren bei der Emulgierung: Polymere ergeben im Vergleich zu Tensiden größere Tropfen. Polymere ergeben im Vergleich zu Tensiden bei kleinen Konzentrationen einen kleineren Wert von ε.

Bei der Emulgierung sollten auch verschiedene andere Faktoren berücksichtigt werden:

Der Volumenanteil der dispersen Phase ϕ. Ein Anstieg von ϕ führt zu einer Zunahme der Tröpfchenkollisionen und damit zur Koaleszenz während der Emulgierung. Mit der Erhöhung von ϕ nimmt die Viskosität der Emulsion zu und es könnte sich die Strömung von einer turbulenten zu einer laminaren (LV-Regime) verändern.

Die Anwesenheit vieler Partikel führt zu einer lokalen Zunahme der Geschwindigkeitsgradienten. Dies bedeutet, dass G zunimmt. In einer turbulenten Strömung führt die Erhöhung von ϕ zu einem Turbulenzabfall. Dies führt zu größeren Tröpfchen. Die Turbulenzunterdrückung durch hinzugefügte Polymere führt dazu, dass die kleinen Wirbel entfernt werden, was zur Bildung größerer Tröpfchen führt.

Wird das Massenverhältnis von Tensid zu kontinuierlicher Phase konstant gehalten, führt eine Erhöhung von ϕ zu einer Verringerung der Tensidkonzentration und damit zu einer Erhöhung von γ_{eq}, was zu größeren Tröpfchen führt. Wird das Massenverhältnis von Tensid zu disperser Phase konstant gehalten, kehren sich die oben genannten Veränderungen um.

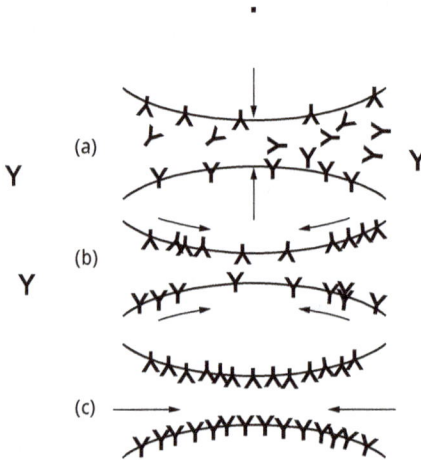

Abb. 7.2: Schematische Darstellung des Gibbs-Marangoni-Effekts für zwei sich nähernde Tropfen.

Allgemeine Schlussfolgerungen können nicht gezogen werden, da mehrere der oben genannten Mechanismen zum Tragen kommen können. Experimente mit einem Hochdruckhomogenisator bei verschiedenen ϕ-Werten und konstantem anfänglichem m_C (Regime TI, das bei höherem ϕ in TV übergeht) zeigten, dass mit zunehmendem ϕ ($> 0,1$) der resultierende Tröpfchendurchmesser zunahm und die Abhängigkeit vom Energieverbrauch schwächer wurde. Abbildung 7.3 zeigt einen Vergleich des durchschnittlichen Tröpfchendurchmessers mit dem Energieverbrauch bei verschiedenen Emulgiermaschinen. Es ist zu erkennen, dass die kleinsten Tröpfchendurchmesser bei der Verwendung von Hochdruckhomogenisatoren erzielt wurden.

Die Auswahl der verschiedenen Tenside für die Herstellung von O/W- oder W/O-Emulsionen wurde in Kapitel 6 ausführlich beschrieben. Für die Auswahl von Emulgatoren können vier Methoden verwendet werden, nämlich das Hydrophil-lipophil-

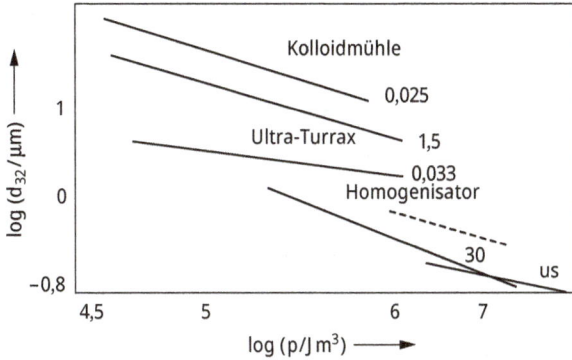

Abb. 7.3: Durchschnittliche Tröpfchendurchmesser in verschiedenen Emulgiermaschinen als Funktion des Energieverbrauchs p. Die Zahlen neben den Kurven bezeichnen das Viskositätsverhältnis λ; die Ergebnisse für den Homogenisator sind für $\phi = 0{,}04$ (durchgezogene Linie) und $\phi = 0{,}3$ (gestrichelte Linie); us bedeutet Ultraschallgenerator.

Gleichgewicht (HLB), die Phaseninversionstemperatur (PIT), das Kohäsionsenergieverhältnis (CER) und das Konzept der kritischen Packungsparameter. Diese Methoden wurden in Kapitel 6 ausführlich beschrieben.

Wie bereits erwähnt, kombiniert die Emulgierung die Bildung feiner Tröpfchen und deren Stabilisierung gegen Koaleszenz. Die Emulsionströpfchen werden durch Vorvermischung der lipophilen und hydrophilen Phasen erzeugt. Die groben Tröpfchen werden dann durch Verformung und Zertrümmerung mit hoher spezifischer Energie im Bereich von µm oder noch kleiner fein dispergiert. Diese Tröpfchen müssen durch einen effizienten Emulgator gegen Koaleszenz stabilisiert werden. Dieser muss schnell an der Öl/Wasser-Grenzfläche adsorbieren, um die Koaleszenz der Tröpfchen während der Emulgierung zu verhindern. In den meisten Fällen wird eine synergetische Mischung von Emulgatoren verwendet.

Oftmals werden Nanoemulsionen in zwei Stufen hergestellt, zunächst mit einem Rotor-Stator-Mischer (z. B. UltraTurrax® oder Silverson-Mischer), der Tröpfchen im Bereich von µm erzeugen kann, gefolgt von einer Hochdruckhomogenisierung (bis 3000 bar) zur Erzeugung von Tröpfchen in Nanometergröße (bis zu 50 nm).

Der Rotor-Stator-Mischer besteht aus einem rotierenden und einem feststehenden Maschinenteil [1]. Es gibt verschiedene Geometrien mit unterschiedlichen Größen und Abständen zwischen Rotor und Stator. Die einfachste Rotor-Stator-Maschine ist ein Gefäß mit einem Rührwerk, das zur chargenweisen oder quasi-kontinuierlichen Herstellung der Emulsion verwendet wird. Die Leistungsdichte ist relativ gering und breit verteilt. Daher können nur selten kleine mittlere Tröpfchendurchmesser (< 1 µm) erzeugt werden. Außerdem sind eine lange Verweilzeit und eine Emulgierung über mehrere Minuten erforderlich, was häufig zu einer breiten Tröpfchengrößenverteilung führt. Einige dieser Probleme lassen sich durch eine Verkleinerung der Auflockerungszone lösen, die die Leistungsdichte erhöht, z. B. durch den Einsatz von Kolloidmühlen oder Zahnscheibendispergiermaschinen.

Zur Erzeugung von Tröpfchen im Submikronbereich wird üblicherweise die Hochdruckhomogenisierung eingesetzt [1]. Diese Homogenisatoren werden kontinuierlich betrieben, und es können Durchsätze von bis zu mehreren tausend Litern pro Stunde erreicht werden. Der Homogenisator besteht im Wesentlichen aus einer Hochdruckpumpe und einer Homogenisierungsdüse. Die Pumpe erzeugt den Druck, der dann in der Düse in kinetische Energie umgewandelt wird, die für den Zerfall der Tröpfchen verantwortlich ist. Die Konstruktion der Homogenisierungsdüse beeinflusst das Strömungsmuster der Emulsion in der Düse und damit die Tröpfchenzerstörung. Ein gutes Beispiel für eine effiziente Homogenisierungsdüse sind die gegenläufigen Düsen, die im Microfluidizer® arbeiten. Andere Beispiele sind der Jet-Dispergierer (entwickelt von Bayer) und das einfache Düsenventil. Die Tröpfchenzerstörung in Hochdruckhomogenisatoren ist in erster Linie auf Trägheitskräfte bei turbulenter Strömung, Scherkräfte bei laminarer Dehnungsströmung sowie auf Kavitation zurückzuführen.

Tröpfchen können auch durch Ultraschallwellen (Frequenz > 18 kHz) aufgebrochen werden, die Kavitation verursachen, die zu Mikrostrahlen und Zonen mit hoher Mikroturbulenz führt [1]. Ein chargenweiser Betrieb in kleinem Maßstab wurde im Labor angewandt, insbesondere für Systeme mit niedriger Viskosität. Die kontinuierliche Anwendung erfordert eine speziell konstruierte Strömungskammer, in die die Ultraschallwellen eingeleitet werden. Aufgrund der begrenzten Leistung von Schallinduktoren gibt es technische Grenzen für einen hohen Durchsatz.

Eine weitere Methode, die für die Zerlegung von Tröpfchen eingesetzt werden kann, ist die Verwendung von Mikrokanalsystemen (Membranemulgierung). Dies kann durch das Pressen der dispersen Phase durch mikroporöse Membranporen realisiert werden [1]. Die Tröpfchen werden an der Membranoberfläche gebildet und durch die Wandschubspannung der kontinuierlichen Phase von ihr abgelöst. Neben Rohrmembranen aus Keramiken wie Aluminiumoxid wurden auch spezielle poröse Gläser und Polymere wie Polypropylen, Polytetraflourethylen (PTFE), Nylon und Silikon verwendet. Das Benetzungsverhalten der Membran ist von großer Bedeutung. Wird die Membran nur von der kontinuierlichen Phase benetzt, entstehen Emulsionen mit einer sehr engen Tröpfchengrößenverteilung, mit mittleren Tröpfchengrößen im Bereich des Dreifachen des mittleren Porendurchmessers. Der anzuwendende Druck sollte idealerweise etwas oberhalb des Kapillardrucks liegen. Durch die Emulgierung der Membran werden die bei der Tröpfchenbildung wirkenden Scherkräfte reduziert.

Die Tropfen werden zerrissen, wenn sie über einen Zeitraum t_{def} verformt werden, der länger als eine kritische Verformungszeit $t_{defcrit}$ ist, und wenn die durch die Weber-Zahl We, Gleichung (6.47), beschriebene Verformung einen kritischen Wert We_{cr} überschreitet. Die tropfenverformenden Spannungen werden von der kontinuierlichen Phase geliefert.

In einer turbulenten Strömung werden die Tröpfchen hauptsächlich durch Trägheitskräfte zerrissen, die durch energieverzehrende kleine Wirbel erzeugt werden. Aufgrund interner viskoser Kräfte versuchen die Tröpfchen, ihre ursprüngliche Form und Größe wiederzuerlangen. Zwei dimensionslose Zahlen, die turbulente Weber-Zahl We_{turb} und die Ohnsorge-Zahl Oh, charakterisieren die auf die Tropfen wirkenden Spannungen bei der Verformung und dem Aufbrechen [17]:

$$We_{turb} = \frac{C^2 P_v^{2/3} \rho_c^{1/3} x^{5/3}}{\gamma} \tag{7.15}$$

$$Oh = \frac{\eta_d}{(\gamma \rho_d x)^{1/2}}. \tag{7.16}$$

C ist eine Konstante, P_v ist die volumetrische Leistungsdichte, ρ_c die Viskosität der kontinuierlichen Phase, ρ_d die Tropfendichte, und x ist der Tropfendurchmesser.

Die Tröpfchenauflösung bei laminarer Scherströmung ist auf einen engen Bereich des Viskositätsverhältnisses zwischen der dispersen Phase und der kontinuierlichen Phase (η_d/η_c) bei Einzeltröpfchenauflösung oder zwischen der dispersen Phase und der Emulsion (η_d/η_e) bei Emulsionen beschränkt. Für laminare Scherströmung gilt:

$$x_{3,2} \propto E_v^{-1} f(\eta_d/\eta_e). \tag{7.17}$$

Und für eine laminare Strömung mit Elongation:

$$x_{3,2} \propto E_v^{-1}. \tag{7.18}$$

Dabei ist E_v die volumetrische Energiedichte oder spezifische Zersetzungsenergie.

Laminare Strömung mit Elongation wird erfolgreich in innovativen Hochdruckhomogenisierungsventilen eingesetzt, wo der Effekt der turbulenten Tröpfchenzerstörung durch Vorverformung der Tröpfchen ergänzt wird. Auf diese Weise kann die Effizienz der Tröpfchenauflösung bei der Hochdruckhomogenisierung deutlich erhöht werden, insbesondere bei Tröpfchen mit hoher Viskosität.

Die Intensität des Prozesses oder die Wirksamkeit bei der Herstellung kleiner Tröpfchen wird häufig durch die Nettoleistungsdichte bestimmt:

$$p = \varepsilon(t) \, dt, \tag{7.19}$$

wobei t die Zeit ist, in der die Emulgierung stattfindet.

Das Aufbrechen der Tröpfchen erfolgt nur bei hohen ε-Werten, was bedeutet, dass die bei niedrigen ε-Werten verbrauchte Energie verschwendet wird. Chargenprozesse sind im Allgemeinen weniger effizient als kontinuierliche Prozesse. Dies zeigt, warum bei einem Rührer in einem großen Gefäß der größte Teil der Energie, die bei niedriger Intensität aufgewendet wird, als Wärme abgeführt wird. In einem Homogenisator ist p einfach gleich dem Homogenisatordruck [4, 5].

Um die Effizienz der Emulgierung bei der Herstellung von Nanoemulsionen zu verbessern, können mehrere Regeln angewandt werden: Man sollte die Effizienz des Rührens optimieren, indem man ε erhöht und die Dissipationszeit verkürzt. Die Emulsion sollte vorzugsweise mit einer hohen Volumenfraktion ϕ der dispersen Phase hergestellt und anschließend verdünnt werden. Sehr hohe φ-Werte können jedoch zur Koaleszenz während der Emulgierung führen. Wird mehr Tensid hinzugegeben, entsteht ein kleineres γ_{eff} und die Rekoaleszenz wird möglicherweise verringert. Es sollten also Tensidmischungen verwendet werden, die eine stärkere Verringerung der γ-Werte der einzelnen Komponenten aufweisen. Das Tensid sollte nach Möglichkeit in der dispersen Phase und nicht in der kontinuierlichen Phase gelöst werden; dies führt häufig zu kleineren Tröpfchen. Es kann sinnvoll sein, in Schritten mit zunehmender Intensität zu emulgieren, insbesondere bei Emulsionen mit hochviskoser disperser Phase.

7.3 Energiearme Methoden zur Herstellung von Nanoemulsionen

Die Niedrigenergie-Methoden zur Herstellung von Nanoemulsionen sind von besonderem Interesse, da sie wirtschaftlicher sind und die Herstellung von Nanoemulsionen mit enger Tröpfchenverteilung ermöglichen. Bei diesen Methoden ist die chemische Energie der Komponenten der Schlüsselfaktor für die Emulgierung. Die bekanntesten Niedrigenergie-Emulgierungsmethoden sind die direkte Emulgierung oder Selbstemulgierung [18–20] und die Phasenumkehrung [21–23]. Im Allgemeinen ermöglicht die Emulgierung mit Niedrigenergieverfahren die Gewinnung kleinerer und einheitlicherer Tröpfchen.

Bei den sogenannten direkten oder Selbstemulgierungsmethoden wird die Emulgierung durch einen Verdünnungsprozess bei konstanter Temperatur erreicht, ohne dass gim System während der Emulgierung ein Phasenübergang (keine Änderung der Spontankrümmung des Tensids) stattfindet [18–20]. In diesem Fall werden Öl-in-Wasser-Nanoemulsionen (O/W) durch Zugabe von Wasser über eine direkte Mikroemulsionsphase erhalten, während Wasser-in-Öl-Nanoemulsionen (W/O) durch Zugabe von Öl über eine indirekte Mikroemulsionsphase erhalten werden. Diese Methode wird im Folgenden ausführlich beschrieben. Bei dieser Methode der Selbstemulgierung wird die chemische Auflösungsenergie in der kontinuierlichen Phase des im Ausgangssystem vorhandenen Lösungsmittels (das die disperse Phase bilden wird) genutzt. Wenn die beabsichtigte kontinuierliche Phase und die beabsichtigte disperse Phase gemischt werden, löst sich das in der letzteren Phase vorhandene Lösungsmittel in der kontinuierlichen Phase auf, zieht die Mizellen des Ausgangssystems mit und dispergiert sie, wodurch die Nanoemulsionströpfchen entstehen.

Phaseninversionsmethoden nutzen die chemische Energie, die während des Emulgiervorgangs als Folge einer Änderung der spontanen Krümmung der Tensidmoleküle von negativ zu positiv (Erzielung von Öl-in-Wasser-Nanoemulsionen) oder von positiv zu negativ (Erzielung von Wasser-in-Öl-Nanoemulsionen) freigesetzt wird. Diese Änderung der Krümmung des Tensids kann durch eine Änderung der Zusammensetzung bei konstanter Temperatur (Phase Inversion Composition, PIC) [21, 22] oder durch eine schnelle Temperaturänderung ohne Änderung der Zusammensetzung (Phase Inversion

Temperature, PIT) [23] erreicht werden. Die PIT-Methode kann nur auf Systeme mit Tensiden angewandt werden, die empfindlich auf Temperaturänderungen reagieren, d. h. auf Tenside vom POE-Typ, bei denen Temperaturänderungen eine Änderung der Hydratation der Polyoxyethylen-Ketten und damit eine Änderung ihrer Krümmung bewirken [23, 24]. Bei der PIC-Methode wird die Änderung der Krümmung durch die schrittweise Zugabe der beabsichtigten kontinuierlichen Phase, bei der es sich um reines Wasser oder Öl handeln kann [21, 22], über das Gemisch der beabsichtigten dispersen Phase (Öl oder Wasser und Tensid/e) herbeigeführt.

Studien zum Phasenverhalten von Tensiden sind wichtig, wenn Niedrigenergie-Emulgiermethoden verwendet werden, da die Phasen, die während der Emulgierung beteiligt sind, entscheidend sind, um Nanoemulsionen mit kleiner Tröpfchengröße und geringer Polydispersität zu erhalten. Im Gegensatz dazu sind bei der Verwendung von Schermethoden nur die in der endgültigen Zusammensetzung vorhandenen Phasen von Bedeutung.

7.3.1 Prinzip der Phaseninversionszusammensetzung (PIC)

Eine Untersuchung des Phasenverhaltens von Wasser/Öl/Tensid-Systemen hat gezeigt, dass die Emulgierung durch drei verschiedene Niedrigenergie-Emulgierungsmethoden erreicht werden kann, wie in Abb. 7.4 schematisch dargestellt. (A) schrittweise Zugabe von Öl zu einem Wasser-Tensid-Gemisch; (B) schrittweise Zugabe von Wasser zu einer Lösung des Tensids in Öl; danach Mischen aller Komponenten in der endgültigen Zusammensetzung und Vor-Equilibrierung der Proben vor der Emulgierung. In diesen Studien wurde das System Wasser/Brij™ 30 (Polyoxyethylenlaurylether mit durchschnittlich 4 Molen Ethylenoxid)/Decan als Modell für die Herstellung von O/W-Emulsionen gewählt. Die Ergebnisse zeigten, dass sich Nanoemulsionen mit Tröpfchengrößen in der Größenordnung von 50 nm nur dann bildeten, wenn Wasser zu Gemischen aus Tensid und Öl hinzugefügt wurde (Methode B), wobei eine Inversion von der W/O-Emulsion zur O/W-Nanoemulsion stattfand.

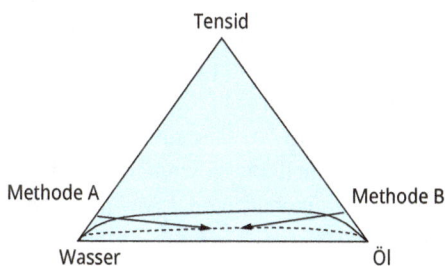

Abb. 7.4: Schematische Darstellung des experimentellen Ablaufs zweier Emulgierungsmethoden; Methode A: Zugabe von Decan zu einer Wasser/Tensid-Mischung; Methode B: Zugabe von Wasser zu einer Decan/ Brij™ 30-Lösung.

7.3.2 Prinzip der Phaseninversionstemperatur (PIT)

Die Phaseninversion in Emulsionen kann auf zwei Arten erfolgen: Übergangsinversion, die durch veränderte Faktoren ausgelöst wird, die den HLB-Wert des Systems beeinflussen, z. B. Temperatur und/oder Elektrolytkonzentration. Katastrophische Inversion, die durch eine Erhöhung des Volumenanteils der dispersen Phase hervorgerufen wird.

Die Übergangsinversion kann auch durch Änderung des HLB-Werts des Tensids bei konstanter Temperatur unter Verwendung von Tensidmischungen herbeigeführt werden. Dies wird in Abb. 7.5 veranschaulicht, die den durchschnittlichen Tröpfchendurchmesser und die Geschwindigkeitskonstante für das Erreichen einer konstanten Tröpfchengröße in Abhängigkeit vom HLB-Wert zeigt. Es ist zu erkennen, dass der Durchmesser abnimmt und die Geschwindigkeitskonstante zunimmt, wenn man sich der Inversion nähert.

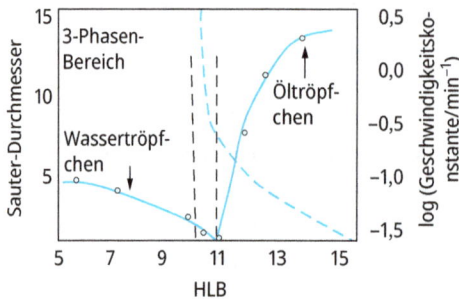

Abb. 7.5: Tröpfchendurchmesser einer Emulsion und Geschwindigkeitskonstante bis zum Erreichen einer konstanten Tröpfchengröße als Funktion des HLB-Werts bei Cyclohexan/Nonylphenolethoxylat.

Zur Anwendung des Phaseninversionsprinzips wird die Methode der Übergangsinversion verwendet, die von Shinoda und Mitarbeitern [23, 24] bei der Verwendung nichtionischer Tenside vom Ethoxylat-Typ demonstriert wurde. Diese Tenside sind stark temperaturabhängig und werden mit steigender Temperatur aufgrund der Dehydratisierung der Polyethylenoxidkette lipophil. Wird eine O/W-Emulsion mit einem nichtionischen Tensid vom Ethoxylat-Typ hergestellt und erhitzt, so wandelt sich die Emulsion bei einer kritischen Temperatur (der PIT) in eine W/O-Emulsion um. Bei der PIT erreicht die Tröpfchengröße ein Minimum und auch die Grenzflächenspannung erreicht ein Minimum. Die kleinen Tröpfchen sind jedoch instabil und verschmelzen sehr schnell. Durch schnelles Abkühlen der Emulsion, die bei einer Temperatur nahe der PIT hergestellt wird, können sehr stabile und kleine Emulsionströpfchen erzeugt werden.

Die Phasenumkehr, die bei der Erwärmung einer Emulsion auftritt, wird durch eine Untersuchung des Phasenverhaltens von Emulsionen in Abhängigkeit von der Temperatur deutlich veranschaulicht. Dies wird in Abb. 7.6 veranschaulicht, die schematisch zeigt, was passiert, wenn die Temperatur erhöht wird [6, 25]. Bei niedriger Temperatur, im Winsor-I-Bereich, können O/W-Makroemulsionen gebildet werden und sind recht stabil. Mit steigender Temperatur nimmt die Stabilität der O/W-Emulsion ab, und die Makroemulsion löst sich schließlich auf, wenn das System den Winsor-III-Phasenbereich erreicht (sowohl O/W- als auch W/O-Emulsionen sind instabil). Bei höherer Temperatur – oberhalb des Winsor-II-Bereichs – sind W/O-Emulsionen stabil.

In der Nähe der HLB-Temperatur erreicht die Grenzflächenspannung ein Minimum. Dies ist in Abb. 7.7 dargestellt. Durch Vorbereitung der Emulsion bei einer Temperatur 2 bis 4 °C unterhalb der PIT (nahe dem Minimum von γ) und anschließendes schnelles Abkühlen des Systems können also Nanoemulsionen hergestellt werden.

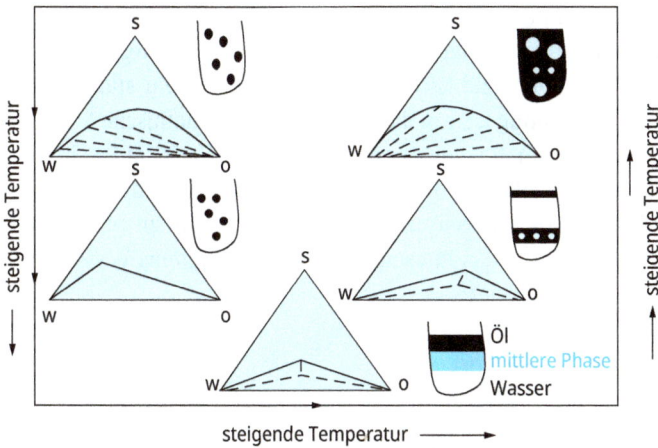

Abb. 7.6: Das Konzept der Phaseninversionstemperatur PIT.

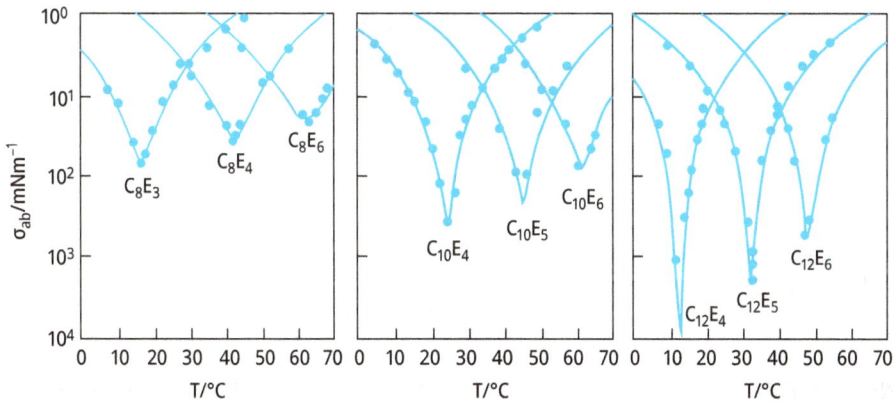

Abb. 7.7: Grenzflächenspannungen zwischen n-Octan und Wasser in Anwesenheit von unterschiedlichen C_nE_m-Tensiden oberhalb der CMC als Funktion der Temperatur.

Das Minimum von γ kann durch die Änderung der Krümmung H der Grenzflächenregion erklärt werden, wenn das System von O/W zu W/O wechselt. Bei einem O/W-System und normalen Mizellen krümmt sich die Monoschicht zum Öl hin und H erhält einen positiven Wert. Bei W/O-Emulsionen und inversen Mizellen krümmt sich die Monoschicht zum Wasser hin, und H erhält einen negativen Wert. Am Inversionspunkt (HLB-Temperatur) wird H zu null und γ erreicht ein Minimum.

7.3.3 Herstellung von Nanoemulsionen durch Verdünnung von Mikroemulsionen

Eine gängige Methode zur Herstellung von Nanoemulsionen durch Selbstemulgierung besteht darin, eine O/W-Mikroemulsion mit Wasser zu verdünnen. Beim Verdünnen einer Mikroemulsion mit Wasser diffundiert ein Teil des Tensids und/oder Co-Tensids in die wässrige Phase. Die Tröpfchen sind thermodynamisch nicht mehr stabil, da die Tensidkonzentration nicht hoch genug ist, um die für die thermodynamische Stabilität erforderliche extrem niedrige Grenzflächenspannung ($< 10^{-4}$ mNm^{-1}) aufrechtzuerhalten. Das System wird instabil und die Tröpfchen zeigen die Tendenz, durch Koaleszenz und/oder Ostwald-Reifung zu wachsen und eine Nanoemulsion zu bilden. Dies wird in Abb. 7.8 veranschaulicht, die das Phasendiagramm des Systems Wasser/SDS-Hexanol (Verhältnis 1:1,76)/Dodecan zeigt.

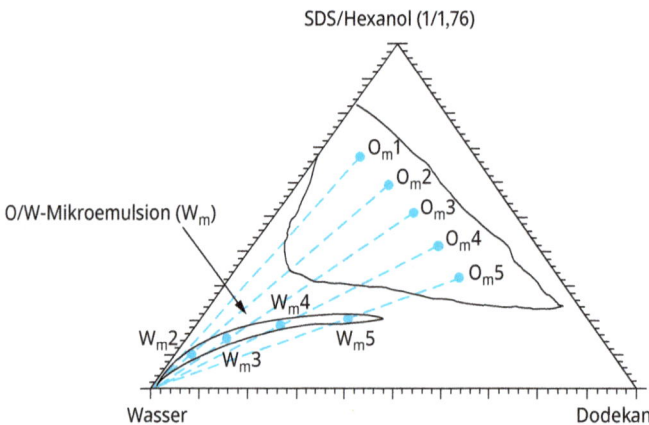

Abb. 7.8: Pseudoternäres Phasendiagramm für Wasser/SDS-Hexanol/Dodecan (bei einem SDS/Hexanol-Verhältnis von 1:1,76). Die durchgezogenen und die gestrichelten Linien zeigen die Wege der Emulgierung ausgehend jeweils von O/W-Mikroemulsionen (W_m) oder W/O-Mikroemulsionen (O_m).

Nanoemulsionen können ausgehend von Mikroemulsionen im Bereich der inversen Mikroemulsion (O_m) und im Bereich der direkten Mikroemulsion (W_m) mit unterschiedlichen Öl/Tensid-Verhältnissen von 12:88 bis 40:60 hergestellt werden. Die Wasserkonzentration ist auf 20 % für die Mikroemulsionen im O_m-Bereich festgelegt und mit O_m1, O_m2, O_m3, O_m4, O_m5 bezeichnet. Die Mikroemulsionen im Bereich W_m werden dementsprechend W_m2, W_m3, W_m4, W_m5 bezeichnet und ihr Wassergehalt sinkt von W_m2 zu W_m5 hin.

Es können verschiedene Emulgiermethoden angewandt werden: (a) Zugabe der Mikroemulsion zu Wasser in einem Schritt; (b) schrittweise Zugabe der Mikroemulsion zu Wasser; (c) Zugabe von Wasser zur Mikroemulsion in einem Schritt; (d) schrittweise Zugabe von Wasser zur Mikroemulsion. Der endgültige Wassergehalt wird konstant bei 98 Gew.-% gehalten.

Ausgehend von der Emulgierung von W_m-Mikroemulsionen werden unabhängig von der Emulgiermethode niedrigpolydisperse Nanoemulsionen mit Tröpfchengrößen im Bereich von 20 bis 40 nm erhalten. Wenn man von O_m-Mikroemulsionen ausgeht, hängen die Bildung und die Eigenschaften der Nanoemulsion von der Emulgiermethode ab. Aus der Mikroemulsion O_m1 erhält man unabhängig von der verwendeten Methode eine trübe Emulsion mit schneller Aufrahmung. In diesem Fall wird der direkte Mikroemulsionsbereich W_m nicht überschritten. Ausgehend von O_m2 bis O_m5 und unter Verwendung der Emulgiermethode (d), bei der der Mikroemulsion allmählich Wasser zugesetzt wird, stimmen die Tröpfchengrößen der Nanoemulsion mit denen überein, die ausgehend von Mikroemulsionen im Bereich W_m für das entsprechende Öl/Tensid-Verhältnis erhalten werden. Die Methoden (a), (b) und (c) führen zu groben Emulsionen.

7.4 Praktische Beispiele für Nanoemulsionen

Es wurden mehrere Experimente durchgeführt, um die Methoden zur Herstellung von Nanoemulsionen und deren Stabilität zu untersuchen [25]. Bei der ersten Methode wurde das PIT-Prinzip zur Herstellung von Nanoemulsionen angewandt. Die Experimente wurden mit Hexadecan und Isohexadecan (Arlamol™ HD) als Ölphase und Brij™ 30 ($C_{12}EO_4$) als nichtionischem Emulgator durchgeführt. Die Phasendiagramme des ternären Systems Wasser-$C_{12}EO_4$-Hexadecan und Wasser-$C_{12}EO_4$-Isohexadecan sind in Abb. 7.9 und 7.10 dargestellt. Die Hauptmerkmale des pseudoternären Systems sind wie folgt: (1) O_m isotrope flüssige transparente Phase, die sich entlang der Achse Hexadecan-$C_{12}EO_4$ oder Isohexadecan-$C_{12}EO_4$ erstreckt, was inversen Mizellen oder W/O-Mikroemulsionen entspricht; (2) L_α lamellare flüssigkristalline Phase, die sich von der Achse Wasser-$C_{12}EO_4$ in Richtung des Ölscheitels erstreckt; (3) der Rest des Phasendiagramms besteht aus zwei- oder dreiphasigen Bereichen: (W_m + O) Zweiphasenbereich, der entlang der Wasser-Öl-Achse erscheint; (W_m + L_α + O) Dreiphasenbereich, der aus einer bläulichen flüssigen Phase (O/W-Mikroemulsion), einer lamellaren flüssigkristallinen Phase (L_α) und einer transparenten Ölphase besteht; (L_α + O_m) Zweiphasenbereich, der aus einem Öl- und einem flüssigkristallinen Bereich besteht. M_{LC} ein mehrphasiger Bereich, der eine lamellare flüssigkristalline Phase enthält (L_α). Die HLB-Temperatur wurde durch Leitfähigkeitsmessungen bestimmt, wobei der wässrigen Phase 10^{-2} mol dm^{-3}

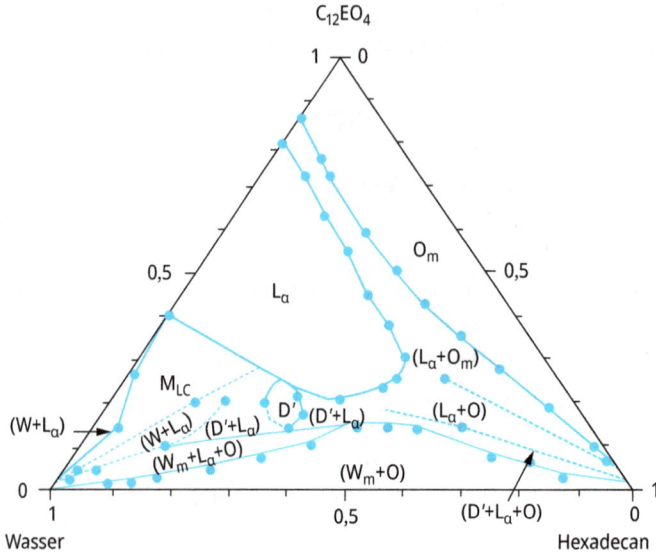

Abb. 7.9: Pseudoternäres Phasendiagramm bei 25 °C des Systems Wasser-$C_{12}EO_4$-Hexadecan.

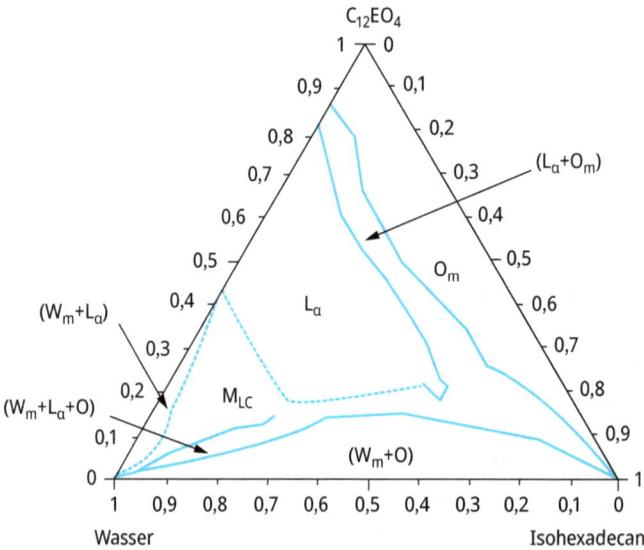

Abb. 7.10: Pseudoternäres Phasendiagramm bei 25 °C des Systems Wasser-$C_{12}EO_4$-Isohexadecan.

NaCl zugesetzt wurde (um die Empfindlichkeit der Leitfähigkeitsmessungen zu erhöhen). Die NaCl-Konzentration war niedrig und hatte daher nur geringe Auswirkungen auf das Phasenverhalten.

Abbildung 7.11 zeigt die Veränderung der Leitfähigkeit in Abhängigkeit von der Temperatur für 20%ige O/W-Emulsionen bei unterschiedlichen Tensidkonzentrationen. Es ist zu erkennen, dass die Leitfähigkeit bei der PIT oder bei der HLB-Temperatur des Systems stark abnimmt.

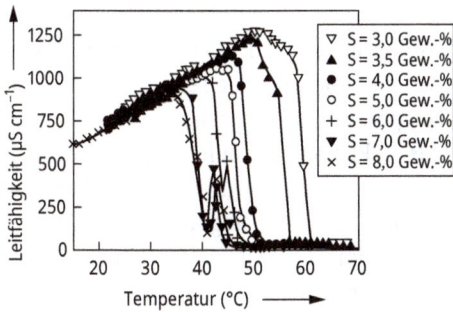

Abb. 7.11: Leitfähigkeit in Abhängigkeit von der Temperatur für eine Hexadecan/Wasser-Emulsion (20:80) bei verschiedenen $C_{12}EO_4$-Konzentrationen.

Die HLB-Temperatur sinkt mit zunehmender Tensidkonzentration – dies könnte auf den Überschuss an nichtionischem Tensid zurückzuführen sein, der in der kontinuierlichen Phase verbleibt.

Bei einer Tensidkonzentration von mehr als 5 % zeigten die Leitfähigkeitsdiagramme jedoch ein zweites Maximum (Abb. 7.11). Dies wurde auf das Vorhandensein der L_α-Phase und der bikontinuierlichen L_3- oder D'-Phasen zurückgeführt [25].

Nanoemulsionen wurden durch schnelles Abkühlen des Systems auf 25 °C hergestellt. Der Tröpfchendurchmesser wurde mittels Photonenkorrelationsspektroskopie (PCS) bestimmt. Die Ergebnisse sind in Tab. 7.1 zusammengefasst, in der die genaue Zusammensetzung der Emulsionen, die HLB-Temperatur, der mittlere Radius und der Polydispersitätsindex angegeben sind.

Tab. 7.1: Zusammensetzung, HLB-Temperatur (T_{HLB}), Tröpfchenradius r und Polydispersitätsindex (Pol.-Index) für das System Wasser-$C_{12}EO_4$-Hexadecan bei 25 °C.

Tensid (Gew.-%)	Wasser (Gew.-%)	Öl/Wasser	T_{HLB} (°C)	r (nm)	Pol.-Index
2,0	78,0	20,4/79,6	–	320	1,00
3,0	77,0	20,6/79,4	57,0	82	0,41
3,5	76,5	20,7/79,3	54,0	69	0,30
4,0	76,0	20,8/79,2	49,0	66	0,17
5,0	75,0	21,2/78,9	46,8	48	0,09
6,0	74,0	21,3/78,7	45,6	34	0,12
7,0	73,0	21,5/78,5	40,9	30	0,07
8,0	72,0	21,7/78,3	40,8	26	0,08

O/W-Nanoemulsionen mit Tröpfchenradien im Bereich von 26 bis 66 nm konnten bei Tensidkonzentrationen zwischen 4 und 8 % erhalten werden. Die Tröpfchengröße der Nanoemulsion und der Polydispersitätsindex nehmen mit steigender Tensidkonzentration ab. Die Abnahme der Tröpfchengröße mit zunehmender Tensidkonzentration ist auf die Vergrößerung der Grenzfläche zwischen den Tensiden und die Abnahme der Grenzflächenspannung γ zurückzuführen.

Wie bereits erwähnt, erreicht γ ein Minimum bei der HLB-Temperatur. Daher tritt das Minimum der Grenzflächenspannung mit zunehmender Tensidkonzentration bei niedrigeren Temperaturen auf. Diese Temperatur nähert sich mit zunehmender Tensidkonzentration der Kühltemperatur, was zu kleineren Tröpfchengrößen führt.

Alle Nanoemulsionen zeigen eine Zunahme der Tröpfchengröße mit der Zeit, was auf die Ostwald-Reifung zurückzuführen ist. Abbildung 7.12 zeigt den Verlauf von r^3 gegen die Zeit für alle untersuchten Nanoemulsionen. Die Steigung der Linien gibt die Rate der Ostwald-Reifung ω ($m^3\,s^{-1}$) an, und diese zeigt einen Anstieg von 2×10^{-27} auf $39{,}7 \times 10^{-27}\ m^3\,s^{-1}$, wenn die Tensidkonzentration von 4 auf 8 Gew.-% erhöht wird. Dieser Anstieg könnte auf eine Reihe von Faktoren zurückzuführen sein:

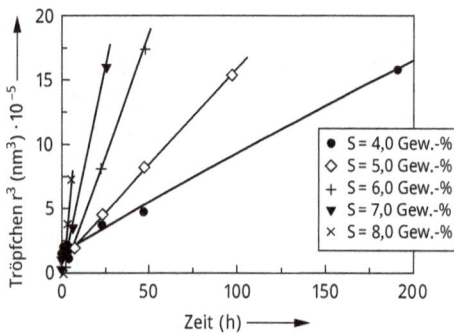

Abb. 7.12: Diagramm von r^3 gegen die Zeit bei 25 °C für Nanoemulsionen, die mit dem System Wasser-$C_{12}EO_4$-Hexadecan hergestellt wurden.

(1) Die Verringerung der Tröpfchengröße erhöht die Brownsche Diffusion, was die Geschwindigkeit erhöht.
(2) Vorhandensein von Mizellen, das mit der Erhöhung der Tensidkonzentration zunimmt. Dies führt zu einer verstärkten Solubilisierung des Öls im Kern der Mizellen. Dies führt zu einem Anstieg des Diffusionsflusses J von Ölmolekülen aus Tröpfchen unterschiedlicher Größe. Obwohl die Diffusion von Mizellen langsamer ist als die Diffusion von Ölmolekülen, kann der Konzentrationsgradient (δC/δX) durch die Solubilisierung um Größenordnungen erhöht werden. Der Gesamteffekt ist ein Anstieg von J, was die Ostwald-Reifung verstärken kann

(3) Verteilung der Tensidmoleküle zwischen der Öl- und der wässrigen Phase. Bei höheren Tensidkonzentrationen können sich die Moleküle mit kürzeren EO-Ketten (geringerer HLB-Wert) bevorzugt an der O/W-Grenzfläche ansammeln, was zu einer Verringerung der Gibbs-Elastizität führen kann, was wiederum eine Erhöhung der Ostwald-Reifungsrate zur Folge hat.

Die Ergebnisse mit Isohexadecan sind in Tab. 7.2 zusammengefasst. Wie beim Hexadecan-System nehmen die Tröpfchengröße und der Polydispersitätsindex mit zunehmender Tensidkonzentration ab. Nanoemulsionen mit Tröpfchenradien von 25 bis 80 nm werden bei einer Tensidkonzentration von 3 bis 8 % erhalten. Es ist jedoch anzumerken, dass bei der Verwendung von Isohexadecan im Vergleich zu den mit Hexadecan erzielten Ergebnissen Nanoemulsionen mit einer niedrigeren Tensidkonzentration hergestellt werden konnten. Dies könnte auf die höhere Löslichkeit des Isohexadecans (ein verzweigter Kohlenwasserstoff), die niedrigere HLB-Temperatur und die geringere Grenzflächenspannung zurückzuführen sein.

Tab. 7.2: Zusammensetzung, HLB-Temperatur (T_{HLB}), Tröpfchenradius r und Polydispersitätsindex (Pol.-Index) bei 25 °C für Emulsionen im System Wasser-$C_{12}EO_4$-Isohexadecan.

Tensid (Gew.-%)	Wasser (Gew.-%)	O/W	T_{HLB} (°C)	r (nm)	Pol.-Index
2,0	78,0	20,4/79,6	–	97	0,50
3,0	77,0	20,6/79,4	51,3	80	0,13
4,0	76,0	20,8/79,2	43,0	65	0,06
5,0	75,0	21,1/78,9	38,8	43	0,07
6,0	74,0	21,3/78,7	36,7	33	0,05
7,0	73,0	21,5/78,5	33,4	29	0,06
8,0	72,0	21,7/78,3	32,7	27	0,12

Die Stabilität der mit Isohexadecan hergestellten Nanoemulsionen wurde durch Verfolgung der Tröpfchengröße in Abhängigkeit von der Zeit beurteilt. Die Ergebnisse zeigen eine Zunahme der Ostwald-Reifungsrate, wenn die Tensidkonzentration von 3 auf 6 % erhöht wird (die Rate stieg von $4,1 \times 10^{-27}$ auf $50,7 \times 10^{-27}$ m^{3}s^{-1}). Die mit 7 Gew.-% Tensid hergestellten Nanoemulsionen waren so instabil, dass sie nach 8 Stunden eine deutliche Aufrahmung aufwiesen. Wurde die Tensidkonzentration jedoch auf 8 Gew.-% erhöht, konnte eine sehr stabile Nanoemulsion hergestellt werden, ohne dass die Tröpfchengröße über mehrere Monate hinweg anstieg. Diese unerwartete Stabilität wurde auf das Phasenverhalten bei solchen Tensidkonzentrationen zurückgeführt. Die Probe mit 8 Gew.-% Tensid zeigte bei der Beobachtung unter polarisiertem Licht eine Doppelbrechung bei Scherung. Es scheint, dass das Verhältnis zwischen den Phasen ($W_m + L_\alpha + O$) ein Schlüsselfaktor für die Stabilität der Nanoemulsion sein könnte. Es wurden Versuche unternommen, Nanoemulsionen mit höheren O/W-Verhältnissen (Hexadecan als Ölphase) herzustellen, wobei die Tensidkonzentration konstant bei 4 Gew.-% gehalten wurde. Als der Ölgehalt auf 40 und 50 % erhöht wurde, stieg der Tröpfchenradius auf 188 bzw. 297 nm. Darüber hinaus stieg der Polydispersitätsindex auf 0,95. Diese Systeme sind so instabil, dass sie innerhalb weniger Stunden eine Aufrahmung zeigten. Dies ist nicht überraschend, da die Tensidkonzentration nicht ausreicht, um Nanoemulsionströpfchen mit großer Oberfläche zu erzeugen. Ähnliche Ergebnisse wurden mit Isohexadecan erzielt (Abb. 7.13). Allerdings konnten Nanoemulsionen mit einem O/W-Verhältnis von 30:70 (Tröpfchengröße 81 nm) hergestellt werden, allerdings mit einem hohen Polydispersitätsindex (0,28). Die Nanoemulsionen zeigten eine deutliche Ostwald-Reifung.

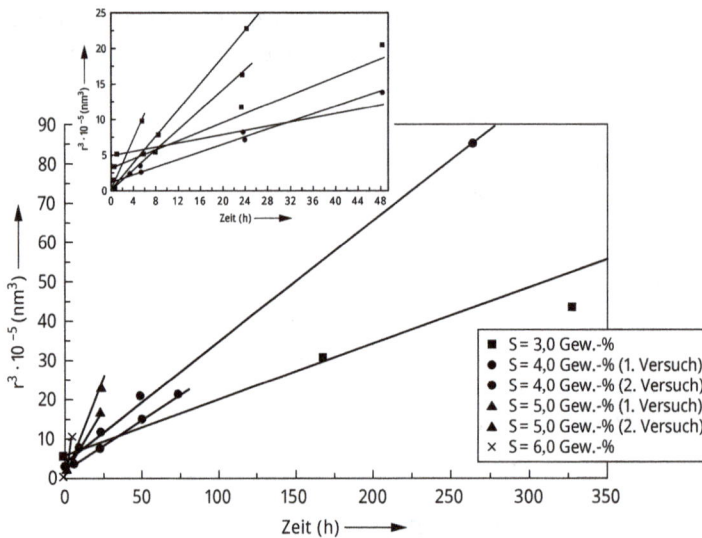

Abb. 7.13: Diagramm von r^3 gegen die Zeit bei 25 °C für das System Wasser-$C_{12}EO_4$-Isohexadecan bei verschiedenen Tensidkonzentrationen; O/W-Verhältnis 20:80.

Die Auswirkung einer Änderung der Alkylkettenlänge und -verzweigung wurde mit Decan, Dodecan, Tetradecan, Hexadecan und Isohexadecan untersucht. Abbildung 7.14 zeigt den Verlauf von r^3 über der Zeit für ein O/W-Verhältnis von 20:80 und eine Tensidkonzentration von 4 Gew.-%. Wie erwartet, verringert sich die Geschwindigkeit der Ostwald-Reifung durch die Verringerung der Öllöslichkeit von Decan zu Hexadecan. Das verzweigte Öl Isohexadecan zeigt ebenfalls eine höhere Ostwald-Reifungsrate im Vergleich zu Hexadecan. Eine Zusammenfassung der Ergebnisse findet sich in Tab. 7.3, aus der auch die Löslichkeit des Öls C(∞) hervorgeht.

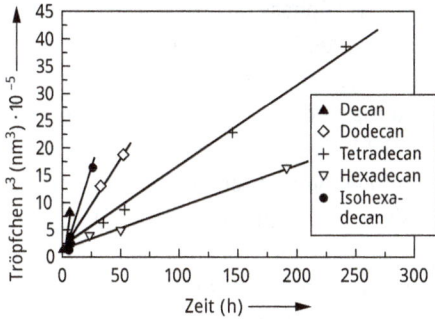

Abb. 7.14: Diagramm von r^3 gegen die Zeit bei 25 °C für Nanoemulsionen (O/W-Verhältnis 20:80) mit Kohlenwasserstoffen verschiedener Alkylkettenlängen. System Wasser-$C_{12}EO_4$-Kohlenwasserstoff (4 Gew.-% Tensid).

Tab. 7.3: HLB-Temperatur (T_{HLB}), Tröpfchenradius r, Ostwald-Reifungsrate ω und Öllöslichkeit für Nanoemulsionen, die unter Verwendung von Kohlenwasserstoffen mit unterschiedlicher Alkylkettenlänge hergestellt wurden.

Öl	T_{HLB} (°C)	r (nm)	$\omega \cdot 10^{27}$ (m^{3}s^{-1})	$C(\infty)$ (ml ml^{-1})
Decan	38,5	59	20,9	710,0
Dodecan	45,5	62	9,3	52,0
Tetradecan	49,5	64	4,0	3,7
Hexadecan	49,8	66	2,3	0,3
Isohexadecan	43,0	60	8,0	–

Wie nach der Ostwald-Reifungstheorie (siehe Kapitel 6) zu erwarten, nimmt die Ostwald-Reifungsrate mit abnehmender Öllöslichkeit ab. Isohexadecan hat eine ähnliche Ostwald-Reifungsrate wie Dodecan.

Wie bereits erörtert, würde man erwarten, dass die Ostwald-Reifung eines bestimmten Öls bei Zugabe eines zweiten Öls mit wesentlich geringerer Löslichkeit abnimmt. Um diese Hypothese zu testen, wurden Nanoemulsionen mit Hexadecan oder Isohexadecan hergestellt, denen verschiedene Anteile eines weniger löslichen Öls, nämlich Squalan, zugesetzt wurden. Bei den Ergebnissen mit Hexadecan nahm die Stabilität bei Zugabe von 10 % Squalan deutlich ab. Man vermutete, dass dies eher auf Koaleszenz als auf einen Anstieg der Ostwald-Reifungsrate zurückzuführen war. In einigen Fällen kann die Zugabe eines Kohlenwasserstoffs mit einer langen Alkylkette zu Instabilität führen, da sich die Adsorption und Konformation des Tensids an der O/W-Grenzfläche ändern.

Im Gegensatz zu den Ergebnissen, die mit Hexadecan erzielt wurden, zeigte die Zugabe von Squalan zu dem O/W-Nanoemulsionssystem auf der Basis von Isohexadecan eine systematische Abnahme der Ostwald-Reifungsrate, wenn der Squalananteil erhöht wurde. Die Ergebnisse sind in Abb. 7.15 dargestellt, die Plots von r^3 gegen die Zeit für Nanoemulsionen mit unterschiedlichen Mengen an Squalan zeigt. Die Zugabe von Squalan bis zu 20 % bezogen auf die Ölphase führte zu einer systematischen Verringerung der Geschwindigkeit (von $8,0 \times 10^{-27}$ auf $4,1 \times 10^{-27}$ m^{3}s^{-1}). Es ist anzumerken, dass bei der Verwendung von Squalan allein als Ölphase das System sehr instabil war und innerhalb einer Stunde ein Aufrahmen zeigte. Dies zeigt, dass das verwendete Tensid für die Emulgierung von Squalan nicht geeignet ist.

Die Auswirkung des HLB-Werts auf die Bildung und Stabilität von Nanoemulsionen wurde anhand von Mischungen aus $C_{12}EO_4$ (HLB = 9,7) und $C_{12}EO_6$ (HLB = 11,7) untersucht. Zwei Tensid-Konzentrationen (4 und 8 Gew.-%) wurden verwendet, und das O/W-Verhältnis wurde bei 20:80 gehalten. Abbildung 7.16 zeigt die Variation des Tröpfchenradius mit dem HLB-Wert. Die Abbildung zeigt, dass der Tröpfchenradius im HLB-Bereich von 9,7 bis 11,0 praktisch konstant bleibt. Danach nimmt der Tröpfchenradius mit steigendem HLB-Wert der Tensidmischung allmählich zu. Alle Nanoemulsionen zeigten eine Zunahme des Tröpfchenradius mit der Zeit, mit Ausnahme der Probe, die mit 8 Gew.-% Tensid und einem HLB-Wert von 9,7 hergestellt wurde (100 % $C_{12}EO_4$). Abbildung 7.17 zeigt die Variation der Ostwald-Reifungskonstante ω mit dem HLB-Wert des Tensids. Die Rate scheint mit zunehmendem HLB-Wert des Tensids zu sinken, und wenn diese > 10,5 ist, erreicht die Rate einen niedrigen Wert (< 4×10^{-27} m^{3}s^{-1}).

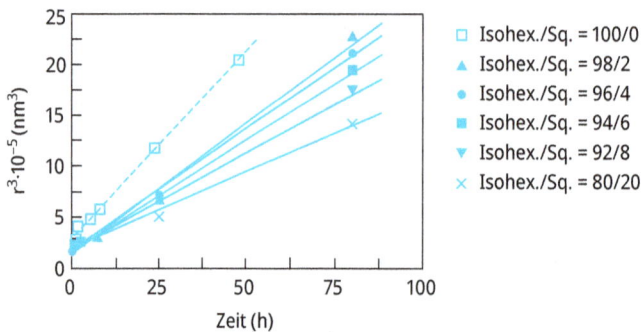

Abb. 7.15: Diagramm von r^3 gegen die Zeit bei 25 °C für das System Wasser-$C_{12}EO_4$-Isohexadecan-Squalan (20:80 O/W und 4 Gew.-% Tensid).

Wie bereits erwähnt, würde die Einbindung eines öllöslichen polymeren Tensids, das stark an der O/W-Grenzfläche adsorbiert, zu einer Verringerung der Ostwald-Reifung srate führen. Um diese Hypothese zu testen, wurde ein A-B-A-Blockcopolymer aus Polyhydroxystearinsäure (PHS, die A-Ketten) und Polyethylenoxid (PEO, die B-Ketten) PHS-PEO-PHS (Arlacel™ P135) in geringen Konzentrationen in die Ölphase eingebracht (das Verhältnis von Tensid zu Arlacel wurde zwischen 99:1 und 92:8 variiert). Im Hexadecan-System nahm die Ostwald-Reifungsrate bei Zugabe des Tensids Arlacel™ P135 bei einem Verhältnis von weniger als 94:6 ab. Ähnliche Ergebnisse wurden mit Isohexadecan erzielt. Bei höheren Konzentrationen an polymeren Tensiden wurde die Nanoemulsion jedoch instabil.

Wie bereits erwähnt, sind die mit der PIT-Methode hergestellten Nanoemulsionen relativ polydispers und weisen im Vergleich zu den mit Hochdruckhomogenisierungstech-

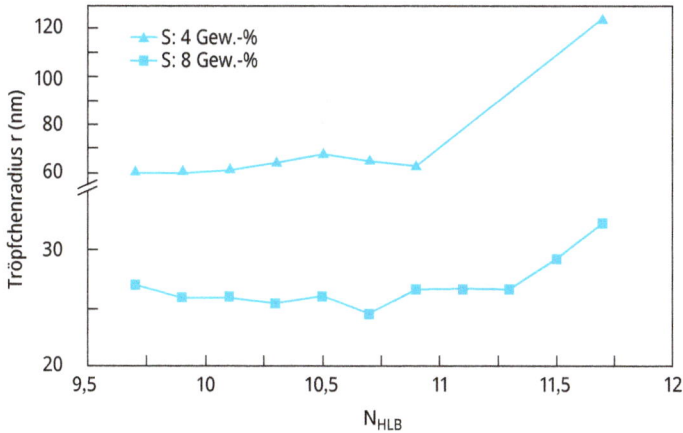

Abb. 7.16: Tröpfchenradius r aufgetragen gegen den HLB-Wert bei zwei verschiedenen Tensidkonzentrationen (O/W-Verhältnis 20:80).

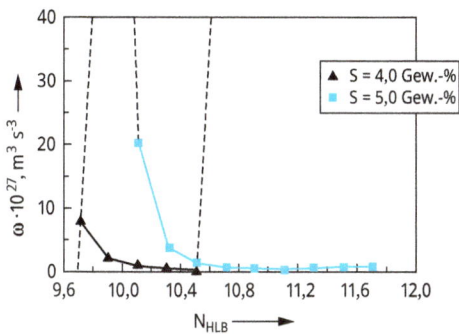

Abb. 7.17: Ostwald-Reifungskonstante ω aufgetragen gegen HLB-Wert in Systemen mit Wasser-$C_{12}EO_4$-$C_{12}EO_6$-Isohexadecan bei zwei Tensidkonzentrationen.

niken hergestellten Nanoemulsionen im Allgemeinen höhere Ostwald-Reifungsraten auf. Um diese Hypothese zu testen, wurden mehrere Nanoemulsionen mit einem Mikrofluidisator (der Drücke im Bereich von 5000 bis 15000 psi oder 350 bis 1000 bar erzeugen kann) hergestellt. Bei einem Öl/Tensid-Verhältnis von 4:8 und O/W-Verhältnissen von 20:80 und 50:50 wurden die Emulsionen zunächst mit dem Ultra-Turrax® und anschließend mit Hochdruckhomogenisierung (zwischen 1500 und 15000 psi) hergestellt. Die besten Ergebnisse wurden mit einem Druck von 15000 psi (ein Homogenisierungszyklus) erzielt. Der Tröpfchenradius wurde gegen das Öl/Tensid-Verhältnis, R(O/S), aufgetragen (siehe Abb. 7.18).

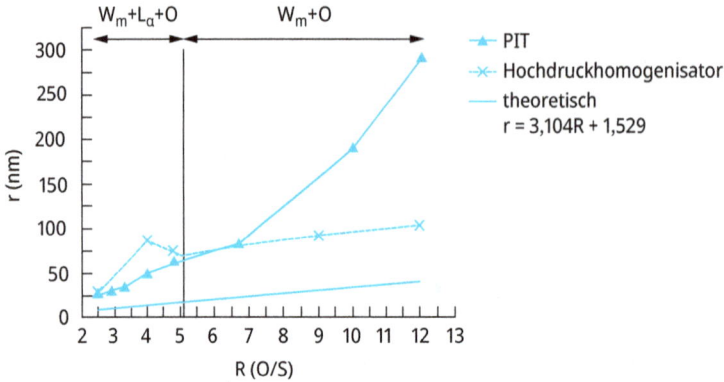

Abb. 7.18: Tröpfchenradius r aufgetragen gegen R(O/S) bei 25 °C für das System Wasser-$C_{12}EO_4$-Hexadecan. W_m = mizellare Lösung oder O/W-Mikroemulsion, L_α = lamellare flüssigkristalline Phase; O = Ölphase.

Zum Vergleich wurden die theoretischen Radiuswerte unter der Annahme, dass sich alle Tensidmoleküle an der Grenzfläche befinden, mit der Nakajima-Gleichung [26, 27] berechnet:

$$r = \left(\frac{3M_b}{AN\rho_a}\right)R + \left(\frac{3\alpha M_b}{AN\rho_b}\right) + d, \tag{7.20}$$

wobei M_b das Molekulargewicht des Tensids, A die von einem einzelnen Molekül eingenommene Fläche, N die Avogadrosche Zahl, ρ_a die Öldichte, ρ_b die Dichte der Alkylkette des Tensids, α der Gewichtsanteil der Alkylkette und d die Dicke der hydratisierten PEO-Schicht ist.

In allen Fällen nimmt der Radius der Nano-Emulsion mit steigendem R(O/S) zu. Bei Verwendung des Hochdruckhomogenisators kann die Tröpfchengröße jedoch bei hohen R(O/S)-Werten auf Werte unter 100 nm gehalten werden. Bei der PIT-Methode nimmt r mit zunehmendem R(O/S) schnell zu, wenn dieser Wert 7 übersteigt.

Wie erwartet wiesen die mit Hochdruckhomogenisierung hergestellten Nanoemulsionen eine geringere Ostwald-Reifungsrate auf als die mit der PIT-Methode hergestellten Systeme. Dies wird in Abb. 7.19 veranschaulicht, die Diagramme von r^3 gegen die Zeit für die beiden Systeme zeigt.

7.5 Nanoemulsionen auf der Basis von polymeren Tensiden

Es wird erwartet, dass die Verwendung von polymeren Tensiden zur Herstellung von Nanoemulsionen die Ostwald-Reifung aufgrund der hohen Grenzflächenelastizität, die durch die adsorbierten polymeren Tensidmoleküle erzeugt wird, deutlich verringert [28]. Um diese Hypothese zu testen, wurden mehrere Nanoemulsionen

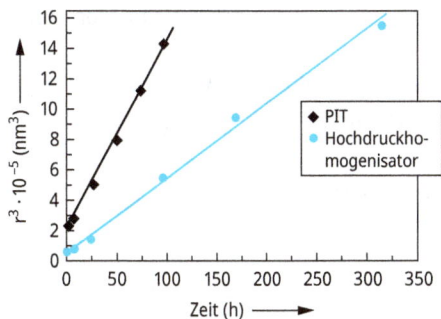

Abb. 7.19: Diagramm von r^3 gegen die Zeit für Nanoemulsionssysteme, die mit PIT oder einem Hochdruckhomogenisator hergestellt wurden (20:80 O/W und 4 Gew.-% Tensid).

mit einem Pfropfcopolymer aus hydrophob modifiziertem Inulin formuliert. Das Inulin-Grundgerüst besteht aus Polyfructose mit einem Polymerisationsgrad > 23. Dieses hydrophile Grundgerüst ist durch Anhängen mehrerer C_{12}-Alkylketten hydrophob modifiziert [28]. Das polymere Tensid (mit dem Handelsnamen INUTEC® SP1) adsorbiert mit mehreren Alkylketten, die in der Ölphase löslich sein können oder fest an die Öloberfläche gebunden sind, so dass die stark hydratisierten hydrophilen Polyfructose-Schleifen und -Schwänze in der wässrigen Phase „baumeln". Diese hydratisierten Schleifen und Schwänze (mit einer hydrodynamischen Dicke > 5 nm) sorgen für eine wirksame sterische Stabilisierung.

Öl/Wasser-Nanoemulsionen (O/W) wurden durch zweistufige Emulgierverfahren hergestellt. Im ersten Schritt wurde eine O/W-Emulsion mit einem Hochgeschwindigkeitsrührer, einem Ultra-Turrax®, hergestellt. Die resultierende grobe Emulsion wurde einer Hochdruckhomogenisierung mit einem Microfluidizer® (Microfluidics, USA) unterzogen. In allen Fällen wurde ein Druck von 700 bar verwendet und die Homogenisierung wurde 1 Minute lang durchgeführt. Der Z-Durchschnitt des Tröpfchendurchmessers wurde wie zuvor beschrieben durch PCS-Messungen bestimmt.

Abbildung 7.20 zeigt die Kurven von r^3 gegen t für die Nanoemulsionen der Kohlenwasserstofföle, die bei 50 °C gelagert wurden. Es ist zu erkennen, dass Parraffinum liquidum sowohl mit niedriger als auch mit hoher Viskosität fast eine Nullkurve aufweist, was auf das Fehlen von Ostwald-Reifung in diesem Fall hinweist. Dies ist nicht überraschend, da beide Öle eine sehr geringe Löslichkeit aufweisen und das hydrophob modifizierte Inulin, INUTEC® SP1, stark an der Grenzfläche adsorbiert, was zu einer hohen Elastizität führt und sowohl die Ostwald-Reifung als auch die Koaleszenz verringert. Bei den löslicheren Kohlenwasserstoffölen, namentlich Isohexadecan, steigt r^3 jedoch mit der Zeit an, was zu einer Ostwald-Reifungsrate von $4,1 \times 10^{-27}$ m^3 s^{-1} führt. Die Rate für dieses Öl ist fast drei Größenordnungen niedriger als diejenige, die mit einem nicht-ionischen Tensid, nämlich Laureth-4 (C_{12}-Alkylkette mit 4 Mol Ethylenoxid) bei einer Lagerung bei 50 °C erzielt wird. Dies zeigt deutlich die Wirksamkeit von INUTEC® SP1 bei der Verringerung der Ostwald-Reifung. Diese Reduktion kann auf die Erhöhung der Gibbs'schen Dilatationselastizität [27] zurückgeführt werden, die aus der Mehrpunktanbindung des polymeren Tensids mit mehreren Alkylgruppen an die Öltröpfchen resultiert. Dies führt zu einer Verringerung der molekularen Diffusion des Öls von den kleineren zu den größeren Tröpfchen.

Abbildung 7.21 zeigt die Ergebnisse für Isopropylalkylat-O/W-Nanoemulsionen. Wie bei den Kohlenwasserstoffölen ist eine deutliche Verringerung der Ostwald-

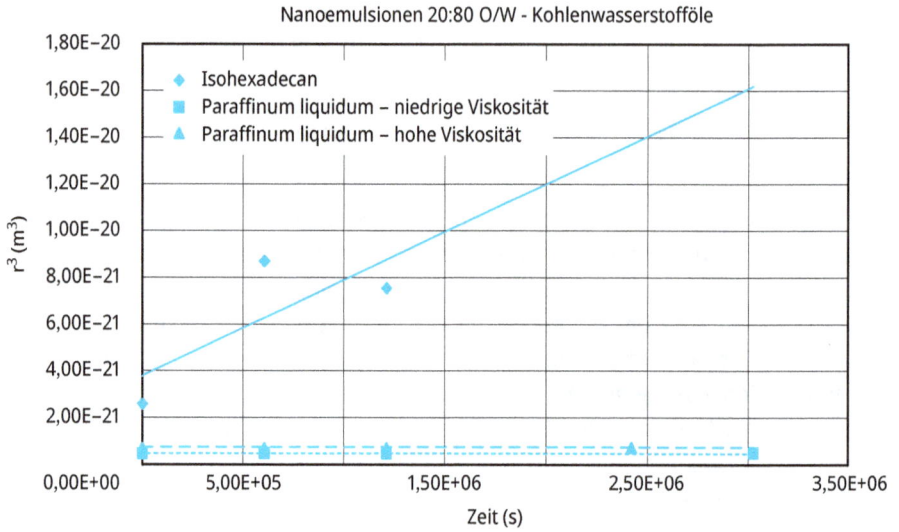

Abb. 7.20: r^3 aufgetragen gegen t für Nanoemulsionen auf Basis von Kohlenwasserstoffölen.

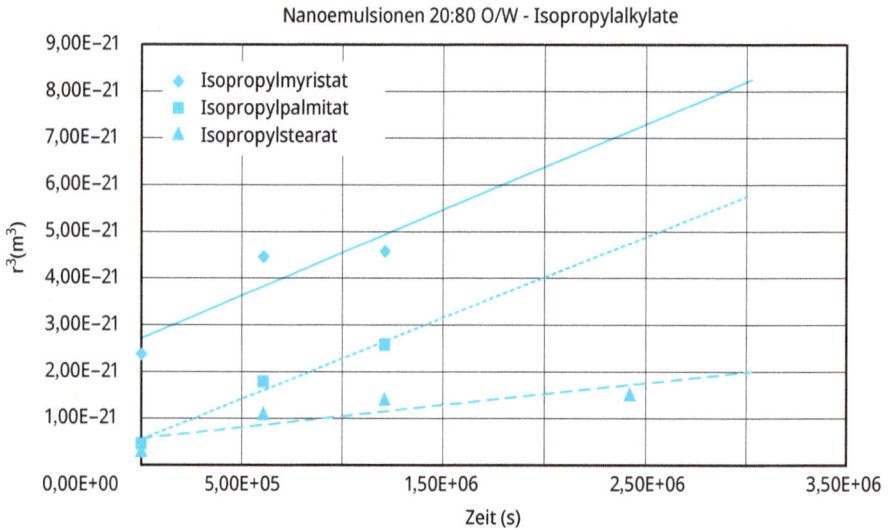

Abb. 7.21: r^3 aufgetragen gegen t für Nanoemulsionen auf Basis von Isopropylalkylaten.

Reifungsrate mit zunehmender Alkylkettenlänge des Öls festzustellen. Die Geschwindigkeitskonstanten betragen $1{,}8 \times 10^{-27}$, $1{,}7 \times 10^{-27}$ bzw. $4{,}8 \times 10^{-28}$ m^3 s^{-1}.

Abbildung 7.22 zeigt die r^3-t-Plots für Nanoemulsionen auf der Basis natürlicher Öle. In allen Fällen ist die Ostwald-Reifungsrate sehr niedrig. Ein Vergleich zwischen Squalen und Squalan zeigt jedoch, dass die Rate für Squalen (ungesättigtes Öl) im Vergleich zu Squalan (mit geringerer Löslichkeit) relativ höher ist. Die Ostwald-Reifungsraten für diese natürlichen Öle sind in Tab. 7.4 angegeben.

Tab. 7.4: Ostwald-Reifungsraten für Nanoemulsionen auf der Basis natürlicher Öle.

Öl	Ostwald-Reifungsrate (m^3 s^{-1})
Squalen	$2{,}9 \times 10^{-28}$
Squalan	$5{,}2 \times 10^{-30}$
Rizinus communis	$3{,}0 \times 10^{-29}$
Macadamia ternifolia	$4{,}4 \times 10^{-30}$
Buxus chinensis	≈ 0

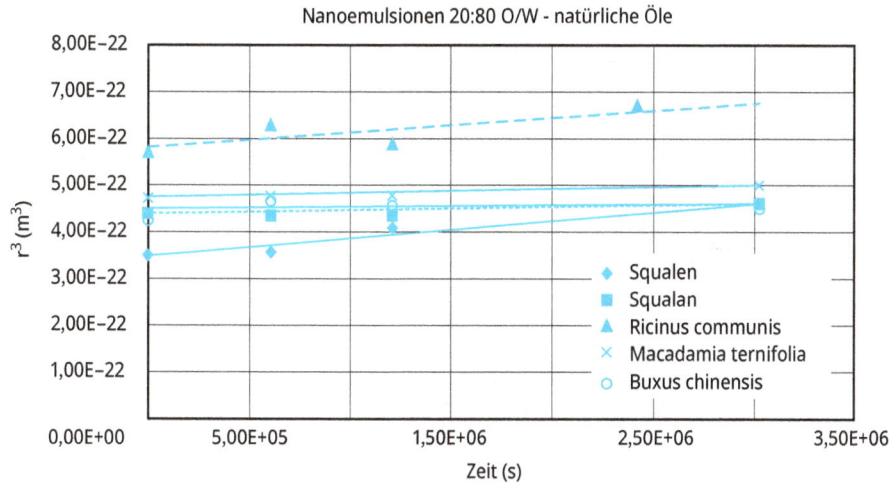

Abb. 7.22: r^3 aufgetragen gegen t für Nanoemulsionen auf der Basis natürlicher Öle.

Abbildung 7.23 zeigt Ergebnisse auf der Grundlage von Silikonölen. Sowohl Dimethicon (Polydimethylsiloxan) als auch Phenyltrimethicon ergeben eine Ostwald-Reifungsrate nahe null, während Cyclopentasiloxan eine Rate von $5{,}6 \times 10^{-28}$ m^3 s^{-1} ergibt.

Abbildung 7.24 zeigt die Ergebnisse für Nanoemulsionen auf der Basis von Estern. Die Ostwald-Reifungsraten hierzu sind in Tab. 7.5 aufgeführt. C$_{12\text{-}15}$-Alkylbenzoat scheint die höchste Rate zu ergeben.

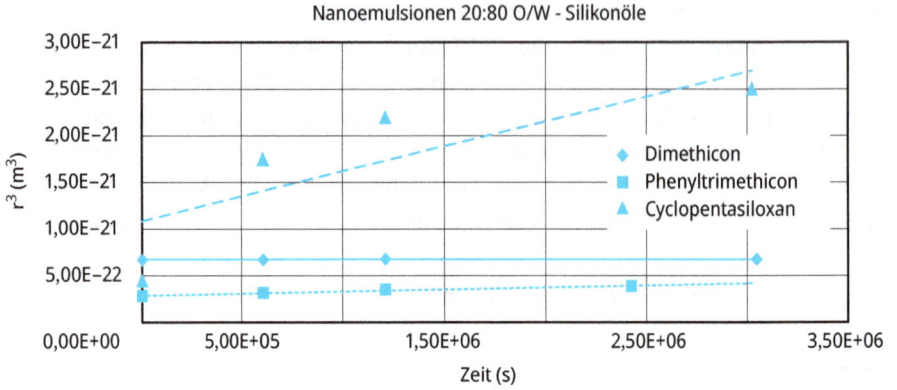

Abb. 7.23: r^3 gegen t für Nanoemulsionen auf Basis von Silikonölen.

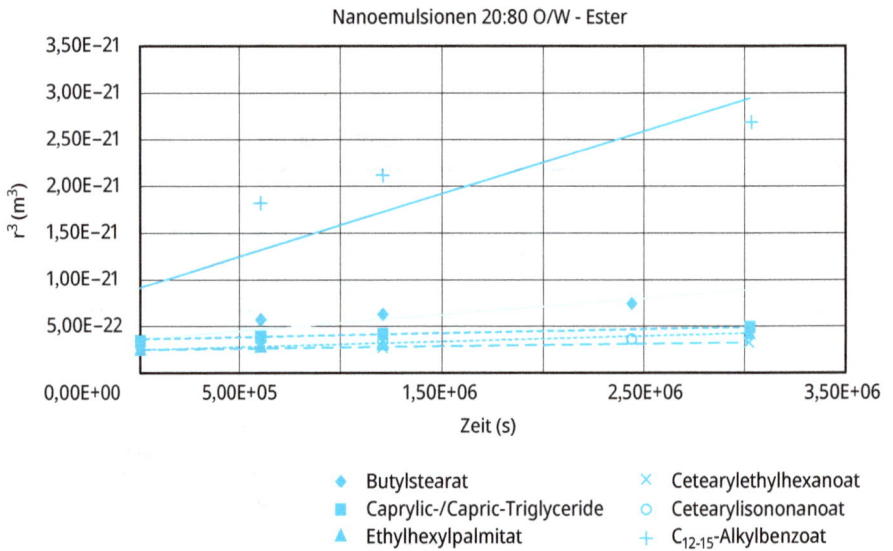

Abb. 7.24: r^3 gegen t für Nanoemulsionen auf der Basis von Estern.

Abbildung 7.25 zeigt einen Vergleich zweier Nanoemulsionen auf der Basis von Polydecen, einem sehr unlöslichen unpolaren Öl, und PPG-15 Stearylether, der im Vergleich dazu polarer ist. Polydecen weist eine niedrige Ostwald-Reifungsrate von $6{,}4 \times 10^{-30}$ m^3 s^{-1} auf, die um eine Größenordnung niedriger ist als die von PPG-15 Stearylether ($5{,}5 \times 10^{-29}$ m^3 s^{-1}).

Der Einfluss der Zugabe von Glycerin (das manchmal Körperpflegeformulierungen als Feuchthaltemittel zugesetzt wird), das zur Herstellung transparenter Nanoemulsionen (durch Angleichung des Brechungsindex des Öls und der wässrigen Phase)

Tab. 7.5: Ostwald-Reifungsraten für Nanoemulsionen auf der Basis von Estern.

Öl	Ostwald-Reifungsrate ($m^3 s^{-1}$)
Butylstearat	$1,8 \times 10^{-28}$
Caprylic/Capric-Triglyceride	$4,9 \times 10^{-29}$
Cetearylethylhexanoat	$1,9 \times 10^{-29}$
Ethylhexylpalmitat	$5,1 \times 10^{-29}$
Cetearylisononanoat	$1,8 \times 10^{-29}$
C_{12-15}-Alkylbenzoat	$6,6 \times 10^{-28}$

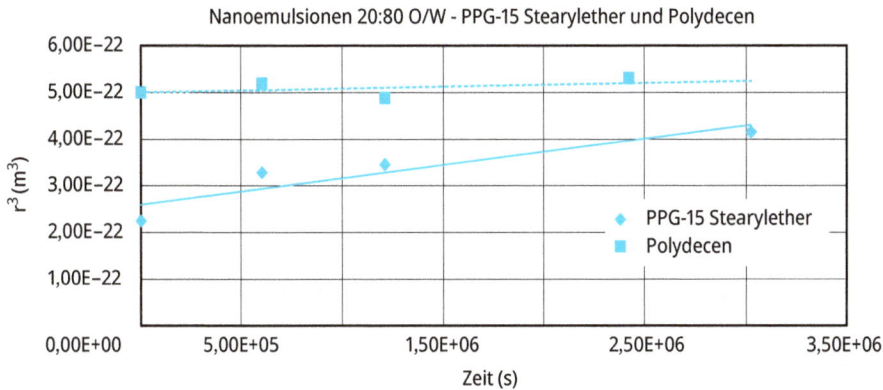

Abb. 7.25: r^3 gegen t für Nanoemulsionen auf Basis von PPG-15 Stearylether und Polydecen.

verwendet werden kann, auf die Ostwald-Reifungsrate ist in Abb. 7.26 dargestellt. Bei dem unlöslicheren Silikonöl führt die Zugabe von 5 % Glycerin nicht zu einer Erhöhung der Ostwald-Reifungsrate, während Glycerin bei dem löslicheren Isohexadecan-Öl die Rate erhöht.

Es zeigt sich, dass hydrophob modifiziertes Inulin, (HMI; INUTEC® SP1), die Ostwald-Reifungsrate von Nanoemulsionen im Vergleich zu nichtionischen Tensiden wie Laureth-4 reduziert. Dies ist auf die starke Adsorption von INUTEC® SP1 an der Öl/Wasser-Grenzfläche (durch Multi-Point-Attachment) und die Erhöhung der Gibbs'-schen Dilatationselastizität zurückzuführen, die beide die Diffusion von Ölmolekülen von den kleineren zu den größeren Tröpfchen verringern [7]. Die vorliegende Studie zeigte auch einen großen Einfluss der Beschaffenheit der Ölphase, wobei die löslicheren und polareren Öle die höchste Ostwald-Reifungsrate aufweisen. Bei Verwendung von INUTEC® SP1 sind die Raten jedoch in allen Fällen relativ niedrig, so dass dieses polymere Tensid für die Formulierung von Nanoemulsionen für Körperpflegeanwendungen verwendet werden kann.

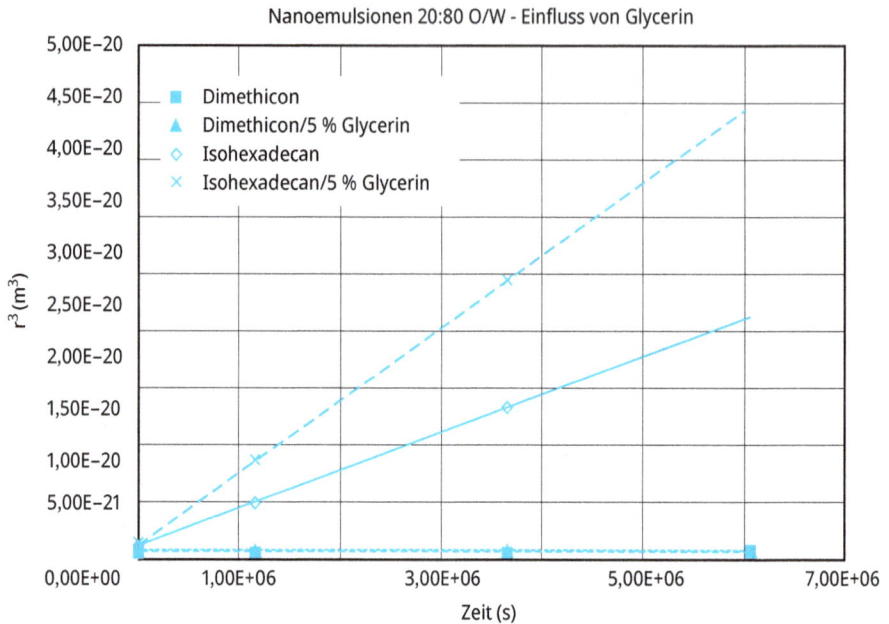

Abb. 7.26: Einfluss von Glycerin auf die Ostwald-Reifungsrate von Nano-Emulsionen.

Literatur

[1] Tadros, Th. F. „Nanodispersions", De Gruyter, Deutschland (2016).

[2] Solans, C., Izquierdo, P., Nolla, J., Azemar, N. and García-Celma, M. J., Nano-emulsions. Current Opinion in Colloid & Interface Science, 2005, 10, (3–4), 102–110.

[3] Tadros, Th. F., Izquierdo, P., Esquena, J. and Solans, C., Formation and stability of nano-emulsions, Advances in Colloid and Interface Science, 2004, 108–109, 303–318.

[4] Thomson, W. (Lord Kelvin), Phil. Mag., 42, 448 (1871).

[5] Kabalnov, A. S. and Shchukin, E. D., Adv. Colloid Interface Sci., 38, 69 (1992).

[6] Kabalnov, A. S., Langmuir, 10, 680 (1994).

[7] Walstra, P., Chem. Eng. Sci., 48, 333 (1993).

[8] Stone, H. A., Ann. Rev. Fluid Mech., 226, 95 (1994).

[9] Wierenga, J. A., ven Dieren, F., Janssen, J. J. M. and Agterof, W. G. M., Trans. Inst. Chem. Eng., 74-A, 554 (1996).

[10] Levich, V. G., „Physicochemical Hydrodynamics", Prentice-Hall, Englewood Cliffs (1962).

[11] Davis, J. T., „Turbulent Phenomena", Academic Press, London (1972).

[12] Lucassen-Reynders, E. H., in „Encyclopedia of Emulsion Technology", Becher, P. (Editor), Marcel Dekker, N. Y. (1996).

[13] Lucassen-Reynders, E. H., Colloids and Surfaces, A91, 79 (1994).

[14] Lucassen, J., in „Anionic Surfactants", Lucassen-Reynders, E. H. (Editor), Marcel Dekker, N. Y. (1981).

[15] van den Tempel, M., Proc. Int. Congr. Surf. Act., 2, 573 (1960).

[16] Walstra, P. and Smolders, P. E. A., in „Modern Aspects of Emulsions", Binks, B. P. (Editor), The Royal Society of Chemistry, Cambridge (1998).

[17] Tadros, Th. F., „Emulsions", De Gruyter, Deutschland (2016).

[18] Ganachaud, F. and Katz, J. L., „Nanoparticles and nanocapsules created using the ouzo effect: Spontaneous emulsification as an alternative to ultrasonic and high-shear devices", Chem. Phys. Chem., 2005, 6, 209–216.

[19] Bouchemal, K., Briançon, S., Perrier E. and Fessi, H., „Nano-emulsion formulation using spontaneous emulsification: Solvent, oil and surfactant optimization", Int. J. Pharm., 280 (2004) 241–251.

[20] Vitale, S. A. and Katz, J. L., „Liquid droplet dispersions formed by homogeneous liquid-liquid nucleation: Der Ouzo-Effekt", Langmuir, 2003, 19, 4105–4110.

[21] Forgiarini, A., Esquena, J., Gonzalez, C. and Solans, C., „Formation of nano-emulsions by low-energy emulsification methods at constant temperature", Langmuir, 2001, 17, (7), 2076–2083.

[22] Izquierdo, P., Esquena, J., Tadros, T. F., Dederen, C., Garcia, M. J., Azemar, N. and Solans, C., „Formation and stability of nano-emulsions prepared using the phase inversion temperature method", Langmuir, 2002, 18, (1), 26–30.8.

[23] Shinoda, K. and Saito, H., J. Colloid Interface Sci., 26, 70 (1968).

[24] Shinoda, K. and Saito, H., „The Stability of O/W type emulsions as functions of temperature and the HLB of emulsifiers: The emulsification by PIT-method", J. Colloid Interface Sci. 1969, 30, 258–263.

[25] Izquierdo, P., Thesis „Studies on Nano-Emulsion Formation and Stability", University of Barcelona, Spain (2002).

[26] Nakajima, H., Tomomossa, S. and Okabe, M., First Emulsion Conference, Paris (1993).

[27] Nakajima, H., in „Industrial Applications of Microemulsions", Solans, C. and Konieda, H. (Editors), Marcel Dekker (1997).

[28] Tadros, Th. F. (Editor), „Colloids in Cosmetics and Personal Care", Wiley-VCH, Deutschland (2008).

8 Formulierung von Mehrfachemulsionen in Kosmetika

8.1 Einleitung

Mehrfachemulsionen sind komplexe Systeme von „Emulsionen von Emulsionen" [1–3]. Zwei Haupttypen können unterschieden werden: (1) Wasser-in-Öl-in-Wasser-Mehrfachemulsionen (W/O/W), bei denen die dispergierten Öltröpfchen emulgierte Wassertröpfchen enthalten. (2) Öl-in-Wasser-in-Öl-Mehrfachemulsionen (O/W/O), bei denen die dispergierten Wassertröpfchen emulgierte Öltröpfchen enthalten. Die am häufigsten verwendeten Mehrfachemulsionen sind die W/O/W-Emulsionen. Die W/O/W-Mehrfachemulsion kann als Wasser/Wasser-Emulsion betrachtet werden, bei der die inneren Wassertröpfchen durch eine „ölige Schicht" (Membran) getrennt sind. Die inneren Tröpfchen können auch aus einem polaren Lösungsmittel wie Glykol oder Glycerin bestehen, das einen gelösten oder dispergierten Wirkstoff enthalten kann. Die O/W/O-Mehrfachemulsion kann als Öl/Öl-Emulsion betrachtet werden, die durch eine „wässrige Schicht" (Membran) getrennt ist. Die Anwendung von Mehrfachemulsionen in der Pharmazie zur kontrollierten und anhaltenden Freisetzung von Arzneimitteln wurde über mehrere Jahrzehnte anhand von Tierversuchen untersucht. Die einzige erfolgreiche Anwendung von Mehrfachemulsionen in der Industrie war im Bereich der Körperpflege und Kosmetik. Mehrere Kosmetikfirmen haben Produkte auf der Grundlage von W/O/W-Systemen eingeführt.

Aufgrund der sich bildenden öligen Flüssigkeit oder wässrigen Membran gewährleisten Mehrfachemulsionen einen vollständigen Schutz des eingeschlossenen Wirkstoffs, der in vielen kosmetischen Systemen verwendet wird (z. B. Antifaltenmittel), und eine kontrollierte Freisetzung dieses Wirkstoffs von der inneren in die äußere Phase. Darüber hinaus bieten Mehrfachemulsionen mehrere Vorteile wie den Schutz empfindlicher Inhaltsstoffe, die Trennung unverträglicher Inhaltsstoffe, eine verlängerte Hydratation der Haut und in einigen Fällen die Bildung einer festen Gelstruktur. Darüber hinaus wird mit W/O/W-Mehrfachemulsionen ein angenehmes Hautgefühl wie bei O/W-Emulsionen in Verbindung mit den bekannten feuchtigkeitsspendenden Eigenschaften von W/O-Emulsionen erzielt. Mehrfachemulsionen lassen sich zweckmäßigerweise zur kontrollierten Freisetzung einsetzen, indem man die Geschwindigkeit des Zerfallsprozesses der Mehrfachemulsionen bei der Anwendung steuert. Zunächst stellt man stabile Mehrfachemulsionen her (mit einer Haltbarkeit von zwei Jahren), die bei der Anwendung kontrolliert zerfallen und so den Wirkstoff kontrolliert freisetzen (langsame oder anhaltende Freisetzung).

Für Anwendungen in der Körperpflege und in Kosmetika kann ein breiteres Spektrum an Tensiden verwendet werden, sofern diese Moleküle einige wesentliche Kriterien erfüllen, wie z. B. keine Hautreizung, keine Toxizität bei der Anwendung und

https://doi.org/10.1515/9783110798548-008

Sicherheit für die Umwelt (in diesem Fall ist die biologische Abbaubarkeit des Moleküls entscheidend).

8.2 Arten von Mehrfachemulsionen

Florence und Whitehill [1] unterschieden zwischen drei Arten von Mehrfachemulsionen (W/O/W), die unter Verwendung von Isopropylmikrostaten als Ölphase, 5 % Span 80 zur Herstellung der primären W/O-Emulsion und verschiedenen Tensiden zur Herstellung der sekundären Emulsion hergestellt wurden: (A) Brig 30 (Polyoxyethylen-4-laurylether) 2 %. (B) Triton X-165 (Polyoxyethylen-16,5-nonylphenylether) 2 %. (C) Span 80/Tween 80-Mischungen (3:1). Eine schematische Darstellung der drei Strukturen ist in Abb. 8.1 zu sehen. Typ A enthält ein großes inneres Tröpfchen, das dem von Matsumoto et al. [2] beschriebenen ähnelt. Dieser Typ entstand bei Verwendung von Polyoxyethylen-4-laurylether (Brij 30) als Emulgator in Höhe von 2 %. Typ B enthält mehrere kleine innere Tröpfchen. Diese wurden mit 2 % Polyoxyethylen-16,5-nonylphenylether (Triton X-165) hergestellt. Die Tropfen des Typs C enthalten eine sehr große Anzahl kleiner innerer Tröpfchen. Diese wurden mit einer Mischung aus Span 80 und Tween 80 im Verhältnis 3:1 hergestellt. Es sollte erwähnt werden, dass Mehrfachemulsionen des Typs A in der Praxis nicht häufig anzutreffen sind. Typ C ist schwierig herzustellen, da eine große Anzahl kleiner interner Wassertröpfchen (die im primären Emulgierprozess entstehen) zu einem starken Anstieg der Viskosität führt. Daher werden in der Praxis am häufigsten Mehrfachemulsionen des Typs B verwendet, wobei die großen Mehrfachemulsionströpfchen (10 bis 100 μm) Wassertröpfchen von ≈ 1 μm enthalten.

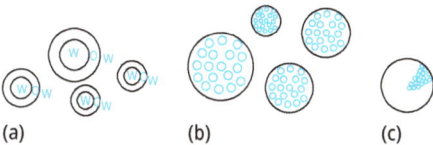

Abb. 8.1: Schematische Darstellung dreier Strukturen von W/O/W-Mehrfachemulsionen. (a) ein großes inneres Tröpfchen (Brij 30); (b) mehrere kleinere innere Tröpfchen (Triton X-165); (c) große Anzahl sehr kleiner Tröpfchen (3:1 Span 80:Tween 80).

8.3 Aufspaltungsprozesse von Mehrfachemulsionen

Eine schematische Darstellung einiger Zerfallsprozesse, die in W/O/W-Multifunktionsemulsionen auftreten können, ist in Abb. 8.2 zu sehen. Eine der Hauptinstabilitäten von Mehrfachemulsionen ist der osmotische Fluss von Wasser von der inneren zur äußeren Phase oder umgekehrt [1, 2]. Dies führt zu einer Schrumpfung bzw. Quellung der inneren Wassertröpfchen. Dieser Prozess setzt voraus, dass die Ölschicht als semipermeable Membran wirkt (durchlässig für Wasser, aber nicht für gelöste Stoffe). Der Volumenstrom von Wasser, J_W, kann mit der zeitlichen Änderung des Tröpfchenvolumens dv/dt gleichgesetzt werden:

$$J_W = \frac{dv}{dt} = -L_p A\, RT(g_2 c_c - g_1 c_1).$$ (8.1)

L_p ist der hydrodynamische Koeffizient der „Öl-Membran", A ist die Querschnittsfläche, R ist die Gaskonstante und T ist die absolute Temperatur. g ist der osmotische Koeffizient der Elektrolytlösung mit der Konzentration c.

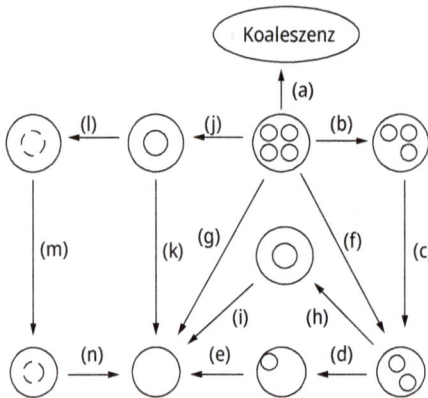

Abb. 8.2: Schematische Darstellung der möglichen Zerfallsprozesse in W/O/W-Multiemulsionen: (a) Koaleszenz; (b), (c), (d), (e) Ausstoß eines oder mehrerer innerer wässriger Tröpfchen; (g) seltener Ausstoß; (h), (i) Koaleszenz von Wassertröpfchen vor dem Ausstoß; (j), (k) Diffusion von Wasser durch die Ölphase; (l), (m), (n) Schrumpfen innerer Tröpfchen.

Der Fluss von Wasser ϕ_W ist:

$$\phi_W = \frac{J_W}{V_m},$$ (8.2)

wobei V_m das partielle molare Volumen von Wasser ist.

Es kann ein osmotischer Permeabilitätskoeffizient P_o definiert werden:

$$P_o = \frac{L_p\, RT}{V_m}.$$ (8.3)

Kombination der Gleichungen (8.1) bis (8.3) ergibt:

$$\phi_W = -P_o A(g_2 c_c - g_1 c_1).$$ (8.4)

Der Diffusionskoeffizient von Wasser D_W kann aus P_0 und der Dicke der Diffusionsschicht Δx ermittelt werden:

$$-P_0 = \frac{D_W}{\Delta x}. \tag{8.5}$$

Für Isopropylmyristat-W/O/W-Emulsionen ist $\Delta x \approx 8{,}2$ μm und $D_W \approx 5{,}15 \times 10^{-8}$ cm^{2}s^{-1}; der für die Diffusion von Wasser in umgekehrten Mizellen erwartete Wert.

8.4 Herstellung einer Mehrfachemulsion

Für die Herstellung von stabilen Mehrfachemulsionen sind zwei Hauptkriterien wesentlich:

(1) Zwei Emulgatoren – mit niedrigem und hohem HLB-Wert. Emulgator 1 sollte die Koaleszenz der inneren Wassertröpfchen verhindern und vorzugsweise einen viskoelastischen Film bilden, der auch den Wassertransport reduziert. Der sekundäre Emulgator sollte auch eine wirksame sterische Barriere an der O/W-Grenzfläche bilden, um eine Koaleszenz der Mehrfachemulsionströpfchen zu verhindern.

(2) Optimales osmotisches Gleichgewicht. Dies ist wichtig, um den Wassertransport zu verringern. Dies wird durch die Zugabe von Elektrolyten oder Nicht-Elektrolyten erreicht. Die Osmose in der äußeren Phase sollte etwas niedriger sein als die der inneren Phase, um Krümmungseffekte auszugleichen.

Diese Mehrfachemulsionen werden in der Regel in einem zweistufigen Verfahren hergestellt. So wird beispielsweise eine W/O/W-Mehrfachemulsion formuliert, indem zunächst eine W/O-Emulsion unter Verwendung eines Tensids mit niedrigem HLB-Wert (5–6) mit einem Hochgeschwindigkeitsmischer (z. B. einem Ultra-Turrax® oder Silverson) hergestellt wird. Die resultierende W/O-Emulsion wird in einer wässrigen Lösung, die ein Tensid mit einem hohen HLB-Wert (9–12) enthält, mit einem langsam laufenden Rührer (z. B. einem Paddelrührer) weiter emulgiert. Eine schematische Darstellung der Herstellung von Mehrfachemulsionen ist in Abb. 8.3 zu sehen.

Die Ausbeute der Mehrfachemulsion kann bei W/O/W-Mehrfachemulsionen mittels Dialyse bestimmt werden. Dabei wird ein wasserlöslicher Marker verwendet und seine Konzentration in der äußeren Phase bestimmt:

$$\% \, \text{Mehrfachemulsion} = \frac{C_i}{C_i + C_e} \times 100, \tag{8.6}$$

wobei C_i für die Menge des Markers in der inneren Phase und C_e für die Menge des Markers in der äußeren Phase steht. Wenn eine Ausbeute von mehr als 90 % erforderlich ist, sollte das lipophile Tensid (mit niedrigem HLB-Wert), das zur Herstellung der Primäremulsion verwendet wird, etwa zehnmal höher konzentriert sein als das hydrophile Tensid (mit hohem HLB-Wert).

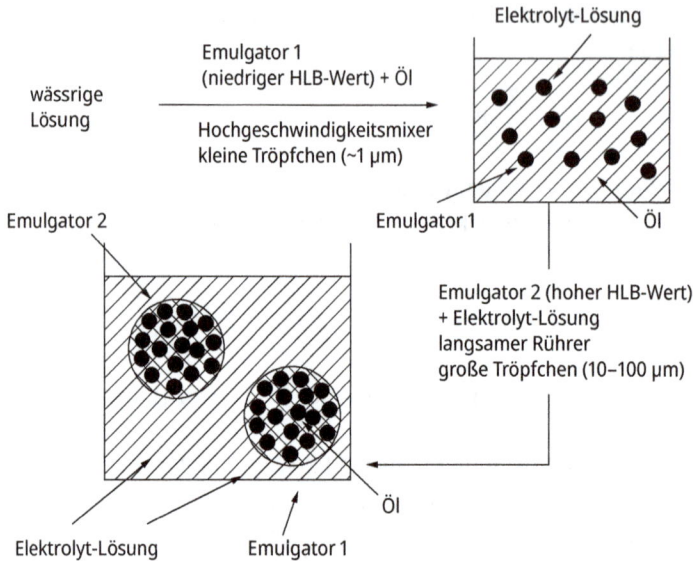

Abb. 8.3: Schema für die Herstellung einer W/O/W-Mehrfachemulsion.

Die Öle, die für die Herstellung von Mehrfachemulsionen verwendet werden können, müssen kosmetisch verträglich sein (keine Toxizität). Die geeignetsten Öle sind pflanzliche Öle wie Soja- oder Safloröl. Paraffinische Öle, die keine toxische Wirkung haben, können ebenfalls verwendet werden. Auch einige polare Öle wie Isopropylmyristat können verwendet werden; aber auch Silikonöle können eingesetzt werden. Bei den Emulgatoren mit niedrigem HLB-Wert (für die primäre W/O-Emulsion) handelt es sich meist um Sorbitan-Ester (Spans), die aber auch mit anderen polymeren Emulgatoren wie Silikonemulgatoren gemischt werden können. Das Tensid mit hohem HLB-Wert kann aus der Tween-Reihe gewählt werden, obwohl die Blockcopolymere PEO-PPO-PEO (Poloxamere oder Pluronics) eine wesentlich bessere Stabilität aufweisen. Das polymere Tensid INUTEC® SP1 kann ebenfalls zu einer wesentlich höhere Stabilität beitragen. Zur Kontrolle des osmotischen Drucks der inneren und äußeren Phasen können Elektrolyte wie NaCl oder Nichtelektrolyte wie Sorbitol verwendet werden.

In den meisten Fällen wird ein „Geliermittel" sowohl für die Ölphase als auch für die äußere Phase benötigt. Für die Ölphase können Fettalkohole verwendet werden. Für die wässrige kontinuierliche Phase können die gleichen „Verdickungsmittel" verwendet werden, die auch in Emulsionen eingesetzt werden, z. B. Hydroxyethylcellulose, Xanthan, Alginate, Carrageene usw. Manchmal werden flüssigkristalline Phasen zur Stabilisierung der Mehrfachemulsionströpfchen eingesetzt. Diese können mit einem nichtionischen Tensid und einem langkettigen Alkohol hergestellt werden. Zur Erhöhung der Stabilität kann auch eine „Gel"-Beschichtung um die Mehrfachemulsionströpfchen gebildet werden.

Zur Veranschaulichung wird im Folgenden eine typische Formulierung einer W/O/W-Mehrfachemulsion beschrieben, bei der zwei verschiedene Verdickungsmittel verwendet wurden, nämlich Keltrol® (Xanthan von Kelco) und Carbopol® 980 (ein vernetztes Polyacrylatgel von BF Goodrich). Diese Verdickungsmittel wurden zugesetzt, um die Cremigkeit der Mehrfachemulsion zu verringern. In beiden Fällen wurde ein zweistufiges Verfahren angewandt.

Die primäre W/O-Emulsion wurde unter Verwendung eines A-B-A-Blockcopolymers (wobei A für Polyhydroxystearinsäure, PHS, und B für Polyethylenoxid, PEO, steht), d. h. PHS-PEO-PHS, hergestellt. 4 g PHS-PEO-PHS wurden in 30 g eines Kohlenwasserstofföls aufgelöst. Zur schnellen Auflösung wurde die Mischung auf 75 °C erhitzt. Die wässrige Phase bestand aus 65,3 g Wasser, 0,7 g $MgSO_4 \cdot 7\ H_2O$ und einem Konservierungsmittel. Diese wässrige Lösung wurde ebenfalls auf 75 °C erhitzt. Die wässrige Phase wurde der Ölphase langsam und unter intensivem Rühren mit einem Hochgeschwindigkeitsmischer zugegeben. Die W/O-Emulsion wurde 1 Minute lang homogenisiert und auf 40–45 °C abgekühlt, dann wurde eine weitere Minute lang homogenisiert und weiter gerührt, bis die Temperatur die Umgebungstemperatur erreicht hatte.

Die primäre W/O-Emulsion wurde in einer wässrigen Lösung emulgiert, die das polymere Tensid PEO-PPO-PEO, nämlich Pluronic® PEF127, enthält. 2 g des polymeren Tensids wurden in 16,2 g Wasser, das ein Konservierungsmittel enthielt, unter Rühren bei 5 °C gelöst. 0,4 g $MgSO_4 \cdot 7\ H_2O$ wurden dann zu der wässrigen Lösung des polymeren Tensids gegeben. 60 g der primären W/O-Emulsion wurden der wässrigen PFE127-Lösung unter langsamem Rühren bei 700 U/min (mit einem Paddelrührer) zugegeben. Eine wässrige Keltrol-Lösung wurde durch langsame Zugabe von 0,7 g Keltrol-Pulver zu 20,7 g Wasser unter Rühren hergestellt. Die resultierende Verdickungslösung wurde 30 bis 40 Minuten lang weitergerührt, bis ein homogenes Gel entstand. Die Verdickungslösung wurde der Mehrfachemulsion unter Rühren bei niedriger Geschwindigkeit (400 U/min) langsam zugegeben, und das gesamte System wurde 1 Minute lang homogenisiert, gefolgt von sanftem Rühren bei 300 U/min, bis der Verdickungsstoff vollständig in der Mehrfachemulsion dispergiert war (etwa 30 Minuten Rühren waren ausreichend). Das fertige System wurde mit Hilfe der optischen Mikroskopie untersucht, um sicherzustellen, dass die Mehrfachemulsion hergestellt wurde. Die Formulierung wurde mehrere Monate lang stehen gelassen und die Tröpfchen der Mehrfachemulsion wurden mit dem Lichtmikroskop untersucht (siehe unten). Auch die Rheologie der Mehrfachemulsion wurde in verschiedenen Zeitabständen gemessen (siehe unten), um sicherzustellen, dass die Konsistenz des Produkts auch bei langer Lagerung gleich bleibt.

Die obige Mehrfachemulsion konnte unter denselben Bedingungen hergestellt werden, jedoch unter Verwendung von Carbopol® 980 als Verdickungsmittel (Gel). In diesem Fall wurde kein $MgSO_4$ zugesetzt, da das Carbopol-Gel durch Elektrolyte beeinträchtigt würde. Die wässrige Lösung des polymeren Tensids PEF127 wurde durch Auflösen von 2 g des Polymers in 23 g Wasser hergestellt. 15 g 2%iges Carbopol-Mastergel wurden unter Rühren zu der PEF127-Lösung gegeben, bis das Carbopol vollständig dispergiert war. 60 g der primären W/O-Emulsion wurden langsam zu der wässrigen PEF127/Carbopol-Lösung zugegeben, während sie bei 700 U/min gründlich gerührt wurden. Triethanolamin wurde unter leichtem Rühren langsam zugegeben, bis der pH-Wert des Systems 6,0 bis 6,5 erreichte.

Ein weiteres Beispiel für eine W/O/W-Mehrfachemulsion wurde mit zwei polymeren Tensiden hergestellt. Eine W/O-Emulsion wurde mit einem A-B-A-Blockcopolymer aus PHS-PEO-PHS hergestellt. Diese Emulsion wurde mit einem Hochgeschwindigkeitsmischer hergestellt, der Tröpfchengrößen im Bereich von 1 µm ergab. Die W/O-Emulsion wurde dann in einer wässrigen Lösung von hydrophob modifiziertem Inulin (INUTEC® SP1) unter langsamem Rühren emulgiert, um mehrere Emulsionströpfchen im Bereich von 10 bis 100 µm zu erzeugen. Das osmotische Gleichgewicht wurde mit 0,1 mol dm^{-3} MgCl$_2$ in den inneren Wassertröpfchen und der äußeren kontinuierlichen Phase erreicht. Die Mehrfachemulsion wurde bei Raumtemperatur und 50 °C gelagert, und in verschiedenen Zeitabständen wurden Mikrofotografien angefertigt. Die Mehrfachemulsion war über mehrere Monate hinweg sehr stabil. Die Mikrofotografie der W/O/W-Multiemulsion ist in Abb. 8.4 dargestellt. Zur Herstellung einer O/W/O-Multiemulsion wurde zunächst eine Nanoemulsion mit INUTEC® SP1 hergestellt. Die Nanoemulsion wurde dann mit einem langsam laufenden Rührer in eine Öllösung aus PHS-PEO-PHS emulgiert. Die O/W/O-Multifunktionsemulsion wurde bei Raumtemperatur und 50 °C gelagert, und in verschiedenen Zeitabständen wurden Mikroaufnahmen gemacht. Die O/W/O-Multifunktionsemulsion war sowohl bei Raumtemperatur als auch bei 50 °C mehrere Monate lang stabil. Eine mikroskopische Aufnahme der O/W/O-Multifunktionsemulsion ist in Abb. 8.5 dargestellt.

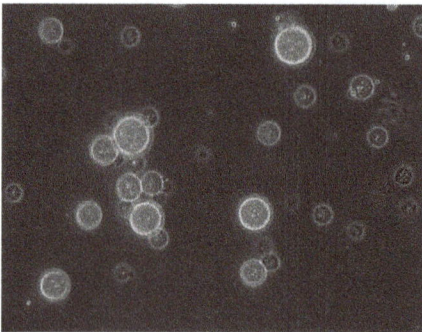

Abb. 8.4: Mikroskopische Aufnahme der W/O/W-Mehrfachemulsion.

Eine schematische Darstellung des W/O/W-Mehrfachemulsionstropfens ist in Abb. 8.6 zu sehen.

8.5 Charakterisierung von Mehrfachemulsionen

Für die Charakterisierung von Mehrfachemulsionen können mehrere Methoden angewandt werden, die im Folgenden beschrieben werden.

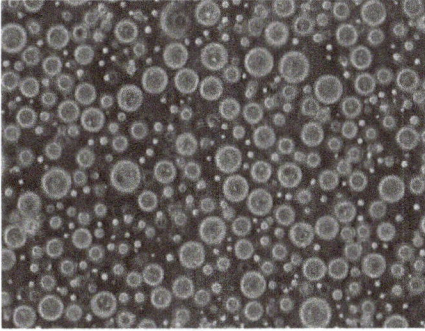

Abb. 8.5: Mikroskopische Aufnahme einer O/W/O-Mehrfachemulsion.

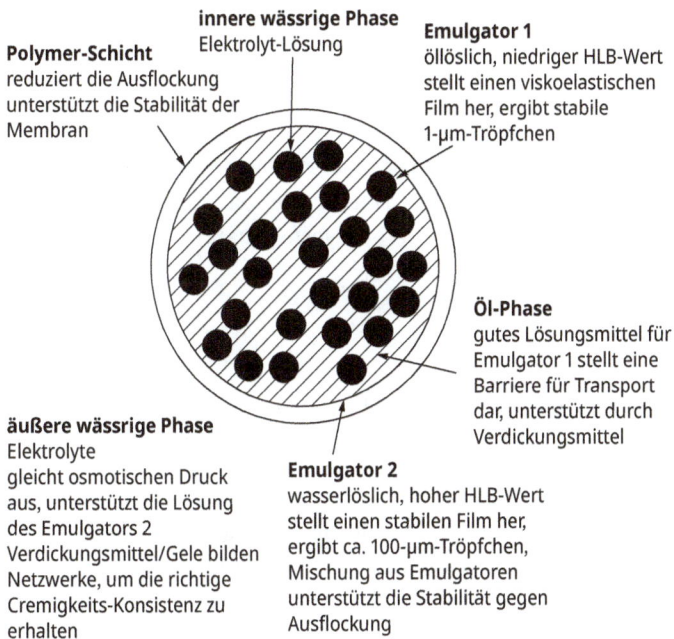

innere wässrige Phase
Elektrolyt-Lösung

Polymer-Schicht
reduziert die Ausflockung
unterstützt die Stabilität der
Membran

Emulgator 1
öllöslich, niedriger HLB-Wert
stellt einen viskoelastischen
Film her, ergibt stabile
1-µm-Tröpfchen

Öl-Phase
gutes Lösungsmittel für
Emulgator 1 stellt eine
Barriere für Transport
dar, unterstützt durch
Verdickungsmittel

äußere wässrige Phase
Elektrolyte
gleicht osmotischen Druck
aus, unterstützt die Lösung
des Emulgators 2
Verdickungsmittel/Gele bilden
Netzwerke, um die richtige
Cremigkeits-Konsistenz zu
erhalten

Emulgator 2
wasserlöslich, hoher HLB-Wert
stellt einen stabilen Film her,
ergibt ca. 100-µm-Tröpfchen,
Mischung aus Emulgatoren
unterstützt die Stabilität gegen
Ausflockung

Abb. 8.6: Schematische Darstellung eines Mehrfachemulsionstropfens.

8.5.1 Analyse der Tröpfchengröße

Die Tröpfchengrößenverteilung der Primäremulsion (innere Tröpfchen der Mehrfach-emulsion) liegt in der Regel im Bereich von 0,5 bis 2 µm, mit einem Durchschnitt von ≈ 0,5 bis 1,0 µm. Die Tröpfchengrößenverteilung dieser Primäremulsion kann mittels Photonenkorrelationsspektroskopie (PCS) bestimmt werden. Dabei wird die Intensitäts-fluktuation des von den Tröpfchen gestreuten Lichts gemessen, während sie eine Brown-sche Bewegung ausführen. Alternativ können auch Lichtbeugungstechniken, z. B. mit dem Mastersizer (Malvern, U. K.), verwendet werden. Die Mehrfach-Emulsionströpfchen decken ein breites Größenspektrum ab, in der Regel 5 bis 100 μm, mit einem Durchschnitt im Bereich von 5 bis 20 μm. Zur Beurteilung der Tröpfchen der Mehrfachemulsion kann die optische Mikroskopie (Differentialinterferenzkontrast) eingesetzt werden. Zur Beurteilung der Stabilität können mikroskopische Aufnahmen nach verschiedenen Lagerungszeiten angefertigt werden.

Gefrierbruch und Elektronenmikroskopie können eine quantitative Bewertung der Struktur der Mehrfachemulsionströpfchen liefern und besondere Techniken können zur Messung der Tröpfchengröße der Mehrfachemulsion eingesetzt werden. Da die Partikelgröße > 5 μm ist (d. h. der Durchmesser ist wesentlich größer als die Wellenlänge des Lichts), zeigen sie Lichtbeugung (Fraunhofersche Beugung) und der Mastersizer könnte ebenfalls verwendet werden.

8.5.2 Dialyse

Wie bereits erwähnt, kann damit die Ausbeute der Mehrfachemulsion gemessen werden; sie kann auch eingesetzt werden, um den Transfer gelöster Stoffe von den inneren Tröpfchen in die äußere kontinuierliche Phase zu verfolgen.

8.5.3 Rheologische Verfahren

Es können drei rheologische Verfahren angewendet werden:

8.5.3.1 Messungen der stationären Schubspannung (τ) und der Scherrate (γ)

Es ergibt sich ein pseudoplastisches Fließen, wie in Abb. 8.7 dargestellt. Diese Fließkurve kann z. B. mit der Herschel-Bulkley-Beziehung [4, 5] analysiert werden:

$$\tau = \tau_\beta + k\gamma^n \tag{8.7}$$

wobei τ_β die „Fließgrenze" ist, k der Konsistenzindex und n der Scherverdünnungsindex. Diese Gleichung kann verwendet werden, um die Viskosität η als Funktion der Schergeschwindigkeit zu erhalten.

Verfolgt man die Veränderung der Viskosität mit der Zeit, erhält man Informationen über die Stabilität von Mehrfachemulsionen. Wenn beispielsweise Wasser von der äußeren Phase in die inneren Wassertröpfchen fließt („Quellung"), nimmt die Viskosität mit der Zeit zu. Wenn nach einiger Zeit die Tröpfchen der Mehrfachemulsion zu zerfallen beginnen und eine O/W-Emulsion bilden, sinkt die Viskosität.

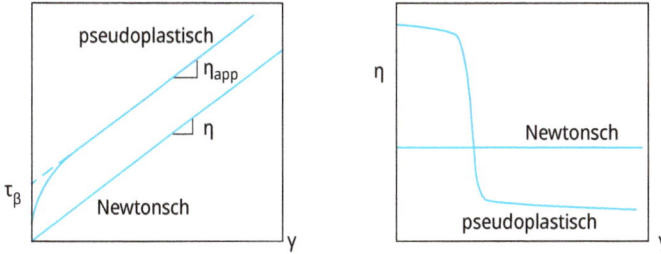

Abb. 8.7: Fließkurven für ein Newtonsches und ein pseudoplastisches System.

8.5.3.2 Messungen mit konstanter Spannung (Kriechen)

In diesem Fall wird eine konstante Spannung angelegt und die Dehnung γ (oder die Nachgiebigkeit $J = \gamma/\tau$) als Funktion der Zeit verfolgt, wie in Abb. 8.8 dargestellt. Liegt die angelegte Spannung unter der Fließspannung, steigt die Dehnung zunächst geringfügig an und bleibt dann praktisch konstant. Sobald die Spannung den Fließwert überschreitet, nimmt die Dehnung mit der Zeit rasch zu und erreicht schließlich einen stationären Zustand (mit konstanter Steigung). Aus den Steigungen der Kriechversuche lässt sich die Viskosität bei jeder angewandten Spannung ermitteln, wie in Abb. 8.9 dargestellt, die ein Plateau mit einem hohen Wert unterhalb der Fließspannung (Restviskosität oder Null-Scher-Viskosität) zeigt, gefolgt von einem schnellen Abfall, wenn die Fließspannung überschritten wird. Verfolgt man die Kriechkurven als Funktion der Lagerungszeit, kann man die Stabilität der Mehrfachemulsion beurteilen. Neben der Quellung oder Schrumpfung der Tropfen, die zu einer Verringerung der Null-Scher-Viskosität und der Fließgrenze führen, führt auch jede Entmischung zu einer Veränderung der rheologischen Parameter.

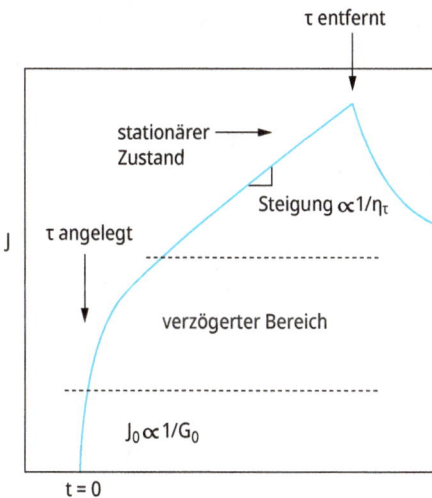

Abb. 8.8: Typische Kriechkurve für ein viskoelastisches System.

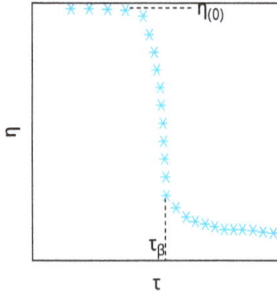

Abb. 8.9: Veränderung der Viskosität mit der angelegten Spannung.

8.5.3.3 Dynamische oder schwingende Messungen

Bei dynamischen (Oszillator-)Messungen wird eine sinusförmige Dehnung mit der Frequenz ν in Hz oder ω in rad s^{-1} ($\omega = 2\pi\nu$) in einem zylindrischen Messbecher oder auf einer Platte (eines Systems aus Kegel und Platte) angewandt und gleichzeitig die Spannung am Lot oder am Kegel gemessen, die mit einer Drehmomentstange verbunden sind [5]. Die Winkelverschiebung des Messbechers oder der Platte wird mit Hilfe eines Messwertaufnehmers gemessen. Bei einem viskoelastischen System, wie es bei einer Mehrfachemulsion der Fall ist, schwingt die Spannung mit der gleichen Frequenz wie die Dehnung, jedoch phasenverschoben [5]. Dies wird in Abb. 8.10 veranschaulicht, die die Sinuswellen von Spannung und Dehnung für ein viskoelastisches System zeigt.

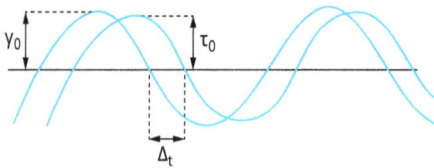

Abb. 8.10: Schematische Darstellung von Spannungs- und Dehnungssinuswellen für ein viskoelastisches System.

Aus der zeitlichen Verschiebung zwischen den Sinuswellen von Spannung und Dehnung, Δt, wird die Phasenwinkelverschiebung δ berechnet:

$$\delta = \Delta t \omega. \tag{8.8}$$

Der komplexe Modul G^* wird aus den Spannungs- und Dehnungsamplituden (τ_0 bzw. γ_0) berechnet:

$$G^* = \frac{\tau_0}{\gamma_0} \tag{8.9}$$

Der Speichermodul G', der ein Maß für die elastische Komponente ist, wird durch den folgenden Ausdruck gegeben:

$$G' = |G^*| \cos \delta. \tag{8.10}$$

Der Verlustmodul G″, der ein Maß für die viskose Komponente ist, wird durch den folgenden Ausdruck gegeben:

$$G'' = |G^*| \sin \delta \tag{8.11}$$

und

$$|G^*| = G' + iG'', \tag{8.12}$$

wobei i gleich $(-1)^{1/2}$ ist.

Die dynamische Viskosität, η′, wird durch den folgenden Ausdruck gegeben,

$$\eta' = \frac{G''}{\omega}. \tag{8.13}$$

Bei dynamischen Messungen führt man zwei getrennte Versuche durch. Zunächst werden die viskoelastischen Parameter als Funktion der Dehnungsamplitude bei konstanter Frequenz gemessen, um den linearen viskoelastischen Bereich zu bestimmen, in dem G^*, G′ und G″ unabhängig von der Dehnungsamplitude sind. Dies wird in Abb. 8.11 veranschaulicht, die die Variation von G^*, G′ und G″ mit γ_0 zeigt. Es ist zu erkennen, dass die viskoelastischen Parameter bis zu einem kritischen Dehnungswert (γ_{cr}) konstant bleiben, oberhalb dessen G^* und G′ zu sinken beginnen und G″ mit einer weiteren Zunahme der Dehnungsamplitude ansteigt. Die meisten Mehrfachemulsionen zeigen bis zu nennenswerten Dehnungen (> 10 %) eine lineare viskoelastische Reaktion, was auf einen Strukturaufbau im System („Gelbildung") hinweist. Zeigt das System einen kurzen linearen Bereich (d. h. eine niedrige γ_{cr}), so deutet dies auf das Fehlen einer „kohärenten" Gelstruktur hin (in vielen Fällen ist dies ein Hinweis auf eine starke Ausflockung im System).

Sobald der lineare viskoelastische Bereich festgelegt ist, werden Messungen der viskoelastischen Parameter bei Dehnungsamplituden innerhalb des linearen Bereichs als Funktion der Frequenz durchgeführt. Dies ist schematisch in Abb. 8.12 dargestellt, die die Veränderung von G^*, G′ und G″ mit ν oder ω zeigt. Es ist zu erkennen, dass

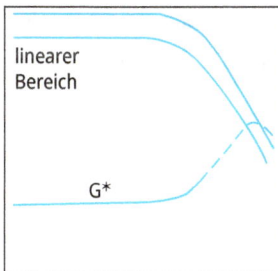

linearer
Bereich

G^*

Abb. 8.11: Schematische Darstellung der Veränderung von G^*, G′ und G″ mit der Dehnungsamplitude (bei einer festen Frequenz).

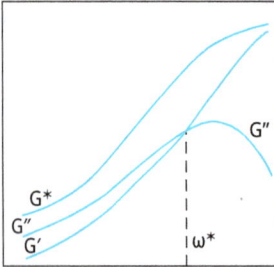

Abb. 8.12: Schematische Darstellung der Variation von G*, G′ und G″ mit ω für ein viskoelastisches System.

unterhalb einer charakteristischen Frequenz, ν^* oder ω^*, G″ > G′ ist. In diesem niederfrequenten Bereich (lange Zeitskala) kann das System Energie als viskose Strömung dissipieren. Oberhalb von ν^* oder ω^* ist G′ > G″, da das System in diesem Hochfrequenzbereich (kurze Zeitskala) in der Lage ist, Energie elastisch zu speichern. Bei einer ausreichend hohen Frequenz tendiert G″ gegen null und G′ nähert sich G* stark an, wobei es kaum von der Frequenz abhängt. Die Relaxationszeit des Systems kann aus der charakteristischen Frequenz (dem Kreuzungspunkt) berechnet werden, bei der G′ = G″ ist, d. h.:

$$t^* = \frac{1}{\omega^*}. \tag{8.14}$$

Aus den obigen Ausführungen wird deutlich, dass rheologische Messungen von Mehrfachemulsionen sehr wertvoll sind, um die langfristige physikalische Stabilität des Systems sowie seine Anwendung zu bestimmen. Dieses Thema hat in den letzten Jahren bei vielen Kosmetikherstellern großes Interesse geweckt. Abgesehen von ihrem Wert für die oben erwähnte Bewertung besteht eine der wichtigsten Überlegungen darin, die rheologischen Parameter mit der Wahrnehmung des Produkts durch den Verbraucher in Verbindung zu bringen. Dies erfordert eine sorgfältige Messung der verschiedenen rheologischen Parameter für eine Reihe von Mehrfachemulsionen und die Verknüpfung dieser Parameter mit der Wahrnehmung die Konsistenz des Produkts, sein Hautgefühl, seine Verteilbarkeit, seine Haftung usw. betreffend und eine entsprechende Bewertung durch Expertengremien. Es ist davon auszugehen, dass die rheologischen Eigenschaften einer als Mehrfachemulsion formulierten Emulsionscreme die endgültige Dicke der Ölschicht, die feuchtigkeitsspendende Wirkung und ihre ästhetischen Eigenschaften wie Klebrigkeit, Steifheit und Fettigkeit (Texturprofil) bestimmen. Psychophysikalische Modelle können angewandt werden, um die Rheologie mit der Verbraucherwahrnehmung zu korrelieren.

8.6 Zusammenfassung der Faktoren, die die Stabilität von Mehrfachemulsionen beeinflussen, und Kriterien für ihre Stabilisierung

Wie bereits erwähnt, wird die Stabilität der Mehrfachemulsion durch die Art der beiden Emulgatoren beeinflusst, die für die Herstellung der Mehrfachemulsion verwendet werden. Die meisten in der Literatur veröffentlichten Arbeiten über Mehrfachemulsionen basieren auf herkömmlichen nichtionischen Tensiden. Leider erzeugen die meisten dieser Tensidsysteme Mehrfachemulsionen mit begrenzter Haltbarkeit, insbesondere wenn das System großen Temperaturschwankungen ausgesetzt ist. Wie bereits erwähnt, haben wir Mehrfachemulsionen unter Verwendung von polymeren Tensiden sowohl für die Herstellung der Primäremulsion als auch der Mehrfachemulsion formuliert. Diese polymeren Tenside erwiesen sich bei der Aufrechterhaltung der physikalischen Stabilität der Mehrfachemulsion gegenüber den herkömmlichen nichtionischen Tensiden als überlegen und können nun erfolgreich für die Formulierung von kosmetischen Mehrfachemulsionen eingesetzt werden. Der Schlüssel ist die Verwendung von polymeren Tensiden, die für Kosmetika zugelassen sind.

Die Stabilität der resultierenden Mehrfachemulsion hängt von einer Reihe von Faktoren ab:
(1) der Art der Emulgatoren, die für die Herstellung der primären und der Mehrfachemulsion verwendet werden;
(2) dem osmotischen Gleichgewicht zwischen den wässrigen Tröpfchen in den multiplen Emulsionstropfen und der externen wässrigen Phase;
(3) den Volumenanteilen der dispergierten Wassertröpfchen in den multiplen Emulsionstropfen und dem endgültigen Volumenanteil der multiplen Emulsionen;
(4) dem Temperaturbereich, dem die Mehrfachemulsion ausgesetzt wird;
(5) dem Verfahren zur Herstellung des Systems;
(6) der Rheologie des gesamten Systems, die durch den Zusatz von Verdickungsmitteln in der externen wässrigen Phase verändert werden kann.

Wie bereits erwähnt, sind die wichtigsten Kriterien für die Herstellung einer stabilen Mehrfachemulsion:
(1) Zwei Emulgatoren, einer mit niedrigem HLB-Wert (Emulgator I) und einer mit hohem HLB-Wert (Emulgator II).
(2) Emulgator I sollte eine sehr wirksame Barriere gegen die Koaleszenz der Wassertröpfchen in dem Mehrfachemulsionstropfen bilden. Emulgator II sollte auch eine wirksame Barriere gegen die Ausflockung und/oder Koaleszenz der Mehrfachemulsionstropfen bilden.
(3) Die Menge der bei der Herstellung von Primär- und Mehrfachemulsion verwendeten Emulgatoren ist entscheidend. Ein Überschuss an Emulgator I in der Ölphase kann zu einer weiteren Emulgierung der wässrigen Phase in die Mehrfachemulsion

führen, so dass letztlich eine W/O-Emulsion entsteht. Ein Überschuss an Emulgator II in der wässrigen Phase kann zu einer Solubilisierung des Tensids mit niedrigem HLB-Wert führen, so dass letztlich eine O/W-Emulsion entsteht.

(4) Optimales osmotisches Gleichgewicht der inneren und äußeren wässrigen Phasen. Wenn der osmotische Druck der inneren wässrigen Tröpfchen höher ist als der der äußeren wässrigen Phase, fließt Wasser zu den inneren Tröpfchen, was zu einer „Quellung" der mehrfachen Emulsionstropfen und schließlich zur Bildung einer W/O-Emulsion führt. Ist der osmotische Druck in der äußeren Phase dagegen höher, diffundiert das Wasser in die entgegengesetzte Richtung und die Mehrfachemulsion kehrt in eine O/W-Emulsion zurück.

Verschiedene Formulierungsvariablen müssen berücksichtigt werden:

(1) primärer W/O-Emulgator; es stehen verschiedene Tenside mit niedrigem HLB-Wert zur Verfügung, von denen die folgenden erwähnt werden können: Decaglycerin-Decaoleat; gemischtes Triglycerin-Trioleat und Sorbitan-Trioleat; ABA-Blockcopolymere aus PEO und PHS;

(2) primärer Volumenanteil der W/O- oder O/W-Emulsion; normalerweise werden Volumenanteile zwischen 0,4 und 0,6 hergestellt, je nach Anforderung;

(3) Art der Ölphase; verschiedene paraffinische Öle (z. B. Heptamethylnonan), Silikonöl, Sojabohnen- und andere Pflanzenöle können verwendet werden;

(4) sekundärer O/W-Emulgator; es können Tenside oder Polymere mit hohem HLB-Wert verwendet werden, z. B. Tween 20, Polyethylenoxid-Polypropylenoxid-Blockcopolymere (Pluronics);

(5) sekundärer Volumenanteil; dieser kann je nach Anforderung zwischen 0,4 und 0,8 variiert werden;

(6) Art und Konzentration des Elektrolyten, z. B. NaCl, $CaCl_2$, $MgCl_2$ oder $MgSO_4$;

(7) Verdickungsmittel und andere Zusatzstoffe; in einigen Fällen kann eine Gelbeschichtung für die Mehrfachemulsionstropfen von Vorteil sein, z. B. Polymethacrylsäure oder Carboxymethylcellulose. Gele in der äußeren kontinuierlichen Phase einer W/O/W-Mehrfachemulsion können unter Verwendung von Xanthangummi (Keltrol® oder Rhodopol®), Carbopol® oder Alginaten hergestellt werden;

(8) Verfahren; für die Herstellung der Primäremulsion können Hochgeschwindigkeitsmischer wie Ultra-Turrax® oder Silverson-Mixer verwendet werden. Für die Herstellung der sekundären Emulsion ist ein Mischverfahren mit geringer Scherung erforderlich; in diesem Fall sind Paddelrührer wahrscheinlich am besten geeignet. Die Mischzeiten, die Geschwindigkeit und die Reihenfolge der Zugabe müssen optimiert werden.

Literatur

[1]   Florence, A. T. and Whitehill, D., J. Colloid Interface Sci.,79, 243 (1981).
[2]   Matsumoto, S., Kita, Y. and Yonezawa, D., J. Colloid Interface Sci., 57, 353 (1976).
[3]   Tadros, Th. F., Int. J. Cosmet. Sci., 14, 93 (1992).
[4]   Whorlow, R. W., „Rheological Techniques", Ellis Hoorwood, Chichester (1980).
[5]   Tadros, Th. F., „Rheology of Dispersions", Wiley-VCH, Deutschland (2010).

9 Liposomen und Vesikel in kosmetischen Formulierungen

9.1 Einleitung

Liposomen sind kugelförmige Phospholipid-Flüssigkristallphasen (smektische Mesophasen), die durch Dispersion von Phospholipiden (wie Lecithin) in Wasser durch einfaches Schütteln hergestellt werden [1, 2]. Dies führt zur Bildung von Mehrschichtstrukturen, die aus mehreren Lipiddoppelschichten bestehen (mehrere μm). Durch Ultraschallbehandlung entstehen aus diesen Mehrschichtstrukturen unilamellare Strukturen (mit einer Größe von 25 bis 50 nm), die als Vesikel bezeichnet werden. Eine schematische Darstellung von Liposomen und Vesikeln ist in Abb. 9.1 zu sehen.

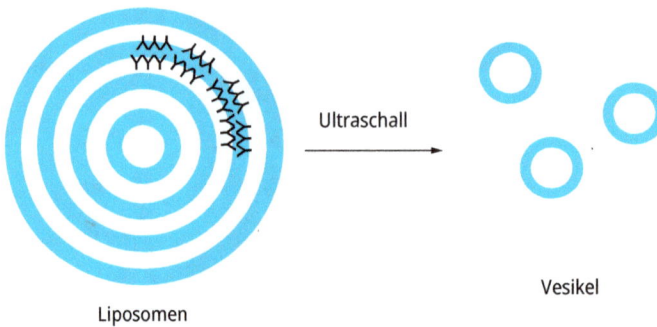

Ultraschall

Liposomen

Vesikel

Abb. 9.1: Schematische Darstellung von Liposomen und Vesikeln.

Glycerinhaltige Phospholipide werden für die Herstellung von Liposomen und Vesikeln verwendet. Die Struktur einiger Lipide ist in Abb. 9.2 dargestellt. Das am häufigsten verwendete Lipid für kosmetische Formulierungen ist Phosphatidylcholin, das aus Eiern oder Sojabohnen gewonnen werden kann. In den meisten Präparaten wird eine Mischung von Lipiden verwendet, um eine möglichst optimale Struktur zu erhalten. Liposomen-Doppelschichten können als Nachahmung biologischer Membranen betrachtet werden. Sie können sowohl lipophile Wirkstoffe in der Lipiddoppelschichtphase als auch hydrophile Moleküle in den wässrigen Schichten zwischen den Lipiddoppelschichten sowie in der inneren wässrigen Phase solubilisieren. So können beispielsweise Liposomen in kosmetischen Formulierungen eingesetzt werden, um die Penetration von Antifaltenmitteln zu verbessern [3]. Sie bilden auch lamellare flüssigkristalline Phasen und stören das Stratum corneum nicht. Es ist kein erleichterter transdermaler Transport möglich, wodurch Hautreizungen vermieden werden. Phospholipid-Liposomen können als In-vitro-Indikatoren für die Untersuchung von Hautreizungen durch Tenside verwendet werden.

https://doi.org/10.1515/9783110798548-009

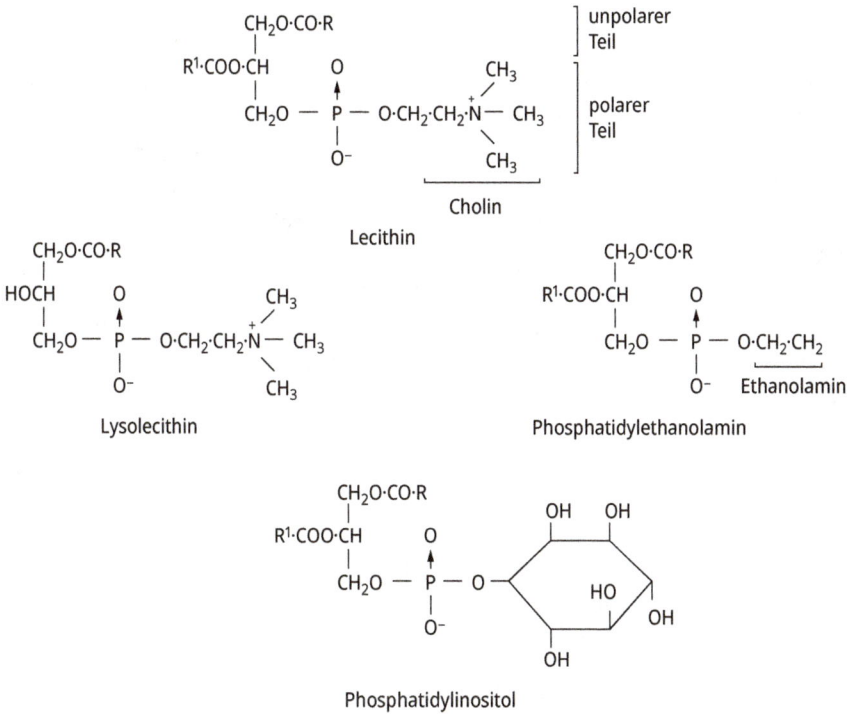

Abb. 9.2: Struktur einiger Lipide.

9.2 Nomenklatur der Liposomen und ihre Klassifizierung

Die Nomenklatur für Liposomen ist alles andere als eindeutig; es wird heute allgemein akzeptiert, dass „alle Arten von Lipiddoppelschichten (Bilayern), die eine wässrige Phase umgeben, zur allgemeinen Kategorie der Liposomen gehören" [3, 4]. Der Begriff „Liposom" ist in der Regel für Vesikel reserviert, die, wenn auch nur teilweise, aus Phospholipiden bestehen. Der allgemeinere Begriff „Vesikel" wird verwendet, um jede Struktur zu beschreiben, die aus einer oder mehreren Doppelschichten verschiedener oberflächenaktiver Stoffe besteht. Im Allgemeinen werden die Bezeichnungen „Liposom" und „Phospholipid-Vesikel" synonym verwendet. Liposomen werden nach der Anzahl der Doppelschichten und ihrer Größe in multilamellare Vesikel (Multilamellar Vesicels; MLVs > 400 nm), große unilamellare Vesikel (Large Unilamellar Vesicels; LUVs > 100 nm) und kleine unilamellare Vesikel (Small Unilamellar Vesicels; SUVs < 100 nm) unterteilt. Andere Typen sind die Giant Vesicles (GV), d. h. unilamellare Vesikel mit einem Durchmesser zwischen 1 und 5 μm und Large Oligolamellar Vesicles (LOV), bei denen einige Vesikel in den LUV oder GV eingeschlossen sind.

9.3 Treibende Kraft für die Bildung von Vesikeln

Die treibende Kraft für die Bildung von Vesikeln wurde von Israelachvili et al. ausführlich beschrieben [5–7]. Aus Sicht der Gleichgewichtsthermodynamik werden kleine Aggregate oder sogar Monomere entropisch gegenüber größeren Aggregaten begünstigt. Diese entropische Kraft erklärt die Aggregation von einkettigen Amphiphilen zu kleinen kugelförmigen Mizellen anstelle von Doppelschichten oder Zylindern, da die Aggregationszahl der letzteren Aggregate viel höher ist. Israelachvili et al. [5–7] haben versucht, den thermodynamischen Antrieb für die Vesikelbildung durch biologische Lipide zu beschreiben. Ausgehend von der Gleichgewichtsthermodynamik der Selbstorganisation ist das chemische Potenzial aller Moleküle in einem System mit aggregierten Strukturen wie Mizellen oder Doppelschichten gleich groß:

$$\mu_N^0 + \frac{kT}{N} \ln\left(\frac{X_N}{N}\right) = \text{konstant}; \quad N = 1, 2, 3, \ldots, \tag{9.1}$$

wobei μ_N^0 die freie Energie pro Molekül im Aggregat ist, X_N der Molanteil der in das Aggregat eingebauten Moleküle mit einer Aggregationszahl N, k die Boltzmann-Konstante und T die absolute Temperatur.

Für Monomere in Lösung mit N = 1 gilt:

$$\mu_N^0 + \frac{kT}{N} \ln\left(\frac{X_N}{N}\right) = \mu_1^0 + kT \ln X_1. \tag{9.2}$$

Gleichung (9.1) kann auch wie folgt geschrieben werden:

$$X_N = N\left(\frac{X_M}{M}\right)^{N/M} \exp\left(\frac{N(\mu_M^0 - \mu_N^0)}{kT}\right), \tag{9.3}$$

wobei M ein beliebiger Bezugszustand mit der Aggregationszahl M ist.

Um die freie Energie pro Molekül zu erhalten, werden folgende Annahmen getroffen: (1) das Kohlenwasserstoffinnere des Aggregats wird als in einem flüssigkeitsähnlichen Zustand befindlich betrachtet; (2) geometrische Überlegungen und Packungsbeschränkungen im Hinblick auf die Aggregatbildung werden ausgeschlossen; (3) starke Langstreckenkräfte (Van-der-Waals-Kräfte und elektrostatische) werden vernachlässigt. Unter Berücksichtigung des Ansatzes der „gegensätzlichen Kräfte" von Tanford [8] können die Beiträge zum chemischen Potenzial μ_N^0 geschätzt werden. Es besteht ein Gleichgewicht zwischen den anziehenden Kräften, die hauptsächlich hydrophober Natur sind (und Grenzflächenspannung), und den abstoßenden Kräften, die auf sterische Abstoßung (zwischen der hydratisierten Kopfgruppe und den Alkylketten), elektrostatische und andere Kräfte zurückzuführen sind [9]. Die freie Energie pro Molekül beträgt somit:

$$\mu_N^0 = \gamma a + \frac{C}{a}. \tag{9.4}$$

Der anziehende Beitrag (der Beitrag der hydrophoben freien Energie) zu μ_N^0 ist γa, wobei γ die freie Grenzflächenenergie pro Flächeneinheit und a die an der Kohlenwasserstoff/Wasser-Grenzfläche gemessene Molekülfläche ist. C/a ist der abstoßende Beitrag, wobei C ein konstanter Term ist, der zur Einbeziehung der Ladung pro Kopfgruppe, e, verwendet wird und Terme wie die Dielektrizitätskonstante im Kopfgruppenbereich, ε, und Krümmungskorrekturen umfasst.

Dieses feine Gleichgewicht ergibt die optimale Oberfläche, a_o, für die polaren Kopfgruppen der amphiphilen Moleküle an der Wassergrenzfläche, bei der die gesamte freie Wechselwirkungsenergie pro Molekül ein Minimum ist:

$$\mu_N^0(\text{min}) = \gamma a + \frac{C}{a} = 0 \tag{9.5}$$

$$\frac{\partial \mu_N^0}{\partial a} = \gamma - \frac{C}{a^2} = 0 \tag{9.6}$$

$$a = a_0 = \left(\frac{C}{\gamma}\right)^{1/2}. \tag{9.7}$$

Unter Verwendung der obigen Gleichungen kann die allgemeine Form, die die freie Energie pro Molekül μ_N^0 mit a_o in Beziehung setzt, wie folgt ausgedrückt werden:

$$\mu_N^0 = \gamma\left(a + \frac{a_0^2}{a}\right) = 2a_0\gamma + \frac{\gamma}{a}(a - a_0)^2. \tag{9.8}$$

Gleichung (9.8) zeigt, dass (1) μ_N^0 eine parabolische (elastische) Variation um das Energieminimum aufweist; (2) amphiphile Moleküle, einschließlich Phospholipide, in einer Vielzahl von Strukturen gepackt werden können, in denen ihre Oberflächen gleich oder nahe bei a_o bleiben. Sowohl einkettige als auch zweikettige Amphiphile haben in etwa die gleiche optimale Oberfläche pro Kopfgruppe ($a_o \approx 0{,}5$ bis $0{,}7$ nm^2), d. h. a_o ist nicht von der Art des hydrophoben Teils abhängig. Wenn man also das Gleichgewicht zwischen entropischen und energetischen Beiträgen zum doppelkettigen Phospholipidmolekül betrachtet, kommt man zu dem Schluss, dass die Aggregationszahl so niedrig wie möglich sein muss und a_o für jede polare Gruppe in der Größenordnung von 0,5 bis 0,7 nm^2 liegt (fast gleich wie bei einem einkettigen Amphiphil). Bei Phospholipidmolekülen, die zwei Kohlenwasserstoffketten mit 16–18 Kohlenstoffatomen pro Kette enthalten, ist das Volumen des Kohlenwasserstoffteils des Moleküls doppelt so groß wie das eines einkettigen Moleküls, während die optimale Oberfläche für die Kopfgruppe in der gleichen Größenordnung liegt wie die eines einkettigen Tensids ($a_o \approx 0{,}5$ bis $0{,}7$ nm^2). Somit besteht die einzige Möglichkeit für dieses doppelkettige Tensid darin, Aggregate vom Typ der Doppelschicht oder der engen Doppelschichtvesikel zu bilden. Dies wird anhand des Konzepts der kritischen Packungsparameter (CPP), das von Israelachvili et al. beschrieben wurde, näher erläutert [5–7]. Der CPP ist ein geometrischer Ausdruck, der durch das Verhältnis der Querschnittsfläche des Kohlenwasserstoffschwanzes/der

Kohlenwasserstoffschwänze a zu der der Kopfgruppe a_0 gegeben ist. a ist gleich dem Volumen der Kohlenwasserstoffkette(n) v geteilt durch die kritische Kettenlänge l_c des Kohlenwasserstoffschwanzes. Der CPP ist somit gegeben durch [10]:

$$CPP = \frac{v}{a_0 l_c}. \tag{9.9}$$

Unabhängig von der Form sollte jede aggregierte Struktur das folgende Kriterium erfüllen: Kein Punkt innerhalb der Struktur darf weiter von der Kohlenwasserstoff-Wasser-Oberfläche entfernt sein als l_c, was in etwa der Länge l der voll ausgezogenen Alkylkette entspricht, aber kleiner ist als diese.

Für eine kugelförmige Mizelle ist der Radius $r = l_c$ und aus einfacher Geometrie ergibt sich CPP = $v/a_0 \, l_c \leq 1/3$. Sobald $v/a_0 \, l_c > 1/3$ ist, können keine kugelförmigen Mizellen gebildet werden, und wenn $1/2 \geq$ CPP $> 1/3$ ist, werden zylindrische Mizellen gebildet. Wenn das CPP $> 1/2$ aber < 1 ist, werden Vesikel gebildet. Diese Vesikel wachsen, bis CPP ≈ 1 erreicht ist und die Bildung von ebenen Doppelschichten beginnt. Eine schematische Darstellung des CPP-Konzepts findet sich in Tab. 9.1.

Nach Israelachvili et al. [5–7] ist die Lipidstruktur in Form einer Doppelschicht energetisch ungünstiger als die sphärische Vesikelstruktur, da die Aggregationszahl der sphärischen Struktur geringer ist. Ohne die Einführung von Packungsbeschränkungen (wie oben beschrieben) müssten die Vesikel auf eine so geringe Größe schrumpfen, dass sie tatsächlich Mizellen bilden würden. Für doppelkettige Amphiphile müssen drei Überlegungen angestellt werden: (1) ein optimales a_0 (fast dasselbe wie für einkettige Tenside) muss unter Berücksichtigung der verschiedenen gegensätzlichen Kräfte erreicht werden; (2) Strukturen mit minimaler Aggregationszahl N müssen gebildet werden; (3) Aggregate aus Doppelschichten müssen die bevorzugte Struktur sein. Israelachvili und Mitchell [10] haben ein schematisches Bild der Bildung von zweischichtigen Vesikel- und Röhrenstrukturen vorgestellt, das in Abb. 9.3 dargestellt ist.

Israelachvili et al. [5–7] gehen davon aus, dass die Schritte A und B energetisch günstig sind. Sie sind der Ansicht, dass Schritt C durch Packungsbeschränkungen und Thermodynamik im Hinblick auf die geringste Aggregationszahl bestimmt wird. Sie kamen zu dem Schluss, dass das kugelförmige Vesikel ein Gleichgewichtszustand des Aggregats in Wasser ist, der mit Sicherheit gegenüber ausgedehnten Doppelschichten bevorzugt wird.

Der größte Nachteil bei der Verwendung von Liposomen in kosmetischen Formulierungen ist ihre Metastabilität. Bei der Lagerung neigen die Liposomen dazu, zu aggregieren und zu größeren polydispersen Systemen zu verschmelzen, und schließlich kehrt sich das System in eine lamellare Phospholipidphase in Wasser um. Dieser Prozess läuft aufgrund des langsamen Austauschs zwischen den Lipiden im Vesikel und den Monomeren im umgebenden Medium relativ langsam ab. Daher ist es wichtig, sowohl die chemische als auch die physikalische Stabilität der Liposomen zu untersuchen. Die Untersuchung des Aggregationsprozesses kann durch die Messung ihrer

Tab. 9.1: Das CPP-Konzept und verschiedene Formen von Aggregaten.

Lipid	kritischer Packungsparameter $v/a_0 l_c$	kritische Packungsform	gebildete Strukturen
einkettige Lipide (Tenside) mit großen Kopfgruppenflächen: – SDS in niedriger Salzkonzentration	< 1/3	Kegel	kugelige Mizellen
einkettige Lipide (Tenside) mit kleinen Kopfgruppenflächen: – SDS und CTAB in hoher Salzkonzentration – nichtionische Lipide	1/3 bis 1/2	Kegelstumpf	zylindrische Mizellen
doppelkettige Lipide mit großen Kopfgruppenflächen; fluide Ketten: – Phosphatidylcholin (Lecithin) – Phosphatidylserin – Phosphatidylglycerin – Phosphatidylinositol – Phosphatidsäure – Sphingomyelin, DGDG[a] – Dihexadecylphosphat – Dialkyldimethylammonium-Salze	1/2 bis 1	Kegelstumpf	flexible Doppelschichten; Vesikel
doppelkettige Lipide mit kleinen Kopfgruppenflächen; anionische Lipide in hoher Salzkonzentration, gesättigte unbewegliche Ketten: – Phosphatidylethanolamine – Phosphatidylserin + Ca^{2+}	≈ 1	Zylinder	planare Doppelschichten
doppelkettige Lipide mit kleinen Kopfgruppenflächen; nichtionische Lipide, poly-cis-ungesättigte Ketten, hohes T: – ungesättigte Phosphatidylethanolamine – Cardiolipin + Ca^{2+} – Phosphatidsäure + Ca^{2+} – Cholesterin, MGDG[b]	> 1	umgekehrter Kegelstumpf od. Keil	inverse Mizellen

[a]Digalactosyldiglyceride; Diglucosyldiglyceride.
[b]Monogalactosyldiglyceride; Monoglucosyldiglyceride.

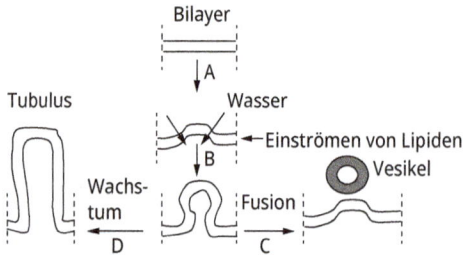

Abb. 9.3: Vesikel und Tubulusbildung aus Doppelschichten (Bilayern) [10].

Größe in Abhängigkeit von der Zeit erfolgen. Die Erhaltung der Vesikelstruktur kann durch Gefrierbruch und Elektronenmikroskopie beurteilt werden.

Zur Erhöhung der Steifigkeit und der physikalisch-chemischen Stabilität der Liposomen-Doppelschicht wurden mehrere Methoden angewandt, von denen die folgenden am häufigsten eingesetzt werden: Hydrierung der Doppelbindungen in den Liposomen, Polymerisation der Doppelschicht unter Verwendung synthetischer polymerisierbarer Amphiphile und Einbindung von Cholesterin zur Versteifung der Doppelschicht [3].

Andere Methoden zur Erhöhung der Stabilität der Liposomen umfassen die Modifizierung der Liposomenoberfläche, z. B. durch physikalische Adsorption von polymeren Tensiden auf der Liposomenoberfläche (z. B. Proteine und Blockcopolymere). Ein weiterer Ansatz ist die kovalente Bindung der Makromoleküle an die Lipide und die anschließende Bildung von Vesikeln. Eine dritte Methode besteht darin, die hydrophoben Segmente der polymeren Tenside in die Lipiddoppelschicht einzubauen. Dieser letztgenannte Ansatz wurde erfolgreich von Kostarelos et al. [4] angewandt, die die A-B-A-Blockcopolymere aus Polyethylenoxid (A) und Polypropylenoxid (PPO), nämlich Poloxamere (Pluronics), verwendeten. Es wurden zwei verschiedene Techniken für die Zugabe des Copolymers ausprobiert [4]. Bei der ersten Methode (A) wurde das Blockcopolymer nach der Bildung der Vesikel zugegeben. Bei der zweiten Methode werden das Phospholipid und das Copolymer zunächst miteinander vermischt und anschließend hydratisiert, um die SUV-Vesikel zu bilden. Diese beiden Methoden werden im Folgenden kurz beschrieben.

Die Bildung kleiner unilamellarer Vesikel (SUVs) erfolgte durch Beschallung von 2 % W/W des hydratisierten Lipids (für etwa 4 Stunden). Dadurch entstanden SUV-Vesikel mit einem mittleren Vesikeldurchmesser von 45 nm (Polydispersitätsindex von 1,7 bis 2,4). Anschließend wird die Blockcopolymer-Lösung zugegeben und hundertfach verdünnt, um eine Lipidkonzentration von 0,02 % zu erhalten (Methode A). Bei der zweiten Methode (Methode I) wurden SUV-Vesikel in Gegenwart des Copolymers im erforderlichen Molverhältnis hergestellt.

Bei Methode A nimmt der hydrodynamische Durchmesser mit zunehmender Konzentration des Blockcopolymers zu, insbesondere bei solchen mit hohem PEO-Gehalt, und erreicht bei einer bestimmten Konzentration des Blockcopolymers ein Plateau. Die größte Zunahme des hydrodynamischen Durchmessers (von ≈ 43 nm auf ≈ 48 nm) wurde bei Verwendung von Pluronic® F127 (das eine Molmasse von 8330 PPO und eine Molmasse von 3570 PEO enthält) erzielt. Bei Methode I nahm der mittlere Vesikeldurchmesser mit zunehmenden Gewichtsprozent des Copolymers stark zu und erreichte bei einer bestimmten Konzentration des Blockcopolymers ein Maximum, wonach eine weitere Erhöhung der Polymerkonzentration zu einer starken Verringerung des durchschnittlichen Durchmessers führte. Bei Pluronic® F127 zum Beispiel stieg der durchschnittliche Durchmesser von ≈ 43 nm auf ≈ 78 nm bei 0,02 Gew.-% Blockcopolymer und nahm dann mit einer weiteren Erhöhung der Polymerkonzentration stark ab und erreichte ≈ 45 nm bei 0,06 Gew.-% Blockcopolymer. Diese Verringerung des durchschnittlichen Durchmessers bei hoher Polymerkonzentration ist auf das Vorhandensein von überschüssigen Mizellen des Blockcopolymers zurückzuführen.

Eine schematische Darstellung der Struktur der Vesikel, die nach Zugabe des Blockcopolymers nach den Methoden A und I erhalten wurden, ist in Abb. 9.4 zu sehen.

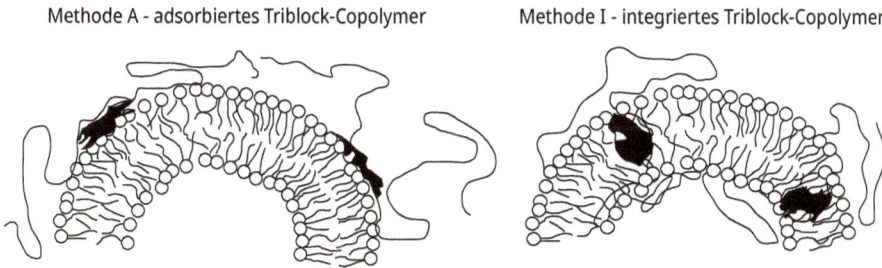

Methode A - adsorbiertes Triblock-Copolymer   Methode I - integriertes Triblock-Copolymer

Abb. 9.4: Schematische Darstellung der Vesikelstruktur in Gegenwart eines Triblock-Copolymers, hergestellt nach den beschriebenen Methoden A bzw. I [4].

Bei Methode A wird das Triblock-Copolymer sowohl bei den PPO- als auch bei den PEO-Blöcken an der Vesikeloberfläche adsorbiert. Diese „flachen" Polymerschichten sind aufgrund der schwachen Bindung an die Phospholipidoberfläche anfällig für Desorption. Im Gegensatz dazu sind die Polymermoleküle bei den nach Methode I hergestellten Vesikeln stärker an die Lipiddoppelschicht gebunden, wobei die PPO-Segmente in der von den Lipidfettsäuren umgebenen Doppelschichtumgebung „vergraben" sind. Die PEO-Ketten verbleiben an den Vesikeloberflächen und können frei in der Lösung baumeln und die bevorzugte Konformation einnehmen. Die daraus resultierenden sterisch stabilisierten Vesikel (I-System) haben mehrere Vorteile gegenüber dem A-System, bei dem das Copolymer lediglich ihre äußere Oberfläche bedeckt. Die Verankerung des Triblock-Copolymers mit der Methode I führt zu einer irreversiblen Adsorption und einem Mangel an Desorption. Dies wird durch die Verdünnung der beiden Systeme bestätigt. Beim A-System führt die Verdünnung der Vesikel zu einer Verringerung des Durchmessers auf das ursprüngliche nackte Liposomensystem, was auf eine Desorption des Polymers hinweist. Im Gegensatz dazu zeigte die Verdünnung der nach Methode I hergestellten Vesikel keine signifikante Verringerung des Durchmessers, was auf eine starke Verankerung des Polymers im Vesikel hinweist. Ein weiterer Vorteil der Konstruktion von Vesikeln mit an die Doppelschicht gebundenen Copolymermolekülen ist die Möglichkeit einer erhöhten Steifigkeit der Lipid-Polymer-Doppelschicht [3, 4].

Literatur

[1]   Tadros, Th. F., „Colloid Aspects of Cosmetic Formulations", in „Colloids in Cosmetics and Personal Care", Tadros, Th. F. (Editor), Wiley-VCH, Deutschland (2008).
[2]   Tadros, Th. F. „Nanodispersions", De Gruyter, Deutschland (2016).
[3]   Kostarelos, K., Thesis, Imperial College, London (1995).
[4]   Kostarelos, K., Tadros, Th. F. and Luckham, P. F., Langmuir, **15**, 369 (1999).
[5]   Israelachvili, J. N., Mitchell, D. J. and Ninham, B. W., J. Chem. Soc., Faraday Trans. II, **72**, 1525 (1976).
[6]   Israelachvili, J. N., Marcelja, S. and Horn, R. G., Q. Rev. Biophys., **13(2)**, 121 (1980).
[7]   Israelachvili, J. N., „Intermolecular and Surface Forces", Academic Press, San Diego (1991).
[8]   Tanford, C., „The Hydrophobic Effect", Wiley, New York (1980).
[9]   Tanford, C., in „Biomembrans", Proc. Int. Sch. Phys. Enrico Fermi, **90**, 547 (1985).
[10] Israelachvili, J. N. and Mitchell, D. J., Biochim. Biophys. Acta, **389**, 13 (1975).

10 Formulierung von Shampoos

10.1 Einleitung

Der Zweck eines Shampoos besteht darin, das Haar von Talg, abgestorbenen Epidermiszellen, Rückständen von Haarpflegeprodukten, Haarsprays, Staub usw. zu reinigen [1–4]. Es müssen auch die fettigen Substanzen von Haarölen, Pomaden und Haarsprays entfernt werden. Verschmutztes Haar verliert an Glanz, wird fettig und widerspenstig und entwickelt einen unangenehmen Geruch. Das Shampoo muss das Haar reinigen und es in einem glänzenden, handhabbaren Zustand belassen. Dies erfordert die Anwendung von Tensiden und Haarspülungen. Man spricht von einem sogenannten „Zwei-in-Eins-Shampoo". Shampoos können als klare, perlende oder undurchsichtige Flüssigkeiten, Gele oder Cremes formuliert sein.

Shampoos sollten eine gute, stabile Schaumbildung aufweisen, die von den verwendeten Tensiden und den Zusatzstoffen abhängt. Gute Shampoos sollten eine zufriedenstellende Reinigungskraft haben und sich leicht ausspülen lassen, ohne dass sich bei jeder Wasserhärte Seifenschaum bildet. Außerdem sollte sich das Haar nach der Haarwäsche weich anfühlen und gut kämmbar sein. Außerdem sollte das Shampoo Haut und Augen nur wenig reizen. Um den Verbraucher anzusprechen, sollte das Produkt außerdem eine attraktive Farbe und einen angenehmen Duft haben und einen ergiebigen und milden Schaum erzeugen.

Es werden zwei Arten von Shampoos vermarktet, nämlich Pulvershampoos und Flüssigshampoos. Letzteres kann eine klare Flüssigkeit mit niedriger, mittlerer oder hoher Viskosität (Gelform) sein. Alternativ kann das Shampoo ein undurchsichtiges flüssiges Shampoo sein, das entweder aus einer perlenden Flüssigkeit oder aus einer Milchlotion besteht. Hinsichtlich der Funktionen und der Anwendung kann das Shampoo einfach, medizinisch (gegen Schuppen oder als Deodorant), aber auch pflegend und reizarm (Babyshampoo) sein.

In diesem Kapitel werde ich die folgenden Punkte erörtern, die für die Formulierung eines Shampoos mit Conditioner-Wirkung relevant sind: (1) Die in Shampooformulierungen verwendeten Tenside. (2) Die gewünschten Eigenschaften eines Shampoos. (3) Die Komponenten, die in der Formulierung verwendet werden. (4) Die Rolle der Inhaltsstoffe: gemischte Tensidsysteme und ihre synergetische Wirkung zur Verringerung von Hautreizungen und zur Reinigung, Schaumverstärker, Verdickungsmittel als Rheologiemodifikatoren und Silikonölemulsionen.

Das Thema Haarpflegemittel wird im nächsten Kapitel unter besonderer Berücksichtigung der Struktur und der Eigenschaften des menschlichen Haares behandelt.

https://doi.org/10.1515/9783110798548-010

10.2 Tenside zur Verwendung in Shampooformulierungen

10.2.1 Anionische Tenside

Alkylcarboxylate oder Seifen mit einer C_{12}-C_{14}-Kette und Gegenionen von Kalium, Di- oder Tri-Ethanolamin werden in Shampoos manchmal in Kombination mit Alkylsulfaten oder Polyoxyethylenethersulfat verwendet. Diese Carboxylate werden als Schaumverstärker oder Schaumverdickungsmittel eingesetzt. Allein werden sie wegen ihrer Nachteile nur selten verwendet. Zum Beispiel das Kaliumsalz der Alkylcarboxylate, weil es alkalisch ist und das Haar aufquellen lassen kann. Die Di- und Tri-Ethanolaminsalze können sich durch Hitze oder Licht verfärben. Außerdem können Shampoos auf Seifenbasis nach der Haarwäsche in hartem Wasser ein unlösliches Metallsalz auf dem Haar zurücklassen, das eine unangenehme Klebrigkeit verursacht. Die am häufigsten verwendeten anionischen Tenside in Shampoos sind Alkylsulfate und ihre Ethoxylate (Polyoxyethylenalkylethersulfate, AES). Die Alkylsulfate werden durch Sulfatierung höherer Alkohole (Kette C_{12}-C_{14}) mit Chlorsulfonsäure oder Schwefelsäureanhydrat hergestellt. Da die Natrium- oder Kaliumsalze der Alkylsulfate nur schwer wasserlöslich sind, beschränken sich ihre Verwendungsmöglichkeiten auf pulver- oder pastenförmige Shampoogrundlagen, obwohl sie in warmen Klimazonen auch als flüssige Shampoogrundlagen entweder allein oder in Kombination mit AES verwendet werden können. Für flüssige Shampoos werden in der Regel Tri-Ethanolaminsalze und Ammoniumsalze verwendet.

Alkylsulfate zeigen auch bei fettigem Haar eine gute cremige Schaumbildung und ein gutes weiches Gefühl nach der Haarwäsche. Die Leistung von Alkylsulfaten hängt von der Länge und der Verteilung der Alkylkette sowie von der Art des Gegenions ab. Das Alkylsulfat auf der Basis von Alkoholen aus Kokosnuss ist der beliebteste Typ. Es ist schwierig, Shampoo auf der Basis von Alkylsulfat durch einfache Zugabe von NaCl zu verdicken, es ist die Zugabe von polymeren Verdickungsmitteln wie Xanthan erforderlich.

Die am häufigsten verwendeten anionischen Tenside sind die Ethersulfate, die als Polyoxyethylenalkylethersulfat oder AES bezeichnet werden. Sie werden durch Sulfatierung ethoxylierter Alkohole, hauptsächlich auf der Basis von Lauryl-Alkohol (Dodecanol), der aus Kokosnuss oder synthetischem Material gewonnen wird, erzeugt. Im Gegensatz zu Shampoos auf Alkylsulfatbasis lassen sich flüssige Shampoos auf AES-Basis durch Zugabe von anorganischen Salzen wie NaCl leicht verdicken. Die maximale Viskosität kann durch Zugabe einer bestimmten Menge NaCl erreicht werden, unabhängig vom AES-Gehalt.

Die Wasserlöslichkeit und das Schaumvermögen von NaAES variieren mit den durchschnittlichen Molen an Ethylenoxid (EO) und der Linearität des Alkohols. Je höher die Anzahl der EO-Einheiten ist, desto besser ist die Löslichkeit und desto geringer ist die Schaumbildung. Je linearer die Alkylgruppe des Alkohols ist, desto höher ist die Schaumbildung.

10.2.2 Amphoterische Tenside

Die am häufigsten verwendeten amphoteren Tenside, die in Kombination mit anionischen Tensiden (AES) verwendet werden, sind die Fettalkylbetaine, z. B. Laurylamido-Propyl-Dimethylbetain $C_{12}H_{25}CON(CH_3)_2COOH$ (Dimethyllaurylbetain). Durch die Zugabe des amphoteren Tensids zum anionischen Tensid wird die kritische Mizellbildungskonzentration (CMC) des letzteren gesenkt (siehe unten), wodurch die Hautreizung deutlich verringert wird. Darüber hinaus wirkt das amphotere Tensid als Schaumverstärker und Verdickungsmittel. Es erzeugt einen leichteren und voluminöseren Schaum.

Ein geeigneter Grundbestandteil für reizarme Babyshampoos sind Imidazoline und ihre Derivate. In Kombination mit einem kationischen Polymer wie Polymer JR (siehe Kapitel 11) wird es auch als Conditioning Booster verwendet.

10.2.3 Nichtionische Tenside

Die am häufigsten verwendeten nichtionischen Tenside in Shampoos sind Fettsäurealkanolamide, die in Kombination mit anionischen Tensiden die Schaumbildung und die Wasserlöslichkeit verbessern und die Viskosität erhöhen. Ein weiterer Typ häufig verwendeter nichtionischer Tenside in Shampoos sind Fettsäureaminoxide, die als Schaumstabilisator, Verdickungsmittel und zur Verbesserung des Haargefühls bei Shampoos auf Basis von Alkylsulfaten oder Alkylethersulfaten (AES) eingesetzt werden. Wenn der pH-Wert im sauren Bereich liegt, neigen diese Tenside dazu, sich wie ein kationisches Tensid zu verhalten, und die Kompatibilität mit anionischen Tensiden wird schlecht. Gelegentlich werden Tenside mit hohem HLB-Wert wie Tween 80 (Sorbitanmonooleat mit 20 Mol EO) als Lösungsvermittler verwendet.

10.3 Eigenschaften eines Shampoos

Es lassen sich mehrere wünschenswerte Eigenschaften eines Shampoos aufzählen [1]:
1. Einfache Anwendung. Das Shampoo sollte das gewünschte rheologische Profil, eine ausreichende Viskosität und Elastizität (einigermaßen hohe Fließgrenze) aufweisen, damit es in der Hand bleibt, bevor es auf das Haar aufgetragen wird. Während der Anwendung muss sich das Shampoo leicht und schnell auf dem Kopf und im Haar verteilen, d. h. es ist ein Scherverdünnungssystem erforderlich. Dieses rheologische Profil kann erreicht werden, wenn eine konzentrierte Tensidlösung verwendet wird, die flüssigkristalline Strukturen (stäbchenförmige Mizellen) enthält; in den meisten Fällen wird jedoch ein Verdickungsmittel (Material mit hohem Molekulargewicht) hinzugefügt, um die gewünschte hohe Viskosität bei niedrigen Scherraten zu erreichen.

2. Dichter und üppiger Schaum. Hierfür ist die Anwesenheit eines Schaumverstärkers erforderlich. Das für die Reinigung verwendete Tensid entwickelt in weichem Wasser einen reichhaltigen, dichten Schaum, aber die Schaumqualität nimmt in Gegenwart von öligen Verschmutzungen wie Talg ab. Es ist ein Schaumstabilisator erforderlich, der aus einer Mischung mehrerer Tenside bestehen kann.

3. Leichtes Ausspülen. Das Shampoo sollte keine klebrigen Rückstände hinterlassen und in hartem Wasser nicht ausfallen.

4. Leichte Nasskämmbarkeit. Nach dem Ausspülen sollte sich das Haar leicht durchkämmen lassen, ohne sich zu verheddern. Kationisch modifizierte Polymere neutralisieren die Ladung der Haaroberfläche (die negativ geladen ist) und erleichtern so die Kämmbarkeit des Haares (siehe Kapitel 11). Bei langem Haar ist eine kationische Cremespülung nach dem Shampoonieren wirksamer.

5. Kämmbarkeit. Beim Trockenkämmen sollte das Haar in einem kämmbaren Zustand sein (kein „Fliegen" oder Kräuseln). Auch hier hilft die Ladungsneutralisierung der Haaroberfläche durch die Spülung.

6. Glanz. Das Haar sollte in einem glänzenden Zustand belassen werden.

7. Fülle. Das Haar sollte nach dem Trocknen „Fülle" haben, d. h. es sollte nicht schlaff oder überpflegt sein.

8. Duft. Das Shampoo sollte keinen unangenehmen Geruch haben.

9. Geringe Reizung. Dies ist der wichtigste Faktor bei jedem Shampoo, und zu diesem Zweck werden amphotere Tenside gegenüber anionischen bevorzugt, die eher hautreizend sind. Wie später noch erörtert wird, verringert die Verwendung von amphoteren Tensiden in Kombination mit anionischen Stoffen die Hautreizung durch letztere.

10. Konservierungsmittel. Diese sollten gegen mikrobielle und pilzliche Kontamination wirksam sein.

11. Gute Stabilität. Das Produkt sollte mindestens zwei bis drei Jahre bei Raumtemperatur (sowohl bei niedrigen als auch bei hohen Temperaturen in verschiedenen Regionen) sowie bei Lagerung im Tageslicht stabil bleiben. Sowohl die physikalische als auch die chemische Stabilität sollten erhalten bleiben (keine Entmischung, keine Veränderung der Rheologie des Systems und kein chemischer Abbau bei der Lagerung).

10.4 Bestandteile eines Shampoos

10.4.1 Reinigungsmittel

Wie in Abschnitt 10.2 erläutert, werden in Shampoos verschiedene Tensidsysteme verwendet. Dabei handelt es sich meist um anionische Tenside, die in der Regel mit amphoteren Molekülen gemischt werden. Wie in der Einleitung erwähnt, sind die wichtigsten Kriterien eine gute Reinigung von Talg, Schuppen und anderen Rückständen sowie die Entwicklung eines akzeptablen Schaums. Zu letzterem Zweck werden Schaumverstärker oder Schaumanreicherungsmittel zugesetzt. Die Tensidkonzentration eines typischen Shampoos liegt in der Größenordnung von 10 bis 20 %. Diese Konzentration liegt weit über der, die für die Reinigung des Haares erforderlich ist; der Talg und andere ölige Stoffe, die die Schaumbildung hemmen, erfordern die Verwendung einer so hohen Konzentration. Wie in Abschnitt 10.2 erwähnt, sind die am häufigsten verwendeten anionischen Tenside die Alkysulfate $R–O–SO_3–M^+$, wobei R eine Mischung aus C_{12} bis C_{14} ist und M^+ Natrium, Ammonium, Triethanolamin, Diethanolamin oder Monoethanolamin ist. Diese anionischen Tenside hydrolysieren und bilden den entsprechenden Alkohol, was zu einer Trennung des Shampoos führen kann. Die Geschwindigkeit der Hydrolyse hängt vom pH-Wert des Systems ab, der im Bereich von 5 bis 9 liegen sollte, um die Hydrolysegeschwindigkeit zu verringern. Das Natriumsalz hat eine hohe Krafft-Temperatur (> 20 °C) und es kann zu einer Trennung (Trübung) kommen, wenn die Temperatur unter 15 °C gesenkt wird. Das Ammonium- und Triethanolamin-Tensid hat eine viel niedrigere Krafft-Temperatur, was eine gute Stabilität bei niedrigen Temperaturen gewährleistet. Monoethanolamin-Laurylsulfat erzeugt ein sehr zähflüssiges Shampoo und könnte für die Formulierung eines klaren Gelprodukts in Betracht gezogen werden. Die Stabilität bei niedrigen Temperaturen kann auch durch die Verwendung von Ethersulfaten $R–O–(CH_2–CH_2–O)_n\,SO_4$ (mit n = 1 bis 5) verbessert werden, die auch die Reizwirkung verringern. Sulfosuccinate, z. B. Dinatriummonococamidosulfosuccinat, Dinatriummonolauramidosulfosuccinat, Dinatriummonooleamidosulfosuccinat (und ihr PEG-modifiziertes Molekül) werden in Shampoos häufig in Kombination mit anionischen Tensiden verwendet. Die Sulfosuccinate allein schäumen nicht gut, aber in Kombination mit den anionischen Tensiden ergeben sie ausgezeichnete Shampoos mit gutem Schaum und weniger Augen- und Hautreizungen. Verschiedene andere Tenside werden in Kombination mit den Anionika verwendet, z. B. Sarkosinate, Glutamate usw. Wie in Abschnitt 10.2 erwähnt, ist die wichtigste Klasse von Tensiden, die in Kombination mit Anionika verwendet werden, die der amphoteren Tenside, z. B. amphotere Glycinate/Propionate, Betaine, Amino/Imino-Propionate usw. Diese amphoteren Tenside verleihen den Shampoos Milde und Conditioner-Eigenschaften. Aufgrund ihrer geringen Augenreizung werden sie zur Entwicklung von Babyshampoos verwendet. Der pH-Wert des Systems muss sorgfältig auf 6,9 bis 7,5 (nahe dem isoelektrischen Punkt des Tensids) eingestellt werden, da das Tensid bei einem niedrigen pH-Wert eine positive Ladung erhält, was zu einer Zunahme der Reizung führt. Es wurden mehrere Klassen von Amphotensiden entwickelt, die im Abschnitt 10.5 über die Rolle der Inhaltsstoffe behandelt werden. Nichtionische Tenside werden aufgrund ihrer schlechten Schaumbildung nicht allein in Shampoos verwendet. Sie werden in Mischungen mit anionischen Tensiden verwendet, um das primäre Reinigungsmittel zu modifizieren, als Viskositätsbildner, Lösungsvermittler, Emulgatoren, Kalkseifendispersionsmittel usw. Sie werden auch eingesetzt, um Augen- und Hautreizungen zu verringern. Die am häufigsten verwendeten nichtionischen Stoffe sind die Polysorbate (Tweens), aber in einigen Fällen werden auch Pluronics (Poloxamere; A-B-A-Blockcopolymere aus Polyethylenoxid (A) und Polypropylen-oxid (B)) verwendet.

10.4.2 Schaum-Booster

Die meisten Tenside, die als Reinigungsmittel verwendet werden, entwickeln in weichem Wasser einen reichhaltigen Schaum. In Gegenwart von öligen Verschmut-zungen wie Talg nimmt die Fülle und Qualität des Schaums jedoch drastisch ab. Daher werden dem Shampoo ein oder mehrere Inhaltsstoffe zugesetzt, um die Qua-lität, das Volumen und die Eigenschaften des Schaums zu verbessern. Beispiele hier-für sind Fettsäurealkanolamide und Aminoxyde. Wie später noch erläutert wird, stabilisieren diese Moleküle die Schäume, indem sie den Tensidfilm an der Grenz-fläche zwischen Luft und Wasser verstärken (durch Erhöhung der Gibbs-Elastizität).

10.4.3 Verdickungsmittel

Wie bereits erwähnt, muss die Viskosität des Shampoos sorgfältig eingestellt werden, um ein scherverdünnendes System zu erhalten. Die am häufigsten verwendeten Sub-stanzen zur Verbesserung der Viskosität eines Shampoos sind einfache Salze wie Nat-rium- oder Ammoniumchlorid. Wie später noch erläutert wird, erhöhen diese Salze die Viskosität einfach dadurch, dass sie stäbchenförmige Mizellen bilden, die eine viel höhere Viskosität haben als die kugelförmigen Einheiten. Einige nichtionische Tenside wie PEG-Distearat oder PEG-Dioleat können auch die Viskosität vieler anionischer Tensidlösungen erhöhen. Verschiedene andere polymere Verdickungsmittel können ebenfalls zur Verbesserung der Viskosität verwendet werden, z. B. Hydroxyethylcellu-lose, Xanthan, Carbomere (vernetztes Polyacrylat) usw. Auf den Mechanismus ihrer Wirkung wird später eingegangen.

10.4.4 Konservierungsstoffe

Da Shampoos direkt auf das menschliche Haar und die Kopfhaut aufgetragen werden, müssen sie absolut hygienisch sein. Konservierungsmittel sind notwendig, um das Wachs-tum von Keimen zu verhindern, die durch Verunreinigungen während der Zubereitung oder Verwendung entstehen können. Die am häufigsten verwendeten Konservierungs-mittel sind Benzoesäure (0,1 bis 0,2 %), Natriumbenzoat (0,5 bis 1,0 %), Salicylsäure (0,1 bis 0,2 %), Natriumsalicylat (0,5 bis 1 %) und Methylparahydroxybenzoat (0,2 bis 0,5 %). Die Wirkung von Konservierungsmitteln hängt von der Konzentration, dem pH-Wert und den Inhaltsstoffen des Shampoos ab. Im Allgemeinen sind Shampoos mit höherer Kon-zentration widerstandsfähiger gegen Keimbefall.

10.4.5 Verschiedene Zusatzstoffe

Viele andere Bestandteile sind ebenfalls in Shampoos enthalten:
(1) Trübungsmittel; z. B. Ethylenglykolstearat, Glycerinmonostearat, Cetyl- und Stearylalkohol usw. Diese Stoffe erzeugen eine reichhaltige, glänzende, perlmuttartige Textur.
(2) Klärmittel; in vielen Fällen kann das zugesetzte Parfüm zu einer leichten Trübung führen, und es wird ein Lösungsvermittler zugesetzt, um das Shampoo zu klären.
(3) Puffer; diese müssen zugesetzt werden, um den pH-Wert auf einen Wert um 7 zu regeln, damit keine kationischen Ladungen entstehen.

10.5 Die Rolle der Komponenten

10.5.1 Verhalten von gemischten Tensidsystemen

Wie bereits erwähnt, enthalten die meisten Shampooformulierungen ein gemischtes Tensidsystem, meist ein anionisches und ein amphoteres. Bei einer Tensidmischung ohne Netto-Wechselwirkung entstehen Mischmizellen, und die kritische Mizellbildungskonzentration (CMC) der Mischung ist der Durchschnitt der beiden CMC-Werte der einzelnen Komponenten:

$$CMC = x_1 CMC_1 + x_2 CMC_2. \tag{10.1}$$

Bei den meisten Tensidsystemen besteht eine Netto-Wechselwirkung zwischen den beiden Molekülen, und der CMC-Wert des Gemischs ist nicht durch einfache Additivität gegeben. Die Wechselwirkung zwischen Tensidmolekülen wird durch einen Wechselwirkungsparameter β beschrieben, der positiv ist, wenn eine Nettoabstoßung vorliegt, und negativ, wenn eine Nettoanziehung zwischen den Molekülen besteht. In diesen Fällen wird der CMC-Wert des Gemischs durch den folgenden Ausdruck angegeben:

$$CMC = x_1^m f_1^m CMC_1 + x_2^m f_2^m CMC_2, \tag{10.2}$$

wobei f_1^m und f_2^m die Aktivitätskoeffizienten sind, die mit dem Wechselwirkungsparameter in folgender Beziehung stehen:

$$\ln f_1^m = \left(x_1^m\right)^2 \beta \tag{10.3}$$

$$\ln f_2^m = \left(x_2^m\right)^2 \beta. \tag{10.4}$$

Bei Mischungen aus anionischen und amphoteren Tensiden (in der Nähe des isoelektrischen Punkts) besteht eine Nettoanziehung zwischen den Molekülen und β ist negativ. Dies bedeutet, dass die Zugabe des amphoteren Tensids zum anionischen Tensid zu einer Senkung des CMC-Werts führt und die Mischung eine bessere Schaumstabilisierung bewirkt. Außerdem nimmt die Reizung des Gemischs im Vergleich zu der des anionischen Tensids allein ab. Wie bereits erwähnt, ist das amphotere Tensid, das eine Stickstoffgruppe enthält, für das Haar geeigneter (bessere Ablagerung).

10.5.2 Reinigungsfunktion

Die Hauptfunktion der Tenside im Shampoo besteht darin, das Haar von Talg, Schuppen, Rückständen, Staub und anderen öligen Ablagerungen zu reinigen. Die Entfernung dieses Schmutzes erfolgt durch den gleichen Mechanismus wie bei der Waschkraft [1]. Für die Entfernung von festen Partikeln muss man die Grenzfläche Substrat/Schmutz (gekennzeichnet durch eine Spannung γ_{SD}) durch eine Grenzfläche Substrat/Wasser (gekennzeichnet durch eine Spannung γ_{SW}) und eine Grenzfläche Schmutz/Wasser (gekennzeichnet durch eine Spannung γ_{DW}) ersetzen. Die Adhäsionsarbeit zwischen einem Schmutzpartikel und einer festen Oberfläche, W_{SD}, ist gegeben durch:

$$W_{SD} = \gamma_{DW} + \gamma_{SW} - \gamma_{SD}. \qquad (10.5)$$

Abbildung 10.1 zeigt eine schematische Darstellung der Schmutzentfernung. Die Aufgabe der Tenside im Shampoo besteht darin, γ_{DW} und γ_{SW} zu verringern, wodurch W_{SD} abnimmt und die Entfernung von Schmutz durch mechanisches Rühren erleichtert wird. Nichtionische Tenside sind im Allgemeinen weniger wirksam bei der Entfernung von Schmutz als anionische Tenside. In der Praxis wird eine Mischung aus anionischen und nichtionischen Tensiden verwendet. Handelt es sich bei den Verunreinigungen um Flüssigkeiten (Öle oder Fette), so hängt ihre Entfernung vom Gleichgewicht der Kontaktwinkel ab. Das Öl oder Fett bildet einen geringen Kontaktwinkel mit dem Substrat (siehe Abb. 10.2). Um den Kontaktwinkel zwischen dem Öl und dem Substrat (und damit die Entfernung des Schmutzes) zu vergrößern, muss man die Grenzflächenspannung zwischen Substrat und Wasser (γ_{SW}) erhöhen. Die Zugabe von Tensiden vergrößert den Kontaktwinkel an der Grenzfläche Schmutz/Substrat/Wasser, so dass der Schmutz „abperlt" und vom Substrat abläuft. Tenside, die sowohl an der Substrat/Wasser- als auch an der Schmutz/Wasser-Grenzfläche adsorbieren, sind am wirksamsten. Wenn das Tensid nur an der Schmutz/Wasser-Grenzfläche adsorbiert und die Grenz-

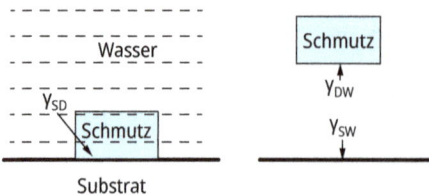

Abb. 10.1: Schematische Darstellung der Schmutzbeseitigung.

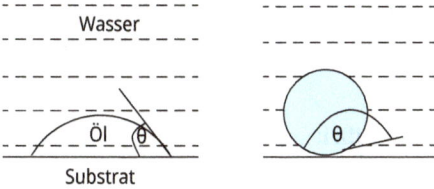

Abb. 10.2: Schematische Darstellung einer Ölentfernung.

flächenspannung zwischen Öl und Substrat (γ_{SD}) herabsetzt, ist die Schmutzentfernung schwieriger. Nichtionische Tenside sind bei der Entfernung von flüssigem Schmutz am wirksamsten, da sie die Grenzflächenspannung zwischen Öl und Wasser verringern, ohne die Spannung zwischen Öl und Substrat zu verringern.

10.5.3 Schaum-Booster

Wie bereits erwähnt, können bei vielen Shampooformulierungen die Fülle und die Qualität des Schaums in Gegenwart von öligen Verschmutzungen wie Talg drastisch abnehmen, was die Zugabe eines Schaumverstärkers erforderlich macht. Die Zugabe eines Conditioners wie Polymer JR-400 (kationisch modifizierte Hydroxyethylcellulose) führt zu einer deutlichen Verringerung der Oberflächenspannung eines anionischen Tensids wie SDS unter seinen CMC-Wert. Dies geschieht sogar in der Ausfällungszone, was die hohe Oberflächenaktivität des Polymer-Tensid-Komplexes verdeutlicht.

Der Polymer-Tensid-Komplex hat eine hohe Oberflächenviskosität und -elastizität (d. h. Oberflächenviskoelastizität), die beide die Schaumstabilität erhöhen (siehe unten). Die amphoteren Tenside wie Betaine und die Phospholipid-Tenside können in Verbindung mit Alkylsulfaten oder Alkylethersulfaten ebenfalls die Schaumstabilität erhöhen. All diese Moleküle verstärken den Tensidfilm an der Grenzfläche zwischen Luft und Wasser, wodurch sich der Schaum von einer lockeren Struktur in einen reichhaltigen, dichten, luxuriösen Schaum mit kleinen Blasen verwandelt. Es wurden mehrere Schaumverstärker vorgeschlagen, darunter Fettsäurealkanolamide und Aminoxide. Fettalkohole und Fettsäuren können ebenfalls als Schaumverstärker wirken, wenn sie in Mengen von 0,25 bis 0,5 % verwendet werden. Zur Erklärung der Schaumstabilität wurden mehrere Ansätze in Betracht gezogen:

(a) Theorie der Oberflächenviskosität und -elastizität: Es wird angenommen, dass der adsorbierte Tensidfilm die mechanisch-dynamischen Eigenschaften der Oberflächenschichten aufgrund seiner Oberflächenviskosität und -elastizität kontrolliert. Dies kann für dicke Filme (> 100 nm) zutreffen, bei denen die intermolekularen Kräfte weniger dominant sind. Es wurden einige Korrelationen zwischen Oberflächenviskosität und -elastizität und der Schaumstabilität festgestellt, z. B. beim Zusatz von Laurylalkohol zu Natriumlaurylsulfat. Dies erklärt, warum gemischte Tensidfilme bei der Schaumstabilisierung effektiver sind – wie oben beschrieben.

(b) Gibbs-Marangoni-Effekt-Theorie: Der Gibbs-Elastizitätskoeffizient ε wurde als variabler Widerstand gegen die Oberflächenverformung während der Verdünnung eingeführt [2, 3]:

$$\varepsilon = 2(d\gamma/d\ln A) = 2(d\gamma/d\ln h), \tag{10.6}$$

wobei γ die Oberflächenspannung ist, A ist die Fläche der Grenzfläche und dln h ist die relative Änderung der Lamellendicke. ε ist der „Film-Elastizitäts-Kompressions-modul" und ein Maß für die Fähigkeit des Films, seine Oberflächenspannung bei konstanter Spannung anzupassen. Je höher der Wert von ε ist, desto stabiler ist der Film; ε hängt von der Oberflächenkonzentration und der Filmdicke ab, was den Vorteil der Verwendung von Filmen mit gemischten Tensiden erklärt. Die Diffusion von Tensiden aus der Hauptlösung, d. h. der Marangoni-Effekt, spielt ebenfalls eine wichtige Rolle bei der Stabilisierung des Films. Der Marangoni-Effekt wirkt einer schnellen Verdrängung der Oberfläche entgegen, was zu einem stabileren Schaum führt.

(c) Theorie der Oberflächenkräfte (Disjoining Pressure) [2, 3]: Diese Theorie funktioniert unter statischen (Gleichgewichts-)Bedingungen, insbesondere für dünne Flüssigkeitsfilme (< 100 nm) in relativ verdünnten Tensidkonzentrationen (z. B. beim Spülen). Der Trennungsdruck π setzt sich aus drei Beiträgen zusammen, nämlich der elektrostatischen Abstoßung π_{el}, der sterischen Abstoßung π_{st} (beide sind positiv) und der Van-der-Waals-Anziehung π_{vdw} (die negativ ist):

$$\pi = \pi_{el} + \pi_{st} + \pi_{vdw}. \tag{10.7}$$

Damit sich ein stabiler Film bilden kann, muss $\pi_{el} + \pi_{st} \gg \pi_{vdw}$ sein. Dies erklärt die Stabilität von Schäumen, bei denen sowohl elektrostatische als auch sterische Abstoßung vorliegen.

(d) Stabilisierung durch Mizellen und flüssigkristalline Phasen: Dies geschieht bei hohen Tensidkonzentrationen und in Gegenwart von Tensidsystemen, die lamellare flüssigkristalline Phasen bilden können. Letztere, die sich aus mehreren Tensid-Doppelschichten bilden, „wickeln" sich um die Luftblasen und können so einen sehr stabilen Schaum erzeugen. Dieses Konzept ist sehr wichtig für die Formulierung von Shampoos, die hohe Tensidkonzentrationen und mehrere Komponenten enthalten, die lamellare Phasen bilden können.

10.5.4 Verdickungsmittel und Rheologiemodifikatoren

Wie bereits erwähnt, sollte das Shampoo vor der Anwendung so viskos sein, dass es in der Hand bleibt, aber während der Anwendung muss die Viskosität so weit abnehmen, dass es sich gut im Haar und auf dem Kopf verteilen lässt. Dies erfordert ein Scherverdünnungssystem (Verringerung der Viskosität bei Anwendung von Scherkräften). Zur Erhöhung der Viskosität des Shampoos bei niedrigen Schergeschwindigkeiten und zur Verringerung der Viskosität bei Anwendung von Scherkräften können mehrere Methoden angewandt werden, die im Folgenden zusammengefasst werden.

10.5.4.1 Zugabe von Elektrolyten

Viele Tensidsysteme erhöhen ihre Viskosität bei Zugabe von Elektrolyten in optimaler Konzentration, z. B. Natriumchlorid, Ammoniumchlorid, Natriumsulfat, Monoethanol-aminchlorid, Ammonium- oder Natriumphosphat usw. Bei den am häufigsten verwendeten Elektrolyten handelt es sich um Natriumchlorid und Ammoniumchlorid. Der Mechanismus, durch den diese Elektrolyte die Viskosität des Shampoos erhöhen, kann mit der mizellaren Struktur des Tensidsystems in Verbindung gebracht werden. Vor der Zugabe von Elektrolyten sind die Mizellen höchstwahrscheinlich kugelförmig, aber wenn Elektrolyte in optimaler Menge zugegeben werden, können sich die Mizellen in zylindrische (stäbchenförmige) Strukturen verwandeln und die Viskosität steigt. Dies lässt sich verstehen, wenn man den Packungsparameter P des Tensidsystems betrachtet. Der Packungsparameter P ist durch das Verhältnis der Querschnittsfläche der Alkylkette (v/l_c, wobei v das Volumen der Kohlenwasserstoffkette und l_c ihre ausgedehnte Länge ist) zur Querschnittsfläche der Kopfgruppe a gegeben [5–7]:

$$P = v/l_c a \qquad (10.8)$$

Für eine kugelförmige Mizelle ist P ≤ (1/3), während für eine zylindrische (stabförmige) Mizelle P ≤ (1/2) ist. Die Zugabe von Elektrolyt verringert a (durch Abschirmung der Ladung) und die kugelförmigen Mizellen wandeln sich in stäbchenförmige Mizellen um. Dies führt zu einem Anstieg der Viskosität. Eine schematische Darstellung der stäbchenförmigen (fadenförmigen) Mizellen und ihrer Überlappung ist in Abb. 10.3 zu sehen. Die Viskosität nimmt mit zunehmender Elektrolytkonzentration allmählich zu, erreicht bei einer optimalen Elektrolytkonzentration ein Maximum und nimmt dann bei weiterer Erhöhung der Elektrolytkonzentration ab (aufgrund der Aussalzung des Tensids). Die zum Erreichen der maximalen Viskosität erforderliche Elektrolytkonzentration hängt von der Art des Elektrolyten und der Temperatur ab. Diese Tensidsysteme erzeugen viskoelastische Lösungen, die bei einer kritischen Tensidkonzentration auftreten, bei der sich die stäbchenförmigen Mizellen zu überlappen beginnen (ähnlich wie bei

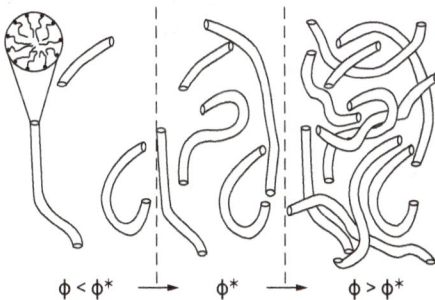

ϕ < ϕ* ⎯→ ϕ* ⎯→ ϕ > ϕ*

Abb. 10.3: Schematische Darstellung der Überlappung fadenförmiger Mizellen.

Polymerlösungen). Diese viskoelastischen Lösungen haben jedoch unter Umständen keine ausreichende Viskosität, um vor dem Auftragen auf der harten Oberfläche zu bleiben. Dies kann auf ihre unzureichende Relaxationszeit zurückzuführen sein (die Relaxationszeit ergibt sich aus dem Verhältnis von Viskosität und Modul). Aus diesem Grund enthalten viele Shampoos hochmolekulare Polymere wie Hydroxyethylcellulose (HEC) oder Xanthangummi; diese Verdickungsmittel werden weiter unten behandelt.

10.5.4.2 Verdickungsmittel

Die meisten Shampoos enthalten ein hochmolekulares Polymer wie HEC, Xanthangummi und einige hydrophob modifizierte HEC oder Polyethylenoxid (PEO) (assoziative Verdickungsmittel) [8]. Die Konzentration des Polymers, die erforderlich ist, um eine bestimmte Viskosität bei niedrigen Scherraten zu erreichen, hängt von seinem Molekulargewicht M und seiner Struktur ab. Von HEC sind mehrere Typen im Handel erhältlich, z. B. die Natrosol-Reihe mit M zwischen 70.000 und 250.000. Die zum Erreichen einer bestimmten optimalen Viskosität erforderliche HEC-Konzentration (0,5 bis 2 %) nimmt mit zunehmendem M ab. Bei hydrophob modifiziertem HEC (Natrosol Plus) kann im Vergleich zum unmodifizierten HEC eine geringere Konzentration verwendet werden. Hydrophob modifiziertes PEO (HEUR) ist ebenfalls erhältlich. Carbamere (vernetzte Polyacrylsäuren) und andere Acrylat-Crosspolymere wie Carbopol® 934 und 941 können Gele bilden, wenn sie mit Ethanolamin neutralisiert werden (Bildung von Mikrogelpartikeln durch Quellung aufgrund von Doppelschichteffekten). Leider haben sie eine geringe Toleranz gegenüber Elektrolyten (aufgrund der Kompression der Doppelschichten) und werden daher nur selten in Shampoos verwendet. Alternativen zu Carbameren sind modifizierte Acrylatderivate, wie z. B. das Acrylat/Steareth-20/Methacrylat-Copolymer, das als Dispersion geliefert wird. Es wird dem Shampoo zugesetzt und dann auf den geeigneten pH-Wert neutralisiert. Bei diesem Polymer ist darauf zu achten, dass hohe Elektrolytkonzentrationen und niedrige pH-Werte vermieden werden, die zu einer Ausfällung des Polymers führen können.

10.5.5 Silikonöl-Emulsionen in Shampoos

Silikonöl ist ein geeigneter Ersatz für den Talg, der beim Shampoonieren entfernt wird. Es muss in Form kleiner Öltröpfchen formuliert werden, was nicht einfach zu erreichen ist. Der Hauptvorteil von Silikonöl ist seine Fähigkeit, sich gleichmäßig auf der Haaroberfläche zu verteilen und abzulagern, wodurch das Haar geschmeidig, glänzend und weich wird. Dies ist auf die niedrige Oberflächenspannung von Silikonölen (< 20 mNm^{-1}) zurückzuführen, die zu einer negativen Spreitungsarbeit W_s führt. Letztere ergibt sich aus dem Gleichgewicht der Grenzflächenspannung Feststoff/Flüssigkeit, γ_{SL}, der Grenzflächenspannung Flüssigkeit/Dampf, γ_{LV}, und der Grenzflächenspannung Feststoff/Dampf, γ_{SV}:

$$W_s = \gamma_{SL} - \gamma_{LV} - \gamma_{SV}. \tag{10.9}$$

Damit W_s negativ wird, müssen sowohl γ_{SL} als auch γ_{LV} reduziert werden, während γ_{SV} hoch bleibt. Das Hauptproblem bei der Beimischung eines Silikonöls in ein Shampoo besteht darin, dass es sich in kleinen Tröpfchen verteilt und diese kleinen Tröpfchen auf der Haaroberfläche zusammenwachsen.

10.6 Verwendung von assoziativen Verdickungsmitteln als Rheologiemodifikatoren in Shampoos

Assoziative Verdickungsmittel sind hydrophob modifizierte Polymermoleküle, bei denen Alkylketten (C_{12} bis C_{16}) entweder zufällig auf ein hydrophiles Polymermolekül wie Hydroxyethylcellulose (HEC) gepfropft oder einfach an beiden Enden der hydrophilen Kette aufgepfropft sind. Ein Beispiel für hydrophob modifiziertes HEC ist Natrosol Plus (Hercules), das 3 bis 4 C_{16}-Ketten enthält, die zufällig auf Hydroxyethylcellulose aufgepfropft sind [9]. Ein Beispiel für ein Polymer, das zwei Alkylketten an beiden Enden des Moleküls enthält, ist HEUR (Rohm and Haas), das aus Polyethylenoxid (PEO) besteht, das an beiden Enden mit einer linearen C_{18}-Kohlenwasserstoffkette versehen ist. Diese hydrophob modifizierten Polymere bilden Gele, wenn sie in Wasser aufgelöst werden. Die Gelbildung kann schon bei relativ geringen Polymerkonzentrationen im Vergleich zum unmodifizierten Molekül auftreten. Die wahrscheinlichste Erklärung für die Gelbildung ist die hydrophobe Bindung (Assoziation) zwischen den Alkylketten des Moleküls. Dies bewirkt eine scheinbare Erhöhung des Molekulargewichts. Diese assoziativen Strukturen ähneln Mizellen, nur dass die Anzahl der Aggregate viel geringer ist.

Ein weiteres Beispiel für assoziative Verdickungsmittel ist eine Mischung aus PEG-150-Distearat und PEG-2-Hydroxyethylcocamid (Promidium LTS, Croda, UK), die in einer Shampooformulierung verwendet wurde, die aus 7 % Natriumlaurylethersulfat (mit 2 Mol Ethylenoxid), 3 % Cocamidopropylbetain (CAPB) und 1 % Konservierungsmittel (Germaben® II) besteht. Ein Vergleich erfolgte mit dem gleichen Shampoo, das durch Zugabe von 1,6 % NaCl verdickt wurde, wobei viskoelastische Messungen durchgeführt wurden. Letztere wurden durch dynamische (oszillatorische) Messungen mit einem Bohlin-CVO-Rheometer (Malvern Instruments, UK) untersucht. Alle Messungen wurden bei 25 °C unter Verwendung einer Kegel-Platte-Geometrie durchgeführt.

Abbildung 10.4 zeigt typische Spannungs-Sweep-Ergebnisse, die bei 1 Hz für die mit 1,6 % NaCl (Abb. 10.4a) und mit 1,75 % Promidium LTS (Abb. 10.4b) verdickte Tensidbasis erhalten wurden. In beiden Fällen blieben G' und G'' bis zu einer kritischen Spannung konstant, oberhalb derer sowohl G' als auch G'' mit der Abnahme der angelegten Spannung abzunehmen beginnen. Der Bereich unterhalb der kritischen Spannung, in dem G' und G'' bei Zunahme der Spannung konstant bleiben, wird als linear viskoelastischer Bereich bezeichnet. Es sollte erwähnt werden, dass das auf NaCl basierende Tensidsystem eine niedrigere kritische Spannung aufweist als das mit Promi-

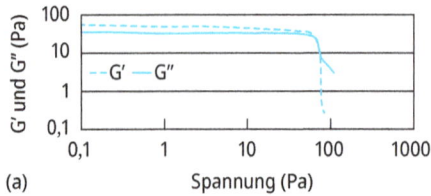

(a)

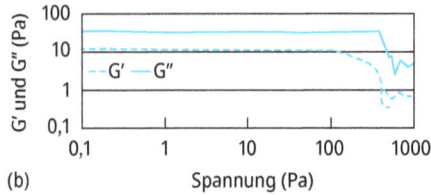

(b)

Abb. 10.4: Typische Spannungs-Sweep-Ergebnisse (1 Hz) für Tensidmischungen, die mit 1,6 % NaCl (a) bzw. 1,75 % Promidium LTS (b) eingedickt wurden.

dium LTS verdickte System. Dies spiegelt den Unterschied in der „Gel-Struktur" der beiden Systeme wider. Es ist wahrscheinlich, dass das mit Promidium LTS verdickte System im Vergleich zu dem auf NaCl basierenden System einen kohärenteren Bereich (mit einem längeren linearen viskoelastischen Bereich) aufweist.

Aus den Ergebnissen in Abb. 10.4 geht auch hervor, dass die mit Promidium LTS verdickte Tensidbasis (Abb. 10.4b) weitaus viskoser als elastisch ist ($G'' \gg G'$), wenn man sie mit der gleichen, mit NaCl verdickten Basis (Abb. 10.4a) vergleicht, wo $G' > G''$ ist. Unabhängig von der Menge an Promidium LTS (und damit der Endviskosität der Rezeptur) bleibt das verdickte Tensid immer viskositätsdominant, selbst bei extrem hoher Viskosität. Im Falle des mit NaCl verdickten Tensids wird bei einer kritischen Konzentration (in diesem Fall nahe 1,6 %) die Basis elastisch dominant. Dies ist selbst bei einer relativ niedrigen Viskosität zu beobachten.

Sobald der lineare viskoelastische Bereich bekannt war, war es möglich, die Auswirkung der Frequenz auf diese Tensidbasen zu messen. Als Beispiel sind in Abb. 10.5 typische Frequenzsweeps für mit 2,5 % NaCl bzw. mit 2,5 % Promidium LTS verdickte Tensidbasen dargestellt. Aus Abb. 10.5 ist ersichtlich, dass der Kreuzungspunkt (bei dem $G' = G''$) bei der mit Promidium LTS verdickten Tensidgrundlage bei einer viel höheren Frequenz auftritt als bei der gleichen, mit Salz verdickten Grundlage. Dies bedeutet, dass die Relaxationszeit für die mit Promidium LTS eingedickte Basis viel kleiner ist als die Werte für das mit Salz eingedickte System. In Abb. 10.6 ist die Relaxationszeit in Abhängigkeit von der NaCl- bzw. Promidium-LTS-Konzentration dargestellt.

Bei den hohen Frequenzen (die kurzen Zeitskalen entsprechen) ist die Reaktion bei den mit NaCl und Promidium LTS eingedickten Tensiden eher elastisch als viskos ($G' > G''$). Die Werte des Hochfrequenzmoduls sind für die mit Promidium LTS verdickten Basen deutlich höher als für die mit NaCl verdickten. Allerdings beginnt G'' bei 1,4 % NaCl zu stagnieren, während die G''-Werte von Promidium LTS weiter ansteigen (über

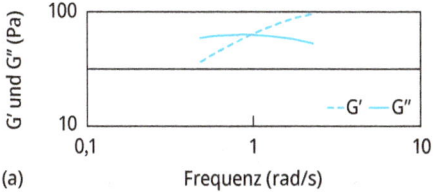

(a)

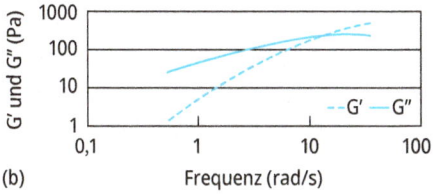

(b)

Abb. 10.5: Typische Frequenzsweeps für eine mit 2,5 % NaCl (a) bzw. mit 2,5 % Promidium LTS (b) verdickte Tensidbasis.

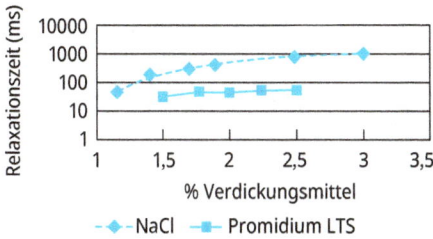

Abb. 10.6: Relaxationszeit in Abhängigkeit von der NaCl-Konzentration bzw. der Promidium-LTS-Konzentration.

den gesamten Konzentrationsbereich). Dies bedeutet wiederum, dass die mit diesem Assoziativverdicker verdickten Tensidgrundlagen unabhängig von der Promidium-LTS-Konzentration und der dadurch bedingten Struktur viskos bleiben. Die mit Salz verdickten Basen werden überwiegend elastisch [9].

Die Abb. 10.7 und 10.8 zeigen die Variation von G′ und G″ bei einer hochfrequenten Oszillation, die oberhalb des Kreuzungspunktes G′/G″ liegt. Dies wird als Funktion der NaCl-Konzentration und der Promidium-LTS-Konzentration dargestellt. Bei NaCl liegt die Frequenz bei 10 rad/s, bei LTS bei 50 rad/s.

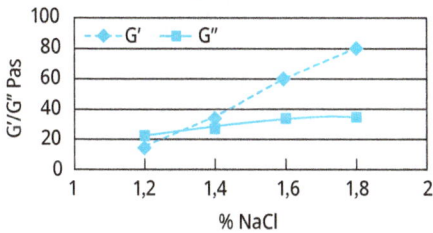

Abb. 10.7: Veränderung von G′ und G″ (bei einer Frequenz über dem Kreuzungspunkt) für mit NaCl verdickte Tensidbasis.

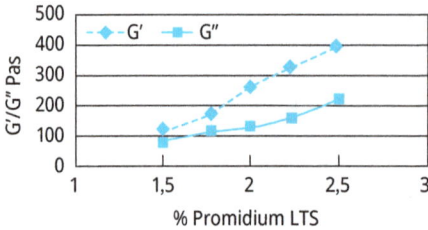

Abb. 10.8: Variation von G′ und G″ (bei Frequenz > G′/G″; über dem Kreuzungspunkt) für eine mit Promidium LTS verdickte Tensidbasis.

Der Anstieg der Viskosität oder Elastizität von mit NaCl verdickten Tensidmischungen ist auf die Veränderung der Mizellenstruktur von kugelförmigen zu stäbchenförmigen Mizellen zurückzuführen, wenn man den kritischen Packungsparameter P gemäß Gleichung (10.8) berücksichtigt. Solche Strukturen führen jedoch selbst bei niedrigen Frequenzen (langen Zeitskalen), d. h. bei 1 Hz, zu einer eher elastischen als viskosen Reaktion. Dies könnte mit den Zeitskalen vergleichbar sein, die beim Gießen, Pumpen und Verteilen während der Anwendung verwendet werden. Der Übergangspunkt für solche elektrolytverdickten Systeme tritt bei viel niedrigeren Frequenzen auf, was zu langen Relaxationszeiten führt. Mit steigender NaCl-Konzentration nimmt die Relaxationszeit zu und erreicht sehr hohe Werte. Bei 2,5 % NaCl zum Beispiel liegt der Übergangspunkt bei 1 rad s^{-1} (0,16 Hz), was eine Relaxationszeit von 1 s ergibt.

Wie bereits erwähnt, besteht eine alternative und elegantere Möglichkeit der Verdickung von Shampoos in der Verwendung von Assoziativverdickern. Das oben untersuchte assoziative Verdickungsmittel besteht aus einer hydrophilen Kette aus 150 Ethylenoxid-Einheiten (PEG 150), an die zwei Stearatketten angehängt sind, eine an jedem Ende der hydrophilen Kette. Dadurch entstehen „mizellenartige" Strukturen [9]. Diese Strukturen weisen im Vergleich zu mit Salz verdickten Tensiden wesentlich kürzere Relaxationszeiten auf (Abb. 10.6). Die Relaxationszeiten sind um mehr als eine Größenordnung geringer als bei den mit Salz verdickten Basen. Der Cross-over-Punkt für die mit Promidium LTS eingedickten Formulierungen tritt im Vergleich zu den mit NaCl eingedickten Formulierungen bei einer viel höheren Frequenz auf. Dies bedeutet, dass das mit Promidium LTS eingedickte System bei niedriger Frequenz eher viskos als elastisch ist, unabhängig von der Spannungsamplitude (Abb. 10.4). Dies trägt in hohem Maße zu den sensorischen Eigenschaften des Shampoos bei, sowohl in Bezug auf die Haptik bei der Anwendung als auch in Bezug auf die Optik, d. h. das Fehlen von Fäden und Klebrigkeit.

Literatur

[1] Tadros, Th. F., „Cosmetics", in „Encyclopedia of Colloid and Interface Science", Springer, Deutschland (2013).

[2] Tadros, Th. F., „Applied Surfactants", Wiley-VCH, Deutschland (2005).

[3] Tadros, Th. F., „Introduction to Surfactants", De Gruyter, Deutschland (2014).

[4] Holmberg, K., Jönsson, B., Kronberg, B. and Lindman, B., „Surfactants and Polymers in Aqueous Solution", Wiley-VCH, Deutschland (2003).

[5] Penfield, K., IFSCC Magazine, 8 (2), 115 (2005).

[6] Tadros, Th. F., Advances in Colloid and Interface Science, 68, 91 (1996).

[7] Israelachvili, J. N., „Intermolecular and Surface Forces", Academic Press of London (1985).

[8] Goddard, E. D. and Gruber, J. V. (Editors), „Principles of Polymer Science and Technology in Personal Care", Marcel Dekker, New York (1999).

[9] Tadros, Th. F. and Hously, S., in „Colloids in Cosmetics and Personal Care", Tadros, Th. F. (Editor), Wiley-VCH, Deutschland (2008).

11 Formulierung von Haarspülungen in Shampoos

11.1 Einleitung

Eine Haarspülung ist ein Inhaltsstoff eines Shampoos oder ein eigenes Produkt. Wenn sie in der empfohlenen Anwendungsweise und Konzentration auf das Haar aufgetragen wird, verbessert sie die Frisierbarkeit, den Glanz und die Geschmeidigkeit des Haares [1]. Bei der Verwendung von Shampoos, die anionische Tenside enthalten, lässt sich das Haar im nassen Zustand nur schwer kämmen. Außerdem kommt es zu einer statischen Aufladung des Haares, wenn es trocken gekämmt wird. Wie später noch erläutert wird, liegt der isoelektrische Punkt von Haaren bei etwa 3,67, so dass ihre Oberfläche bei neutralem pH-Wert eine negative Nettoladung aufweist. Die anionischen Tenside, die ebenfalls negativ geladen sind, lagern sich nicht auf dem Haar ab (adsorbieren nicht) und hinterlassen es in einem unkontrollierbaren Zustand. Amphotere Tenside, die eine positiv geladene Stickstoffgruppe enthalten, sind für das Haar substanzieller und können ihm eine gewisse Pflegewirkung verleihen. Kationische Tenside wie Stearylbenzyldimethylammoniumchlorid, Cetyltrimethylammoniumchlorid, Distearyldimethylammoniumchlorid oder Stearamidopropyldimethylamin und Diesterquats sind ebenfalls als Haar-Conditioner wirksam. Das Hauptproblem bei der Verwendung kationischer Tenside ist ihre starke Wechselwirkung mit den anionischen Tensidmolekülen, die zu Ausfällungen führen kann.

Wie wir später sehen werden, lagern sich polymere Conditioner mit ihrem hohen Molekulargewicht ausschließlich auf der Faseroberfläche ab oder können in die Cuticula oder sogar darüber hinaus in den Cortex eindringen. Die wirksamsten Haar-Conditioner sind die kationisch modifizierten Polymere (z. B. Polyquaternium-10), auf die wir später noch eingehen werden. Diese polymeren Verbindungen werden in Shampoos mit dem Hauptziel eingearbeitet, den „Zustand" des Haares, d. h. sein Aussehen und seine Handhabbarkeit, zu verbessern. Eigenschaften wie Kämmbarkeit, Fließeigenschaften, Fülle und Lockenfestigkeit werden durch die Ablagerung von Polymeren auf der Haaroberfläche beeinflusst. Verschiedene andere Komponenten können eine gewisse Conditioner-Wirkung haben, z. B. Fettalkohole, Fettsäuren, Monoglyceride, Lecithin, Silikone, hydrolisierte Proteine, Polyvinylpyrrolidon, Gelatine, Pektin usw.

Um die Rolle des Conditioners zu verstehen, ist es wichtig, die Struktur und die Eigenschaften des menschlichen Haares zu kennen, insbesondere seine Oberflächeneigenschaften.

11.2 Morphologie der Haare

Eine schematische Darstellung einer menschlichen Haarfaser ist in Abb. 11.1 zu sehen. Diese komplexe Morphologie [2] besteht aus vier Komponenten, nämlich dem Cortex, der Medulla, dem Zellmembrankomplex und der Cuticula.

https://doi.org/10.1515/9783110798548-011

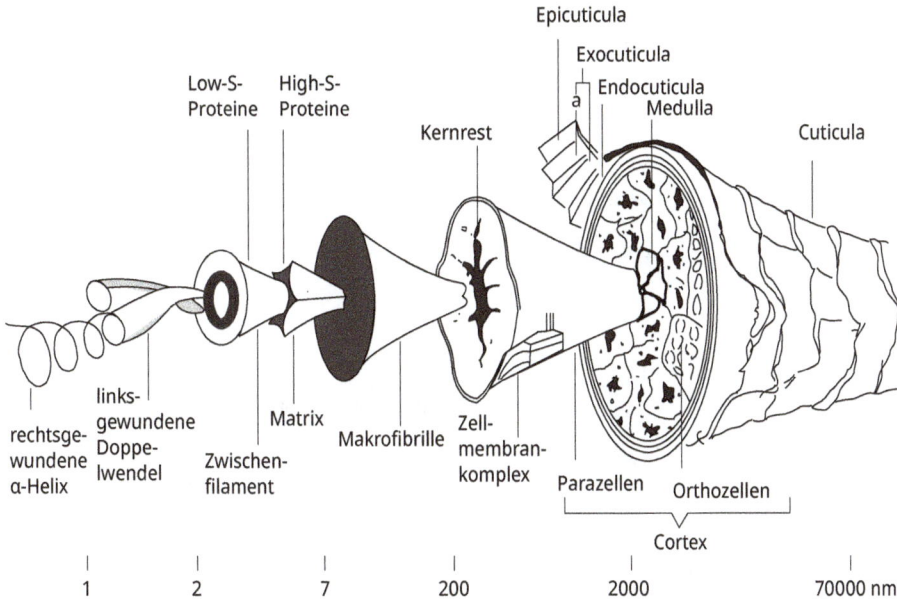

Abb. 11.1: Schematische Darstellung einer menschlichen Haarfaser.

Der größte Teil des Inneren der Fasermasse ist der Cortex, der aus länglichen, spindelschaligen Zellen besteht, die in Richtung der Faserachse ausgerichtet sind. Die zweite Komponente der Haarmorphologie, die sich im Zentrum einiger dickerer Fasern befindet und aus einer locker gepackten Zellstruktur besteht, wird Medulla genannt (siehe Abb. 11.1). Die dritte Komponente erfüllt die lebenswichtige Funktion, die verschiedenen Zellen des Cortex miteinander zu verkitten und so aus einem Konglomerat von Zellen eine Faser zu machen. Dieser interzelluläre Kitt bildet zusammen mit den Zellmembranen den Zellmembrankomplex (siehe Abb. 11.2), von dem man annimmt, dass er die Transportwege in die Faser darstellt. Dieser interzelluläre Transport ist besonders wichtig für den Einbau von Polymermolekülen in die Cuticula, aber auch für die Diffusion in den Cortex.

Auf der Außenseite des Haares schützt eine dicke Hülle aus mehreren Schichten übereinanderliegender Schuppenschichtzellen vor mechanischen und umweltbedingten Belastungen. An der Haarwurzel sind bis zu 10 Schichten von Cuticula-Zellen übereinander gestapelt. Die Dicke der Cuticula-Schicht nimmt mit zunehmender Entfernung von der Kopfhaut ab, da mechanische und umweltbedingte Belastungen zur Abtragung von Cuticula-Fragmenten führen, bis gelegentlich die Cuticula-Hülle an der Spitze langer Fasern vollständig abgetragen ist. Die Cuticula selbst ist eine mehrschichtige Struktur, wie in Abb. 11.3 schematisch dargestellt. Der wichtigste Teil der Cuticula im Hinblick auf die Ablagerung von Tensiden und Polymeren ist ihre äußerste Oberfläche, die Epicuticula, die etwa 2,5 nm dick ist [3]. Sie besteht aus 25 % Lipiden und 75 % Proteinen, wobei letztere eine geordnete, möglicherweise β-faltige Blatt-struktur mit 12 % Cystin bilden. Die Cystingruppen sind durch Fettsäuren acyliert, die den hydrophoben Oberflächenbereich bilden. Eine schematische Darstellung der Epi-cuticula ist in Abb. 11.4 zu sehen.

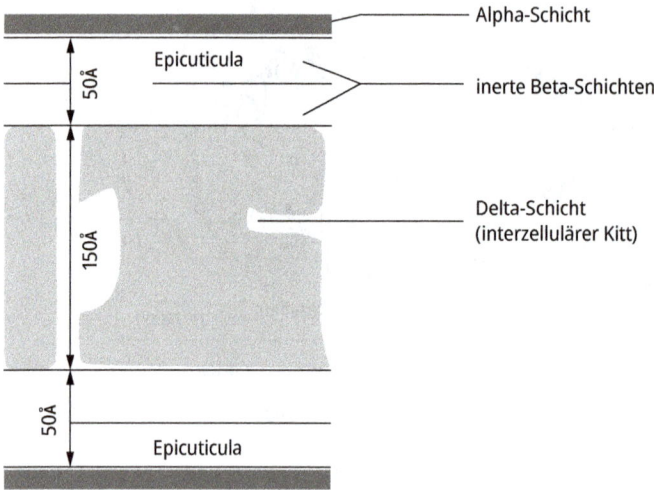

Abb. 11.2: Schematische Darstellung des Zellmembrankomplexes.

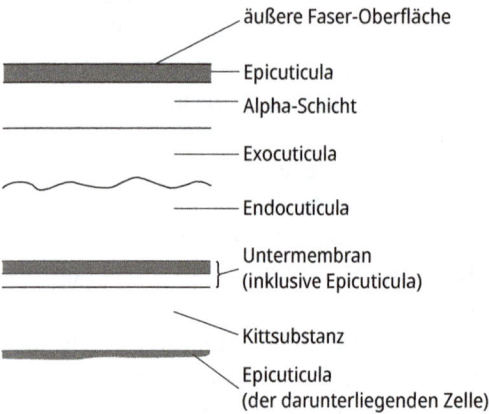

Abb. 11.3: Schematische Darstellung des Aufbaus der Cuticula im Querschnitt [3].

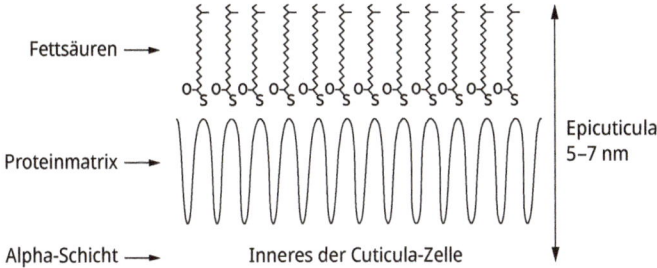

Abb. 11.4: Modell der Epicuticula.

11.3 Oberflächeneigenschaften von Haaren

11.3.1 Untersuchungen zur Benetzbarkeit

Die Oberflächenenergie des intakten menschlichen Haares wird durch die äußerste Schicht der Epicuticula bestimmt, die aus kovalent gebundenen, langkettigen Fettsäuren besteht [2]. Daher wird die hydrophobe, niedrigenergetische Oberfläche nicht gleichmäßig von einer hochenergetischen Flüssigkeit wie Wasser benetzt. Die einfachste Methode zur Bewertung der Benetzbarkeit eines Substrats durch Wasser ist die Messung des Kontaktwinkels θ eines Tropfens oder einer Luftblase auf dem Substrat. Dies wird in Abb. 11.5 veranschaulicht, die eine schematische Darstellung eines sessilen Tropfens (Abb. 11.5a) und einer Luftblase (Abb. 11.5b) zeigt, die auf einer ebenen Oberfläche für eine benetzbare Oberfläche (mit $\theta < 90°$) bzw. für eine nicht benetzbare Oberfläche (mit $\theta > 90°$) ruhen.

Der Gleichgewichtsaspekt der Benetzung kann mit Hilfe der Youngschen Gleichung bewertet werden, indem das Kräftegleichgewicht an der Kontaktlinie betrachtet wird, wie in Abb. 11.6 dargestellt.

Es lassen sich drei Grenzflächenspannungen unterscheiden, γ_{SV}, γ_{SL} und γ_{LV} (wobei sich S auf Feststoffe, V auf Dämpfe und L auf Flüssigkeiten bezieht):

$$\gamma_{SV} = \gamma_{SL} + \gamma_{LV}\cos\theta \tag{11.1}$$

$$\gamma_{LV}\cos\theta = \gamma_{SV} - \gamma_{SL}. \tag{11.2}$$

Natürlich ist ein Haar keine ebene Fläche und kann als Zylinder angenähert werden. Zur Messung des Kontaktwinkels auf der Haaroberfläche kann die in Abb. 11.7 dargestellte Wilhelmy-Platten-Methode angewendet werden.

Im ersten Fall ist die Kraft F auf die Platte durch die folgende Gleichung gegeben:

$$F = (\gamma_{LV}\cos\theta)p, \tag{11.3}$$

wobei p der Umfang der Platte ist.

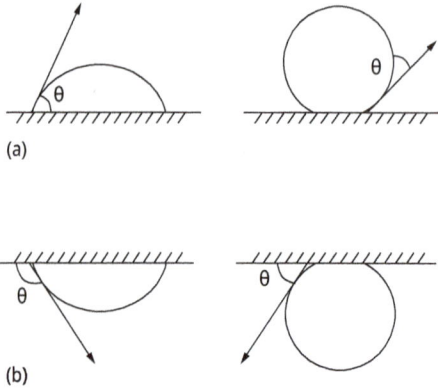

(a)

(b)

Abb. 11.5: Schematische Darstellung eines sessilen Tropfens (a) und einer Luftblase (b) auf einer Oberfläche ruhend.

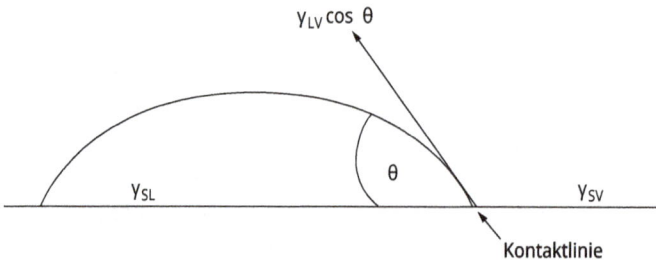

Abb. 11.6: Schematische Darstellung des Kräftegleichgewichts an der Kontaktlinie.

Im zweiten Fall ist die Kraft gegeben durch:

$$F = (\gamma_{LV}\cos\theta)p - \Delta\rho g V. \tag{11.4}$$

$\Delta\rho$ ist der Dichteunterschied zwischen der Platte und der Flüssigkeit und V ist das Volumen der verdrängten Flüssigkeit.

Eine schematische Darstellung des Aufbaus für die Messung der Benetzbarkeit einer Haarfaser [2] ist in Abb. 11.8 zu sehen. Eine unbehandelte, intakte Haarfaser hat einen Kontaktwinkel θ von mehr als 90° und erzeugt daher einen negativen Meniskus, was zu einer negativen Benetzungskraft w führt, die gegeben ist durch:

$$F_w = w + F_b, \tag{11.5}$$

dabei ist F_w die aufgezeichnete Kraft und F_b ist die Auftriebskraft.

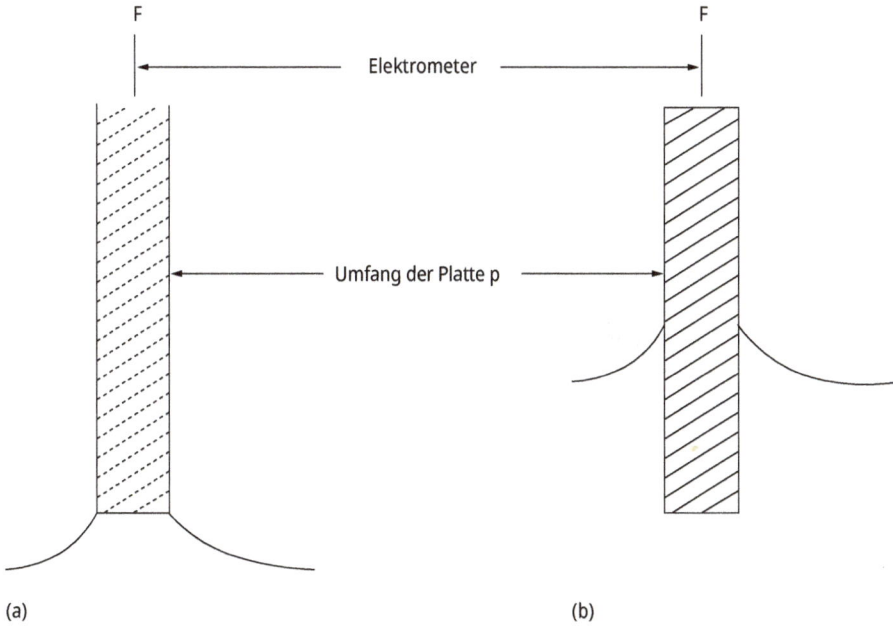

Abb. 11.7: Schema für das Wilhelmy-Plattenverfahren zur Messung des Kontaktwinkels; links keine Benetzungstiefe; rechts endliche Tiefe.

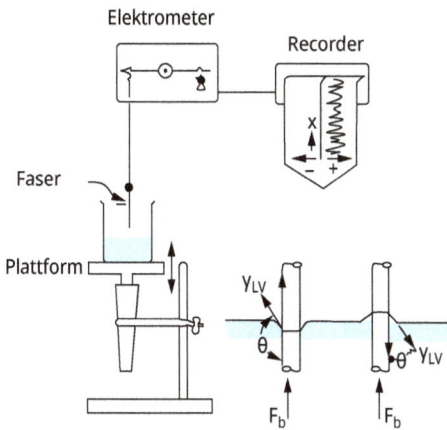

Abb. 11.8: Versuchsaufbau zur Messung der Benetzbarkeit einer Haarfaser [2].

Bei der Ablagerung eines hydrophilen Polymers auf der Haaroberfläche wird der Kontaktwinkel kleiner als 90°, was einen positiven Meniskus und eine positive Benetzungskraft ergibt. Wenn der benetzte Umfang P an der Kontaktlinie zwischen Flüssigkeit und Faser bekannt ist, kann die Benetzbarkeit W berechnet werden:

$$W = w/P = \gamma_{LV} \cos\theta, \tag{11.6}$$

wobei γ_{LV} die Oberflächenspannung der benetzenden Flüssigkeit ist.

Der Umfang der Faser kann anhand der ungefähren Beziehung berechnet werden:

$$P = 2\pi \left(\frac{A^2 + B^2}{2}\right)^{1/2}, \tag{11.7}$$

dabei sind A und B die große und kleine Halbachse der Faser und können durch Lasermikrometrie bestimmt werden.

Ein weiterer Parameter, der zur Charakterisierung der Oberfläche verwendet werden kann, ist die Adhäsionsarbeit A:

$$A = \gamma_{LV}(\cos\theta + 1) = W + \gamma_{LV}. \tag{11.8}$$

Die Ablagerung, Gleichmäßigkeit und Substantivität des Haar-Conditioners kann durch Abtasten der Benetzbarkeit entlang der Faserlänge vor und nach der Behandlung charakterisiert werden. Typische Ergebnisse sind in Abb. 11.9 für ein quaternisiertes Cellulosederivat (Polymer JR-400) dargestellt, das üblicherweise in Conditioner-Formulierungen verwendet wird [2]. Die Benetzungskraft der unbehandelten Faser weist aufgrund der Schuppenstruktur und der Oberflächenheterogenität der Faser geringfügige Unregelmäßigkeiten auf. Das erste Eintauchen in die JR-Lösung zeigt eine fleckige Ablagerung des Polymers. Das zweite Eintauchen in Wasser zeigt eine deutliche Verringerung des Benetzungspeaks, was auf einen Verlust des hydrophilen Polymers von der Oberfläche hinweist. Nach dem dritten Eintauchen in Wasser findet keine weitere Desorption des Polymers statt. Die Wechselwirkung mit einem anionischen Tensid wie Natriumlaurylsulfat oder PEG-Ethersulfat beeinflusst die Polymerabscheidung und die Benetzbarkeit der Fasern.

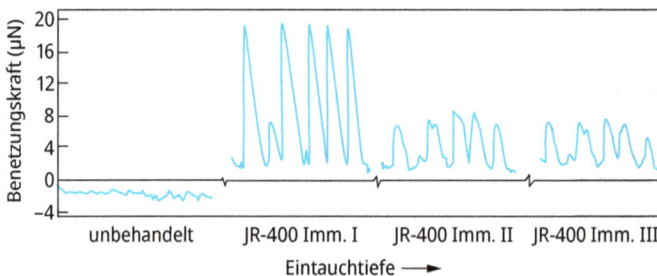

Abb. 11.9: Erweiterte Benetzungskraftkurven für eine unbehandelte Haarfaser und für dieselbe Faser nach Behandlung mit 1 % Polymer-JR und aufeinanderfolgendem Eintauchen in Wasser.

Die Wechselwirkung zwischen anionischen Tensiden und dem Polymerkation kann die Polymerablagerung beeinflussen. Bei Natriumlaurylsulfat beispielsweise wird unterhalb der kritischen Mizellbildungskonzentration (CMC) eine hohe Abscheidung bei geringer Substantivität beobachtet. Oberhalb der CMC sinkt die Benetzbarkeit jedoch unter die der unbehandelten Faser. Dies könnte auf die Wechselwirkung zwischen den Tensidmizellen und dem kationischen Polymer zurückzuführen sein, die einen Tensid-Polymer-Komplex mit Neuorientierungen bilden, der eine hydrophobe Oberfläche erzeugt.

11.3.2 Elektrokinetische Untersuchungen

Die Oberflächeneigenschaften von Haaren können mit Hilfe von Strömungspotenzialmessungen [2] untersucht werden, die zur Messung des Zetapotenzials in Abhängigkeit vom pH-Wert sowie der Permeabilität eines Haarpfropfens (die Aufschluss über das Quellen oder Schrumpfen der Faser geben kann) eingesetzt werden können. Ein Haarpfropf wird in eine Zelle gepackt, die an ihren Enden zwei Elektroden enthält. Die zu untersuchende Flüssigkeit kann durch den Pfropfen fließen, und der Druckabfall P wird gemessen. Die Potenzialdifferenz an den Elektroden wird mit einem Elektrometer gemessen, und gleichzeitig wird die Leitfähigkeit der strömenden Flüssigkeit gemessen. So erhält man das Zetapotenzial und die Permeabilität des Pfropfens. Mit dieser Technik ergaben die Zetapotenzial-pH-Kurven einen isoelektrischen Punkt für unbehandeltes Haar von 3,7, was darauf hindeutet, dass die Haaroberfläche unter den meisten praktischen Bedingungen (pH > 5) negativ geladen ist.

11.4 Die Rolle der Tenside und Polymere in Haarspülungen

Bei der Verwendung von anionischen Tensiden allein in Shampoos kommt es zu einer Abstoßung zwischen dem negativ geladenen Haar und dem anionischen Tensid, wodurch eine Ablagerung der Moleküle auf der Haaroberfläche verhindert wird. Die elektrostatische Aufladung der Haaroberfläche führt dazu, dass sich das Haar im nassen Zustand nur schwer kämmen lässt [1]. Wenn das Haar trocken ist, macht die elektrostatische Aufladung der Haaroberfläche das Haar außerdem unkontrollierbar und führt zu „Fliegen" oder Kräuseln [1]. Diese Probleme können zum Teil durch amphotere Tenside verringert werden, die sich auf der Haaroberfläche ablagern und so die negativen Ladungen reduzieren können. Diese Moleküle sind jedoch für die Spülung/Nachbehandlung des Haares nicht sehr wirksam, und es wurden verschiedene wirksamere kationisch geladene Moleküle als Haar-Conditioner vorgeschlagen. Bei einem der ersten erprobten Haar-Conditioner handelte es sich um kationische Tenside, die sich durch elektrostatische Anziehung zwischen der negativen Ladung der Haaroberfläche und der kationischen Ladung des Tensids auf dem Haar ablagern. Bei Zugabe

zu einem Shampoo auf Basis eines anionischen Tensids kommt es jedoch zu Wechselwirkungen zwischen den Molekülen, die zu assoziativen, phasengetrennten Komplexen führen, die mit der nichtionischen Formulierung unverträglich sind. Es wurden
Anstrengungen unternommen, um diese Wechselwirkungen zu minimieren, aber im
Allgemeinen bieten die daraus resultierenden Systeme eine schlechte Conditioner-
Wirkung durch das Shampoo. Die Verwendung von löslichen kationischen Tensiden,
die lösliche ionische Komplexe bilden, die in der Formulierung verträglich bleiben,
lagern sich nicht gut auf der Haaroberfläche ab. Die Verwendung von kationischen
Tensiden, die in der Formulierung verträglich sind, aber bei Verdünnung unlösliche
Komplexe bilden, führte ebenfalls nicht zu einer guten Conditioner-Wirkung. Der
Durchbruch bei den Haarspülungen gelang durch die Entwicklung kationisch modifi-
zierter wasserlöslicher Polymere.

In den ersten Studien wurde das kationische Polymer Polyethylenimin (PEI) verwendet, das mit einer Radiomarkierung (^{14}C) versehen werden konnte, was eine genaue
Messung der Aufnahme des Polymers durch das Haar ermöglichte. Obwohl dieses Polymer später (aufgrund seiner Toxizität) aus Haarspülungen entfernt wurde, kann es als
erstes Modell für ein adsorbierendes Polykation betrachtet werden [4–7]. In diesen Studien wurden zwei PEI-Homopolymere mit einer Molmasse von 600 und 60000 verwendet. Zur Veranschaulichung zeigt Abb. 11.10 die Sorption von ^{14}C-markiertem PEI 600
(ausgedrückt in %, bezogen auf das Gewicht der Haare) aus einer 5%igen wässrigen Lösung als Funktion der Kontaktzeit.

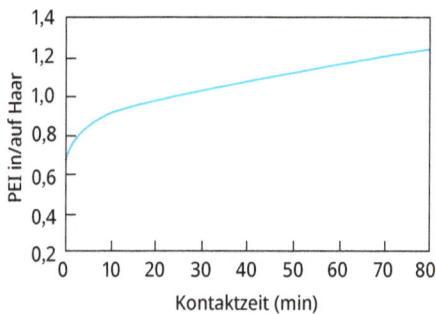

Abb. 11.10: Sorption von ^{14}C-markiertem PEI 600
(ausgedrückt in %, bezogen auf das Gewicht der
Haare) aus einer 5%igen wässrigen Lösung als
Funktion der Kontaktzeit.

Die obigen Ergebnisse zeigen, dass die Sorption fast sofort einsetzt, sobald das Haar mit
der PEI-Lösung in Kontakt kommt. Diese Sorption nimmt mit zunehmender Kontaktzeit
zu und erreicht nach 60 Minuten mehr als 1 %. Ähnliche Ergebnisse wurden mit dem
PEI mit höherer Molmasse erzielt, und die Sorption ist für die beiden Polymere kompatibel. Das Bleichen der Haare erhöht die Aufnahme des Polymers, insbesondere mit
dem PEI mit höherer Molmasse. Nach 1 Stunde steigt die Sorption von PEI 60000 beim
Bleichen der Haare von 1,2 auf 3,4 %. Eine Verringerung der PEI-Konzentration führt zu
einer Abnahme der Sorptionsmenge (bei einer Verringerung der Konzentration um
80 % nimmt die Sorptionsmenge um 50 % ab). Die Sorption war bei pH 7 am höchsten

und nimmt ab, wenn der pH-Wert auf 10 erhöht wird. Eine Verringerung des pH-Werts auf 2 verringert die Sorptionsmenge erheblich, da das Haar bei diesem pH-Wert positiv geladen ist.

Polyquaternium-10, eine kationisch modifizierte Hydroxyethylcellulose (HEC), deren kationische Gruppen aus Hydroxypropyltrimethylammonium bestehen, wird gerne als Haar-Conditioner in Shampoos verwendet [4–7]. Die üblicherweise in Shampoos verwendete Polyquaternium-10-Qualität hat ein durchschnittliches Molekulargewicht von 400.000 und etwa 1300 kationische Stellen. Es wurden mehrere andere kationisch modifizierte HEC entwickelt, wie z. B. Polymer-JR mit drei Molekulargewichtsstufen von 250.000 (JR-30 M), 400.000 (JR-400) und 600.000 (JR-125). Diese Polymere haben die in Abb. 11.11 dargestellte allgemeine Formel.

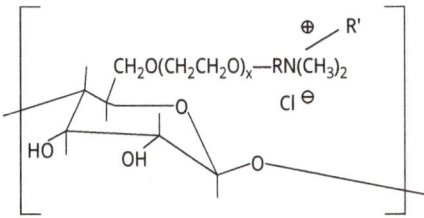

Abb. 11.11: Allgemeine Formel für Polymer JR.

Die Querschnittsfläche dieser Polymere ist wesentlich größer als die von PEI. Die Adsorption von HEC- und JR-Polymeren an Haaren wurde von Goddard [6] unter Verwendung radiomarkierter Polymere untersucht. In allen Experimenten wurde die Polymerkonzentration konstant bei 0,1 % gehalten und die adsorbierte Menge (mg/g) über mehrere Tage als Funktion der Zeit gemessen. Die Sorption von HEC erreichte das Gleichgewicht in 5 Minuten, während sie bei den geladenen JR-Polymeren auch nach 2 Tagen noch nicht den Gleichgewichtswert erreichte. Die Ergebnisse sind in den Abb. 11.12 und 11.13 dargestellt, die die Veränderung der sorbierten Menge (mg/g) mit der Zeit zeigen.

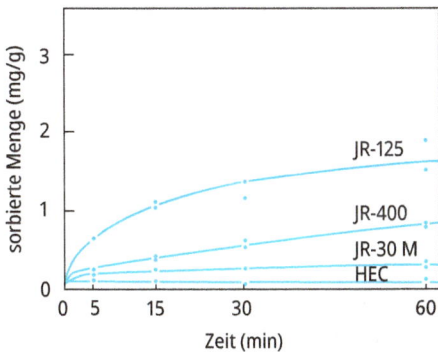

Abb. 11.12: Sorption von ^{14}C-markiertem Polymer (aus 0,1 %iger Lösung) durch junges Haar; Kurzzeitversuch [6].

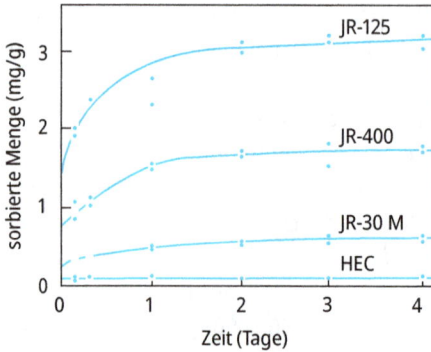

Abb. 11.13: Sorption von ^{14}C-markiertem Polymer (aus 0,1%iger Lösung) durch junges Haar; Langzeitversuch [6].

Die Menge der Adsorption von HEC auf Haaren (0,05 mg/g) entspricht dem Wert, der für eine dicht gepackte Monoschicht der Cellulose (in flacher Orientierung) erwartet wird, was eine Fläche pro HEC-Rest von $\approx 0,85$ nm^2 ergibt. Die Adsorption von JR-Polymeren ist höher als die entsprechende Menge bei flacher Orientierung. Es wurde vermutet, dass das Polykation in das Keratinsubstrat diffundiert. Die Sorption des Polymers auf gebleichtem Haar war viel höher (Abb. 11.14). Es zeigt sich eine um eine Größenordnung höhere Adsorption im Vergleich zu ungebleichtem Haar (Abb. 11.13). Dies deutet darauf hin, dass die gebleichten Fasern stärker geschädigt und poröser sind.

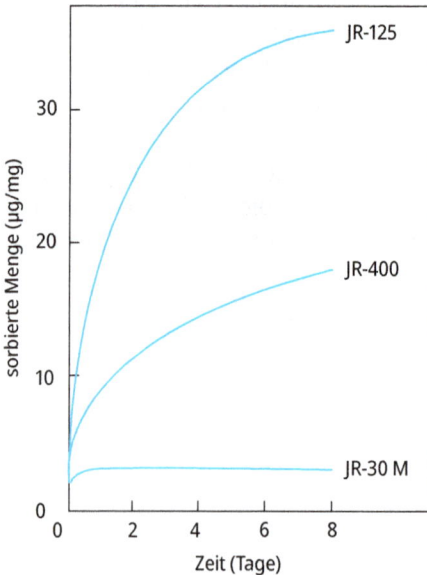

Abb. 11.14: Sorption verschiedener Polymer-JR-Typen auf gebleichtem Haar aus einer 0,1%igen Lösung [6].

Die elektrostatische Anziehung zwischen den kationischen Gruppen auf den JR-Polymeren und den negativen Ladungen auf der Haaroberfläche scheint die treibende Kraft für den Adsorptionsprozess zu sein. Dies wurde durch die Untersuchung der Adsorption in Gegenwart von zugesetzten Elektrolyten (0,1 % und 1 % NaCl) nachgewiesen, die die Adsorption um das Drei- bzw. Zehnfache reduzierten (Abb. 11.15).

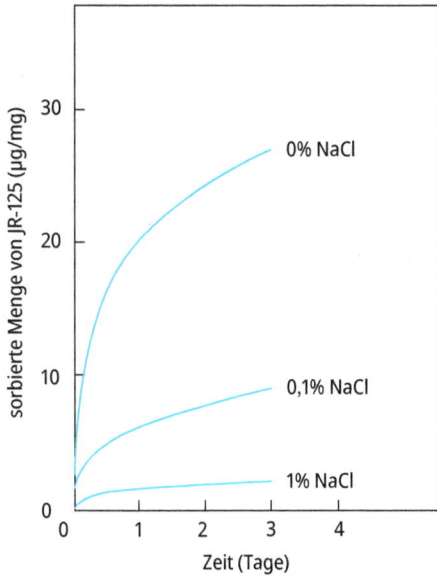

Abb. 11.15: Wirkung der Zugabe von NaCl auf die Sorption von Polymer JR-125 durch gebleichtes Haar; aus 0,1%iger Polymerlösung [6].

Bei einer gegebenen Molarität des Elektrolyten nimmt die Verringerung der Sorption mit zunehmender Wertigkeit des Elektrolyten zu, wie in Abb. 11.16 dargestellt (in Übereinstimmung mit der Schultze-Hardy-Regel).

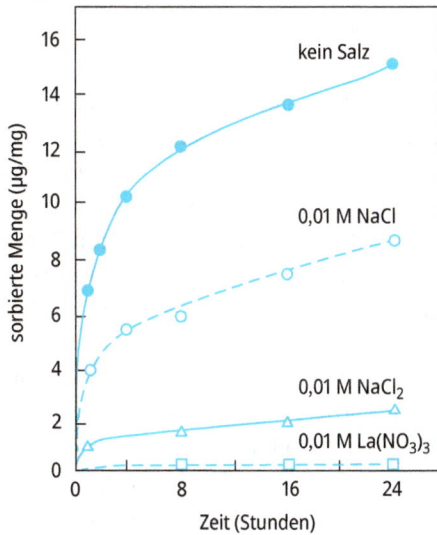

Abb. 11.16: Wirkung verschiedener Elektrolyte auf die Sorption von Polymer JR-125 durch gebleichtes Haar; 0,1%ige Polymerlösung [6].

Wenn die elektrostatische Anziehung zwischen dem Polykation und dem negativ geladenen Haar die treibende Kraft für die Adsorption ist, würde man einen großen Einfluss des pH-Werts erwarten, der die Ladung auf der Haaroberfläche bestimmt. Die Auswirkung des pH-Werts auf die Sorption von JR-125 (ausgedrückt als Sorptionsmenge σ in g/g) ist in Abb. 11.17 dargestellt. Anfängliche Arbeiten zeigten, dass sich die Adsorption des Polymers JR-125 auf gebleichtem Haar im pH-Bereich von 4 bis 10 kaum verändert. Spätere Arbeiten zeigten jedoch einen eklatanten Rückgang der Sorption dieses Polymers an ungebleichtem Haar, wenn der pH-Wert unter den isoelektrischen Punkt (pH 3,7) gesenkt wurde. Unter diesen Bedingungen entsprach die Aufnahme ungefähr der des ungeladenen HEC-Moleküls. Dieses Ergebnis ist ein weiteres Indiz dafür, dass elektrostatische Kräfte die Adsorption des Polyelektrolyten bestimmen [6].

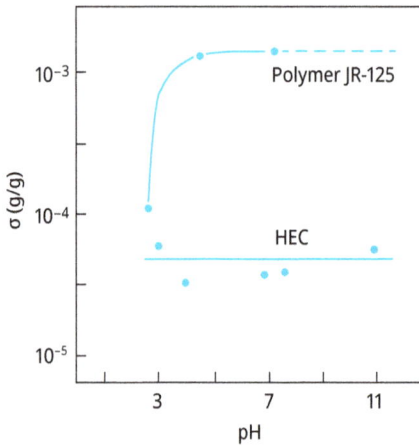

Abb. 11.17: Sorption von Polymer JR-125 an unbehandeltem Haar in Abhängigkeit vom pH-Wert der Lösung; 0,1%ige Polymerlösung [6].

Wie bereits erwähnt, wird die Adsorption der kationisch modifizierten Polymere auf Haaren in Gegenwart anionischer Tenside durch die Wechselwirkung zwischen Polyelektrolyten und Tensiden erschwert. Ergebnisse für die Wechselwirkung zwischen JR-400 oder RETEN™ (Polykation von Acrylamid/β-Methacryloxyethyltrimethylammoniumchlorid) und Natriumdodecylsulfat (SDS) wurden von Goddard [4] durch Oberflächenspannungs- und Viskositätsmessungen gewonnen. Abbildung 11.18 zeigt die Viskositätsergebnisse, wobei die relative Viskosität als Funktion der SDS-Konzentration bei einer konstanten JR-400- oder RETEN™-Konzentration von 1 % aufgetragen ist. Bei Polymer JR-400 zeigt die relative Viskosität einen raschen Anstieg in der unmittelbaren Ausfällungszone. In der Fällungszone entsteht ein Netzwerk, in dem an ein Polykation gebundene Tensidmoleküle mit ähnlich verknüpften Tensidmolekülen auf den anderen Polymerketten assoziieren. Bei hoher SDS-Konzentration sinkt die Viskosität der Lösung, da die Eigenschaften nun von Tensidmizellen dominiert werden. Im Gegensatz zu RETEN™ mit einer Konzentration von 1 % ändert sich die Viskosität mit der Zugabe von SDS in der Ausfällungszone, und bei einer SDS-Konzentration von 1 % wird nur ein geringer Anstieg der Viskosität beobachtet.

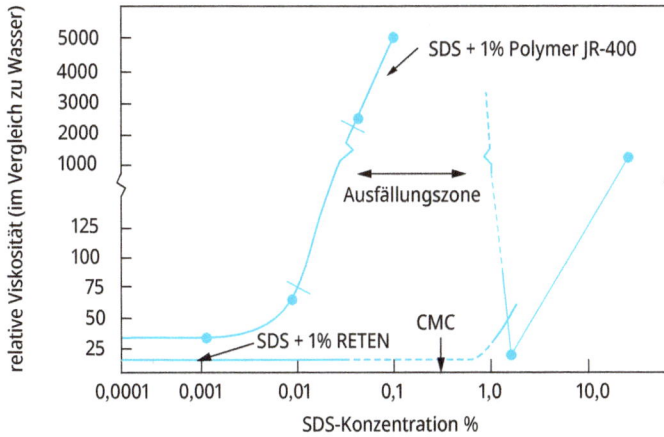

Abb. 11.18: Relative Viskosität von 1 % Polymer JR-400 und 1 % RETEN™ in Abhängigkeit von der SDS-Konzentration [4].

Die oben beschriebene Wechselwirkung zwischen den anionischen Tensiden und dem Polykation hat einen großen Einfluss auf die Aufnahme von Polymer JR. Diese Wechselwirkung führt zu einer erheblichen Verringerung der Ablagerung des Polyelektrolyts auf dem Haar. Nichtionische Tenside wie Tergitol 15-S-9 zeigen eine im Wesentlichen „ungehinderte" Ablagerung des Polykations, während amphotere Tenside (auf Imidazolinbasis) eine erhebliche Ablagerung des Polymers zeigten. Im Gegensatz dazu verhinderte das kationische Tensid Cetyltrimethylammoniumbromid (CTAB) praktisch die Adsorption des Polymers. Dies ist auf die schnellere Diffusion von CTA^+ zurückzuführen, das die negativen Ladungen auf dem Haar neutralisierte.

Literatur

[1] Tadros, Th. F., „Cosmetics", in „Encyclopedia of Colloid and Interface Science", Tadros, Th. F. (Editor), Springer, Deutschland (2013).

[2] Weigman, H. D. and Kamath, Y., „Evaluation Methods for Conditioned Hair", in „Principles of Polymer Science and Technology in Cosmetics and Personal Care", Goddard, D. E. and Gruber, J. V. (Editors), Marcel Dekker, N. Y. (1999), Chapter 12.

[3] Robbins, C. R., „Chemical and Physical Behaviour of Human Hair", 3rd. ed., Springer-Verlag, New York (1994).

[4] Goddard, D. E., „Polymer/Surfactant Interaction, Methods and Mechanisms", in „Principles of Polymer Science and Technology in Cosmetics and Personal Care", Goddard, D. E. and Gruber, J. V. (Editors), Marcel Dekker, N. Y. (1999), Chapter 4.

[5]   Goddard, D. E., „Polymer/Surfactant Interaction, Applied Systems", in „Principles of Polymer Science and Technology in Cosmetics and Personal Care", Goddard, D. E. and Gruber, J. V. (Editors), Marcel Dekker, N. Y. (1999), Chapter 5.

[6]   Goddard, D. E., „Measuring and Interpreting Polycation Adsorption", in „Principles of Polymer Science and Technology in Cosmetics and Personal Care", Goddard, D. E. and Gruber, J. V. (Editors), Marcel Dekker, N. Y. (1999), Chapter 10.

[7]   Goddard, D. E., „The Adsorptivity of Charged and Uncharged Cellulose Ethers", in „Principles of Polymer Science and Technology in Cosmetics and Personal Care", Goddard, D. E. and Gruber, J. V. (Editors), Marcel Dekker, N. Y. (1999), Chapter 11.

12 Formulierung von Sonnenschutzmitteln für den UV-Schutz

12.1 Einleitung

Die Zunahme von Hautkrebserkrankungen hat das Bewusstsein der Öffentlichkeit für die schädlichen Auswirkungen der Sonne geschärft, und inzwischen sind zahlreiche Hautpräparate erhältlich, die die Haut vor UV-Strahlung schützen sollen [1, 2]. Die in diesen Präparaten verwendeten Wirkstoffe lassen sich in zwei Grundtypen unterteilen: organische Stoffe, die aufgrund ihrer chemischen Struktur UV-Strahlung bestimmter Wellenlängen absorbieren können, und anorganische Stoffe, die UV-Strahlung sowohl absorbieren als auch streuen. Anorganische Stoffe haben gegenüber organischen Stoffen den Vorteil, dass sie ein breites Spektrum von Wellenlängen absorbieren können und mild und nicht reizend sind. Diese beiden Vorteile werden immer wichtiger, da die Nachfrage nach täglichem UV-Schutz sowohl gegen UV-B – (Wellenlänge 290–320 nm) als auch gegen UV-A-Strahlung (Wellenlänge 320–400 nm) steigt. Da UV-B viel wirksamer als UV-A biologische Schäden verursacht, trägt UV-B zu etwa 80 % zu einem Sonnenbrand bei, während UV-A die restlichen 20 % ausmacht. Menschen mit weißer Haut, die in den Tropen (30 °N bis 30 °S) leben, müssen sich das ganze Jahr über vor der Sonne schützen, während Menschen, die in höheren Breitengraden (40 ° bis 60 °) leben, sich im Allgemeinen nur während der sechs Monate um die Sommersonnenwende der Sonne aussetzen und sich entsprechend schützen müssen. Bei längerer Exposition gegenüber UV-Strahlung können mehrere schädliche Wirkungen festgestellt werden. Bei UV-B-Strahlung sind die wichtigsten Auswirkungen DNA-Schäden, Immunsuppression, Sonnenbrand und Hautkrebs. Bei UV-A-Strahlung sind die Hauptwirkungen die Bildung aktiver Sauerstoffspezies, Photodermatosen, vorzeitige Hautalterung, Hautfalten und Hautkrebs.

Die Fähigkeit feiner anorganischer Partikel, Strahlung zu absorbieren, hängt von ihrem Brechungsindex ab. Bei Substanzen wie Titandioxid (TiO_2) und Zinkoxid (ZnO) sorgt ihre große Bandlücke dafür, dass UV-Licht bis etwa 405 nm absorbiert werden kann. Aufgrund ihres partikulären Charakters können sie auch Licht streuen, und ihre hohen Brechungsindizes machen sie zu besonders effektiven Streuern. Sowohl Streuung als auch Absorption hängen entscheidend von der Partikelgröße ab [1–3]. Partikel mit einer Größe von etwa 250 nm beispielsweise streuen sichtbares Licht sehr effektiv, und TiO_2 mit dieser Partikelgröße ist das am häufigsten verwendete Weißpigment. Bei kleineren Teilchengrößen verschieben sich die Absorptions- und Streuungsmaxima in den UV-Bereich, und bei 30–50 nm ist die UV-Abschwächung am größten.

Die Verwendung von TiO_2 als UV-Abschwächer in Kosmetika war bis vor kurzem aufgrund seiner schlechten ästhetischen Eigenschaften (Streuung der sichtbaren Wellenlängen führt zu Weißfärbung) weitgehend auf Sonnenschutzprodukte für Babys beschränkt. Jüngste Fortschritte bei der Kontrolle der Partikelgröße und bei Beschichtungen haben es den Formulierern ermöglicht, feinteiliges Titandioxid und Zinkoxid

https://doi.org/10.1515/9783110798548-012

in Formulierungen für die tägliche Hautpflege zu verwenden, ohne die kosmetische Eleganz zu beeinträchtigen [3].

Die Vorteile einer Vordispergierung anorganischer Sonnenschutzmittel sind allgemein anerkannt. Um diese Vordispergierung zu optimieren (sowohl im Hinblick auf die UV-Abschwächung als auch auf die Stabilität) und die Leistung pulverförmiger Formulierungen zu übertreffen, ist jedoch ein Verständnis der Art der kolloidalen Stabilisierung erforderlich. Die Dispersionsrheologie und ihre Abhängigkeit von den Wechselwirkungen zwischen den Partikeln ist ein Schlüsselfaktor bei dieser Optimierung. Die Optimierung von Sonnenschutzwirkstoffen endet jedoch nicht an dieser Stelle; die Berücksichtigung der Endanwendung ist entscheidend für die Aufrechterhaltung der Leistung. Die Formulierer müssen die partikulären Wirkstoffe unter Berücksichtigung von Ästhetik (Hautgefühl und Transparenz), Stabilität und Rheologie in eine Emulsion, eine Mousse oder ein Gel einarbeiten.

In diesem Kapitel werde ich aufzeigen, wie die Anwendung der Grundsätze der Kolloid- und Grenzflächenwissenschaft eine solide Grundlage für die Optimierung von verbraucherfreundlichen Sonnenschutzformulierungen auf der Basis von partikulärem TiO_2 bietet. Ich werde zeigen, dass sowohl die Dispersionsstabilität als auch die Dispersionsrheologie von der adsorbierten Menge Γ und der sterischen Schichtdicke δ abhängen (die wiederum vom Molekulargewicht des Oligomers M_n und der Löslichkeit χ abhängen). Um die Formulierung zu optimieren, muss auch die Adsorptionsstärke χ^s berücksichtigt werden. Die Art der Wechselwirkung zwischen Partikeln, Dispergiermittel, Emulgatoren und Verdickungsmitteln muss im Hinblick auf die konkurrierende Adsorption und/oder die Grenzflächenstabilität berücksichtigt werden, wenn eine Formulierung beim Auftragen auf die Haut den gewünschten Schutz bieten soll.

12.2 Mechanismus der Absorption und Streuung durch TiO_2 und ZnO

Wie bereits in der Einleitung erwähnt, absorbieren und streuen TiO_2 und ZnO UV-Licht. Sie bieten ein breites Spektrum und sind inert und sicher in der Anwendung. Größere Partikel streuen sichtbares Licht und verursachen eine Aufhellung. Streuung und Absorption hängen vom Brechungsindex (der von der chemischen Beschaffenheit abhängt), von der Wellenlänge des Lichts und von der Verteilung von Partikelgröße und -form ab. Die Gesamtabschwächung ist im UV-B-Bereich bei Partikeln mit einer Größe von 30–50 nm am größten. Eine schematische Darstellung der Lichtstreuung findet sich in Abb. 12.1, während Abb. 12.2 die Auswirkung der Partikelgröße auf die UV-A- und UV-B-Absorption zeigt.

Die Leistung jeder Sonnenschutzmittelformulierung wird durch eine Zahl definiert, die als Lichtschutzfaktor (LSF; engl. Sun Protection Factor, SPF) bezeichnet wird. Das Grundprinzip der Berechnung des LSF [4] beruht auf der Tatsache, dass der Kehrwert

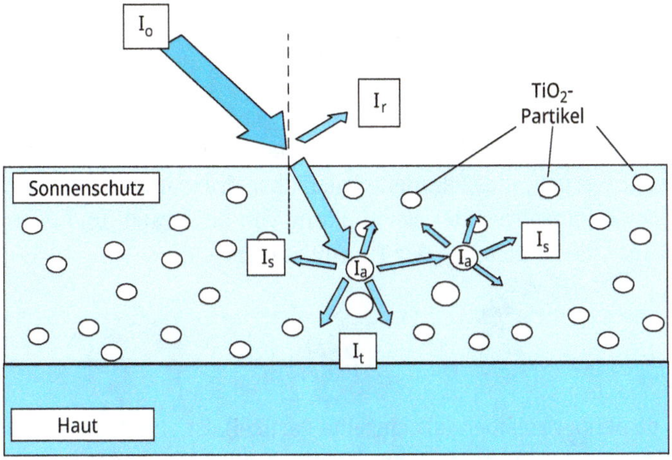

Abb. 12.1: Schematische Darstellung der Streuung von Licht an TiO₂-Partikeln.

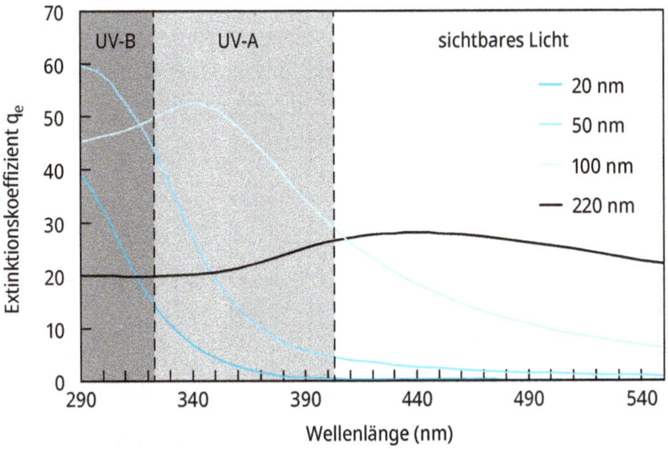

Abb. 12.2: Einfluss der Partikelgröße auf die UV-A- und UV-B-Absorption.

der UV-Durchlässigkeit durch eine absorbierende Schicht, $1/T$, der Faktor ist, um den die Intensität des UV-Lichts reduziert wird. Bei einer bestimmten Wellenlänge λ wird also $1/T\,(\lambda)$ als monochromatischer Schutzfaktor (engl. Monochromatic Protection Factor; MPF) angesehen. Da der für den LSF relevante Spektralbereich zwischen 290 und 400 nm liegt (siehe Abb. 12.2), müssen die monochromatischen Schutzfaktoren über diesen Bereich gemittelt werden. Dieser Mittelwert muss mit der Intensität einer Standardsonne, $S_s(\lambda)$ und dem erythematischen Wirkungsspektrum, $S_{er}(\lambda)$, gewichtet werden, was zu folgender Definition des LSF führt [4]:

$$\mathrm{LSF} = \frac{\sum_{290}^{400} S_{er}(\lambda)S_s(\lambda)}{\sum_{290}^{400} S_{er}(\lambda)S_s(\lambda)T(\lambda)}.$$

(12.1)

Daten für $S_s(\lambda)$ und $S_{er}(\lambda)$ sind in der Literatur verfügbar; das Produkt aus $S_s(\lambda)S_{er}(\lambda)$ wird als erythematischer Wirkungsgrad bezeichnet. $T(\lambda)$ muss für das jeweilige Sonnenschutzmittel bestimmt werden; dies kann entweder über Transmissionsmessungen mit speziellen UV-Spektrometern unter Verwendung von Substraten und einer rauen Oberfläche oder über die Berechnung der Transmission erfolgen.

12.3 Herstellung von gut dispergierten Partikeln

Damit die Partikel gut dispergiert bleiben (als einzelne Partikel), ist eine starke sterische Abstoßung erforderlich, um die starke Van-der-Waals-Anziehung zu überwinden. Der Mechanismus der sterischen Stabilisierung wurde in Kapitel 5 ausführlich beschrieben, so dass hier nur eine Zusammenfassung gegeben wird.

Kleine Teilchen neigen aufgrund der universellen Van-der-Waals-Anziehung zur Aggregation, sofern diese Anziehung nicht durch eine wirksame Abstoßung zwischen den Teilchen abgeschirmt wird. Die Van-der-Waals-Anziehungsenergie $G_A(h)$ bei enger Annäherung hängt vom Abstand h zwischen Teilchen mit dem Radius R ab und ist durch die effektive Hamaker-Konstante A gekennzeichnet:

$$G_A(h) = -\frac{AR}{12h}.$$

(12.2)

Die effektive Hamaker-Konstante A ergibt sich aus der folgenden Gleichung:

$$A = (A_{11}^{1/2} - A_{22}^{1/2})^2.$$

(12.3)

A_{11} ist die Hamaker-Konstante der Partikel und A_{22} ist die des Mediums. Für TiO_2 ist A_{11} außergewöhnlich hoch, so dass in nichtwässrigen Medien mit relativ niedrigem A_{22} die effektive Hamaker-Konstante A hoch ist und trotz der geringen Größe der Partikel immer ein Dispergiermittel erforderlich ist, um eine kolloidale Stabilisierung zu erreichen. Dies wird in der Regel durch adsorbierte Schichten aus Polymeren oder Tensiden erreicht. Die wirksamsten Moleküle sind die A-B-, ABA-Block- oder BA_n-Pfropfpolymer-Tenside [5], wobei sich B auf die Ankerkette bezieht. Bei einem hydrophilen Partikel kann dies eine Carbonsäure, eine Amin- oder Phosphatgruppe oder ein anderer größerer, wasserstoffbindender Block wie z. B. Polyethylenoxid sein. Die A-Ketten werden als stabilisierende Ketten bezeichnet, die in dem Medium gut löslich sein müssen und von dessen Molekülen stark solvatisiert werden sollten. Bei nichtwässrigen Dispersionen könnten die A-Ketten Polypropylenoxid, ein langkettiges Alkan, ein öllöslicher Polyester oder Polyhydroxystearinsäure (PHS) sein. Eine schematische Darstellung der adsorbierten Schichten und der daraus resultierenden Wechselwirkungsenergie-Abstandskurve ist in Abb. 12.3 zu sehen.

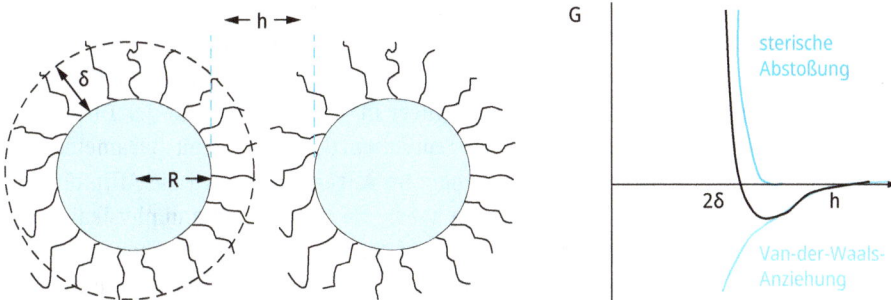

Abb. 12.3: Schematische Darstellung der adsorbierten Polymerschichten und der resultierenden Wechselwirkungsenergie G bei starker Annäherung im Abstand h < 2R.

Wenn sich zwei Teilchen mit einer adsorbierten Schicht hydrodynamischer Dicke δ einem Trennungsabstand h nähern, der kleiner als 2δ ist, kommt es aufgrund von zwei Haupteffekten zu einer Abstoßung: (1) ungünstige Vermischung der A-Ketten, wenn sich diese in einem guten Lösungszustand befinden; (2) Verringerung der Konfigurationsentropie bei erheblicher Überlappung.

Napper [6] leitete einen Term für das so genannte sterische Potenzial G(h) ab, das entsteht, wenn sich Polymerschichten zu überlappen beginnen:

$$G(h) = 2\pi kTR^2\Gamma^2 N_A \left(\frac{v_p^2}{V_s}\right) \left(\frac{1}{2} - \chi\right) \left(1 - \frac{h}{2\delta}\right)^2 + G_{elastic}, \tag{12.4}$$

wobei k die Boltzmann-Konstante, T die Temperatur, R der Partikelradius, Γ die adsorbierte Menge, N_A die Avogadro-Konstante, v_p das spezifische Partialvolumen des Polymers, V_s das molare Volumen des Lösungsmittels, χ der Flory-Huggins-Parameter und δ die maximale Ausdehnung der adsorbierten Schicht sind.

Es ist sinnvoll, die Terme in Gleichung (12.4) zu betrachten: (1) die adsorbierte Menge Γ; je höher der Wert, desto stärker die Wechselwirkung/Abstoßung; (2) die Lösungsbedingungen, die durch den Wert von χ bestimmt werden; es ergeben sich zwei sehr unterschiedliche Fälle. Die maximale Wechselwirkung tritt bei der Überlappung der stabilisierenden Schichten auf, wenn sich die Ketten in guten Lösungsbedingungen befinden, d. h. $\chi < 0{,}5$. Osmotische Kräfte bewirken, dass das Lösungsmittel in die hochkonzentrierte Überlappungszone eindringt und die Teilchen auseinander treibt. Bei $\chi = 0{,}5$, einem Theta-Lösungsmittel, geht das sterische Potenzial gegen null, und bei schlechten Lösungsbedingungen ($\chi > 0{,}5$) wird das sterische Potenzial negativ und die Ketten ziehen sich an, was die Ausflockung verstärkt. (3) Dicke der adsorbierten Schicht δ; Die sterische Wechselwirkung beginnt bei $h = 2\delta$, wenn sich die Ketten zu überlappen beginnen, und nimmt mit dem Quadrat des Abstands zu. Hier ist nicht die Größe des sterischen Potenzials von Bedeutung, sondern der Abstand h, bei dem es beginnt. (4) Das endgültige Wechselwirkungspotenzial ist die Überlagerung des sterischen Potenzials und der Van-der-Waals-Anziehung, wie in Abb. 12.3 dargestellt.

Die Dicke der adsorbierten Schicht hängt entscheidend von der Solvatisierung der Polymerkette ab, und daher ist es wichtig, zumindest einen qualitativen Überblick über die relativen Löslichkeiten eines Polymers in verschiedenen in der Dispersion verwendeten Ölen zu erhalten. In dieser Studie wurden Löslichkeitsparameter verwendet, um diesen Vergleich zu ermöglichen. Im Allgemeinen wird die Affinität zwischen zwei Materialien als hoch angesehen, wenn die chemischen und physikalischen Eigenschaften der beiden Materialien einander ähneln. So lassen sich beispielsweise unpolare Stoffe leicht in unpolaren Lösungsmitteln dispergieren, aber kaum in polaren Lösungsmitteln lösen – und umgekehrt.

Eines der nützlichsten Konzepte zur Beurteilung der Solvatisierung eines Polymers durch das Medium ist die Verwendung des Hildebrand'schen Löslichkeitsparameters δ^2, der mit der Verdampfungswärme ΔH durch die folgende Gleichung verbunden ist [7]:

$$\delta^2 = \frac{\Delta H - RT}{V_M}, \tag{12.5}$$

wobei V_M das molare Volumen des Lösungsmittels ist.

Hansen [8] teilte den Hildebrand'schen Löslichkeitsparameter zunächst in drei Terme wie folgt auf:

$$\delta^2 = \delta_d^2 + \delta_p^2 + \delta_h^2, \tag{12.6}$$

wobei δ_d, δ_p und δ_h den London-Dispersionseffekten, den polaren Effekten bzw. den Wasserstoffbrückenbindungseffekten entsprechen.

Hansen und Beerbower [9] entwickelten diesen Ansatz weiter und schlugen ein schrittweises Vorgehen vor, so dass theoretische Löslichkeitsparameter für jedes Lösungsmittel oder Polymer auf der Grundlage seiner Komponentengruppen berechnet werden können. Auf diese Weise können wir theoretische Löslichkeitsparameter für Dispergiermittel und Öle erhalten. Im Prinzip sollten Lösungsmittel mit einem ähnlichen Löslichkeitsparameter wie das Polymer auch ein gutes Lösungsmittel für dieses sein (niedriges χ).

Für sterisch stabilisierte Dispersionen zeigt die resultierende Energie-Abstands-Kurve (Abb. 12.3) oft ein flaches Minimum G_{min} bei einem Partikel/Partikel-Abstand h, der mit der doppelten Dicke der adsorbierten Schicht δ vergleichbar ist. Die Tiefe dieses Minimums hängt von der Partikelgröße R, der Hamaker-Konstante A und der Dicke der adsorbierten Schicht δ ab. Bei konstantem R und A nimmt G_{min} mit der Zunahme von δ/R ab [10]. Dies ist in Abb. 12.4 dargestellt.

Wenn δ kleiner als 5 nm wird, kann G_{min} klein genug sein, um eine schwache Flockung zu verursachen. Dies ist insbesondere bei konzentrierten Dispersionen der

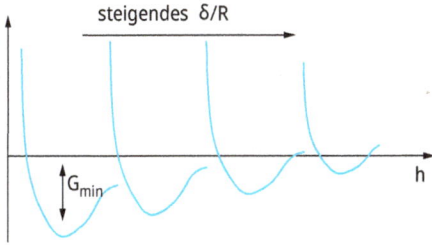

Abb. 12.4: Schematische Darstellung der Energie-Entfernungs-Kurven bei zunehmendem δ/R-Verhältnis.

Fall, da der Entropieverlust bei der Ausflockung sehr gering wird und ein kleines G_{min} ausreichen würde, um eine schwache Flockung zu verursachen ($G_{flocc} < 0$). Dies lässt sich erklären, wenn man die freie Energie der Flockung betrachtet [10]:

$$\Delta G_{flocc} = \Delta H_{flocc} - T \Delta S_{flocc}. \tag{12.7}$$

Da bei konzentrierten Dispersionen ΔS_{flocc} sehr klein ist, hängt ΔG_{flocc} nur von dem Wert von ΔH_{flocc} ab. Dieser wiederum hängt von G_{min} ab, das negativ ist. Mit anderen Worten: ΔG_{flocc} wird negativ und verursacht eine schwache Ausflockung. Dies führt zu einer dreidimensionalen kohärenten Struktur mit einer messbaren Fließspannung [11]. Dieses schwache Gel kann durch leichtes Schütteln oder Mischen leicht wieder dispergiert werden. Das Gel verhindert jedoch jede Trennung der Dispersion bei der Lagerung. Wir können also sehen, dass die Wechselwirkungsenergien auch die Rheologie der Dispersion bestimmen.

Bei hohem Feststoffgehalt und bei Dispersionen mit größerem δ/R wird die Viskosität auch durch sterische Abstoßung erhöht. Bei einer Dispersion, die aus sehr kleinen Teilchen besteht, wie es bei UV-abschwächendem TiO_2 der Fall ist, können selbst bei moderaten Volumenanteilen der Dispersion erhebliche rheologische Effekte beobachtet werden. Dies ist auf den viel höheren effektiven Volumenanteil der Dispersion im Vergleich zum Kernvolumenanteil aufgrund der adsorbierten Schicht zurückzuführen.

Betrachten wir zum Beispiel eine 50%ige (Gew.-%) TiO_2-Dispersion mit einem Partikelradius von 20 nm und einem Stabilisator mit einem Molekulargewicht von 3000, der eine adsorbierte Schichtdicke von ≈ 10 nm ergibt. Der effektive Volumenanteil ist gegeben durch [2]:

$$\phi_{eff} = \phi \left[1 + \frac{\delta}{R} \right]^3 \tag{12.8}$$

$$= \phi [1 + 10/20]^3$$

$$\approx 3\phi.$$

Der effektive Volumenanteil kann dreimal so hoch sein wie der Volumenanteil der Kernpartikel. Bei einer TiO_2-Dispersion mit 50 % (Gew.-%) Feststoffen beträgt der Kernvolumenanteil $\phi \approx 0,25$ (bei einer durchschnittlichen Dichte von 3 g/cm^3 für die

TiO$_2$-Partikel), was bedeutet, dass ϕ_{eff} etwa 0,75 beträgt, was ausreicht, um den gesamten Dispersionsraum auszufüllen und ein hochviskoses Material zu erzeugen. Es ist daher wichtig, das kleinste δ für die Stabilisierung zu wählen.

Im Falle der sterischen Stabilisierung, wie sie in diesen Öldispersionen angewandt wird, sind die wichtigsten Erfolgskriterien für gut stabilisierte, aber handhabbare Dispersionen [2]: (1) vollständige Abdeckung der Oberfläche – hohe adsorbierte Menge Γ); (2) starke Adsorption (oder „Verankerung") der Ketten an der Oberfläche; (3) wirksame stabilisierende Kette, gut solvatisierte Kette, $\chi < 0{,}5$ und entsprechende (aber nicht zu große) sterische Barriere δ. Eine kolloidal stabile Dispersion ist jedoch keine Garantie für eine stabile und optimierte Endformulierung. TiO$_2$-Partikel werden immer auf verschiedene Weise oberflächenmodifiziert, um die Dispergierbarkeit und Kompatibilität mit anderen Inhaltsstoffen zu verbessern. Es ist wichtig, dass wir verstehen, welche Auswirkungen diese Oberflächenbehandlungen auf die Dispersion und vor allem auf die endgültige Formulierung haben können. Wie im Folgenden erläutert wird, wird TiO$_2$ in einer Suspoemulsion formuliert, d. h. einer Suspension in einer Emulsion. Viele zusätzliche Inhaltsstoffe werden hinzugefügt, um kosmetische Eleganz und Funktion zu gewährleisten. Die verwendeten Emulgatoren unterscheiden sich strukturell und funktionell nicht sehr von den Dispergiermitteln, die zur Optimierung der anorganischen Feinpartikel verwendet werden. Es kann zu einer konkurrierenden Adsorption mit teilweiser Desorption eines Stabilisators von der einen oder anderen verfügbaren Grenzfläche kommen. Man benötigt also eine starke Adsorption (die irreversibel sein sollte) des Polymers an der Partikeloberfläche.

12.4 Experimentelle Ergebnisse für sterisch stabilisierte TiO$_2$-Dispersionen in nicht-wässrigen Medien

Dispersionen von oberflächenmodifiziertem TiO$_2$ (Tab. 12.1) in Alkylbenzoat und Hexamethyltetracosan (Squalan) wurden mit verschiedenen Feststoffgehalten unter Verwendung eines polymeren/oligomeren Tensids (Polyhydroxystearinsäure; PHS) mit einem Molekulargewicht von 2500 (PHS2500) bzw. 1000 (PHS1000) hergestellt [2]. Zum Vergleich wurden die Ergebnisse auch mit einem Dispergiermittel (monomer) mit niedrigem Molekulargewicht, nämlich Isostearinsäure (ISA), erzielt. Die Titandioxidpartikel waren mit Aluminiumoxid und/oder Kieselsäure (Siliciumdioxid) beschichtet. Die elektronenmikroskopische Aufnahme in Abb. 12.5 zeigt die typische Größe und Form dieser Rutilpartikel. Die Oberfläche und die Partikelgröße der drei verwendeten Pulver sind in Tab. 12.1 zusammengefasst.

Die Dispersionen des oberflächenmodifizierten, bei 110 °C getrockneten TiO$_2$-Pulvers wurden durch 15-minütiges Mahlen (mit einer horizontalen Perlmühle) in Polymerlösungen verschiedener Konzentrationen hergestellt und mussten vor den Messungen mehr als 16 Stunden bei Raumtemperatur ausbalancieren.

100 nm

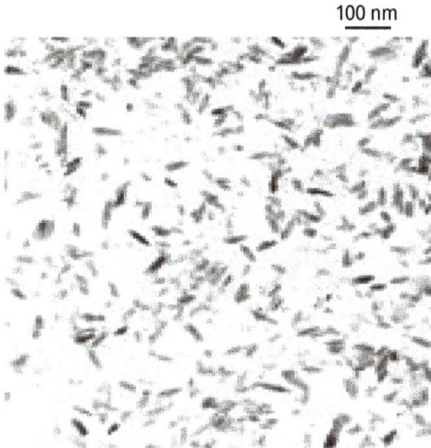

Abb. 12.5:
Transmissionselektronenmikroskopische
Aufnahme von Titandioxidpartikeln.

Tab. 12.1: Oberflächenmodifizierte TiO₂ -Pulver.

Pulver	Beschichtung	Oberfläche* (m²/g)	Partikelgröße** (nm)
A	Aluminiumoxid/Kieselsäure	95	40–60
B	Aluminiumoxid/Stearinsäure	70	30–40
C	Kieselsäure/Stearinsäure	65	30–40

*BET N2; **äquivalenter Kugeldurchmesser, Röntgenscheibenzentrifuge.

Die Adsorptionsisothermen wurden durch die Herstellung von Dispersionen von 30 Gew.-% TiO₂ bei unterschiedlichen Polymerkonzentrationen C_0 (mg/l) ermittelt. Die Partikel und das adsorbierte Dispersionsmittel wurden durch Zentrifugation bei 20000 rpm (≈48000 g) für 4 Stunden entfernt, wobei ein klarer Überstand zurückblieb. Die Konzentration des Polymers im Überstand wurde durch Säurewerttitration bestimmt. Die Adsorptionsisothermen wurden durch Massenbilanzierung berechnet, um die Menge des an der Partikeloberfläche adsorbierten Polymers Γ (mg/m²), bei einer bekannten Masse an partikulärem Material m (g), im Verhältnis zu der in Lösung äquilibrierten Menge an Polymer C_e (mg/l) zu bestimmen:

$$\Gamma = \frac{(C_0 - C_e)}{mA_s}.$$ (12.9)

Die Oberfläche der Partikel A_s (m²/g) wurde mit der BET-Stickstoffadsorptionsmethode bestimmt. Dispersionen mit unterschiedlicher Feststoffbeladung wurden durch Mahlen bei progressiv steigender TiO₂-Konzentration bei optimalem Dispergiermittel/Feststoff-Verhältnis erhalten [2]. Die Stabilität der Dispersion wurde durch Messung der Viskosität und der Abschwächung der UV/VIS-Strahlung (VIS; engl. visible light; sichtbares Licht) bewertet. Die Viskosität der Dispersionen wurde gemessen, indem die Dispersionen einer zunehmenden Scherbeanspruchung von 0,03 Pa bis 200 Pa über einen Zeitraum von 3 Minuten bei 250 °C unter Verwendung eines Bohlin-CVO-Rheometers ausgesetzt wurden. Es wurde festgestellt, dass die Dispersionen ein scherverdünnendes Verhalten aufwiesen und die Null-Scher-Viskosität, die aus dem Plateaubereich bei niedriger Scherbeanspruchung (wo die Viskosität offensichtlich unabhängig von der angelegten Scherbeanspruchung war) wurde identifiziert. Letztere wurde verwendet, um einen Hinweis auf die Gleichgewichtswechselwirkungsenergie zu erhalten, die sich zwischen den Teilchen entwickelt hatte.

Die UV/VIS-Abschwächung wurde durch Messung der Durchlässigkeit der Strahlung zwischen 250 nm und 550 nm bestimmt. Die Proben wurden durch Verdünnung mit einer 1%igen Lösung (Gew.-%) des Dispergiermittels in Cyclohexan auf etwa 20 mg/l hergestellt und in eine Küvette mit 1 cm Schichtdicke in ein UV/VIS-Spektrophotometer gegeben. Die Extinktion der Probelösung ε ($l\,g^{-1}\,cm^{-1}$) wurde anhand des Beerschen Gesetzes (Gleichung (12.10)) berechnet:

$$\varepsilon = \frac{A}{cl},$$

(12.10)

wobei A die Absorption, c die Konzentration der abschwächenden Spezies (g/l) und l die Schichtdicke (cm) ist.

Die Dispersionen der Pulver B und C wurden schließlich in typische Wasser-in-Öl-Sonnenschutzformulierungen mit 5 % Feststoffen und zusätzlich 2 % organischem Wirkstoff (Butylmethoxydibenzoylmethan) eingearbeitet und auf ihre Wirksamkeit, ihren Lichtschutzfaktor (LSF) und ihre Stabilität (visuelle Beobachtung, Viskosität) hin untersucht. Die LSF-Messungen wurden mit einem SPF-290-Analysator von Optometrics, der mit einer Ulbricht-Kugel ausgestattet ist, nach der Methode von Diffey und Robson [12] durchgeführt.

Abbildung 12.6 zeigt die Adsorptionsisothermen von ISA (Isostearinsäure), PHS1000 und PHS2500 auf TiO_2 in Alkylbenzoat (Abb. 12.6a) und in Squalan (Abb. 12.6b).

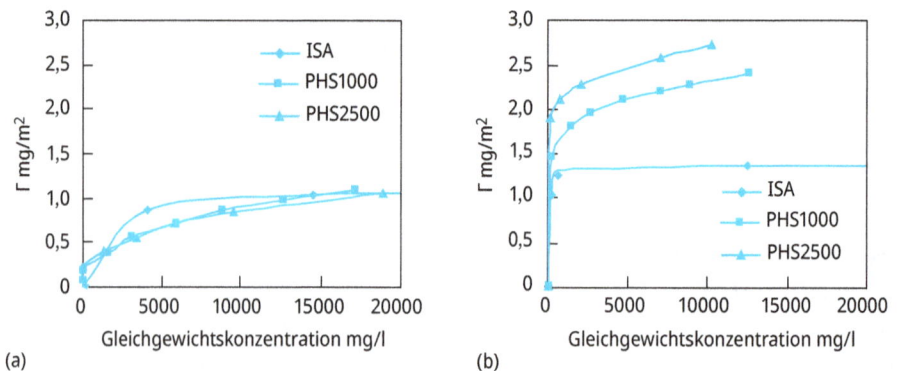

(a)   (b)

Abb. 12.6: Adsorptionsisothermen von ISA, PHS1000 und PHS2500 auf TiO_2; in Alkylbenzoat (a); und in Squalan (b).

Die Adsorption von ISA mit niedrigem Molekulargewicht in Alkylbenzoat hat eine niedrige Affinität (Langmuir-Typ), was auf eine reversible Adsorption (möglicherweise Physisorption durch Van-der-Waals-Wechselwirkung) hinweist. Im Gegensatz dazu sind die Adsorptionsisothermen für PHS1000 und PHS2500 vom Typ mit hoher Affinität, was auf eine irreversible Adsorption und eine mögliche Chemisorption aufgrund von Säure-Base-Wechselwirkungen hinweist. Bei Squalan weisen alle Adsorptionsisothermen eine hohe Affinität auf, und sie zeigen höhere Adsorptionswerte im Vergleich zu den Ergebnissen mit Alkybenzoat. Dies spiegelt den Unterschied in der Löslichkeit des Dispergiermittels durch das Medium wider, wie weiter unten noch erläutert wird.

Abbildung 12.7 zeigt die Veränderung der Null-Scher-Viskosität mit der Dispergiermittelbeladung in % auf dem Feststoff für eine 40%ige Dispersion. Es ist zu erkennen, dass die Null-Scher-Viskosität mit zunehmender Dispergiermittelbeladung sehr schnell abnimmt und die Viskosität schließlich bei einer optimalen Beladung, die sowohl vom verwendeten Lösungsmittel als auch von der Art des Dispergiermittels abhängt, ein Minimum erreicht.

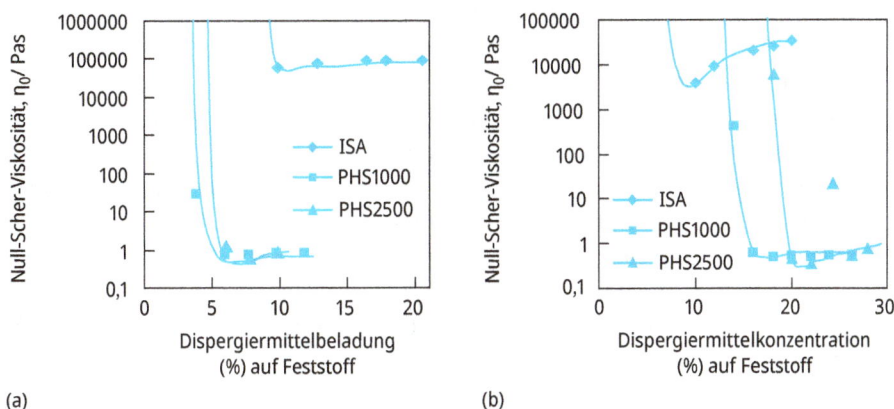

Abb. 12.7: Dispergiermittelbedarfskurve in Alkylbenzoat (a) und in Squalan (b).

Mit dem molekularen Dispergiermittel ISA war die Mindestviskosität, die bei hoher Dispergiermittelbeladung erreicht werden konnte, sehr hoch (um mehrere Größenordnungen höher als bei den optimierten Dispersionen), was auf eine schlechte Dispersion des Pulvers in beiden Lösungsmitteln hindeutet. Selbst die Reduzierung des Feststoffgehalts von TiO₂ auf 30 % führte nicht zu einer niedrigviskosen Dispersion. Mit PHS1000 und PHS2500 konnte eine niedrige Mindestviskosität bei 8–10 % Dispergiermittelanteil in Alkylbenzoat und 18–20 % Dispergiermittelanteil in Squalan erreicht werden. In letzterem Fall war die Dispergiermittelbeladung, die zum Erreichen eines Viskositätsminimums erforderlich ist, bei dem PHS mit dem höheren Molekulargewicht höher.

Die Qualität der Dispersion wurde anhand von UV/VIS-Abschwächungsmessungen bewertet. Bei einer sehr niedrigen Dispergiermittelkonzentration kann durch einfaches Mischen eine hohe Feststoffdispersion erreicht werden, aber die Partikel sind aggregiert, wie die UV/VIS-Kurven zeigen (Abb. 12.8a). Diese großen Aggregate sind als UV-Dämpfer nicht wirksam. Mit der Erhöhung des PHS-Dispergiermittelanteils wird die UV-Abschwächung verbessert, und ab 8 Gew.-% Dispergiermittelanteil an der Partikelmasse werden optimale Abschwächungsseigenschaften (hohe UV-Abschwächung, geringe Abschwächung im sichtbaren Bereich) erreicht (für PHS1000 in Alkylbenzoat). Allerdings ist auch ein Mahlen erforderlich, um die Aggregate in ihre einzelnen Nanopartikel aufzuspalten. Und ein einfaches Gemisch, das nicht gemahlen wird, weist selbst bei einer Dispergiermittelbeladung von 14 % eine schlechte UV-Abschwächung auf.

Die UV/VIS-Kurven, die erhalten wurden, wenn monomere Isostearinsäure als Dispergiermittel eingesetzt wurde (Abb. 12.8b), zeigen, dass diese Moleküle keine ausreichende Barriere für die Aggregation bilden, was zu relativ schlechten Abschwächungsseigenschaften führt (geringe UV-Abschwächung, hohe Abschwächung im sichtbaren Bereich).

Die Dicke der sterischen Schicht δ konnte durch Veränderung des Dispersionsmediums und damit der Löslichkeit der Polymerkette variiert werden. Dies hatte einen erheblichen Einfluss auf die Rheologie der Dispersion. Die Kurven der Feststoffbeladung (Abb. 12.9a und 12.9b) zeigen die Unterschiede im effektiven Volumenanteil aufgrund der adsorbierten Schicht.

Im Fall des schlechteren Lösungsmittels (Squalan) zeigten der effektive Volumenanteil und die Dicke der adsorbierten Schicht eine starke Abhängigkeit vom Molekulargewicht, wobei die Feststoffbeladung für das höhere Molekulargewicht bei über 35 % stark eingeschränkt wurde, während für das Polymer mit dem niedrigeren Molekulargewicht ≈ 50 % erreicht werden konnten. Bei Alkylbenzoat wurde keine starke Abhängigkeit festgestellt, beide Systeme erreichten mehr als 45 % Feststoff. Ein Feststoffanteil von über 50 % führte in beiden Lösungsmitteln zu sehr hochviskosen Dispersionen.

Dasselbe oben beschriebene Verfahren ermöglichte eine optimierte Dispersion von gleichwertigen Partikeln mit anorganischen Beschichtungen aus Aluminiumoxid und Siliciumdioxid (Pulver B und C). Beide Partikel wiesen zusätzlich den gleichen Grad an organischer Modifikation (Stearat) auf. Diese optimierten Dispersionen wurden in Wasser-in-Öl-Formulierungen eingearbeitet und ihre Stabilität/Wirksamkeit durch visuelle Beobachtung und LSF-Messungen überwacht (Tab. 12.2).

Die Formulierung wurde durch die Zugabe der Pulver-C-Dispersion destabilisiert, und es wurde eine schlechte Wirksamkeit erzielt, obwohl die Dispersion vor der Formulierung optimiert worden war. Als die Emulgatorkonzentration von 2 auf 3,5 % (Emulsion 2) erhöht wurde, wurde die Formulierung stabil und die Wirksamkeit wurde wiederhergestellt.

Die Verankerung der Kette an der Oberfläche (qualitativ beschrieben durch χ^s) ist sehr spezifisch, was durch die mit Siliciumdioxid beschichteten Partikel veranschaulicht werden konnte, die eine geringere Adsorption des PHS aufwiesen (Abb. 12.10).

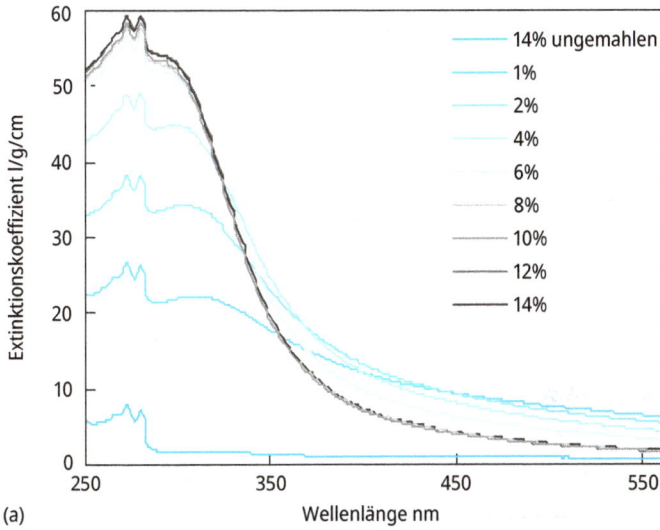

(a)

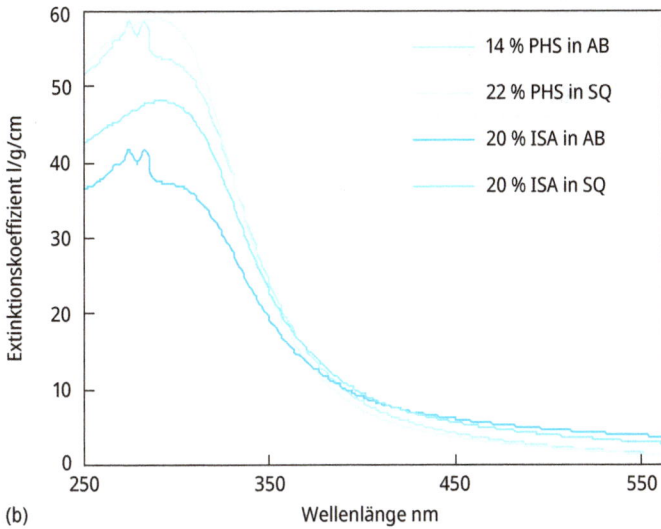

(b)

Abb. 12.8: UV/VIS-Abschwächung für gemahlene Dispersionen mit 1 bis 14 % PHS1000-Dispergiermittel und ungemahlene Dispersionen mit 14 % Dispergiermittel auf Feststoff (a); UV/VIS-Abschwächung für Dispersionen in Squalan (SQ) und in Alkylbenzoat (AB) unter Verwendung von 20 % Isostearinsäure (ISA) als Dispersionsmittel im Vergleich zu optimierten PHS1000-Dispersionen in denselben Ölen. (b).

Wurde einer optimierten Dispersion von Pulver C (Siliciumdioxid-Oberfläche) eine bestimmte Menge Emulgator zugesetzt, stieg der Säurewert der Gleichgewichtslösung an, was auf eine gewisse Verdrängung des PHS2500 durch den Emulgator hindeutet.

Die Dispergiermittelbedarfskurven (Abb. 12.7a und 12.7b) und die Feststoffbeladungskurven (Abb. 12.9a und 12.9b) zeigen, dass man mit PHS1000 oder PHS2500 so-

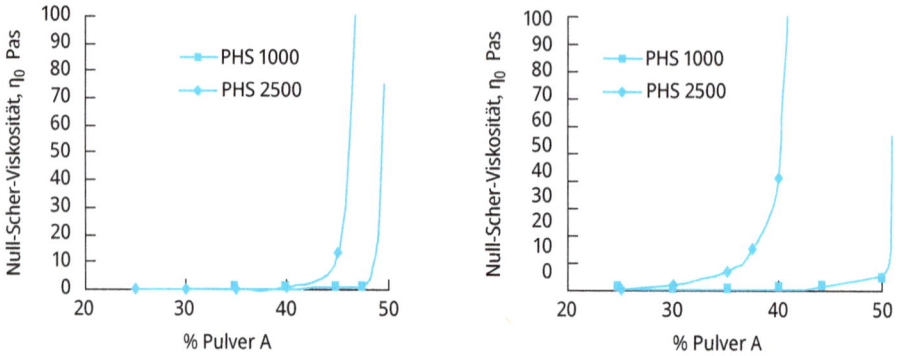

Abb. 12.9: Abhängigkeit der Null-Scher-Viskosität von der Feststoffbeladung; in Alkylbenzoat (a); in Squalan (b).

Tab. 12.2: Sonnenschutzemulsionsformulierungen aus Dispersionen der Pulver B und C.

Emulsion	Visuelle Beobachtung	LSF	Emulgatorgehalt
Pulver B, Emulsion 1	gute homogene Emulsion	29	2,0 %
Pulver C, Emulsion 1	Abtrennung, inhomogen	11	2,0 %
Pulver C, Emulsion 2	gute homogene Emulsion	24	3,5 %

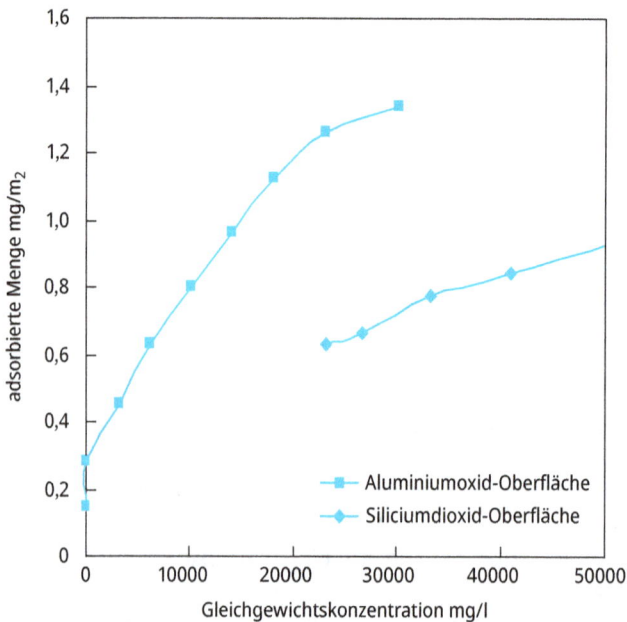

Abb. 12.10: Adsorptionsisothermen für PHS2500 auf Pulver B (Aluminiumoxid-Oberfläche) und Pulver C (Siliciumdioxid-Oberfläche).

wohl in Alkylbenzoat als auch in Squalan eine stabile Dispersion erreichen kann. Dies ist auf die Stabilisierung zurückzuführen, die durch die Verwendung dieser polymeren Dispergiermittel erreicht wird. Die Zugabe einer ausreichenden Menge an Dispergiermittel ermöglicht die Bedeckung der Oberfläche und führt zu einer sterischen Barriere (Abb. 12.3), die eine Aggregation aufgrund von Van-der-Waals-Anziehung verhindert. Mit beiden Molekulargewichts-Oligomeren konnten stabile Dispersionen erzielt werden. Das sehr viel kleinere „Monomer", Isostearinsäure, reicht jedoch nicht aus, um diese sterische Barriere zu schaffen, und die Dispersionen aggregierten, was zu hohen Viskositäten führte, selbst bei 30 % Feststoffgehalt. UV/VIS-Kurven bestätigen, dass diese Dispersionen nicht vollständig dispergiert sind, da ihr UV-Potenzial nicht voll ausgeschöpft wird (Abb. 12.8). Selbst bei 20 % Isostearinsäure weisen die Dispersionen ein niedrigeres E_{max} und eine erhöhte Streuung bei sichtbaren Wellenlängen auf, was auf ein teilweise aggregiertes System hindeutet.

Die Unterschiede zwischen Alkylbenzoat und Squalan bei der optimalen Dispersionsmittelkonzentration, die für eine maximale Stabilität erforderlich ist, lassen sich anhand der Adsorptionsisothermen in den Abb. 12.6a und 12.6b nachvollziehen. Die Art der sterischen Barriere hängt von der Löslichkeit des Mediums für die Kette ab und wird durch den Flory-Huggins-Wechselwirkungsparameter χ charakterisiert. Informationen über den Wert von χ für die beiden Lösungsmittel können aus Berechnungen der Löslichkeitsparameter (Gleichungen (12.5) und (12.6)) gewonnen werden. Die Ergebnisse dieser Berechnungen sind in Tab. 12.3 für PHS, Alkylbenzoat und Squalan aufgeführt.

Tab. 12.3: Hansen- und Beerbower-Löslichkeitsparameter für das Polymer und beide Lösungsmittel.

	δ_T	δ_d	δ_p	δ_h	$\Delta\delta_T$
PHS	19,00	18,13	0,86	5,60	
Alkylbenzoat	17,01	19,13	1,73	4,12	1,99
Squalan	12,9	15,88	0	0	6,1

Es zeigt sich, dass sowohl PHS als auch Alkylbenzoat polare und wasserstoffbindende Beiträge zum Löslichkeitsparameter δ_T haben. Im Gegensatz dazu hat Squalan, das unpolar ist, nur eine Dispersionskomponente auf δ_T. Der Unterschied im Gesamtlöslichkeitsparameter $\Delta\delta_T$ ist für Alkylbenzoat im Vergleich zu Squalan viel geringer. Daher kann man davon ausgehen, dass Alkylbenzoat im Vergleich zu Squalan ein besseres Lösungsmittel für PHS ist. Dies erklärt die höheren Adsorptionsmengen der Dispergiermittel in Squalan im Vergleich zu Alkylbenzoat (Abb. 12.6). Für PHS ist die Adsorption an der Partikeloberfläche energetisch günstiger als der Verbleib in Lösung. Die Adsorptionswerte am Plateau für PHS in Squalan (>2 mg m^{-2} für PHS1000 und > 2,5 mg m^{-2} für PHS2500) sind mehr als doppelt so hoch wie die Werte für Alkylbenzoat (1 mg m^{-2} für PHS1000 und PHS2500).

Es sollte jedoch erwähnt werden, dass sowohl Alkylbenzoat als auch Squalan χ-Werte von weniger als 0,5 aufweisen, d. h. gute Lösemittelbedingungen und ein positives sterisches Potenzial sind gegeben. Dies steht im Einklang mit der hohen Dispersionsstabilität, die in beiden Lösungsmitteln erreicht wird. Es ist jedoch davon auszugehen, dass der relative Unterschied in der Löslichkeit von PHS zwischen Alkylbenzoat und Squalan einen erheblichen Einfluss auf die Konformation der adsorbierten Schicht hat. In Squalan, einem schlechteren Lösungsmittel für PHS, ist die Polymerkette im Vergleich zur Polymerschicht in Alkylbenzoat dichter. Im letzteren Fall entsteht eine diffuse Schicht, wie sie für Polymere in guten Lösungsmitteln typisch ist. Dies ist in Abb. 12.11a dargestellt, die eine höhere hydrodynamische Schichtdicke für das PHS2500 mit höherem Molekulargewicht zeigt. Eine schematische Darstellung der adsorbierten Schichten in Squalan ist in Abb. 12.11b zu sehen, die ebenfalls eine höhere Schichtdicke für das PHS2500 mit höherem Molekulargewicht zeigt.

| PHS 1000 | PHS 2500 | PHS 1000 | PHS 2500 |

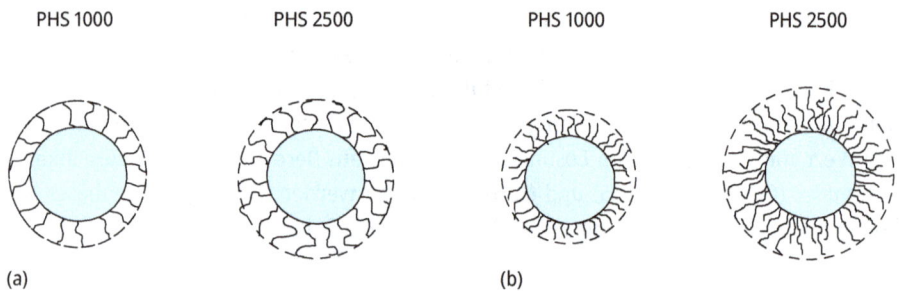

(a)   (b)

Abb. 12.11: Gut solvatisiertes Polymer führt zu diffus adsorbierten Schichten in Alkylbenzoat (a). Die Polymere sind nicht gut solvatisiert und bilden dichte adsorbierte Schichten in Squalan (b).

In Squalan nimmt das Dispergiermittel eine dicht gepackte Konformation mit geringer Solvatisierung an, und es sind hohe Mengen erforderlich, um eine vollständige Oberflächenabdeckung zu erreichen ($\Gamma > 2$ mg/m^2). Es scheint auch, dass in Squalan die Menge der Adsorption viel stärker vom Molekulargewicht des PHS abhängt als im Fall von Alkylbenzoat. Es ist wahrscheinlich, dass mit dem hochmolekularen PHS2500 in Squalan die adsorbierte Schichtdicke im Vergleich zu den Ergebnissen in Alkylbenzoat höhere Werte erreichen kann. Diese größere Schichtdicke erhöht den effektiven Volumenanteil, was die Gesamtmenge an Feststoffen, die dispergiert werden können, einschränkt. Dies geht deutlich aus den Ergebnissen in Abb. 12.9 hervor, die einen raschen Anstieg der Null-Scher-Viskosität bei einer Feststoffbeladung > 35 % zeigen. Mit dem PHS1000 mit niedrigerem Molekulargewicht und geringerer Dicke der adsorbierten Schicht ist der effektive Volumenanteil geringer und es können hohe Feststoffbeladungen (≈50 %) erreicht werden. Die Feststoffbeladung, die bei der Verwendung von PHS2500 in Alkylbenzoat erreicht werden kann, ist höher (≈40 %) als die in Squalan erzielte. Dies bedeutet, dass die Dicke der adsorbierten Schicht von PHS2500 in Alkylbenzoat geringer ist als in Squalan, wie in Abb. 12.11 schematisch dargestellt. Die Feststoffbeladung mit PHS1000 in Alkylbenzoat ist ähnlich wie die in Squalan, was auf eine ähnliche Dicke der adsorbierten Schicht in beiden Fällen hinweist.

Die Kurven für die Feststoffbeladung zeigen, dass bei einer ausgedehnten Schicht, wie sie mit dem höheren Molekulargewicht (PHS2500) erzielt wird, die maximale Feststoffbeladung stark eingeschränkt wird, wenn der effektive Volumenanteil (Gleichung (12.8)) erhöht wird.

In Squalan zeigt das monomere Dispergiermittel Isostearinsäure eine hochaffine Adsorptionsisotherme mit einem Adsorptionsplateau von 1 mg/m^2, was jedoch eine unzureichende sterische Barriere darstellt (δ/R zu klein, vgl. Abb. 12.4), um kolloidale Stabilität zu gewährleisten.

12.5 Konkurrierende Wechselwirkungen in Sonnenschutzmittelformulierungen

Die meisten Sonnenschutzformulierungen bestehen aus einer Öl-in-Wasser-Emulsion (O/W), in die die Partikel eingearbeitet sind. Diese aktiven Partikel können sich entweder in der Ölphase oder in der Wasserphase oder in beiden befinden, wie in Abb. 12.12 dargestellt ist. Bei einer Sonnenschutzmittelformulierung auf der Grundlage einer W/O-Emulsion verbleibt die zugesetzte nichtwässrige Sonnenschutzmitteldispersion meist in der kontinuierlichen Ölphase.

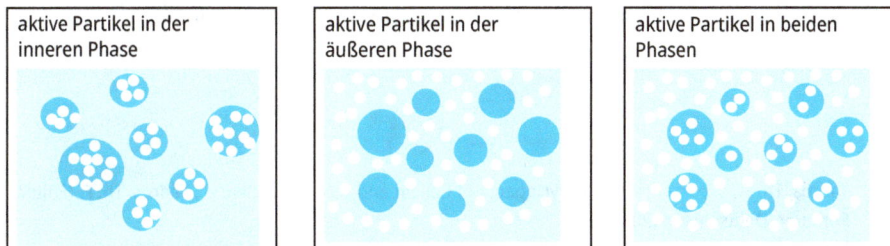

Abb. 12.12: Schematische Darstellung der Anordnung aktiver Partikel in Sonnenschutzformulierungen.

Bei der Zugabe der Sonnenschutzdispersion zu einer Emulsion zur Herstellung der endgültigen Formulierung muss die konkurrierende Adsorption des Dispersionsmittel-Emulgator-Systems berücksichtigt werden. In diesem Fall muss die Stärke der Adsorption des Dispersionsmittels an die oberflächenmodifizierten TiO$_2$-Partikel berücksichtigt werden. Wie in Abb. 12.10 zu sehen ist, zeigen die mit Siliciumdioxid beschichteten Partikel (Pulver C) eine geringere PHS2500-Adsorption im Vergleich zu den mit Aluminiumoxid beschichteten Partikeln (Pulver B). Der Dispergiermittelbedarf für die beiden Pulver, um eine kolloidal stabile Dispersion zu erhalten, war jedoch in beiden Fällen ähnlich (12 bis 14 % PHS2500). Dies scheint auf den ersten Blick auf ähnliche Stabilitäten hinzudeuten. Bei Zugabe zu einer Wasser-in-Öl-Emulsion, die unter Verwendung eines A-B-A-Blockcopolymers aus PHS-PEO-PHS als Emulgator hergestellt wurde, wurde das System auf der Basis der mit Siliciumdioxid beschichteten Partikel (Pulver C) jedoch instabil und zeigte eine Trennung und Koaleszenz der Wassertröpfchen. Auch der Lichtschutzfaktor LSF fiel drastisch von 29 auf 11. Im Gegensatz dazu blieb das System auf der Basis von aluminiumoxidbeschichteten Partikeln (Pulver B) stabil und zeigte keine Abtrennung, wie in Tab. 12.2 dargestellt. Diese Ergebnisse stehen im Einklang mit der stärkeren Adsorption (höheres χ^s) von PHS2500 auf den aluminiumoxidbeschichteten Partikeln. Bei den mit Siliciumdioxid beschichteten Partikeln ist es wahrscheinlich, dass das PHS-PEO-PHS-Blockcopolymer an den Partikeln adsorbiert wird, wodurch die Emulsionsgrenzfläche vom polymeren Emulgator entleert wird und dies die Ursache für die Koaleszenz ist. Es ist bekannt, dass Moleküle auf PEO-Basis an Siliciumdioxid-Oberflächen adsorbieren können [13]. Durch die Zugabe von mehr Emulgator (Erhöhung seiner Konzentration von 2 auf 3,5 %) blieb die Formulierung stabil, wie in Tab. 12.2 dargestellt ist. Diese letzte Reihe von Ergebnissen zeigt, wie eine Veränderung der Oberflächenbeschichtung die Adsorptionsstärke verändern kann, was wiederum Auswirkungen auf die endgültige Formulierung haben kann. Der gleiche Optimierungsprozess, der für Pulver A verwendet wurde, ermöglichte die Bildung stabiler Dispersionen aus den Pulvern B und C. Die Dispergiermittelbedarfskurven zeigten eine optimierte Dispersionsrheologie bei ähnlichen zugesetzten Dispergiermittelmengen von 12 bis 14 % PHS2500. Für den Dispersionswissenschaftler scheinen dies stabile TiO$_2$-Dispersionen zu sein. Bei der Formulierung der optimierten Dispersionen in der äußeren Phase einer Wasser-in-Öl-Emulsion wurden jedoch Unterschiede festgestellt, und es waren Änderungen in der Formulierung erforderlich, um die Stabilität und Leistung der Emulsion zu gewährleisten.

Literatur

[1]   Tadros, Th. F., „Cosmetics", in „Encyclopedia of Colloid and Interface Science", Tadros, Th. F. (Editor), Springer, Deutschland (2013).
[2]   Kessel, L. M, Naden, B. J., Tooley, I. R. and Tadros, Th. F., „Application of Colloid and Interface Science Principles for Optimisation of Sunscreen Dispersions", in „Colloids in Cosmetics and Personal Care", Tadros, Th. F. (Editor), Wiley-VCH, Deutschland (2008).
[3]   Robb, J. L., Simpson, L. A. and Tunstall, D. F., „Scattering and Absorption of UV Radiation by Sunscreens Containing Fine Particle and Pigmentary Titanium Dioxide", Drug and Cosmetics Industry, March 1994.
[4]   Herzog, B., „Models for the Calculation of Sun Protection Factor and Parameters Characterising the UVA Protection Ability of Cosmetic Sunscreens", in „Colloids in Cosmetics and Personal Care", Tadros, Th. F. (Editor), Wiley-VCH, Deutschland (2008).
[5]   Fleer, G. J., Cohen-Stuart, M. A., Scheutjens, J. M. H. M., Cosgrove, T. and Vincent, B., „Polymers at Interfaces", Chapman and Hall, London (1993).
[6]   Napper, D. H., „Polymeric stabilization of Colloidal Dispersions", Academic Press, London (1983).
[7]   Hildebrand, J. H., „Solubility of Non-electrolytes, 2nd edition, Reinhold, New York (1936).
[8]   Hansen, C. M., J. Paint Technology **39**, 104–117, 505–514 (1967).

[9]   Hansen, C. M. and Beerbower, A., in „Handbook of Solubility Parameters and Other Cohesion Parameters", Barton, A. F. M. (Editor), CRC Press, Boca Raton, Florida, (1983).

[10] Tadros, Th. F., Izquierdo, P., Esquena, J. and Solans, C., „Formulation and stability of nanoemulsions", Advances in Colloid Interface Science, **108–109**: 303–318 (2004).

[11] Kessell, L. M., Naden, B. J. and Tadros, Th. F. „Attractive and Repulsive Gels From Inorganic Sunscreen Actives", Proceedings of the IFSCC 23rd Congress, October 2004.

[12] Diffey, B. L. and Robson, J., J. Soc. Cosmet. Chem. **40**, 127–133 (1989).

[13] Shar, J. A., Obey, T. M. and Cosgrove, T., Colloids and Surfaces **A 150**, 15–23 (1999).

13 Formulierung von Farbkosmetika

13.1 Einleitung

Pigmente sind der Hauptbestandteil aller farbigen Kosmetika, und die Art und Weise, wie diese partikulären Stoffe im Produkt verteilt sind, bestimmt viele Aspekte der Produktqualität, darunter die funktionelle Aktivität (Farbe, Deckkraft, UV-Schutz), aber auch Stabilität, Rheologie und Hautgefühl [1, 2]. In kosmetischen Formulierungen werden verschiedene Farbpigmente verwendet, von anorganischen Pigmenten (wie rotes Eisenoxid) bis hin zu organischen Pigmenten unterschiedlicher Art. Die Formulierung dieser Pigmente in Farbkosmetika erfordert viel Geschick, da die Pigmentteilchen in einer Emulsion (Öl-in-Wasser oder Wasser-in-Öl) dispergiert sind. Die Pigmentteilchen können im kontinuierlichen Medium dispergiert sein, wobei eine Ausflockung mit den Öl- oder Wassertröpfchen vermieden werden sollte. In einigen Fällen kann das Pigment in einem Öl dispergiert sein, das dann in einem wässrigen Medium emulgiert wird. Es werden verschiedene andere Bestandteile wie Feuchthaltemittel, Verdickungsmittel, Konservierungsmittel usw. hinzugefügt, und die Wechselwirkung zwischen den verschiedenen Komponenten kann sehr komplex sein.

Die Partikelverteilung hängt von vielen Faktoren ab, z. B. von der Partikelgröße und der Partikelform, den Oberflächeneigenschaften, der Verarbeitung und anderen Formulierungsbestandteilen, wird aber letztlich von den Wechselwirkungen zwischen den Partikeln bestimmt. Ein gründliches Verständnis dieser Wechselwirkungen und ihrer Veränderung kann dazu beitragen, die Produktentwicklung zu beschleunigen und Formulierungsprobleme zu lösen.

In diesem Kapitel beginne ich mit einem Abschnitt, in dem die grundlegenden Prinzipien der Zubereitung von Pigmentdispersionen beschrieben werden. Diese bestehen aus drei Hauptthemen, nämlich der Benetzung des Pulvers, seiner Dispersion (oder Nassvermahlung einschließlich Zerkleinerung) und der Stabilisierung gegen Aggregation. Eine schematische Darstellung dieses Prozesses ist in Abb. 13.1 zu sehen [3]. Es folgt ein Abschnitt über die Grundsätze der Dispersionsstabilität für wässrige und nicht-wässrige Medien. Die Anwendung der Rheologie bei der Bewertung der Leistung eines Dispergiermittels wird ebenfalls behandelt. Die Anwendung dieser grundlegenden Prinzipien auf die Formulierung von Farbkosmetika wird erörtert. Abschließend wird die Wechselwirkung mit anderen Formulierungsbestandteilen erörtert, wenn diese Partikel in eine Emulsion eingearbeitet werden (Bildung einer Suspoemulsion). Besondere Aufmerksamkeit wird dem Prozess der konkurrierenden Adsorption von Dispergiermittel und Emulgator gewidmet.

In diesem Kapitel werde ich versuchen zu zeigen, dass die Optimierung von Farbkosmetika durch ein grundlegendes Verständnis der Kolloid- und Grenzflächenwissenschaft erreicht werden kann. Ich werde zeigen, dass die Dispersionsstabilität und die Rheologie von partikulären Formulierungen von den Wechselwirkungen zwischen den

https://doi.org/10.1515/9783110798548-013

Partikeln abhängen, die wiederum von der Adsorption und Konformation des Dispergiermittels an der Fest/flüssig-Grenzfläche abhängig sind. Dispergiermittel bieten die Möglichkeit, die Wechselwirkungen zwischen den Partikeln so zu steuern, dass die Konsistenz verbessert wird. Leider ist es nicht möglich, ein universelles Dispergiermittel zu entwickeln, da die Ankergruppen und die sterischen bzw. lösungsmittelabhängigen Wechselwirkungen spezifisch sind. Die Formulierer von Farbstoffen sollten ermutigt werden, den Mechanismus der Stabilisierung der Pigmentteilchen zu verstehen und herauszufinden, wie man ihn verbessern kann. Um die Leistung der endgültigen kosmetischen Farbformulierung zu optimieren, muss man die Wechselwirkungen zwischen Partikeln, Dispergiermittel, Emulgatoren und Verdickungsmitteln berücksichtigen und sich bemühen, die konkurrierenden Wechselwirkungen durch die richtige Wahl der modifizierten Oberfläche sowie des Dispergiermittels zu reduzieren, um die Adsorptionsstärke zu optimieren.

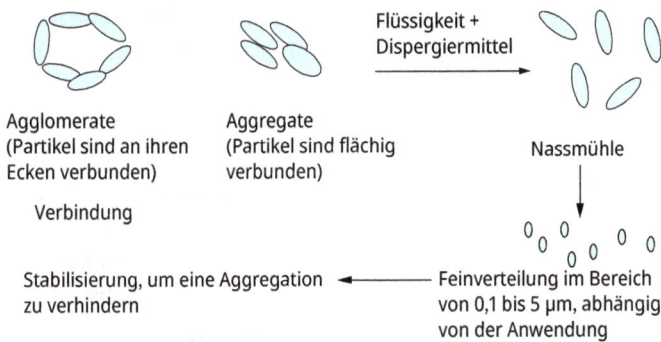

Abb. 13.1: Schematische Darstellung eines Dispergierungsprozesses.

13.2 Grundlagen zur Herstellung einer stabilen farbkosmetischen Dispersion

13.2.1 Pulverbenetzung

Die Befeuchtung von Farbkosmetikpulvern ist eine wichtige Voraussetzung für die Dispersion des Pulvers in Flüssigkeiten. Es ist wichtig, sowohl die äußeren als auch die inneren Oberflächen des Pulvers und der Agglomerate zu benetzen, wie in Abb. 13.1 schematisch dargestellt. Bei all diesen Verfahren müssen sowohl die Gleichgewichtsaspekte als auch die dynamischen Aspekte des Benetzungsprozesses berücksichtigt werden [4]. Die Gleichgewichtsaspekte der Benetzung können mit Hilfe der Grenzflächenthermodynamik auf einer grundlegenden Ebene untersucht werden. Im Gleichgewicht erzeugt ein Flüssigkeitstropfen auf einem Substrat einen Kontaktwinkel θ, den Winkel zwischen den Ebenen, die jeweils die Oberflächen von Festkörper und Flüssigkeit am Benetzungsrand tangieren. Dies wird in Abb. 13.2 veranschaulicht, die das Profil eines Flüssigkeitstropfens auf einem flachen festen Substrat zeigt. Ein Gleichgewicht zwischen Dampf, Flüssigkeit und Festkörper stellt sich bei einem Kontaktwinkel θ (der kleiner als 90° ist) ein.

Der Benetzungsrand wird häufig als Dreiphasenlinie (fest/flüssig/dampfförmig) bezeichnet. Die meisten Studien zur Gleichgewichtsbenetzung konzentrieren sich auf die Messung des Kontaktwinkels. Je kleiner der Winkel ist, desto besser benetzt die Flüssigkeit den Festkörper [4].

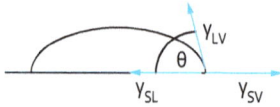

Abb. 13.2: Schematische Darstellung von Kontaktwinkel und Kontaktlinie.

Der dynamische Prozess der Benetzung wird in der Regel durch eine sich bewegende Kontaktlinie beschrieben, die zu Kontaktwinkeln führt, die sich mit Fortschreiten der Benetzung ändern [4].

Die Benetzung eines porösen Substrats kann auch als ein dynamisches Phänomen betrachtet werden. Die Flüssigkeit dringt durch die Poren ein und bildet je nach Komplexität der porösen Struktur unterschiedliche Kontaktwinkel aus. Die Untersuchung der Benetzung von porösen Substraten ist sehr schwierig. Dasselbe gilt für die Benetzung von Agglomeraten und Aggregaten von Pulvern. Dennoch können selbst Messungen der scheinbaren Kontaktwinkel sehr nützlich sein, um ein poröses Substrat mit einem anderen und ein Pulver mit einem anderen zu vergleichen [3].

Der Flüssigkeitstropfen nimmt die Form an, die die freie Energie des Systems minimiert. Betrachten wir ein einfaches System aus einem Flüssigkeitstropfen (L) auf einer festen Oberfläche (S) im Gleichgewicht mit dem Dampf der Flüssigkeit (V), wie in Abb. 13.2 dargestellt. Die Summe ($\gamma_{SV} A_{SV} + \gamma_{SL} A_{SL} + \gamma_{LV} A_{LV}$) sollte im Gleichgewicht minimal sein, was zu der Young-Gleichung führt [4]:

$$\gamma_{SV} = \gamma_{SL} + \gamma_{LV} \cos \theta, \tag{13.1}$$

wobei in der obigen Gleichung θ der Gleichgewichts-Kontaktwinkel ist. Der Winkel, den ein Tropfen auf einer festen Oberfläche einnimmt, ist das Ergebnis des Gleichgewichts zwischen der Kohäsionskraft in der Flüssigkeit und der Adhäsionskraft zwischen der Flüssigkeit und dem Festkörper, d. h.:

$$\gamma_{LV} \cos \theta = \gamma_{SV} - \gamma_{SL} \tag{13.2}$$

oder:

$$\cos \theta = \frac{\gamma_{SV} - \gamma_{SL}}{\gamma_{LV}}. \tag{13.3}$$

Es gibt keine direkte Methode, mit der γ_{SV} oder γ_{SL} gemessen werden können. Die Differenz zwischen γ_{SV} und γ_{SL} kann durch Kontaktwinkelmessungen ermittelt werden. Dieser Unterschied wird als „Benetzungsspannung" oder "Adhäsionsspannung" bezeichnet [3, 4]:

$$\text{Adhäsionsspannung} = \gamma_{SV} - \gamma_{SL} = \gamma_{LV}\cos\theta. \tag{13.4}$$

Ein weiterer nützlicher Parameter zur Beschreibung der Benetzung von Flüssigkeiten auf festen Substraten ist die Adhäsionsarbeit W_a. Man betrachte einen Flüssigkeitstropfen mit der Oberflächenspannung γ_{LV} und eine feste Oberfläche mit der Oberflächenspannung γ_{SV}. Wenn der Flüssigkeitstropfen an der festen Oberfläche haftet, bildet er eine Oberflächenspannung γ_{SL}. Dies ist in Abb. 13.3 schematisch dargestellt. Die Adhäsionsarbeit ist einfach die Differenz zwischen den Oberflächenspannungen von Flüssigkeit/Dampf und Festkörper/Dampf und derjenigen von Festkörper/Flüssigkeit [3]:

$$W_a = \gamma_{SV} + \gamma_{LV} - \gamma_{SL}. \tag{13.5}$$

Unter Verwendung der Youngschen Gleichung ergibt sich:

$$W_a = \gamma_{LV}(\cos\theta + 1). \tag{13.6}$$

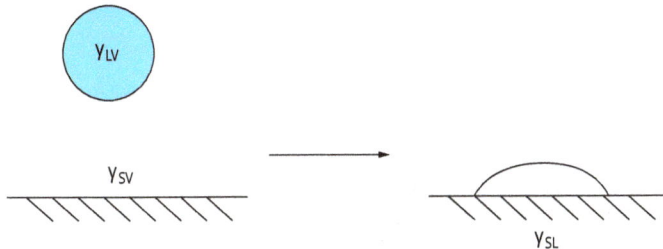

Abb. 13.3: Schematische Darstellung der Adhäsion eines Tropfens auf einem Festkörper.

Die Kohäsionsarbeit W_c ist die Arbeit der Adhäsion, wenn die beiden Phasen gleich sind. Betrachten wir einen Flüssigkeitszylinder mit einheitlicher Querschnittsfläche. Wenn diese Flüssigkeit in zwei Zylinder unterteilt wird, entstehen zwei neue Oberflächen. Die beiden neuen Flächen haben eine Oberflächenspannung von $2\gamma_{LV}$ und die Kohäsionsarbeit ist einfach:

$$W_c = 2\gamma_{LV}. \tag{13.7}$$

Somit ist die Kohäsionsarbeit gleich dem Doppelten der Oberflächenspannung der Flüssigkeit. Eine wichtige Schlussfolgerung lässt sich ziehen, wenn man die Adhäsionsarbeit gemäß Gleichung (13.6) und die Kohäsionsarbeit gemäß Gleichung (13.7) betrachtet: Wenn $W_c = W_a$, dann ist $\theta = 0°$. Dies ist die Bedingung für eine vollständige

Benetzung. Wenn $W_c = 2W_a$, dann ist $\theta = 90°$, und die Flüssigkeit bildet einen diskreten Tropfen auf der Substratoberfläche. Der Wettbewerb zwischen der Kohäsion der Flüssigkeit mit sich selbst und ihrer Adhäsion an einem Festkörper führt also zu einem konstanten und für ein bestimmtes System im Gleichgewicht spezifischen Kontaktwinkel [3]. Dies zeigt, wie wichtig die Youngsche Gleichung für die Definition der Benetzung ist.

Die Ausbreitung von Flüssigkeiten auf Substraten ist auch ein wichtiges industrielles Phänomen. Ein nützliches Konzept, das von Harkins [3, 4] eingeführt wurde, ist der Ausbreitungskoeffizient, der einfach die Arbeit bei der Zerstörung einer Einheitsfläche der Grenzflächen Festkörper/Flüssigkeit und Flüssigkeit/Dampf darstellt, um eine Fläche der Grenzfläche Festkörper/Luft zu erzeugen. Der Ausbreitungskoeffizient wird einfach aus dem Kontaktwinkel θ und der Oberflächenspannung Flüssigkeit/Dampf γ_{LV} bestimmt:

$$S = \gamma_{LV}(\cos\theta - 1). \tag{13.8}$$

Für eine spontane Ausbreitung muss S gleich null oder positiv sein. Wenn S negativ ist, wird nur eine begrenzte Ausbreitung erreicht.

Die zum Erreichen der Dispersionsbenetzung erforderliche Energie, W_d, ergibt sich aus dem Produkt der Außenfläche des Pulvers A und der Differenz zwischen γ_{SL} und γ_{SV}:

$$W_d = A(\gamma_{SL} - \gamma_{SV}). \tag{13.9}$$

Unter Verwendung der Youngschen Gleichung ergibt sich:

$$W_d = -A\gamma_{LV}\cos\theta. \tag{13.10}$$

Die Benetzung der äußeren Oberfläche des Pulvers hängt also von der Oberflächenspannung der Flüssigkeit und dem Kontaktwinkel θ ab [3]. Wenn $\theta < 90°$ ist, ist $\cos\theta$ positiv und die Dispersionsarbeit ist negativ, d. h. die Benetzung erfolgt spontan.

Bei Agglomeraten (in Abb. 13.1 dargestellt), die in allen Pulvern vorkommen, erfordert die Benetzung der inneren Oberfläche zwischen den Teilchen in der Struktur das Eindringen von Flüssigkeit durch die Poren. Unter der Annahme, dass sich die Poren wie einfache Kapillaren mit dem Radius r verhalten, ist der Kapillardruck Δp durch die folgende Gleichung gegeben [3]:

$$\Delta p = \frac{2\gamma_{LV}\cos\theta}{r}. \tag{13.11}$$

Damit die Flüssigkeit eindringen kann, muss Δp positiv sein und daher sollte θ kleiner als 90° sein. Der maximale Kapillardruck wird erreicht, wenn $\theta = 0$. Aber Δp ist proportional zu γ_{LV}; dies bedeutet, dass ein hoher γ_{LV}-Wert erforderlich ist. Um eine Benetzung der inneren Oberfläche zu erreichen, ist also ein Kompromiss erforderlich, da der Kontaktwinkel mit γ_{LV} abnimmt. Man muss θ so nahe wie möglich an 0 heranbringen, ohne dass die Oberflächenspannung der Flüssigkeit zu niedrig wird [3].

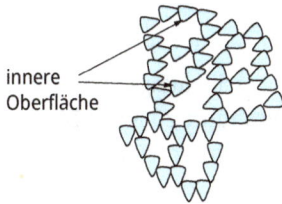

innere
Oberfläche

Abb. 13.4: Schematische Darstellung eines Agglomerats.

Der wichtigste Parameter, der die Benetzung des Pulvers bestimmt, ist die dynamische Oberflächenspannung $\gamma_{dynamic}$ (d. h. der Wert bei kurzen Zeiten). $\gamma_{dynamic}$ hängt sowohl vom Diffusionskoeffizienten des Tensidmoleküls als auch von dessen Konzentration ab [3]. Bei ausreichender Zugabe von Netzmitteln ($\gamma_{dynamic}$ wird ausreichend gesenkt) ist die spontane Benetzung eher die Regel als die Ausnahme.

Die Befeuchtung der inneren Oberfläche erfordert das Eindringen der Flüssigkeit in die Kanäle zwischen und innerhalb der Agglomerate (Abb. 13.4). Der Vorgang ist vergleichbar mit dem Durchdrücken einer Flüssigkeit durch feine Kapillaren. Um eine Flüssigkeit durch eine Kapillare mit dem Radius r zu drücken, ist ein Druck Δp erforderlich, der durch Gleichung (13.11) gegeben ist.

Um die Benetzbarkeit der inneren Oberfläche zu beurteilen, muss man die Penetrationsrate der Flüssigkeit durch die Poren der Agglomerate berücksichtigen [3]. Unter der Annahme, dass die Poren durch horizontale Kapillaren mit dem Radius r dargestellt werden, und unter Vernachlässigung des Einflusses der Schwerkraft, ist die Eindringtiefe l in der Zeit t durch die Rideal-Washburn-Gleichung gegeben:

$$l^2 = \left[\frac{r\gamma_{LV} \cos \theta}{2\eta} \right] t \,. \tag{13.12}$$

Um die Penetrationsrate zu erhöhen, muss γ_{LV} so hoch wie möglich, θ so niedrig wie möglich und η so niedrig wie möglich sein. Für ein gepacktes Bett von Partikeln kann r durch r/k^2 ersetzt werden, wobei r der effektive Radius des Bettes und k der Tortuositätsfaktor ist, der den komplexen Pfad berücksichtigt, der durch die Kanäle zwischen den Partikeln gebildet wird [3], d. h.:

$$l^2 = \left(\frac{r\gamma_{LV} \cos \theta}{2\eta\, k^2} \right) t \,. \tag{13.13}$$

Ein Diagramm von l^2 gegen t ergibt eine gerade Linie, und aus der Steigung der Linie kann man θ ableiten.

Die Rideal-Washburn-Gleichung kann angewandt werden, um den Kontaktwinkel von Flüssigkeiten (und Tensidlösungen) in Pulverbetten zu bestimmen [3]. k sollte zunächst mit einer Flüssigkeit bestimmt werden, die einen Kontaktwinkel von null ergibt.

13.2.2 Dispergieren und Mahlen von Pulvern (Zerkleinerung)

Die Dispersion des Pulvers wird durch den Einsatz von Hochgeschwindigkeitsrührern wie dem Ultra-Turrax® oder Silverson-Mischern erreicht. Dies führt zu einer Dispersion des angefeuchteten Pulveraggregats oder Agglomerats in einzelne Einheiten [3]. Die Primärdispersion (manchmal auch als Mahlgut bezeichnet) kann dann einem Perlmahlverfahren unterzogen werden, um Nanopartikel zu erzeugen, die für einige farbkosmetische Anwendungen unerlässlich sind. Die Unterteilung der Primärpartikel in viel kleinere Einheiten im Nanogrößenbereich (10 bis 100 nm) erfordert die Anwendung intensiver Energie. In einigen Fällen können Hochdruckhomogenisatoren (wie der Microfluidizer®) ausreichen, um Nanopartikel zu erzeugen. Dies ist insbesondere bei vielen organischen Pigmenten der Fall. In einigen Fällen wird der Hochdruckhomogenisator mit der Anwendung von Ultraschall kombiniert, um die Nanopartikel zu erzeugen.

Das Mahlen oder Zerkleinern ist ein komplexer Prozess, über dessen Mechanismus es nur wenige grundlegende Informationen gibt. Für die Zerlegung von Einkristallen oder Partikeln in kleinere Einheiten ist mechanische Energie erforderlich. In einer Perlmühle wird diese Energie durch das Aufprallen von Glas- oder Keramikkugeln auf die Partikel bereitgestellt. Dies führt zu einer dauerhaften Verformung der Partikel und zur Entstehung von Rissen. Dies führt schließlich zum Zerbrechen der Partikel in kleinere Einheiten. Da die Mahlbedingungen willkürlich sind, erhalten einige Partikel Schläge, die weit über die für den Bruch erforderlichen hinausgehen, während andere Schläge erhalten, die für den Bruchprozess nicht ausreichen. Dies macht den Mahlvorgang äußerst ineffizient und nur ein kleiner Teil der eingesetzten Energie wird für die Zerkleinerung genutzt. Der Rest der Energie wird als Wärme, Vibration, Schall, Reibung zwischen den Partikeln usw. abgeleitet.

Die Rolle von Tensiden und Dispergiermitteln für die Mahleffizienz ist noch lange nicht geklärt. In den meisten Fällen erfolgt die Wahl der Tenside und Dispergiermittel durch Ausprobieren, bis ein System gefunden ist, das die maximale Mahleffizienz bietet [3]. Rehbinder und seine Mitarbeiter untersuchten die Rolle von Tensiden im Mahlprozess [3]. Durch die Adsorption von Tensiden an der Fest/flüssig-Grenzfläche wird die Oberflächenenergie an der Grenzfläche verringert, was den Prozess der Verformung oder Zerstörung erleichtert. Die Adsorption von Tensiden in Rissen an der Fest/flüssig-Grenzfläche begünstigt deren Ausbreitung. Dieser Mechanismus wird als Rehbinder-Effekt bezeichnet.

13.2.3 Stabilisierung der Dispersion gegen Aggregation

Zur Stabilisierung der Dispersion gegen Aggregation (Ausflockung) muss eine abstoßende Barriere geschaffen werden, die die Van-der-Waals-Anziehung überwinden kann [5, 6]. Der Prozess der Stabilisierung von Dispersionen in Kosmetika wurde in

Kapitel 5 ausführlich beschrieben und wird in diesem Kapitel nur zusammenfassend wiedergegeben. Wie in Kapitel 5 erläutert, erfahren alle Teilchen bei ihrer Annäherung Anziehungskräfte. Die Stärke dieser Van-der-Waals-Anziehung V_A (h) hängt vom Abstand h zwischen Teilchen mit dem Radius R ab und wird durch die Hamaker-Konstante A charakterisiert. A hängt von den dielektrischen und physikalischen Eigenschaften des Materials ab und ist bei einigen Materialien wie TiO_2, Eisenoxiden und Aluminiumoxid außergewöhnlich hoch, so dass (zumindest in nichtwässrigen Medien) trotz ihrer geringen Größe immer ein Dispersionsmittel erforderlich ist, um eine kolloidale Stabilisierung zu erreichen. Um Stabilität zu erreichen, muss man eine ausgleichende abstoßende Kraft bereitstellen, um die Anziehung zwischen den Partikeln zu verringern. Dies kann auf zwei Arten geschehen: durch elektrostatische oder sterische Abstoßung, wie in Abb. 13.5a und 13.5b dargestellt (oder durch eine Kombination der beiden, Abb. 13.5c). Um einen hohen Feststoffgehalt zu erreichen, ist ein Polyelektrolyt-Dispergiermittel wie Natriumpolyacrylat erforderlich. Dies führt zu einer gleichmäßigeren Ladung auf der Oberfläche und einer gewissen sterischen Abstoßung aufgrund des hohen Molekulargewichts des Dispersionsmittels. Unter diesen Bedingungen wird die Dispersion über einen größeren pH-Bereich bei mäßiger Elektrolytkonzentration stabil. Dabei handelt es sich um eine elektrostatische Stabilisierung (Abb. 13.5c) zeigt ein flaches Minimum bei langen Trennungsabständen, ein Maximum (vom Typ DLVO; Deryaguin-Landau-Verwey-Overbeek) bei mittleren h und einen starken Anstieg der Abstoßung bei kürzeren Trennungsabständen. Diese Kombination aus elektrostatischer und sterischer Abstoßung kann für die Stabilisierung der Suspension sehr wirksam sein [3].

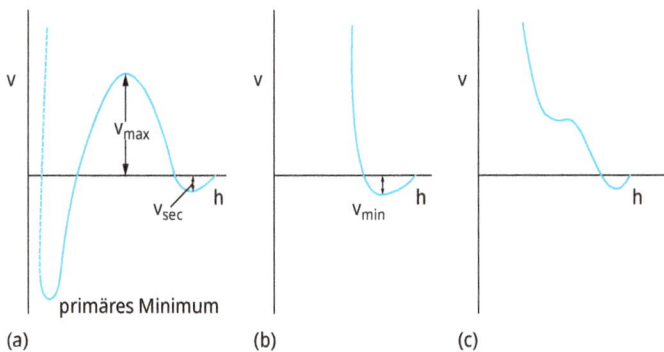

Abb. 13.5: Energie-Abstands-Kurven für drei Stabilisierungsmechanismen: (a) elektrostatisch; (b) sterisch; (c) elektrosterisch.

Eine elektrostatische Stabilisierung kann erreicht werden, wenn die Teilchen ionisierbare Gruppen auf ihrer Oberfläche enthalten, wie es bei anorganischen Oxiden der Fall ist, was bedeutet, dass sie in wässrigen Medien je nach pH-Wert eine Oberflächenladung entwickeln können, die der Dispersion eine elektrostatische Stabilisierung verleiht. Bei Annäherung erfahren die Teilchen ein abstoßendes Potenzial, das die Van-der-Waals-Anziehung überwindet und eine Aggregation verhindert [3]. Diese Stabilisierung ist auf die Wechselwirkung zwischen den elektrischen Doppelschichten zurückzuführen, die die Partikel umgeben, wie in Abb. 13.6 dargestellt.

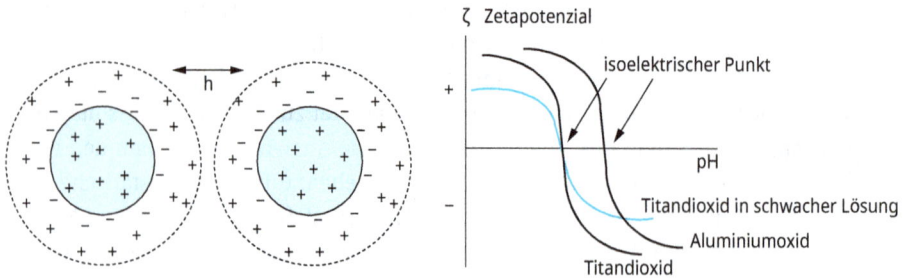

Abb. 13.6: Schematische Darstellung der Doppelschichtabstoßung (links) und Veränderung des ζ-Potenzials mit dem pH-Wert für Titandioxid und Aluminiumoxid (rechts).

Die Abstoßung der Doppelschicht hängt vom pH-Wert und der Elektrolytkonzentration ab und kann anhand von Zetapotenzialmessungen vorhergesagt werden (Abb. 13.6). Die Oberflächenladung kann auch durch die Adsorption von ionischen Tensiden erzeugt werden. Dieses Gleichgewicht zwischen elektrostatischer Abstoßung und Van-der-Waals-Anziehung wird in der bekannten Theorie der Kolloidstabilität von Deryaguin-Landau-Verwey-Overbeek (DLVO-Theorie) beschrieben [7, 8]. Abbildung 13.5a zeigt zwei anziehende Minima bei langen und kurzen Trennungsabständen: V_{sec}, das flach ist und einige kT-Einheiten beträgt, und $V_{primär}$, das tief ist und mehrere 100 kT-Einheiten überschreitet. Diese beiden Minima sind durch ein Energiemaximum V_{max} getrennt, das größer als 25 kT sein kann und somit eine Ausflockung der Partikel in das tiefe primäre Minimum verhindert.

Wenn der pH-Wert der Dispersion deutlich über oder unter dem isoelektrischen Punkt liegt oder die Elektrolytkonzentration weniger als 10^{-2} mol dm^{-3} 1:1 Elektrolyt beträgt, reicht die elektrostatische Abstoßung oft aus, um eine Dispersion ohne Zusatz von Dispergiermitteln herzustellen. In der Praxis kann diese Bedingung jedoch oft nicht erreicht werden, da bei hohem Feststoffgehalt die Ionenkonzentration der Gegen- und Co-Ionen der Doppelschicht hoch ist und die Oberflächenladung nicht einheitlich ist. Daher wird ein Polyelektrolyt-Dispergiermittel wie Natriumpolyacrylat benötigt, um diesen hohen Feststoffgehalt zu erreichen. Dies führt zu einer gleichmäßigeren Ladung auf der Oberfläche und zu einer gewissen sterischen Abstoßung aufgrund des hohen Molekulargewichts des Dispersionsmittels. Unter diesen Bedingungen wird die Dispersion über einen größeren pH-Bereich bei mäßiger Elektrolytkonzentration stabil. Dabei handelt es sich um eine elektrostatische Stabilisierung (Abb. 13.5c zeigt ein flaches Minimum bei langen Trennungsabständen, ein Maximum (vom Typ DLVO) bei mittleren h und einen starken Anstieg der Abstoßung bei kürzeren Trennungsabständen. Diese Kombination aus elektrostatischer und sterischer Abstoßung kann für die Stabilisierung der Suspension sehr wirksam sein.

Die sterische Stabilisierung wird in der Regel durch adsorbierte Schichten von Polymeren oder Tensiden erreicht. Die wirksamsten Moleküle sind die A-B- oder ABA-Block- oder BA_n-Pfropfpolymer-Tenside [9], wobei sich B auf die Ankerkette bezieht. Dieser Anker sollte stark an der Partikeloberfläche adsorbiert sein. Bei einem hydrophilen Partikel kann dies eine Carbonsäure, eine Amin- oder Phosphatgruppe oder ein anderer größerer wasserstoffbindender Block wie z. B. Polyethylenoxid sein. Die A-Ketten werden als stabilisierende Ketten bezeichnet, die in dem Medium gut löslich sein sollten und von den Molekülen des Mediums stark solvatisiert werden. Eine schematische Darstellung der adsorbierten Schichten ist in Abb. 13.7 zu sehen. Wenn sich zwei Teilchen mit einer adsorbierten Schicht der hydrodynamischen Dicke δ einem Trennungsabstand h nähern, der kleiner als 2δ ist, kommt es zu einer Abstoßung, die auf zwei Haupteffekte zurückzuführen ist: (1) ungünstige Vermischung der A-Ketten, wenn sich diese in einem guten Lösungsmittelzustand befinden; (2) Verringerung der Konfigurationsentropie bei erheblicher Überlappung.

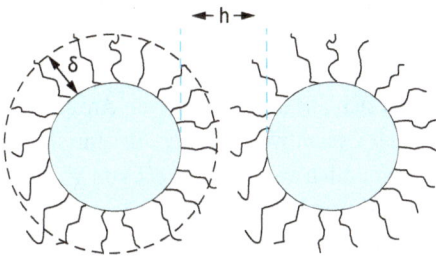

Abb. 13.7: Schematische Darstellung der sterischen Schichten.

Die Effizienz der sterischen Stabilisierung hängt sowohl von der Architektur als auch von den physikalischen Eigenschaften des stabilisierenden Moleküls ab. Sterische Stabilisatoren sollten einen adsorbierenden Anker besitzen, der eine hohe Affinität zu den Partikeln zeigt und/oder im Medium unlöslich ist. Der Stabilisator sollte im Medium löslich sein und durch seine Moleküle stark solvatisiert werden. Bei wässrigen oder stark polaren Ölsystemen kann der Stabilisatorblock ionisch oder hydrophil sein, wie z. B. Polyalkylenglykole, und bei Ölen sollte er dem Öl vom Charakter her ähneln. Für Silikonöle sind Silikonstabilisatoren am besten geeignet, für andere Öle können langkettige Alkane, Fettsäureester oder Polymere wie Polymethylmethacrylat (PMMA) oder Polypropylenoxid verwendet werden.

Verschiedene Arten von Oberflächen-Anker-Wechselwirkungen sind für die Adsorption eines Dispersionsmittels an der Partikeloberfläche verantwortlich:
– ionische oder Säure/Base-Wechselwirkungen;

- Sulfonsäuren, Carbonsäuren oder Phosphate mit einer basischen Oberfläche, z. B. Aluminiumoxid;
- Amine oder quaternäre Ammoniumverbindungen mit einer sauren Oberfläche, z. B. Siliciumdioxid;
- Wasserstoffbrückenbindung; Ester, Ketone, Ether, Hydroxylgruppen an der Oberfläche;
- Mehrfachverankerungen; Polyamine und Polyole (H-Bindung-Donor oder -Akzeptor) oder Polyether (H-Bindung-Akzeptor);
- Polarisierende Gruppen, z. B. Polyurethane, können ebenfalls ausreichende Adsorptionsenergien und in unspezifischen Fällen lyophobe Bindungen (Van-der-Waals-Wechselwirkung) aufgrund von Unlöslichkeit (z. B. PMMA) bieten.

Es ist auch möglich, chemische Bindungen zu nutzen, z. B. durch reaktive Silane.

Bei relativ reaktiven Oberflächen können bestimmte Ionenpaare in Wechselwirkung treten, was zu einer besonders guten Adsorption an einer Pulveroberfläche führt. Ein Ionenpaar kann sogar in situ gebildet werden, vor allem in Medien mit niedriger Dielektrizität. Einige Oberflächen sind tatsächlich heterogen und können sowohl basische als auch saure Stellen aufweisen, insbesondere in der Nähe des IEP. Die Wasserstoffbrückenbindung ist schwach, aber besonders wichtig für Polymere, die mehrfach verankert sein können.

Die Adsorptionsstärke wird anhand der Segment-/Oberflächenenergie der Adsorption χ^s gemessen. Die gesamte Adsorptionsenergie ergibt sich aus dem Produkt der Anzahl der Anlagerungspunkte n mit χ^s. Bei Polymeren kann der Gesamtwert von n χ^s für eine starke und irreversible Adsorption ausreichend hoch sein, auch wenn der Wert von χ^s klein sein kann (weniger als 1 kT, wobei k die Boltzmann-Konstante ist und T die absolute Temperatur). Diese Situation kann jedoch insbesondere bei Vorhandensein einer nennenswerten Konzentration von Feuchthaltemitteln und/oder bei Vorhandensein anderer Tenside, die als Hilfsstoffe verwendet werden, unzureichend sein. Wenn die χ^s der einzelnen Netzmittel- und/oder anderen Tensidmoleküle höher ist als die χ^s eines Segments der B-Kette des Dispergiermittels, können diese kleinen Moleküle das polymere Dispergiermittel insbesondere bei hohen Netzmittel- und/oder anderen Tensidmolekül-Zahlen verdrängen, was zu einer Ausflockung der Suspension führen kann. Es ist daher unbedingt darauf zu achten, dass die χ^s pro Segment der B-Kette höher ist als die Adsorption von Netzmittel und/oder Tensiden und dass die Netzmittelkonzentration nicht zu hoch ist.

Um die sterische Abstoßung zu optimieren, kann man das sterische Potenzial nach Napper [9] berücksichtigen:

$$V(h) = 2\pi kTR\Gamma^2 N_A \left[\frac{V_p^2}{V_s}\right] [0{,}5 - \chi] \left(1 - \frac{h}{2\delta}\right)^2 + V_{elastic}, \tag{13.14}$$

wobei k die Boltzmann-Konstante, T die Temperatur, R der Partikelradius, Γ die adsorbierte Menge, N_A die Avogadro-Konstante, V_p das spezifische Partialvolumen des Polymers, V_s das molare Volumen des Lösungsmittels, χ der Flory-Huggins-Parameter und δ die maximale Ausdehnung der adsorbierten Schicht ist. $V_{elastic}$ berücksichtigt die Kompression der Polymerketten bei der Annäherung.

Es ist aufschlussreich, die Terme in Gleichung (13.14) zu untersuchen:

(1) Die adsorbierte Menge Γ. Höhere adsorbierte Mengen führen zu einer stärkeren Wechselwirkung/Abstoßung.

(2) Die Lösemittelbedingungen, bestimmt durch χ, den Flory-Huggins-Parameter für die Wechselwirkung zwischen Kette und Lösemittel. Es ergeben sich zwei sehr unterschiedliche Fälle. Die maximale Wechselwirkung tritt bei der Überlappung der stabilisierenden Schichten auf, wenn die Kette sich in einem guten Lösungsmittelzustand befindet ($\chi < 0{,}5$). Osmotische Kräfte bewirken, dass das Lösungsmittel in die hochkonzentrierte Überlappungszone eindringt und die Teilchen auseinandertreibt. Bei $\chi = 0{,}5$, einem Theta-Lösungsmittel, geht das sterische Potenzial gegen null, und bei schlechten Lösungsmittelbedingungen ($\chi > 0{,}5$) wird das sterische Potenzial negativ und die Ketten ziehen sich an, was die Ausflockung verstärkt. Somit kann ein schlecht solvatisiertes Dispergiermittel die Ausflockung/Aggregation verstärken.

(3) Dicke der adsorbierten Schicht δ. Die sterische Wechselwirkung beginnt bei $h = 2\delta$, wenn die Ketten beginnen, sich zu überlappen, und nimmt mit dem Quadrat des Abstands zu. Hier ist nicht die Größe des sterischen Potenzials von Bedeutung, sondern der Abstand h, bei dem es beginnt.

(4) Das endgültige Wechselwirkungspotenzial ist die Überlagerung des sterischen Potenzials und der Van-der-Waals-Anziehung, wie in Abb. 13.5 dargestellt.

Bei sterisch stabilisierten Dispersionen zeigt die resultierende Energie-Abstands-Kurve oft ein flaches Minimum V_{min} bei einem Partikel/Partikel-Abstand h, der mit der doppelten Dicke der adsorbierten Schicht δ vergleichbar ist. Für ein bestimmtes Material hängt die Tiefe dieses Minimums von der Partikelgröße R und der Dicke der adsorbierten Schicht δ ab. Daher nimmt V_{min} mit zunehmender Größe δ/R ab, wie in Abb. 13.8 dargestellt. Dies liegt daran, dass mit zunehmender Schichtdicke die Van-der-Waals-Anziehung schwächer wird, so dass die Überlagerung von Anziehung und Abstoßung ein kleineres Minimum aufweist. Bei sehr kleinen sterischen Schichten kann V_{min} tief genug werden, um eine schwache Ausflockung zu verursachen, was zu einem schwach anziehenden Gel führt. Wir sehen also, wie die Wechselwirkungsenergien auch die Dispersionsrheologie bestimmen können.

Andererseits steigt bei einer zu großen Schichtdicke auch die Viskosität aufgrund der Abstoßung. Dies ist auf den viel höheren effektiven Volumenanteil ϕ_{eff} der Dispersion im Vergleich zum Kernvolumenanteil zurückzuführen [2]. Wir können den effektiven Volumenanteil der Partikel plus Dispersionsschicht anhand der Geometrie berechnen und sehen, dass er von der Dicke der adsorbierten Schicht abhängt, wie in Abb. 13.9 dargestellt. Der effektive Volumenanteil steigt mit der relativen Zunahme der Dicke der Dispersionsschicht. Selbst bei einem Volumenanteil von 10 % erreichen

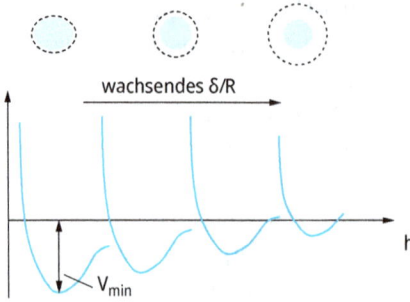

Abb. 13.8: Veränderung von V_{min} mit δ/R.

wir bald eine maximale Packung (ϕ = 0,67) mit einer adsorbierten Schicht, die dem Partikelradius entspricht. In diesem Fall führt die Überlappung der sterischen Schichten zu einem erheblichen Anstieg der Viskosität. Diese Überlegungen erklären, warum die Feststoffbeladung insbesondere bei kleinen Partikeln stark eingeschränkt sein kann. In der Praxis können die Feststoffbeladungskurven zur Charakterisierung des Systems verwendet werden und haben die Form der in Abb. 13.10 dargestellten Kurven.

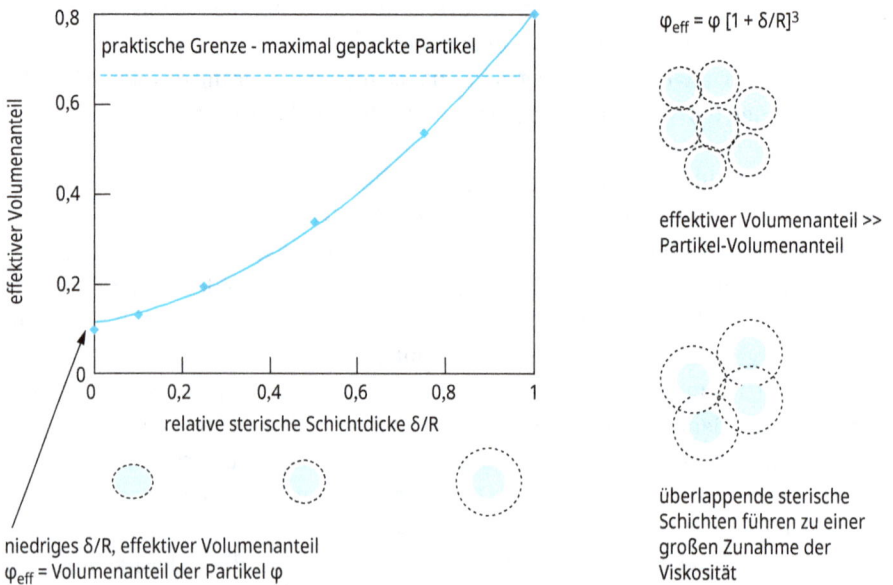

$\varphi_{eff} = \varphi\,[1 + \delta/R]^3$

effektiver Volumenanteil >> Partikel-Volumenanteil

überlappende sterische Schichten führen zu einer großen Zunahme der Viskosität

niedriges δ/R, effektiver Volumenanteil φ_{eff} = Volumenanteil der Partikel φ

Abb. 13.9: Schematische Darstellung des effektiven Volumenanteils.

Eine höhere Feststoffbeladung kann mit dünneren adsorbierten Schichten erreicht werden, kann aber auch zu einer Anziehung zwischen den Partikeln führen, die eine Aggregation der Partikel zur Folge hat. Es ist eindeutig ein Kompromiss erforderlich,

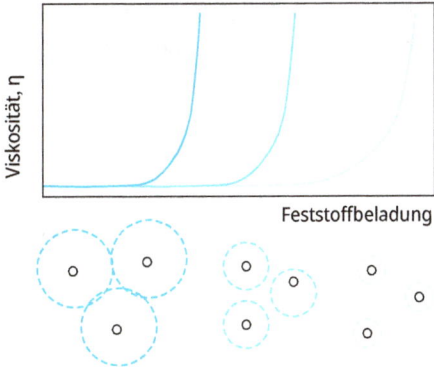

Abb. 13.10: Abhängigkeit der Feststoffbeladung von der Dicke der adsorbierten Schicht.

nämlich die Wahl eines geeigneten sterischen Stabilisators für die Teilchengröße des Pigments.

13.3 Klassen von Dispergiermitteln

Mit die am häufigsten verwendeten Dispergiermittel für wässrige Medien sind nichtionische Tenside. Die gebräuchlichsten nichtionischen Tenside sind die Alkoholethoxylate $R-O-(CH_2-CH_2-O)_n-H$, z. B. $C_{13/15}-(EO)_n$ mit n = 7, 9, 11 oder 20. Diese nichtionischen Tenside sind nicht die wirksamsten Dispersionsmittel, da die Adsorption durch die $C_{13/15}$-Kette nicht sehr stark ist. Um die Adsorption auf hydrophoben Oberflächen zu verbessern, wird eine Polypropylenoxid-Kette (PPO) in das Molekül eingeführt, wodurch $R-O-(PPO)_m-(PEO)_n-H$ entsteht.

Die oben genannten nichtionischen Tenside können auch zur Stabilisierung von polaren Feststoffen in nichtwässrigen Medien verwendet werden. In diesem Fall adsorbiert die PEO-Kette an der Partikeloberfläche und lässt die Alkylketten in dem nichtwässrigen Lösungsmittel zurück. Sofern diese Alkylketten ausreichend lang sind und von den Molekülen des Mediums stark solvatisiert werden, können sie eine ausreichende sterische Abstoßung bewirken, um eine Ausflockung zu verhindern.

Ein besseres Dispergiermittel für polare Feststoffe in nichtwässrigen Medien ist Polyhydroxystearinsäure (PHS) mit einem Molekulargewicht im Bereich von 1000 bis 2000 Dalton. Die Carboxylgruppe adsorbiert stark an der Partikeloberfläche und lässt die verlängerte Kette im nichtwässrigen Lösungsmittel zurück. Bei den meisten Kohlenwasserstoff-Lösungsmitteln wird die PHS-Kette durch ihre Moleküle stark solvatisiert, und es kann eine adsorbierte Schichtdicke im Bereich von 5 bis 10 nm entstehen. Diese Schichtdicke verhindert jegliche Ausflockung, und die Suspension kann bis zu einem hohen Feststoffgehalt flüssig bleiben [2].

Die wirksamsten Dispergiermittel sind die Typen A-B, A-B-A-Block und BA_n. Eine schematische Darstellung der Architektur von Block- und Pfropfcopolymeren ist in Abb. 13.11 zu sehen.

endfunktionalsiertes
A-B-Copolymer

A-B-/A-B-A-
Blockcopolymer

BA_n-Pfropfcopolymer

adsorbierendes Polymer B

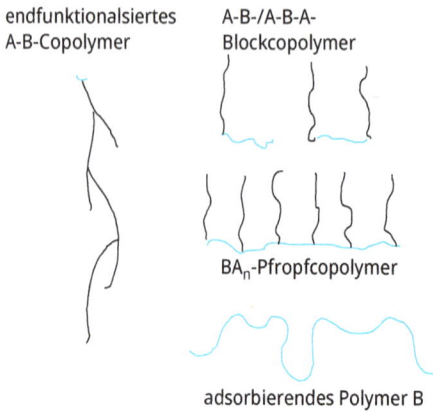

Abb. 13.11: Schematische Darstellung der Architektur von Block- und Pfropfcopolymeren.

Die B-Kette, die „Ankerkette", wird so gewählt, dass sie in dem Medium sehr unlöslich ist und eine starke Affinität zur Oberfläche hat. Beispiele für B-Ketten für hydrophobe Feststoffe sind Polystyrol (PS), Polymethylmethacrylat (PMMA), Polypropylenoxid (PPO) oder Alkylketten, sofern diese mehrere Bindungen an der Oberfläche aufweisen. Die stabilisierende A-Kette muss im Medium löslich sein und von dessen Molekülen stark solvatisiert werden. Die Wechselwirkung zwischen A-Kette und Lösungsmittel sollte so stark sein, dass unter allen Bedingungen ein Flory-Huggins-Parameter $\chi < 0,5$ erreicht wird. Beispiele für A-Ketten für wässrige Medien sind Polyethylenoxid (PEO), Polyvinylalkohol (PVAL) und Polysaccharide (z. B. Polyfructose). Für nichtwässrige Medien können die A-Ketten aus Polyhydroxystearinsäure (PHS) bestehen.

Mit die am häufigsten verwendeten A-B-A-Blockcopolymere für wässrige Dispersionen sind solche auf der Basis von PEO (A) und PPO (B). Es sind mehrere PEO-PPO-PEO-Moleküle mit unterschiedlichen Anteilen von PEO und PPO erhältlich. Auf die Handelsbezeichnung folgt ein Buchstabe – L (Flüssigkeit), P (Paste) oder F (Flocken). Darauf folgen zwei Zahlen, die für die Zusammensetzung stehen – die ersten Ziffern stehen für die Molmasse des PPO und die letzte Ziffer für den PEO-Anteil. Beispiele: F68 (PPO-Molmasse 1508–1800 + 80 % oder 140 mol EO). L62 (PPO-Molmasse 1508–1800 + 20 % oder 15 mol EO). In vielen Fällen werden zwei Moleküle mit hohem und niedrigem EO-Gehalt zusammen verwendet, um das Dispergiervermögen zu verbessern.

Ein Beispiel für ein BA_n-Pfropfcopolymer basiert auf einem Polymethylmethacrylat (PMMA)-Grundgerüst (mit etwas Polymethacrylsäure), auf das mehrere PEO-Ketten (mit einem durchschnittlichen Molekulargewicht von 750) aufgepfropft sind. Es ist ein sehr wirksames Dispergiermittel, insbesondere für Suspensionen mit hohem Feststoffgehalt.

Das Pfropfcopolymer wird stark an hydrophoben Oberflächen adsorbiert, wobei mehrere Anknüpfungspunkte entlang des PMMA-Rückgrats vorhanden sind, und die stark hydratisierten PEO-Ketten bilden in wässrigen Lösungen eine starke sterische Barriere.

Ein weiteres wirksames Pfropfcopolymer ist hydrophob modifiziertes Inulin, eine lineare Polyfructosekette A (mit einem Polymerisationsgrad > 23), auf die mehrere Alkylketten aufgepfropft wurden. Das polymere Tensid adsorbiert über eine Mehrpunktbindung mit mehreren Alkylketten.

13.4 Bewertung von Dispergiermitteln

13.4.1 Adsorptionsisothermen

Diese sind bei weitem die quantitativste Methode zur Bewertung und Auswahl eines Dispergiermittels [3]. Ein gutes Dispergiermittel sollte eine Isotherme mit hoher Affinität aufweisen, wie in Abb. 13.12 dargestellt. Die adsorbierte Menge Γ wird als Funktion der Gleichgewichtslösungskonzentration aufgezeichnet, d. h. der nach der Adsorption in der Lösung verbleibenden Menge.

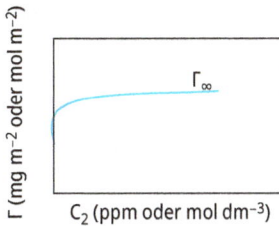

Abb. 13.12: Isotherme für ein Dispergiermittel mit hoher Affinität.

Im Allgemeinen wird der Wert von Γ_{∞} bei der Adsorption von polymeren Tensiden im Vergleich zu kleinen Molekülen bei niedrigerem C_2 erreicht. Die mit polymeren Tensiden erzielte Isotherme mit hoher Affinität bedeutet, dass die zuerst hinzugefügten Moleküle praktisch vollständig adsorbiert werden und dieser Prozess unumkehrbar ist. Die Irreversibilität der Adsorption wird durch die Durchführung eines Desorptionsexperiments überprüft. Die Suspension am Plateauwert wird zentrifugiert und die überstehende Flüssigkeit durch reines Trägermedium ersetzt. Nach der Redispergierung wird die Suspension erneut zentrifugiert und die Konzentration des polymeren Tensids in der überstehenden Flüssigkeit analytisch bestimmt. Mangels Desorption wird diese Konzentration sehr gering sein, was darauf hindeutet, dass das Polymer auf der Partikeloberfläche verbleibt.

13.4.2 Messung von Dispersion und Partikelgrößenverteilung

Ein wirksames Dispergiermittel sollte zu einer vollständigen Dispersion des Pulvers in einzelne Partikel führen [3]. Darüber hinaus sollte bei der Nassvermahlung (Zerkleinerung) eine kleinere Partikelverteilung erzielt werden (dies könnte durch Lichtbeugungsmessung, z. B. mit dem Mastersizer von Malvern, beurteilt werden). Die Effizienz der Dispersion und der Verringerung der Partikelgröße lässt sich aus dem Verhalten des Dispersionsmittels ableiten. Eine starke Adsorption und eine wirksame Abstoßungsbarriere verhindern jegliche Aggregation während des Dispersionsprozesses. In diesem Fall ist es notwendig, den Benetzer einzubeziehen (der auf der optimalen Konzentration gehalten werden sollte). Die Adsorption des Dispergiermittels an der Fest/flüssig-Grenzfläche führt zu einer Verringerung von γ_{SL} und damit zu einer Verringerung der Energie, die für die Zerlegung der Partikel in kleinere Einheiten erforderlich ist. Außerdem kommt es durch die Adsorption an Kristalldefekten zu einer Rissausbreitung (Rehbinder-Effekt), was zur Bildung kleinerer Partikel führt [3].

13.4.3 Rheologische Messungen

Obwohl „Brookfield"-Viskosimeter in der Industrie immer noch weit verbreitet sind, sollten sie bei der Bewertung der Dispersionsstabilität mit Vorsicht eingesetzt werden; eine hohe Scherviskosität (wie sie von „Brookfield" gemessen wird) kann als Prädiktor für die Sedimentationsgeschwindigkeit irreführend sein. Die mit einem Rheometer gemessene niedrige oder Null-Scher-Viskosität ist der beste Indikator [10]. Abbildung 13.13 zeigt, dass Dispersion B bei hoher Scherung die höchste Viskosität aufweist und man erwarten könnte, dass sie den besten Widerstand gegen Sedimentation bietet. Die Dispersion A hat jedoch die höchste Viskosität bei niedriger Scherung und weist daher die beste Sedimentationsstabilität auf.

Konzentrierte Dispersionen sind viskoelastisch, das heißt, sie haben sowohl viskose als auch elastische Eigenschaften. Die Oszillationsrheometrie kann uns daher viel mehr Informationen über die Wechselwirkungen zwischen den Partikeln liefern als die Viskosimetrie [10]. So kann beispielsweise ein Elastizitätsmodul, das den Scherhub dominiert, einer Formulierung mit dispergierten Feststoffen eine erhebliche Stabilität verleihen.

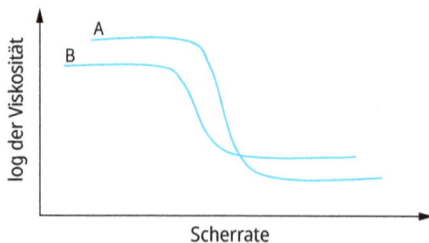

Abb. 13.13: Schematische Fließkurve für Partikeldispersionen.

Rheologische Verfahren sind oft die aussagekräftigsten Techniken zur Bewertung und Auswahl eines Dispergiermittels [3, 10]. Das beste Verfahren besteht darin, die Veränderung der relativen Viskosität η_r mit dem Volumenanteil ϕ der Dispersion zu verfolgen. Zu diesem Zweck wird eine konzentrierte Suspension (z. B. 50 Gew.-%) durch Mahlen unter Verwendung der optimalen Dispergiermittelkonzentration hergestellt. Diese Suspension wird durch Zentrifugieren weiter aufkonzentriert, und die sedimentierte Suspension wird mit der überstehenden Flüssigkeit verdünnt, um Volumenanteile ϕ im Bereich von 0,1 bis 0,7 zu erhalten. Die relative Viskosität η_r wird für jede Suspension anhand der Fließkurven gemessen. η_r wird dann als Funktion von ϕ aufgetragen und die Ergebnisse werden mit den theoretischen Werten verglichen, die anhand der Dougherty-Krieger-Gleichung [11] berechnet wurden (siehe unten).

Dougherty und Krieger [11] leiteten eine Gleichung für die Veränderung der relativen Viskosität η_r mit dem Volumenanteil ϕ von Suspensionen ab, bei denen sich die Partikel wie harte Kugeln verhalten sollen:

$$\eta_r = \left[1 - \frac{\phi}{\phi_p}\right]^{-[\eta]\phi_p}, \tag{13.15}$$

wobei $[\eta]$ die intrinsische Viskosität ist, die für harte Kugeln gleich 2,5 ist, und ϕ_p der maximale Packungsanteil ist, der $\approx 0,6$ bis 0,7 ist. Den maximalen Packungsanteil ϕ_p erhält man, indem man $1/(\eta_r)^{1/2}$ gegen ϕ aufträgt. In den meisten Fällen erhält man eine gerade Linie, die dann zu $1/(\eta_r)^{1/2} = 0$ extrapoliert wird und damit ϕ_p ergibt.

Die η_r-ϕ-Kurven werden aus den experimentellen Daten unter Verwendung der Fließkurven ermittelt. Die theoretischen η_r-ϕ-Kurven, die aus der Dougherty-Krieger-Gleichung gewonnen werden, werden ebenfalls unter Verwendung eines Werts von 2,5 für die intrinsische Viskosität $[\eta]$ und einem ϕ_p ermittelt, das mit dem oben genannten Extrapolationsverfahren berechnet wurde. Zur Veranschaulichung zeigt Abb. 13.14 eine schematische Darstellung der Ergebnisse für eine wässrige Suspension hydrophober Partikel, die mit einem Pfropfcopolymer mit Polymethylmethacrylat-Grundgerüst (PMMA) dispergiert wurden, auf das mehrere Polyethylenoxid-Ketten (PEO) aufgepfropft wurden [3].

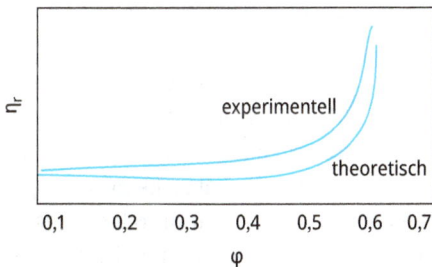

Abb. 13.14: Variation von η_r mit ϕ für Suspensionen, die mit einem Pfropfcopolymer stabilisiert wurden.

Sowohl die experimentelle als auch die theoretische η_r-ϕ-Kurve zeigen einen anfänglichen langsamen Anstieg von η_r mit einem Anstieg von ϕ, aber ab einem kritischen ϕ-Wert zeigt η_r einen schnellen Anstieg bei einem weiteren Anstieg von ϕ. Aus Abb. 13.14 ist ersichtlich, dass die experimentellen η_r-Werte einen schnellen Anstieg ab einem hohen ϕ-Wert (> 0,6) zeigen. Die theoretische η_r-ϕ-Kurve (unter Verwendung von Gleichung (13.15)) zeigt einen Anstieg von η_r bei einem ϕ-Wert nahe den experimentellen Ergebnissen [12]. Dies zeigt eine stark deflockulierte (sterisch stabilisierte) Suspension. Jede Ausflockung führt zu einer Verschiebung der η_r-ϕ-Kurve zu niedrigeren Werten von ϕ. Diese η_r-ϕ-Kurven können zur Beurteilung und Auswahl von Dispergiermitteln verwendet werden. Je höher der Wert von ϕ ist, bei dem die Viskosität schnell ansteigt, desto wirksamer ist das Dispergiermittel. Die starke Adsorption des pfropfpolymeren Tensids und die hohe Hydratation der PEO-Ketten gewährleisten eine solche hohe Stabilität. Darüber hinaus ist es unwahrscheinlich, dass ein solches polymeres Tensid durch die feuchteren Tensidmoleküle verdrängt wird, sofern diese nicht in hohen Konzentrationen zugesetzt werden. Es ist wichtig, die Mindestkonzentration an Benetzungsmitteln zu verwenden, die für eine vollständige Benetzung des Pulvers ausreicht.

13.5 Anwendung der oben genannten Grundprinzipien auf Farbkosmetika

Pigmente sind in der Tat der Hauptbestandteil jedes modernen Farbkosmetikums. Pigmente müssen zunächst in Aufschlämmungen eingearbeitet werden, und für die meisten Farbchemiker besteht das Hauptziel darin, die Viskosität dieser Aufschlämmungen zu verringern und ihre Verwendbarkeit zu verbessern. Es ist wichtig, sich daran zu erinnern, dass sowohl anziehende als auch abstoßende Wechselwirkungen zu einer Erhöhung der Viskosität führen. Ziel ist es also, die Partikel/Partikel-Wechselwirkungen zu reduzieren. Die Partikelverteilung in der kosmetischen Endformulierung bestimmt die funktionelle Aktivität (Farbe, Opazität, UV-Schutz), die Stabilität, die Rheologie und das Hautgefühl. Die Partikelverteilung hängt von einer Reihe von Merkmalen ab, wie z. B. der Partikelgröße und -form, den Oberflächeneigenschaften, der Verarbeitung und der Kompatibilität, wird aber letztlich auch durch die Wechselwirkungen zwischen den Partikeln bestimmt.

Die Instabilität von Partikeldispersionen hat zwei Hauptfolgen: Ausflockung oder Agglomeration und Sedimentation. Bei Farbkosmetika kann sich eine unzureichende Desagglomeration (alle Pigmente sind im Lieferzustand agglomeriert) in einer schlechten Farbkonsistenz oder Streifenbildung äußern, wobei sich die Farbe beim Auftragen verändern kann. Sedimentationseffekte können sich als Farbflotation oder Belagbildung äußern. Die Sedimentation wird durch die Schwerkraft bestimmt und ist nicht unbedingt ein Zeichen für kolloidale Instabilität. Sie muss lediglich kontrolliert werden.

Die Sedimentationsgeschwindigkeit nimmt tendenziell mit der Partikelgröße zu (Aggregation ist also schlecht), wird aber durch eine erhöhte Flüssigkeitsviskosität verringert.

Die Dispersionsstabilität kann sich auf unterschiedliche Weise manifestieren, und für den Formulierer ist eine niedrigere Viskosität während der Herstellung erforderlich. Abb. 13.15 zeigt die potenziellen Vorteile (für die Abhängigkeit der Viskosität von der Pigmentkonzentration), wenn ein geeignetes Dispergiermittel hinzugefügt wird. Dies kann eine Befreiung von Formulierungsbeschränkungen bedeuten und in der Praxis zu einer Verringerung der Verarbeitungszeiten und -kosten führen. Höhere Pigmentkonzentrationen können erreicht werden, was zu einer erhöhten Funktionalität führt. Die Farbstärke verbessert sich oft mit der Mahldauer, kann aber auch hier durch die Zugabe geeigneter Dispergiermittel gesteigert werden. Mit der verbesserten Produktqualität sind auch Verbesserungen bei Stabilität, Konsistenz und Funktion zu erwarten.

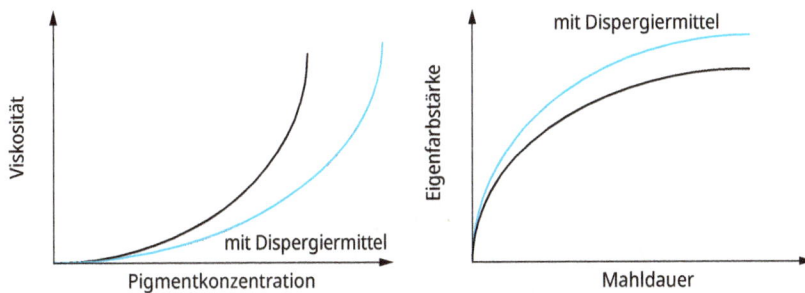

Abb. 13.15: Wirkung eines Dispergiermittels auf die Viskosität und die Eigenfarbstärke.

Die Produktqualität ist der Schlüssel zur Produktdifferenzierung auf dem Markt, und es ist daher äußerst wünschenswert, Effekte zu reduzieren, die durch die Ausflockung unterschiedlicher Pigmente verursacht werden. Die Kontrolle und Reproduzierbarkeit von Glanz und Helligkeit sowie die Kontrolle der Rheologie und des Hautgefühls, insbesondere bei hohen Feststoffgehalten, sind hier erreichbar.

Schließlich kann die Optimierung der Funktionalität oft stark vom Dispersionszustand abhängen. Wie in Kapitel 12 erwähnt, hängen Deckkraft und UV-Abschwächung von TiO_2 beispielsweise stark von der Teilchengröße ab [13], wie in Abb. 13.16 dargestellt. Ein Titandioxidpigment, das in einer Formulierung für Deckkraft sorgen soll, kann sein maximales Deckvermögen nur dann entfalten, wenn es in Teilchen von 200 bis 300 nm dispergiert ist und dispergiert bleibt. Eine UV-abschwächende Sorte von TiO_2 hingegen muss bis zu seiner primären Partikelgröße von 50 bis 100 nm dispergiert werden, um optimal als Sonnenschutzmittel zu funktionieren. Beide Pulver haben im Lieferzustand (um handhabbar zu sein) jedoch ähnliche Agglomeratgrößen von mehreren Mikrometern.

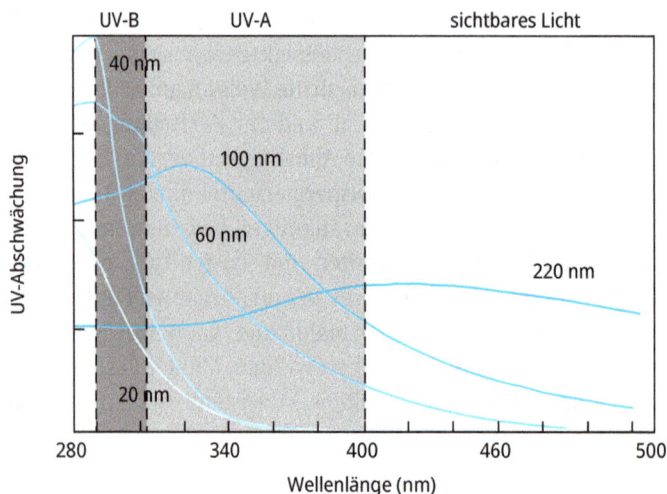

Abb. 13.16: UV-Abschwächung in Abhängigkeit von der Wellenlänge für die Dispersion von TiO_2.

13.6 Grundsätze der Herstellung von Farbkosmetika

Wie bereits erwähnt, besteht die erste Aufgabe darin, eine vollständige Benetzung des Pulvers zu erreichen. Sowohl die äußeren als auch die inneren Oberflächen der Agglomerate müssen durch Verwendung eines geeigneten Tensids ausreichend benetzt werden. Bei wässrigen Dispersionen sind die oben genannten Netzmittel wie Aerosol OT oder Alkoholethoxylate im Allgemeinen wirksam. Für hydrophile Pigmente in Öl kann man beschichtete Partikel (mit hydrophober Beschichtung) oder Natriumstearat verwenden, das stark an die Hydroxyloberfläche bindet, wodurch das Pigment leicht benetzt und in Ölen dispergiert wird. Eine schematische Darstellung der Bindung von Stearat an hydrophiles TiO_2 ist in Abb. 13.17 zu sehen. Diese Abbildung zeigt auch die Wirkung der Zugabe eines Alkoholethoxylats zu diesem beschichteten TiO_2, das dann in einem wässrigen Medium dispergiert werden kann.

Diesem Prozess folgt eine vollständige Dispersion und/oder Zerkleinerung und eine angemessene Stabilisierung der entstandenen Einzelpartikel, wie in Abb. 13.18 dargestellt.

Der nächste Schritt besteht darin, den Prozess der Dispersion und Zerkleinerung zu steuern. Einfaches Mischen von anorganischen Pulvern kann selbst bei hohem Feststoffgehalt eine flüssige Dispersion ergeben. Dies ist jedoch nicht unbedingt ein Hinweis auf ein „gut dispergiertes" Material, und tatsächlich zeigt eine Partikelgrößenanalyse (und bei UV-Abschwächern eine Spektralanalyse), dass die Partikeldispersion nicht optimiert ist. Partikelförmige Pulver werden in einem aggregierten Zustand geliefert. Sie müssen jedoch in ihre einzelnen Einheiten zermahlen werden, damit sie ihre vorgesehene Funktion erfüllen können. Dieser Prozess muss den Transport des Dispersionsmittels zur Partikeloberfläche und die Adsorption dort ermöglichen. Schließlich muss

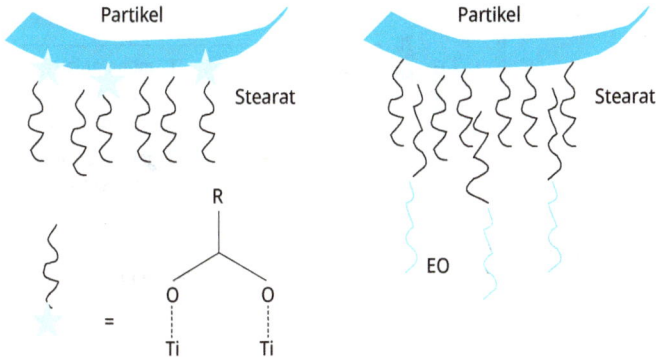

z. B. spezifische Bindung
an anorganische Oberfläche
über die Carboxylatgruppe

Abb. 13.17: Schematische Darstellung der spezifischen Wechselwirkung von Stearat mit TiO$_2$ (links) und Wirkung der Zugabe von Alkoholethoxylat (rechts).

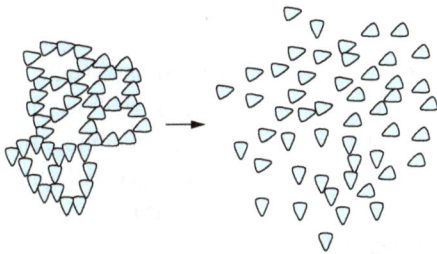

Abb. 13.18: Schematische Darstellung des Dispersionsprozesses.

die Dispersion gegenüber Verdünnung oder Zugabe weiterer Formulierungsbestandteile stabil bleiben. Das Vorhandensein eines geeigneten Dispergiermittels/Stabilisators in der richtigen Menge kann entscheidend sein, um eine brauchbare und stabile Dispersion zu erhalten und eine erneute Aggregation beim Stehen zu verhindern. In der Praxis kann der Formulierungschemiker einige einfache Laborinstrumente verwenden, um die Qualität der Dispersion zu beurteilen und eine geeignete Dispersionsrezeptur zu finden. Nach der zuvor beschriebenen Bewertung der Benetzung wird häufig eine Dispergiermittelbedarfskurve erstellt, um die optimale Dispergiermittelbeladung zu ermitteln. Das Pigment wird in Gegenwart des Trägeröls und des Netzmittels mit unterschiedlichen Dispergiermittelmengen verarbeitet (gemahlen oder geschliffen). Der Zustand der Dispersion kann durch rheologische und/oder funktionelle Messungen (z. B. Farbstärke, UV-Abschwächung) wirksam überwacht werden. Abb. 13.19 zeigt die Ergebnisse für einige feinverteilte TiO$_2$-Dispersionen in Isopropylisostearat als Dispergierflüssigkeit und Polyhydroxystearinsäure als Dispergiermittel [14].

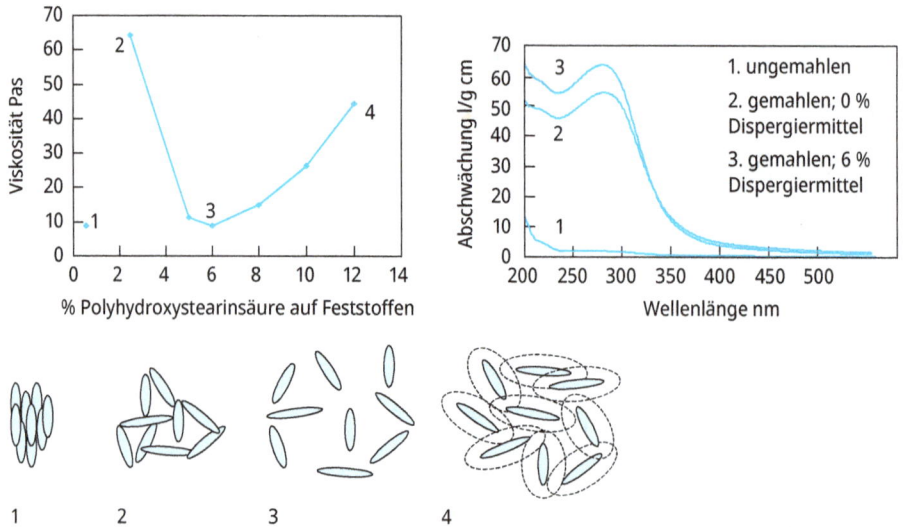

Abb. 13.19: Null-Scher-Viskosität (Dispergiermittelbedarfskurve), UV-Abschwächungskurven und ein Schema des Mahlprozesses.

Es wurden Dispersionen mit einem Feststoffgehalt von 30 Gew.-% hergestellt, so dass sie auf einer Perlmühle mit allen Dispergiermittelbeladungen hergestellt werden konnten, und ihre UV-Abschwächungsseigenschaften verglichen werden konnten. Die Null-Scher-Viskositäten geben einen Hinweis auf die Wechselwirkungen zwischen den Partikeln und waren bei etwa 5 % Dispergiermittel am geringsten. Die UV-Abschwächung wurde als Indikator für die Partikelgröße verwendet.

Die ungemahlenen Dispersionen [2] schienen sehr flüssig zu sein, aber die UV-Messung ergab schlechte Abschwächungseigenschaften, was darauf hindeutet, dass die Partikel noch aggregiert sind. Die festen Teilchen setzten sich schnell ab und bildeten ein Sediment auf dem Boden des Becherglases. Beim Mahlen wurde eine Verbesserung der UV-Abschwächungsseigenschaften zusammen mit einem Anstieg der Viskosität beobachtet. Die Aggregate werden in der Mühle in ihre Bestandteile zerlegt [2], aber in Abwesenheit von Dispergiermitteln lagern sie sich durch Van-der-Waals-Anziehung schnell wieder in einer offeneren Struktur zusammen. Dies führte zu einer Blockierung der Mühle. Weitere Verbesserungen der UV-Eigenschaften wurden beobachtet, als die Dispersion in Gegenwart des Dispergiermittels gemahlen wurde [2], aber die Viskosität war immer noch hoch. Die Zugabe von ausreichend Dispergiermittel ermöglicht die Dispersion der Partikel zu einzelnen Teilchen [3], die gut stabilisiert sind, und die Viskosität sinkt. Es handelt sich um eine optimierte Dispersion. Die UV-Eigenschaften sind gut entwickelt. Bei Zugabe eines weiteren Dispergiermittels erhalten die Partikel eine erweiterte Stabilisierungsschicht [2], was zu einer potenziellen Überlappung der Stabilisierungsschichten führt, die ausreicht, um ein schwach abstoßendes Gel zu erzeugen.

Die Viskosität steigt wieder an und die Dispersion weist eine messbare Fließgrenze auf. Die UV-Eigenschaften sind immer noch gut entwickelt, aber die Feststoffbeladung wird sehr begrenzt.

Die in Kapitel 12 beschriebenen Dispergiermittelbedarfskurven, die Überwachung der Teilchengröße sowie die Feststoffbeladungskurven (Abb. 12.9) sind sehr nützliche Hilfsmittel zur Optimierung einer Pigmentdispersion in der Praxis. Weitere Beispiele wurden in Kapitel 12 gegeben.

13.7 Kompetitive Wechselwirkungen in farbkosmetischen Formulierungen

Die kosmetischen Farbpigmente werden zu Öl-in-Wasser-Emulsionen (O/W) oder zu Wasser-in-Öl-Emulsionen (W/O) hinzugefügt. Das resultierende System wird als Suspoemulsion bezeichnet [2]. Die Partikel können sich in der inneren oder äußeren Phase oder in beiden befinden, wie in Kapitel 12, Abb. 12.12, für Sonnenschutzformulierungen dargestellt. Ein Verständnis der konkurrierenden Wechselwirkungen ist wichtig, um die Stabilität und Leistung der Formulierung zu optimieren. In den endgültigen Formulierungen können mehrere Instabilitäten auftreten: (1) Heteroflockulation durch Partikel und Tröpfchen mit unterschiedlichem Ladungsvorzeichen. (2) Elektrolytunverträglichkeit von elektrostatisch stabilisierten Pigmenten. (3) Kompetitive Adsorption/Desorption eines schwach verankerten Stabilisators, was zur Homoflockulation der Pigmentteilchen und/oder zur Koaleszenz von Emulsionströpfchen führen kann. (4) Wechselwirkung zwischen Verdickungsmitteln und ladungsstabilisierten Pigmenten.

Zur Verbesserung der Stabilität von Farbkosmetikformulierungen können mehrere Schritte unternommen werden, die denen zur optimalen sterischen Stabilisierung sehr ähnlich sind [2]: (1) Verwendung eines stark adsorbierten („verankerten") Dispergiermittels, z. B. durch Mehrpunktbindung eines Block- oder Pfropfcopolymers. (2) Verwendung eines polymeren Stabilisators für die Emulsion (ebenfalls mit Mehrpunktbindung). (3) Getrennte Herstellung von Suspension und Emulsion und genügend Zeit für die vollständige Adsorption (Gleichgewicht). (4) Verwendung geringer Scherkräfte beim Mischen von Suspension und Emulsion. (5) Verwendung von Rheologiemodifikatoren, die die Wechselwirkung zwischen den Pigmentteilchen und den Emulsionströpfchen verringern. (6) Erhöhung der Dispergiermittel- und Emulgatorkonzentration, um sicherzustellen, dass die Lebensdauer der bei der Kollision entstehenden unverhüllten Bereiche sehr kurz ist. (7) Verwendung desselben polymeren Tensidmoleküls für Emulgator und Dispergiermittel. (8) Verringerung der Tröpfchengröße der Emulsion.

Literatur

[1] Tadros, Th. F., „Cosmetics", in „Encyclopedia of Colloid and Interface Science", Tadros, Th. F. (Editor), Springer, Deutschland (2013).
[2] Kessel, L. M. and Tadros, Th. F., „Interparticle Interactions in Color Cosmetics", in „Colloids in Cosmetics and Personal Care", Tadros, Th. F. (Editor), Wiley-VCH, Deutschland (2008).
[3] Tadros, Th. F., „Dispersions of Powders in Liquids and Stabilisation of Suspensions", Wiley-VCH, Deutschland (2012).
[4] Blake, T., in „Surfactants", Tadros, Th. F. (Editor), Academic Press, London (1984).
[5] Tadros, Th. F., „Applied Surfactants" Wiley-VCH, Deutschland (2005).
[6] Visser, J., Advances Colloid Interface Sci., 3, 331 (1972).
[7] Deryaguin, B. V. and Landau, L., Acta Physicochem. USSR 14, 633 (1941).
[8] Verwey, E. J. W. and Overbeek, J. Th. G., „Theory of Stability of Lyophobic Colloids", Elsevier, Amsterdam (1948).
[9] Napper, D. H., „Polymeric Stabilisation of Dispersions", Academic Press, London (1983).
[10] Tadros, Th. F., „Rheology of Dispersions", Wiley-VCH, Deutschland (2010).
[11] Krieger, I. M., Advances Colloid Interface Sci., 3, 111 (1972).
[12] Tadros, Th. F., Advances Colloid Interface Sci., 104, 191 (2003).
[13] Robb, J. L., Simpson, L. A. and Tunstall, D. F., Drug & Cosmetic Industry, (March 1994).
[14] Kessell, L. M., Naden, B. J. and Tadros, Th. F., „Attractive and Repulsive gels", IFSCC-Congress, Orlando, Florida (2004).

14 Industrielle Beispiele für kosmetische und Körperpflegeformulierungen

Ein nützlicher Text mit vielen Beispielen kommerzieller kosmetischer Formulierungen wurde von Polo [1] veröffentlicht, auf den sich der Leser für detaillierte Informationen beziehen sollte. Im Folgenden wird lediglich eine Zusammenfassung von Körperpflege- und Kosmetikformulierungen gegeben, die einige der angewandten Grundsätze veranschaulicht. Soweit möglich, wird eine qualitative Beschreibung der Rolle der in diesen kosmetischen Formulierungen verwendeten Bestandteile gegeben. Für grundlegendere Informationen sollte der Leser auf die vorangegangenen Kapitel dieses Buches zurückgreifen.

14.1 Rasierformulierungen

Es lassen sich drei Haupttypen von Rasiermitteln unterscheiden: (1) Nassrasiermittel, (2) Trockenrasiermittel und (3) Aftershave-Mittel. Die Hauptanforderungen an ein Nassrasierpräparat bestehen darin, den Bart weich zu machen, das Gleiten des Rasiermessers über das Gesicht zu erleichtern und das Barthaar zu stützen. Das Haar eines typischen Bartes ist sehr grob und schwer zu schneiden. Daher ist es wichtig, das Haar für eine leichtere Rasur aufzuweichen, was die Anwendung von Seife und Wasser erfordert. Die Seife macht das Haar hydrophil, so dass es leicht mit Wasser benetzt werden kann, was auch zum Anschwellen des Haares führen kann. Die meisten in Rasiermitteln verwendeten Seifen sind Natrium- oder Kaliumsalze von langkettigen Fettsäuren (Natrium- oder Kaliumstearat oder -palmitat). Manchmal wird die Fettsäure mit Triethanolamin neutralisiert. Andere Tenside wie Ethersulfate und Natriumlaurylsulfat sind in der Formulierung enthalten, um einen stabilen Schaum zu erzeugen. Auch Feuchthaltemittel wie Glycerin können enthalten sein, um die Feuchtigkeit zu halten und ein Austrocknen des Schaums während der Rasur zu verhindern.

Die am häufigsten verwendeten Rasierschaumformulierungen sind Aerosolformulierungen, bei denen Kohlenwasserstofftreibmittel (z. B. Butan) verwendet werden, um den Schaum zu verteilen. Die Menge des Treibmittels ist entscheidend für die Schaumeigenschaften. In jüngerer Zeit haben mehrere Unternehmen das Konzept des nachschäumenden Gels eingeführt, bei dem das Produkt in Form eines klaren Gels abgegeben wird, das sich leicht auf dem Gesicht verteilen lässt, und der Schaum dann durch Verdampfen von niedrig siedenden Kohlenwasserstoffen wie Isopenten erzeugt wird. Aufgrund der hohen Viskosität des Gels wird dieses in einem Beutel verpackt, der von dem für den Ausstoß des Gels verwendeten Treibmittel getrennt ist.

Die oben genannten Aerosolformulierungen sind komplex und bestehen aus einer O/W-Emulsion (wobei das Treibmittel den größten Teil der Ölphase bildet) mit einer kontinuierlichen Phase, die aus Seifen/Tensid-Mischungen besteht. Der zuerst vorge-

https://doi.org/10.1515/9783110798548-014

stellte Aerosol-Rasierschaum ist relativ einfach, wobei eine unter Druck stehende Dose verwendet wird, um das Seifen/Tensid-Gemisch in Form eines Schaums freizusetzen. Die plötzliche Druckentlastung führt zur Bildung feiner Schaumblasen in der gesamten entstehenden Flüssigphase. Dabei sind zwei wesentliche Faktoren zu berücksichtigen. Erstens die Schaumstabilität, die während des Rasiervorgangs aufrechterhalten werden sollte. In diesem Fall muss man die intermolekularen Kräfte berücksichtigen, die in einem Schaumfilm wirken. Die Lebensdauer eines Schaumfilms wird durch den Trennungsdruck [2] bestimmt, der zwischen den Flüssigkeitslamellen wirkt. Durch die Verwendung der richtigen Kombination von Seife und Tensiden lassen sich die Schaumeigenschaften optimieren. Die zweite wichtige Eigenschaft des Schaums ist sein Gefühl auf der Haut. Diese wird durch die Menge des in der Formulierung verwendeten Treibmittels bestimmt. Ist die Treibmittelmenge zu gering, erscheint der Schaum „wässrig". Eine hohe Treibmittelmenge hingegen erzeugt einen „gummiartigen" trockenen Schaum. Das zugesetzte Feuchthaltemittel spielt ebenfalls eine wichtige Rolle für das Hautgefühl des Schaums. Auch hier ist eine optimale Konzentration erforderlich, um ein Austrocknen des Schaums während der Rasur zu verhindern. Ein zu hoher Anteil an Feuchthaltemitteln kann jedoch Probleme verursachen, da sie dem Haar Feuchtigkeit entziehen und so die Rasur erschweren.

Aus den obigen Ausführungen wird deutlich, dass der Chemiker bei der Formulierung eines Rasierschaums eine Vielzahl physikalisch-chemischer Faktoren berücksichtigen sollte, wie z. B. die Wechselwirkung zwischen Seife und Tensid, die Qualität der erzeugten Emulsion und die Volumeneigenschaften des erzeugten Schaums. Es überrascht nicht, dass die meisten Rasierschäume aus komplexen Rezepturen bestehen und ein komplettes Verständnis der Rolle der einzelnen Komponenten auf molekularer Ebene noch lange nicht erreicht ist.

Wie bereits erwähnt, wurde der Aerosol-Rasierschaum durch das beliebtere Aerosol-Postforming-Gel ersetzt. Letzteres ist schwieriger herzustellen, da man ein klares Gel mit den richtigen rheologischen Eigenschaften für den Austritt aus dem Aerosolbehälter und eine gute Verteilung auf der Hautoberfläche herstellen muss. Der Schaum sollte dann durch Verdampfen einer niedrig siedenden Flüssigkeit wie Isobuten oder Isopenten hergestellt werden.

Das erste Problem, das angegangen werden muss, sind die Gel-Eigenschaften, die durch eine Kombination von Seifen/Tensid-Mischungen und einem Polymer (das als "Verdickungsmittel" wirkt), z. B. Polyvinylpyrrolidon, erzeugt werden. Die Wechselwirkung zwischen den Tensiden und dem Polymer sollte berücksichtigt werden, um die optimale Zusammensetzung zu finden [2]. Durch die Wärme auf der Haut verdampft das Isopenten und bildet ein dickflüssiges Gel. Um ein gutes Hautgefühl zu erreichen, kann man dem Gel Haut-Conditioner und Gleitmittel beimischen. Auch hier bestehen die meisten Aerosol-Postforming-Gele aus komplexen Rezepturen, und die Wechselwirkungen zwischen den verschiedenen Komponenten sind auf molekularer Ebene schwer zu verstehen. Eine grundlegende kolloid- und grenzflächenwissenschaftliche Untersuchung ist unerlässlich, um die optimale Zusammensetzung zu finden. Darüber hinaus muss die Rheologie des Gels, insbesondere seine viskoelastischen Eigenschaften, im Detail betrachtet werden [3]. Die Messung der Viskoelastizität dieser Gele ist schwierig, da bei solchen Messungen Schaum entsteht.

Eine der wichtigsten Eigenschaften, die bei diesen Rasierschäumen und Postforming-Gelen ebenfalls berücksichtigt werden sollte, ist die Gleitfähigkeit der Formulierung. Die Reibung der Haut kann durch die Zugabe einiger Öle, z. B. Silikonöl, verringert werden. Bei der Rasur stellt der erste Zug des Rasierers kein Problem dar, da der Rasierschaum oder das Gel in ausreichender Menge vorhanden ist, um die Gleitfähigkeit der Haut zu gewährleisten. Der zweite Strich beim Rasieren erzeugt jedoch eine sehr hohe Reibungskraft, weshalb man sicherstellen sollte, dass nach dem ersten Strich eine Restmenge eines Gleitmittels auf der Haut verbleibt.

Eine weitere Art von Nassrasiermitteln ist die aerosolfreie Variante, die heute weit weniger verbreitet ist als die Aerosolvariante. Es lassen sich zwei Typen unterscheiden, nämlich die „brushless shave creams", die ohne Rasierpinsel aufgetragen werden, und die Schaum-Rasiercremes. Diese Formulierungen werden nach wie vor vermarktet, obwohl sie weit weniger beliebt sind als die Aerosolsysteme. Der Brushless-Rasierschaum ist eine O/W-Emulsion mit hohen Konzentrationen von Öl und Seife. Der dicke Film aus Gleitmittelöl sorgt für Geschmeidigkeit und Schutz der Hautoberfläche. Dadurch wird der Widerstand des Rasierers während der Rasur verringert. Der Hauptnachteil dieser Cremes besteht darin, dass sie sich nur schwer vom Rasierer abspülen lassen und die Formulierung ein „fettiges" Gefühl auf der Haut hinterlassen kann. Aufgrund des hohen Ölgehalts der Formulierung ist die haarerweichende Wirkung im Vergleich zu Aerosolen weniger wirksam.

Die Schaum-Rasiercreme ist eine konzentrierte Dispersion von Alkaliseife in einem Glycerin-Wasser-Gemisch. Diese Formulierung weist eine angemessene physikalische Stabilität auf, insbesondere wenn der Herstellungsprozess sorgfältig optimiert wird. Bei höheren Temperaturen kann es zu einer Phasentrennung der Formulierung kommen.

Die Trockenrasur ist ein Verfahren, bei dem elektrische Rasierapparate verwendet werden. Im Gegensatz zur Nassrasur sollte das Haar bei der Verwendung eines Elektrorasierers trocken und steif bleiben. Dazu müssen der Feuchtigkeitsfilm und der Talg auf dem Gesicht entfernt werden. Dies kann durch die Verwendung einer Lotion auf der Basis einer Alkohollösung erreicht werden. Der Lotion kann ein Gleitmittel wie Fettsäureester oder Isopropylmyristat zugesetzt werden. Alternativ kann auch ein trockener Talkumstick verwendet werden, der die Feuchtigkeit und den Talg aus dem Gesicht absorbieren kann.

Eine weitere wichtige Formulierung, die nach der Rasur verwendet wird, ist diejenige, die Hautreizungen reduziert und ein angenehmes Gefühl vermittelt. Dies kann erreicht werden, indem die Haut geschmeidig gemacht wird und gleichzeitig ein kühlender Effekt eintritt. In einigen Fällen wird ein antiseptischer Wirkstoff hinzugefügt, um die Haut vor bakteriellen Infektionen zu schützen. Die meisten dieser Aftershave-Formulierungen sind Gele auf wässriger Basis, die nicht fetten und sich leicht in die Haut einreiben lassen sollten.

14.2 Seifenstücke

Sie gehören zu den ältesten Körperpflegeprodukten, die seit Jahrhunderten verwendet werden. Die frühesten Formulierungen basierten auf einfachen Fettsäuresalzen, wie Natrium- oder Kaliumpalmitat. Diese einfachen Seifen leiden jedoch unter dem Problem der Ausfällung von Calciumseife in hartem Wasser. Aus diesem Grund enthalten die meisten Seifenstücke andere Tenside wie Cocomonoglyceridsulfat oder Natriumcocoglycerylethersulfonat, die die Ausfällung von Calciumionen verhindern. Weitere in Seifenstücken verwendete Tenside sind Natriumcocoylisethionat, Natriumdodecylbenzolsulfonat und Natriumstearylsulfat.

In Seifenstückformulierungen sind verschiedene andere funktionelle Inhaltsstoffe enthalten, z. B. antibakterielle Mittel, Deodorantien, Schaumverstärker, reizmindernde Stoffe, Vitamine usw. Weitere Zusatzstoffe für Seifenstücke sind Antioxidantien, Chelatbildner, Trübungsmittel (z. B. Titandioxid), optische Aufheller, Bindemittel, Weichmacher (zur Erleichterung der Herstellung), Antirissmittel, Perlglanzpigmente usw. Auch Duftstoffe werden zugesetzt, um dem Seifenstück einen angenehmen Geruch zu verleihen.

14.3 Flüssige Handseifen

Flüssige Handseifen sind konzentrierte Tensidlösungen, die einfach aus einer Kunststoff-Spritzflasche oder einem einfachen Pumpbehälter abgefüllt werden können. Die Formulierung besteht aus einer Mischung verschiedener Tenside wie Alpha-Olefinsulfonaten, Laurylsulfaten oder Laurylethersulfaten. Der Formulierung werden Schaumverstärker, wie z. B. Cocoamide, zugesetzt. Auch ein Feuchthaltemittel wie Glycerin wird zugesetzt. Ein Polymer wie Polyquaternium-7 wird hinzugefügt, um die Feuchtigkeitsspender zu halten und ein gutes Hautgefühl zu vermitteln. In jüngerer Zeit haben einige Hersteller Alkylpolyglucoside in ihren Formulierungen verwendet. Die Formulierung kann auch andere Inhaltsstoffe wie Proteine, Mineralöl, Silikone, Lanolin usw. enthalten. In vielen Fällen wird ein Duftstoff hinzugefügt, um der Flüssigseife einen angenehmen Geruch zu verleihen.

Eine der wichtigsten Eigenschaften von Flüssigseifen, die es zu berücksichtigen gilt, ist ihre Rheologie, die sich auf ihre Spendereigenschaften und die Verteilung auf der Haut auswirkt. Die meisten Flüssigseifenformulierungen haben eine hohe Viskosität, damit sie sich „reichhaltig" anfühlen, doch sind gewisse scherverdünnende Eigenschaften erforderlich, damit sie sich leicht verteilen und auf der Hautoberfläche ausbreiten lassen. Diese rheologischen Eigenschaften werden im Wesentlichen durch zwei Methoden erreicht:

(1) Zugabe von Elektrolyt, der eine Veränderung der Mizellenstruktur von kugelförmigen (mit niedriger Viskosität) zu stäbchenförmigen Mizellen (fadenförmige Mizellen) bewirkt, die durch Überlappung der Fäden eine dreidimensionale Gel-Netzwerkstruktur bilden, die viskoelastischer Natur ist. Dies ist in Abb. 14.1 schematisch dargestellt.

$\phi < \phi^*$ ——→ ϕ^* ——→ $\phi > \phi^*$

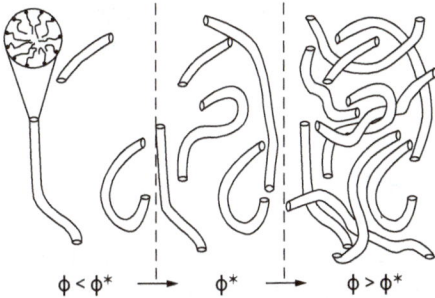

Abb. 14.1: Überlappung bei fadenförmigen Mizellen.

(2) Die Rheologie von Flüssigseifenformulierungen kann auch durch Zugabe von „Verdickungsmitteln" (hochmolekulare Polymere wie Xanthangummi) gesteuert werden, die durch Überlappung der Polymerketten viskoelastische Strukturen erzeugen, wie in Abb. 14.2 dargestellt.

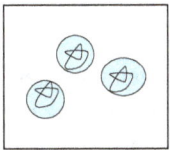

(a) verdünnt
$C < C^*$

(b) Beginn der Überlappung
$C = C^*$

(c) halbverdünnt
$C > C^*$

Abb. 14.2: Übergang von verdünnter zu halbverdünnter Lösung.

Viele Flüssigseifenformulierungen enthalten auch einige Konservierungsmittel und Bakterizide wie Natriumbenzoat und kresolartige Chemikalien.

14.4 Badeöle

Es lassen sich drei Arten von Badeölen unterscheiden: fließende oder spreitende Öle, dispergierbare, emulgierende oder ausblühende Öle und milchige Öle. Die fließenden oder spreitenden Badeöle (in der Regel Mineral- oder Pflanzenöle oder kosmetische Ester wie Isopropylmyristat) sind am wirksamsten, um die trockene Haut zu schmieren und den Duft zu transportieren. Allerdings leiden sie unter einer gewissen „Fettigkeit" und der Bildung von Ablagerungen rund um die Badewanne. Diese Probleme werden durch die Verwendung selbstemulgierender Öle gelöst, die mit Tensidmischungen formuliert sind. Bei Zugabe zu Wasser emulgieren sie spontan und bilden kleine Öltröpfchen, die sich auf der Hautoberfläche absetzen. Diese selbstemulgierenden Öle haben jedoch im Vergleich zu den schwimmenden Ölen eine geringere Emulgierwirkung. Diese Badeöle enthalten in der Regel einen hohen Anteil an Duftstoffen, da sie in einer großen Menge Wasser verwendet werden.

14.5 Schaumbäder (oder Sprudelbäder)

Sie können in Form von Flüssigkeiten, Cremes, Gelen, Pulvern und Granulaten (Perlen) hergestellt werden. Ihre Hauptfunktion besteht darin, in fließendem Wasser maximalen Schaum zu erzeugen. Die in Schaumbadformulierungen verwendeten Basis-Tenside sind anionische, nichtionische oder amphotere Tenside zusammen mit einigen Schaumstabilisatoren, Duftstoffen und geeigneten Lösungsvermittlern. Diese Formulierungen sollten mit Seife verträglich sein und können weitere Inhaltsstoffe zur Verbesserung der Hautpflegeeigenschaften enthalten.

14.6 Präparate für die Anwendung nach dem Bad

Dabei handelt es sich um Formulierungen, die den schädlichen Wirkungen nach dem Baden entgegenwirken sollen, z. B. dem Austrocknen der Haut durch den Entzug natürlicher Fette und Öle aus der Haut. Es können verschiedene Formulierungen verwendet werden, z. B. Lotionen und Cremes, Flüssigkeitssprüher, Trockenölspray, Puder oder Talk usw. Die Lotionen und Cremes, die am häufigsten verwendet werden, sind einfache O/W-Emulsionen mit Haut-Conditionern und Weichmachern. Die Flüssigkeitssprüher sind hydroalkoholische Produkte, die etwas Öl enthalten, um die Haut zu pflegen. Sie können als Flüssigkeit auf die Haut aufgetragen oder aufgesprüht werden.

14.7 Hautpflegeprodukte

Die Haut bildet eine wirksame Permeabilitätsbarriere mit folgenden wesentlichen Funktionen: (1) Schutz vor körperlichen Verletzungen, Abnutzung und Verschleiß, sowie Schutz vor ultravioletter Strahlung (UV-Schutz); (2) Schutz vor dem Eindringen schädlicher Fremdstoffe, einschließlich Wasser und Mikroorganismen; (3) Kontrolle des Verlusts von Flüssigkeiten, Salzen, Hormonen und anderen körpereigenen Stoffen aus dem Körperinneren; (4) Wärmeregulierung des Körpers durch Wasserverdunstung (über die Schweißdrüse).

Aus den oben genannten Gründen sind Hautpflegeprodukte wesentliche Materialien zum Schutz vor Hautschäden. Ein Hautpflegeprodukt sollte zwei Hauptbestandteile haben: einen Feuchtigkeitsspender (Feuchthaltemittel), der den Wasserverlust der Haut verhindert, und einen Weichmacher (die Ölphase in der Formulierung), der für die Glättung, das Verteilen, den Grad der Okklusion und die feuchtigkeitsspendende Wirkung sorgt. Der Begriff Emolliens wird manchmal verwendet, um sowohl Feuchthaltemittel als auch Öle zu umfassen.

Der Feuchtigkeitsspender soll die Haut feucht halten und die Feuchtigkeit in der Formulierung binden (Verringerung der Wasseraktivität) und die Haut so vor dem Austrocknen schützen. Der Begriff Wassergehalt bezieht sich auf die Gesamtmenge an Wasser in der Formulierung (sowohl freies als auch gebundenes), während die Wasseraktivität nur ein Maß für das freie (verfügbare) Wasser ist. Der Wassergehalt der tieferen, lebenden Epidermisschichten liegt in der Größenordnung von 70 % (wie der Wassergehalt in lebenden Zellen). Für die Austrocknung der Haut kommen mehrere Faktoren in Frage. Man muss zwischen dem Wassergehalt der Dermis, der lebensfähigen Epidermis und der Hornschicht (Stratum corneum) unterscheiden. Während der Alterung der Dermis nimmt die Menge der Mucopolysaccharide ab, was zu einer Verringerung des Wassergehalts führt. Dieser Alterungsprozess wird durch UV-Strahlung (insbesondere das tief eindringende UV-A, siehe Kapitel 12 über Sonnenschutzmittel) beschleunigt. Chemische oder physikalische Veränderungen während der Alterung der Epidermis führen ebenfalls zu trockener Haut. Wie in Kapitel 1 erläutert, bildet das strukturierte Lipid-Wasser-Doppelschichtsystem im Stratum corneum eine Barriere gegen Wasserverlust und schützt die lebensfähige Epidermis vor dem Eindringen exogener Reizstoffe. Die Hautbarriere kann durch Extraktion von Lipiden durch Lösungsmittel oder Tenside geschädigt werden, und der Wasserverlust kann auch durch niedrige relative Luftfeuchtigkeit verursacht werden.

Trockene Haut, die durch den Verlust der Hornschicht verursacht wird, kann durch Formulierungen geheilt werden, die Lipidextrakte aus den Hornschichten von Menschen oder Tieren enthalten. Durch den Verlust von Wasser aus den lamellaren flüssigkristallinen Lipiddoppelschichten der Hornschicht kann es zu einem Phasenübergang zu kristallinen Strukturen kommen, was zu einer Kontraktion der interzellulären Bereiche führt. Die trockene Haut wird unflexibel und unelastisch, und sie kann auch reißen.

Aus den oben genannten Gründen ist es wichtig, Hautpflegeformulierungen zu verwenden, die Feuchtigkeitsspender (z. B. Glycerin) enthalten, die Wasser anziehen und stark binden, so dass das Wasser auf der Hautoberfläche eingeschlossen wird. Formulierungen, die mit unpolaren Ölen (z. B. Paraffinöl) hergestellt werden, tragen ebenfalls zur Wasserbindung bei. Durch die Okklusion von Öltröpfchen auf der Hautoberfläche wird der transepidermale Wasserverlust verringert. Es können verschiedene Weichmacher verwendet werden, z. B. Petrolatum, Mineralöle, Pflanzenöle, Lanolin und seine Ersatzstoffe sowie Silikonöle. Neben Glycerin, dem am häufigsten verwendeten Feuchthaltemittel, können auch andere Feuchthaltemittel verwendet werden, z. B. Sorbitol, Propylenglykol, Polyethylenglykole (mit Molekulargewichten im Bereich von 200 bis 600. Wie in Kapitel 9 erwähnt, können auch Liposomen oder Vesikel, Neosomen, als Hautbefeuchter verwendet werden.

Im Allgemeinen können Weichmacher als Produkte bezeichnet werden, die weichmachende und glättende Eigenschaften haben. Dabei kann es sich um hydrophile Stoffe wie Glycerin, Sorbitol usw. (siehe oben) und lipophile Öle wie Paraffinöl, Rizinusöl, Triglyceride usw. handeln. Bei der Formulierung stabiler O/W- oder W/O-Emulsionen für die Hautpflege muss das Emulgatorsystem entsprechend der Polarität des Weichmachers ausgewählt werden. Die Polarität eines organischen Moleküls lässt sich durch seine Dielektrizitätskonstante oder sein Dipolmoment beschreiben. Die Ölpolarität kann auch mit der Grenzflächenspannung γ_{OW} zwischen Öl und Wasser in Beziehung gesetzt werden. Eine unpolare Substanz wie ein isoparaffinisches Öl ergibt beispielsweise eine Grenzflächenspannung im Bereich von 50 mNm^{-1}, während γ_{OW} für ein polares Öl wie Cyclomethicon im Bereich von 20 mNm^{-1} liegt. Die physikalisch-chemische Beschaffenheit der Ölphase bestimmt ihre Fähigkeit, sich auf der Haut zu verteilen, den Grad der Okklusivität und den Hautschutz. Das optimale Emulgatorsystem hängt auch von der Eigenschaft des Öls (seinem HLB-Wert) ab, wie in Kapitel 6 über kosmetische Emulsionen ausführlich erläutert wird.

Die Wahl eines Weichmachers für eine Hautpflegeformulierung basiert meist auf der sensorischen Bewertung durch geschulte Gremien. Die sensorischen Eigenschaften werden in verschiedene Kategorien eingeteilt: leichte Verteilbarkeit, Hautgefühl direkt nach dem Auftragen und 10 Minuten später, Weichheit usw. Außerdem wird ein Schmierfähigkeitstest durchgeführt, um den Reibungsfaktor zu ermitteln. Die Verteilbarkeit eines Weichmachers kann auch durch Messung des Verteilungskoeffizienten bewertet werden.

14.8 Haarpflegeformulierungen

Die Haarpflege umfasst zwei Hauptmaßnahmen: (1) Pflege und Stimulierung des stoffwechselaktiven Kopfhautgewebes und seiner Anhängsel, der Haartalgdrüseneinheiten (engl. pilosebaceus units; PSU). Dieser Vorgang wird normalerweise von Dermatologen oder spezialisierten Friseursalons durchgeführt. (2) Schutz und Pflege des leblosen Haarschafts, wenn er die Hautoberfläche verlässt. Letzteres ist Gegenstand von kosmetischen Zubereitungen, die eine oder mehrere der folgenden Funktionen erfüllen sollten: (1) Conditioner-Wirkung beim Haar zur Erleichterung der Kämmbarkeit. Dazu könnten auch Formulierungen gehören, die sich durch Kämmen und Bürsten leicht frisieren lassen und die Fähigkeit haben, das Haar eine Zeit lang zu halten. Die Schwierigkeit, das Haar zu frisieren, ist auf die statische elektrische Aufladung zurückzuführen, die durch Haar-Conditioner beseitigt werden kann. (3) „Haarkörper", d. h. das scheinbare Volumen einer Haarpartie, wie es durch Sehen und Tasten beurteilt wird.

Eine weitere wichtige Fähigkeit von kosmetischen Formulierungen ist die zum Färben von Haaren, d. h. zur Veränderung der natürlichen Haarfarbe. Auch auf dieses Thema wird in diesem Abschnitt kurz eingegangen.

Wie in Kapitel 11 erwähnt, ist das Haar eine komplexe Mehrkomponentenfaser mit sowohl hydrophilen als auch hydrophoben Eigenschaften. Es besteht zu 65 bis 95 Gew.-% aus Proteinen und bis zu 32 % aus Wasser, Lipiden, Pigmenten und Spurenelementen. Die Proteine bestehen aus strukturiertem, hartem α-Keratin, das in eine amorphe, proteinhaltige Matrix eingebettet ist. Das menschliche Haar ist eine modifizierte epidermale Struktur, die ihren Ursprung in kleinen Säckchen hat, die Follikel genannt werden und sich an der Grenzlinie zwischen Dermis und Hypodermis befinden. Ein Querschnitt durch das menschliche Haar zeigt drei morphologische Bereiche, die Medulla (innerer Kern), den Cortex, der aus faserigen Proteinen (α-Keratin und amorphes Protein) besteht, und eine äußere Schicht, die Cuticula. Die Hauptbestandteile des Cortex und der Cuticula des Haares sind Proteine oder Polypeptide (mit mehreren Aminosäureeinheiten). Das Keratin hat eine α-Helix-Struktur (Molekulargewicht im Bereich von 40.000 bis 70.000 Dalton, d. h. 363 bis 636 Aminosäureeinheiten).

Die Haaroberfläche weist sowohl saure als auch basische Gruppen auf (d. h. sie ist amphoter). Bei unverändertem menschlichem Haar beträgt die maximale Säurebindungskapazität etwa 0,75 mmol/g Salz-, Phosphor- oder Ethylschwefelsäure. Dieser Wert entspricht der Anzahl der zweibasigen Aminosäurereste, d. h. Arginin, Lysin oder Histidin. Die maximale Alkalibindungskapazität für unverändertes Haar beträgt 0,44 mmol/g Kaliumhydroxid. Dieser Wert entspricht der Anzahl der sauren Reste, d. h. der Asparagin- und Glutaminseitenketten. Der isoelektrische Punkt des Haarkeratins (d. h. der pH-Wert, bei dem eine gleiche Anzahl positiver $-NH^+$ und negativer $-COO^-$ Gruppen vorhanden ist) liegt bei ≈ pH 6. Bei unverändertem Haar liegt der IEP (isoelektrische Punkt) jedoch bei pH 3,67.

Die oben genannten Ladungen auf dem menschlichen Haar spielen eine wichtige Rolle bei der Reaktion des Haares auf kosmetische Inhaltsstoffe in einer Haarpflegeformulierung. Die elektrostatische Wechselwirkung zwischen anionischen oder kationischen Tensiden in einer Haarpflegeformulierung erfolgt mit diesen geladenen Gruppen. Ein weiterer wichtiger Faktor bei der Anwendung von Haarpflegeprodukten ist der Wassergehalt des Haares, der von der relativen Luftfeuchtigkeit (engl. Relative Humidity; RH) abhängt. Bei niedriger Luftfeuchtigkeit (< 25 %) ist das Wasser durch Wasserstoffbrückenbindungen stark an hydrophile Stellen gebunden (manchmal wird dies als „immobiles" Wasser bezeichnet). Bei hoher Luftfeuchtigkeit (> 80 %) ist die Bindungsenergie für Wassermoleküle aufgrund der multimolekularen Wasser/Wasser-Wechselwirkungen geringer (dies wird manchmal als „mobiles" oder „freies" Wasser bezeichnet). Mit zunehmender relativer Luftfeuchtigkeit schwillt das Haar an; bei einem Anstieg der relativen Luftfeuchtigkeit von 0 auf 100 % nimmt der Haardurchmesser um etwa 14 % zu. Wenn das wassergetränkte Haar beim Trocknen in eine bestimmte Form gebracht wird, behält es vorübergehend seine Form bei. Jede Änderung der relativen Luftfeuchtigkeit kann jedoch zu einem Verlust der Verfestigung führen.

Im Haar gibt es sowohl Oberflächen- als auch Innenlipide. Die Oberflächenlipide lassen sich leicht durch Shampoonieren mit einer Formulierung auf der Basis eines anionischen Tensids entfernen. Zwei aufeinanderfolgende Schritte sind ausreichend, um die Oberflächenlipide zu entfernen. Die inneren Lipide lassen sich jedoch aufgrund der langsamen Penetration von Tensiden nur schwer durch Shampoonieren entfernen.

Die Analyse der Haarlipide zeigt, dass diese sehr komplex sind und aus gesättigten und ungesättigten, geraden und verzweigten Fettsäuren mit einer Kettenlänge von 5 bis 22 Kohlenstoffatomen bestehen. Der Unterschied in der Zusammensetzung der Lipide zwischen Personen mit „trockenem" und „fettigem" Haar ist nur qualitativ. Feines, glattes Haar neigt eher zu „Fettigkeit" als lockiges, grobes Haar.

Aus der obigen Diskussion wird deutlich, dass die Haarbehandlung Formulierungen für die Reinigung und Spülung der Haare erfordert, und dies wird meist durch die Verwendung von Shampoos erreicht. Letztere werden heute von den meisten Menschen verwendet, und es sind verschiedene kommerzielle Produkte mit unterschiedlichen Eigenschaften erhältlich. Die Hauptfunktion eines Shampoos besteht darin, sowohl das Haar als auch die Kopfhaut von Schmutz und Verunreinigungen zu befreien. Moderne Shampoos erfüllen aber auch andere Zwecke, z. B. Pflege, Schuppenbekämpfung und Sonnenschutz. Die wichtigsten Anforderungen an ein Haarshampoo sind: (1) sichere Inhaltsstoffe (geringe Toxizität, geringe Sensibilisierung und geringe Augenreizung). (2) Geringe Substantivität der Tenside. (3) Abwesenheit von Inhaltsstoffen, die das Haar schädigen können.

Die wichtigsten Wechselwirkungen zwischen den Tensiden und den Conditionern im Shampoo finden in den ersten paar Mikrometern der Haaroberfläche statt. Shampoos mit Spülung (Conditioner-Wirkung; manchmal auch als 2-in-1-Shampoos bezeichnet) lagern Conditioner auf der Haaroberfläche ab. Diese Conditioner neutralisieren die Ladung an der Haaroberfläche und verringern so die Reibung des Haares, wodurch es sich leichter kämmen lässt. Die Adsorption der Inhaltsstoffe eines Haarshampoos (Tenside und Polymere) erfolgt sowohl durch elektrostatische als auch durch hydrophobe Kräfte. Die Haaroberfläche ist bei dem pH-Wert, bei dem ein Shampoo formuliert wird, negativ geladen. Jede positiv geladene Spezies, wie ein kationisches Tensid oder ein kationisches Polyelektrolyt, wird durch elektrostatische Wechselwirkung zwischen den negativen Gruppen auf der Haaroberfläche und der positiven Kopfgruppe des Tensids adsorbiert. Die Adsorption von hydrophoben Stoffen wie Silikon- oder Mineralölen erfolgt durch hydrophobe Wechselwirkung.

In Shampooformulierungen werden verschiedene Haar-Conditioner verwendet, z. B. kationische Tenside wie Stearylbenzyldimethylammoniumchlorid, Cetyltrimethylammoniumchlorid, Distearyldimethylammoniumchlorid oder Stearamidopropyldimethylamin. Wie bereits erwähnt, bewirken diese kationischen Tenside die Ableitung statischer Aufladungen auf der Haaroberfläche und ermöglichen so ein leichteres Kämmen, indem sie die Reibung der Haare verringern. Manchmal werden auch langkettige Alkohole wie Cetylalkohol, Stearylalkohol und Cetostearylalkohol zugesetzt, die eine synergistische Conditioner-Wirkung auf Haare haben sollen. Verdickungsmittel wie

Hydroxyethylcellulose oder Xanthangummi werden zugesetzt, die als Rheologiemodifikatoren für das Shampoo wirken und auch die Ablagerung auf der Haaroberfläche verbessern können. Die meisten Shampoos enthalten auch lipophile Öle wie Dimethicone oder Mineralöle, die in die wässrige Tensidlösung emulgiert werden. Verschiedene andere Inhaltsstoffe, wie Duftstoffe, Konservierungsmittel und Proteine, sind ebenfalls in der Formulierung enthalten. Eine Shampooformel enthält also mehrere Inhaltsstoffe, und die Wechselwirkung zwischen den verschiedenen Bestandteilen sollte sowohl für die langfristige physikalische Stabilität der Formulierung als auch für ihre Wirksamkeit bei der Reinigung und Spülung des Haares berücksichtigt werden.

Eine weitere Haarpflegeformulierung ist diejenige, die für Dauerwellen, Glätten und Enthaarung verwendet wird. Die Schritte der Haarwellung umfassen die Reduktion, Formung und Härtung der Haarfasern. Die Reduktion von Cystinbindungen (Disulfidbindungen) ist die Hauptreaktion beim Dauerwellen, Glätten und Enthaaren von menschlichem Haar. Der am häufigsten verwendete Enthaarungsbestandteil ist Calciumthioglykolat, das bei einem pH-Wert von 11 bis 12 angewendet wird. Harnstoff wird hinzugefügt, um die Quellung der Haarfasern zu erhöhen. Bei der Dauerwelle folgt auf diese Reduktion eine molekulare Verschiebung durch die Belastung des Haares auf Rollen und schließlich eine Neutralisierung mit einem Oxidationsmittel, bei der die Cysteinbindungen neu gebildet werden. In jüngster Zeit haben bessere „kalte Wellen" die „heißen Wellen" ersetzt, bei denen Thioglykolsäure bei einem pH-Wert von 9 bis 9,5 verwendet wird. Glycerylmonothioglykolat wird ebenfalls in der Haarwellung verwendet. Ein alternatives Reduktionsmittel ist Sulfit, das bei einem pH-Wert von 6 angewendet werden kann, gefolgt von Wasserstoffperoxid als Neutralisationsmittel.

Ein weiteres Verfahren, das auch in der Kosmetikindustrie angewandt wird, ist das Bleichen der Haare, dessen Hauptzweck die Aufhellung der Haare ist. Wasserstoffperoxid wird als primäres Oxidationsmittel verwendet, und Persulfatsalze werden als „Beschleuniger" hinzugefügt. Das System wird bei einem pH-Wert von 9 bis 11 angewendet. Das alkalische Wasserstoffperoxid bewirkt eine Zersetzung der Melaninkörnchen, die die Hauptquelle der Haarfarbe sind, mit anschließender Zerstörung des Chromophors. Um die Zersetzungsgeschwindigkeit des Wasserstoffperoxids zu verringern, werden Schwermetallkomplexe zugesetzt. Es ist zu erwähnen, dass beim Bleichen der Haare das Haarkeratin angegriffen wird und Cysteinsäure entsteht.

Weitere wichtige Formulierungen in der kosmetischen Industrie sind diejenigen für die Haarfärbung. Bei diesem Prozess können drei Hauptschritte zum Einsatz kommen: Bleichen, Bleichen + Färben in Kombination sowie Färben mit künstlichen Farben. Haarfärbemittel können in mehrere Kategorien eingeteilt werden: permanente oder oxidative Färbemittel, semipermanente Färbemittel und temporäre Färbemittel oder Farbspülungen. Das Färbemittel für Haarfärbemittel kann aus einem oxidativen Farbstoff, einem ionischen Farbstoff, einem metallischen Farbstoff oder einem Reaktivfarbstoff bestehen. Die permanenten oder oxidativen Farbstoffe sind die kommerziell wichtigsten Systeme und bestehen aus Farbstoffvorstufen wie p-Phenylendiamin, das durch Wasserstoffperoxid zu einem Diiminium-Ion oxidiert wird. Das aktive Zwischenprodukt kondensiert in der Haarfaser mit einem elektronenreichen Farbstoffkuppler wie Resorcin und mit möglicherweise elektronenreichen Seitenkettengruppen des Haares und bildet ein zwei-, drei- oder mehrkerniges Produkt, das zu einem Indo-Farbstoff oxidiert wird.

Semipermanente Färbemittel beziehen sich auf Formulierungen, die das Haar ohne Wasserstoffperoxid zu einer Farbe färben, die erst nach 4 bis 6 Haarwäschen erhalten bleibt.

14.9 Sonnenschutzmittel

Wie in Kapitel 12 erörtert, ist die schädigende Wirkung des Sonnenlichts (insbesondere des ultravioletten Lichts) seit mehreren Jahrzehnten bekannt, was zu einer erheblichen Nachfrage nach einem verbesserten Lichtschutz durch die örtliche Anwendung von Sonnenschutzmitteln führte. Es werden drei Hauptwellenlängen der ultravioletten Strahlung (UV-Strahlung) unterschieden: UV-A (Wellenlänge 320 bis 400 nm; manchmal unterteilt in UV-A1 (340–360) und UV-A2 (320–340)), UV-B (Wellenlänge 290 bis 320 nm) und UV-C (Wellenlängenbereich 200 bis 290 nm). UV-C-Strahlung ist von geringer praktischer Bedeutung, da sie von der Ozonschicht in der Stratosphäre absorbiert wird. UV-B ist sehr energiereich und verursacht intensive kurz- und langfristige pathophysiologische Schäden an der Haut (Sonnenbrand). Etwa 70 % werden von der Hornschicht (Stratum corneum) reflektiert, 20 % dringen in die tieferen Schichten der Epidermis ein und 10 % erreichen die Dermis. UV-A hat eine geringere Energie, aber seine photobiologischen Wirkungen sind kumulativ und haben langfristige Auswirkungen. UV-A dringt tief in die Dermis und darüber hinaus ein, d. h. 20 bis 30 % erreichen die Dermis. Da es eine photoaugmentierende Wirkung auf UV-B hat, trägt es zu etwa 8 % zu UV-B-Erythemen bei.

Mehrere Studien haben gezeigt, dass Sonnenschutzmittel nicht nur vor UV-induzierten Erythemen in der menschlichen und tierischen Haut schützen, sondern auch die Photokarzinogenese in der Tierhaut hemmen können. Die schädliche Wirkung von UV-A hat zur Suche nach Sonnenschutzmitteln geführt, die UV-A absorbieren, mit dem Ziel, die direkten dermalen Auswirkungen von UV-A zu verringern, das die Hautalterung und verschiedene andere lichtempfindliche Reaktionen verursacht. Sonnenschutzmittel werden mit einem Lichtschutzfaktor (LSF) versehen, der ein Maß für die Fähigkeit eines Sonnenschutzmittels ist, vor Sonnenbrand im Bereich der UV-B-Wellenlänge (290 bis 320 nm) zu schützen. Die Formulierung von Sonnenschutzmitteln mit hohem Lichtschutzfaktor (> 50) war das Ziel vieler Kosmetikhersteller.

Ein ideales Sonnenschutzmittel sollte sowohl vor UV-B als auch vor UV-A schützen. Wiederholte Exposition gegenüber UV-B beschleunigt die Hautalterung und kann zu Hautkrebs führen. UV-B kann zu einer Verdickung der Hornschicht führen (wodurch die Haut „dick" wird). UV-B kann auch Schäden an DNA und RNA verursachen.

Menschen mit heller Haut können keine schützende Bräune entwickeln und müssen sich vor UV-B schützen.

UV-A kann auch mehrere Auswirkungen haben: (1) Große Mengen an UV-A-Strahlung dringen tief in die Haut ein und erreichen die Dermis, wodurch Blutgefäße, Kollagen und elastische Fasern geschädigt werden. (2) Längere UV-A-Bestrahlung kann zu Hautentzündungen und Rötungen führen. (3) UV-A trägt zur Hautalterung und zu Hautkrebs bei. Es verstärkt die biologische Wirkung von UV-B. (4) UV-A kann Phytotoxizität und Photoallergie hervorrufen und eine sofortige Pigmentverdunkelung (sofortige Bräunung) bewirken, was für einige ethnische Gruppen unerwünscht sein kann.

Aus den obigen Ausführungen wird deutlich, dass die Formulierung wirksamer Sonnenschutzmittel folgende Anforderungen erfüllen muss: (1) Maximale Absorption im UV-B- und/oder UV-A-Bereich. (2) Hohe Wirksamkeit bei niedriger Dosierung. (3) Nicht-flüchtige Wirkstoffe mit chemischer und physikalischer Stabilität. (4) Kompatibilität mit anderen Bestandteilen der Formulierung. (5) Ausreichende Löslichkeit oder Dispergierbarkeit in kosmetischen Ölen, Emollienzien oder in der Wasserphase. (6) Abwesenheit jeglicher dermatotoxologischer Wirkungen bei minimaler Hautpenetration. (7) Widerstandsfähigkeit gegen Entfernung durch Schweiß.

Sonnenschutzmittel lassen sich in organische Lichtfilter synthetischen oder natürlichen Ursprungs und Barrierestoffe oder physikalische Sonnenschutzmittel unterteilen. Beispiele für UV-B-Filter sind Cinnamate, Benzophenone, p-Aminobenzoesäure, Salicylate, Kampferderivate und Phenylbenzimidazolsulfonate. Beispiele für UV-A-Filter sind Dibenzoylmethan, Anthranilate und Kampferderivate. Es gibt mehrere natürliche Sonnenschutzmittel, z. B. Kamillen- oder Aleoextrakte, Kaffeesäure, ungesättigte pflanzliche oder tierische Öle. Diese natürlichen Sonnenschutzmittel sind jedoch weniger wirksam und werden in der Praxis nur selten verwendet.

Bei den Barrierestoffen oder physikalischen Sonnenschutzmitteln handelt es sich im Wesentlichen um mikronisierte unlösliche organische Moleküle oder mikronisierte anorganische Pigmente wie Titandioxid und Zinkoxid. Mikropigmente wirken durch Reflexion, Beugung und/oder Absorption der UV-Strahlung. Die maximale Reflexion tritt auf, wenn die Teilchengröße des Pigments etwa die Hälfte der Wellenlänge der Strahlung beträgt. Für eine maximale Reflexion der UV-Strahlung sollte der Teilchenradius also im Bereich von 140 bis 200 nm liegen. Unbeschichtete Materialien wie Titan- und Zinkoxid können die Photozersetzung von kosmetischen Inhaltsstoffen wie Sonnenschutzmitteln, Vitaminen, Antioxidantien und Duftstoffen katalysieren. Diese Probleme können durch eine spezielle Beschichtung oder Oberflächenbehandlung der Oxidpartikel gelöst werden, z. B. mit Aluminiumstearat, Lecithinen, Fettsäuren, Silikonen und anderen anorganischen Pigmenten. Die meisten dieser Pigmente werden als Dispersionen geliefert, die in die kosmetische Formulierung eingemischt werden können. Es muss jedoch vermieden werden, dass die Pigmentteilchen ausflocken oder mit anderen Inhaltsstoffen in der Formulierung in Wechselwirkung treten, was zu einer starken Verringerung ihrer Sonnenschutzwirkung führt.

Ein topisches Sonnenschutzmittel wird formuliert, indem ein oder mehrere Sonnenschutzmittel (als UV-Filter bezeichnet) in ein geeignetes Vehikel, meist eine O/W- oder W/O-Emulsion, eingebracht werden. Es werden auch verschiedene andere Formulierungen hergestellt, z. B. Gele, Stifte, Mousse (Schaum), Sprühformulierungen oder eine wasserfreie Salbe. Zusätzlich zu den üblichen Anforderungen an eine kosmetische Formulierung, z. B. einfache Anwendung, angenehmes Aussehen, Farbe oder Haptik, sollten Sonnenschutzformulierungen auch die folgenden Eigenschaften aufweisen: (1) wirksam in dünnen Filmen, stark absorbierend sowohl im UV-B- als auch im UV-A-Bereich; (2) dringen nicht in die Haut ein und lassen sich beim Auftragen leicht verteilen; (3) feuchtigkeitsspendend und wasser- und schweißfest; (4) frei von phototoxischen und allergischen Wirkungen.

Die meisten auf dem Markt befindlichen Sonnenschutzmittel sind Cremes oder Lotionen (Milch), und in den letzten Jahren wurden Fortschritte erzielt, um einen hohen Lichtschutzfaktor bei geringem Gehalt an Sonnenschutzmittel zu erreichen.

14.10 Make-up-Produkte

Make-up-Produkte umfassen viele Systeme wie Lippenstift, Lippenfarbe, Grundierungen (Foundations), Nagellack, Wimperntusche usw. Alle diese Produkte enthalten einen Farbstoff, bei dem es sich um einen löslichen Farbstoff oder ein (organisches oder anorganisches) Pigment handeln kann. Beispiele für organische Pigmente sind rote, gelbe, orange und blaue Lacke. Zu den anorganischen Pigmenten gehören Titandioxid, Glimmer, Zinkoxid, Talkum, Eisenoxid (rot, gelb und schwarz), Ultramarin, Chromoxid usw. Die meisten Pigmente werden durch Oberflächenbehandlung mit Aminosäuren, Chitin, Lecithin, Metallseifen, Naturwachs, Polyacrylaten, Polyethylen, Silikonen usw. modifiziert.

Zu den dekorativen Kosmetika gehören Make-Up-Grundierungen (Foundations), Rouge, Mascara, Eyeliner, Lidschatten, Lippenfarbe und Nagellack. Ihre Hauptfunktion besteht darin, das Aussehen zu verbessern, Farbe zu verleihen, Hauttöne auszugleichen, Unvollkommenheiten zu verbergen und einen gewissen Schutz zu bieten. Es werden verschiedene Arten von Formulierungen hergestellt, von wässrigen und nichtwässrigen Suspensionen über Öl-in-Wasser- und Wasser-in-Öl-Emulsionen bis hin zu Pulvern (gepresst oder lose).

Die Make-up-Produkte müssen eine Reihe von Kriterien erfüllen, damit sie vom Verbraucher akzeptiert werden: (1) verbesserte Benetzung, Verteilung und Haftung der Farbkomponenten; (2) ausgezeichnetes Hautgefühl; (3) Haut- und UV-Schutz und Abwesenheit jeglicher Hautreizung.

Zu diesem Zweck muss die Formulierung optimiert werden, um die gewünschte Eigenschaft zu erreichen. Dies wird durch die Verwendung von Tensiden und Polymeren sowie durch die Verwendung modifizierter Pigmente (durch Oberflächenbehandlung) erreicht. Die Teilchengröße und -form der Pigmente sollte ebenfalls optimiert werden, damit sie sich auf der Haut gut anfühlen und gut haften.

Die gepressten Puder erfordern besondere Aufmerksamkeit, um ein gutes Hautgefühl und eine gute Haftung zu erreichen. Um diese Ziele zu erreichen, müssen die Füllstoffe und Pigmente oberflächenbehandelt werden. Um einen geeigneten gepressten Puder zu erhalten, werden auch Bindemittel und Verdichtungshilfen zugesetzt. Bei diesen Bindemitteln kann es sich um trockene Pulver, Flüssigkeiten oder Wachse handeln. Weitere Bestandteile, die hinzugefügt werden können, sind Sonnenschutzmittel und Konservierungsstoffe. Diese gepressten Pulver werden auf einfache Weise durch „Aufnehmen", Auftragen und gleichmäßiges Bedecken angewandt. Das Aussehen des gepressten Puderfilms ist sehr wichtig, und es sollte sehr darauf geachtet werden, dass der Auftrag gleichmäßig erfolgt. Ein typisches gepresstes Pulver kann 40 bis 80 % Füllstoffe, 10 bis 40 % spezielle Füllstoffe, 0 bis 5 % Bindemittel, 5 bis 10 % Farbstoffe, 0 bis 10 % Perlen und 3 bis 8 % Nassbindemittel enthalten.

Als Alternative zu gepressten Pudern haben flüssige Grundierungen in den letzten Jahren besondere Aufmerksamkeit auf sich gezogen. Die meisten Make-up-Grundierungen bestehen aus O/W- oder W/O-Emulsionen, in denen die Pigmente entweder in der wässrigen oder der Ölphase dispergiert sind. Es handelt sich um komplexe Systeme, die aus einer Suspensions-/Emulsionsformulierung (Suspoemulsion) bestehen. Besonderes Augenmerk sollte auf die Stabilität der Emulsion (keine Ausflockung oder Koaleszenz) und der Suspension (keine Ausflockung) gelegt werden. Dies wird durch die Verwendung spezieller Tensidsysteme wie Silikonpolyole, Blockcopolymere von Polyethylenoxid und Polypropylenoxid erreicht. Einige Verdickungsmittel können auch hinzugefügt werden, um die Konsistenz (Rheologie) der Formulierung zu steuern.

Der Hauptzweck einer Make-Up-Grundierung besteht darin, die Farbe gleichmäßig zu verteilen, alle Hauttöne auszugleichen und das Erscheinungsbild von Unvollkommenheiten zu minimieren. Außerdem werden Feuchthaltemittel hinzugefügt, um eine feuchtigkeitsspendende Wirkung zu erzielen. Das verwendete Öl sollte so gewählt werden, dass es ein gutes Emolliens ist. Außerdem werden Netzmittel zugesetzt, um eine gute Verteilung und gleichmäßige Deckkraft zu erreichen. Die Ölphase könnte ein Mineralöl, ein Ester wie Isopropylmyristat oder ein flüchtiges Silikonöl (z. B. Cyclomethicon) sein. Es kann ein Emulgatorsystem aus einer Mischung aus Fettsäuren und nichtionischen Tensiden verwendet werden. Die wässrige Phase enthält ein Feuchthaltemittel aus Glycerin, Propylenglykol oder Polyethylenglykol. Netzmittel wie Lecithin, Tenside mit niedrigem HLB-Wert oder Phosphatester können ebenfalls zugesetzt werden. Der wässrigen Phase kann auch ein Tensid mit hohem HLB-Wert zugesetzt werden, um in Kombination mit dem Ölemulgatorsystem eine bessere Stabilität zu erreichen. Es können verschiedene Suspensionsmittel (Verdickungsmittel) verwendet werden, z. B. Magnesiumaluminiumsilikat, Cellulosegummi, Xanthangummi, Hydroxyethylcellulose oder hydrophob modifiziertes Polyethylenoxid. Ein Konservierungsmittel wie Methylparaben sollte ebenfalls enthalten sein. Die oberflächenbehandelten Pigmente werden entweder in der Öl- oder in der wässrigen

Phase dispergiert. Andere Zusatzstoffe, wie Duftstoffe, Vitamine und Lichtdiffusoren, können ebenfalls zugesetzt werden.

Aus den obigen Ausführungen wird deutlich, dass flüssige Grundierungen aufgrund der großen Anzahl der verwendeten Komponenten und der Wechselwirkungen zwischen den verschiedenen Bestandteilen eine Herausforderung für den Formulierungschemiker darstellen. Besonderes Augenmerk sollte auf die Wechselwirkung zwischen den Emulsionströpfchen und den Pigmentteilchen gelegt werden (ein Phänomen, das als Heteroflockulation bezeichnet wird), die sich nachteilig auf die endgültigen Eigenschaften des auf der Haut aufgebrachten Films auswirken kann. Eine gleichmäßige Abdeckung ist die wünschenswerteste Eigenschaft, und die optischen Eigenschaften des Films, z. B. seine Lichtreflexion, Adsorption und Streuung, spielen eine wichtige Rolle für das endgültige Aussehen der Grundierungsschicht.

Mehrere wasserfreie flüssige (oder „halbfeste") Grundierungen werden ebenfalls von Kosmetikfirmen vermarktet. Diese können als Cremepulver beschrieben werden, die aus einem hohen Gehalt an Pigmenten/Füllstoffen (40 bis 50 %), einem Benetzungsmittel mit niedrigem HLB-Wert (z. B. Polysorbat 85), einem Weichmacher wie Dimethicon in Kombination mit flüssigen Fettalkoholen und einigen Estern (z. B. Octylpalmitat) bestehen. Einige Wachse wie Stearyldimethicon oder mikrokristallines oder Carnaubawachs sind ebenfalls in der Formulierung enthalten.

Zu den wichtigsten Make-up-Systemen gehören Lippenstifte, die einfach auf einer reinen Fettbasis formuliert sind und einen hohen Glanz und eine ausgezeichnete Deckkraft haben können. Allerdings neigen diese einfachen Lippenstifte dazu, sich zu leicht von der Haut zu lösen. In den letzten Jahren gab es eine starke Tendenz zur Herstellung „dauerhafter" Lippenstifte, die hydrophile Lösungsmittel wie Glykole oder Tetrahydrofurfurylalkohol enthalten. Zu den Rohstoffen für eine Lippenstiftbasis gehören: Ozokerit (gutes Ölabsorptionsmittel, das auch die Kristallisation verhindert), mikrokristallines Ceresinwachs (ebenfalls ein gutes Ölabsorptionsmittel), Vaseline (bildet einen undurchlässigen Film), Bienenwachs (erhöht die Bruchsicherheit), Myristylmyristat (verbessert die Übertragung auf die Haut), Cetyl- oder Myristyllactat (bildet eine Emulsion mit Feuchtigkeit auf der Lippe und ist nicht klebrig), Carnaubawachs (ein Ölbindemittel, das den Schmelzpunkt der Basis erhöht und einen gewissen Oberflächenglanz verleiht), Lanolinderivate, Olylalkohol und Isopropylmyristat. Dies zeigt, wie komplex eine Lippenstiftbasis ist, und dass mehrere Modifikationen der Basis einige wünschenswerte Effekte erzielen können, die eine gute Vermarktung des Produkts unterstützen.

Wimperntusche und Eyeliner sind ebenfalls komplexe Formulierungen, die sorgfältig auf die Wimpern und den Wimpernrand aufgetragen werden müssen. Einige der bevorzugten Kriterien für Wimperntusche sind eine gute Verteilung, eine leichte Trennung und ein Schwung der Wimpern. Das Erscheinungsbild der Wimperntusche sollte so natürlich wie möglich sein. Wimpernverlängerung und -verdichtung sind ebenfalls erwünscht. Außerdem sollte das Produkt ausreichend lange halten und sich leicht entfernen lassen. Es lassen sich drei Arten von Formulierungen unterscheiden: wasserfreie Suspension auf Lösungsmittelbasis, Wasser-in-Öl-Emulsion und Öl-in-

Wasser-Emulsion. Wasserbeständigkeit kann durch den Zusatz von Emulsionspolyme-
ren, z. B. Polyvinylacetat, erreicht werden.

Literatur

[1]   De Polo, K. F., „A Short Textbook of Cosmetology", Verlag für chemische Industrie, H. Ziolkowsky,
      Augsburg, Deutschland (1998).
[2]   Tadros, Th. F., „Applied Surfactants", Wiley-VCH, Deutschland (2005).
[3]   Tadros, Th. F. „Rheology of Dispersions", Wiley-VCH, Deutschland (2010).

Register

* 9 7 8 3 1 1 0 7 9 8 5 2 4 *